复旦卓越·高职高专 21 世纪规划教材·近机类、机械类

机械制造技术
与项目训练

主　编　金　捷　刘晓菡

副主编　张福荣　熊裕文

编　委　（按姓名笔画排序）

邓朝结　刘晓菡　吴良芹

张　琳　张福荣　赵伟阁

隋冬杰　金小康　金　捷

熊裕文

复旦大学出版社

复旦卓越·高职高专·21世纪规划教材·近机类、机电类

内 容 提 要

　　本教材主要内容包括：机械制造工艺装备、金属切削基础知识、毛坯成形方法、机械加工工艺编制综合训练等，每章节后都附有习题。全书采用最新国家标准，取材新颖，努力贯彻"少而精"的原则，重点突出，理论紧密联系生产实际。

　　本书可作为高职高专及成人高校机械类和机电类各专业教学用书，也可供相关专业的工程技术人员参考。

前　言

本书以教育部《关于全面提高高等职业教育教学质量的若干意见》（教高［2006］16号）文件的精神为指导，以职业岗位能力培养为目标，确立"机械加工工艺规程的编制和实施"为课程的主线，以主线为纲，有机地融合其他课程内容，建立了适合高职教学的新课程体系。全书以"淡化理论，够用为度，内容丰富，培养技能，重在实用"为原则，体现了理论联系实际、教学联系企业生产现场的指导思想；紧紧抓住课程主线，选择和重组课程内容，以应用实例引出基本概念和应用方法。项目训练所选课题注重实用性、代表性和可学习性，且大都从生产现场选取，符合生产实际的需要，既浅显易懂，又有技术奥妙，能更好地培养学生正确、合理编制零件机械加工工艺规程的应用能力。

本教材由沙洲职业工学院金捷、刘晓菡任主编，张福荣、熊裕文任副主编。具体分工：第1章第1,2节由鄂州职业大学熊裕文编写；第1章第3节由金捷编写；第2章由河南质量工程职业学院隋冬杰编写；第3章由河南质量工程职业学院刘晓菡编写；第4章、第6章第1节由沙洲职业工学院吴良芹编写；第5章由沙洲职业工学院张福荣编写；第6章第2节由沙洲职业工学院邓朝结编写；第7章项目1,2由漯河职业技术学院赵伟阁编写；第7章项目3,4,5由沙洲职业工学院张琳编写。

本教材在编写的过程中参考了兄弟院校老师编写的有关教材及其他资料，得到了华中重型机器制造有限公司金小康高级工程师的指导，在此深表感谢！

由于编者水平有限，加之编写时间仓促，难免有欠妥之处，敬请批评指正。

编　　者

2009 年 12 月

目 录

Contents

第1章 制造工艺装备

1.1 金属切削刀具

1.1.1 金属切削加工的基本概念

1. 切削运动与切削用量

金属切削加工是利用刀具从工件毛坯上切去一层多余的金属,从而使工件达到规定的几何形状、尺寸精度和表面质量的机械加工方法。在金属切削过程中,为了切除多余的金属,使加工工件表面成为符合技术要求的形状,加工时刀具和工件之间必须有一定的相对运动,即切削运动。切削运动包括主运动和进给运动。

(1)主运动   使工件与刀具产生相对运动以进行切削的最基本的运动,称为主运动。主运动是切削运动中速度最高,消耗功率最大的运动。在切削运动中,主运动只有一个。它可以由工件完成,也可以由刀具完成;可以是旋转运动,也可以是直线运动。例如外圆车削时工件的旋转运动和平面刨削时刀具的直线往复运动都是主运动,如图1-1和图1-2所示。

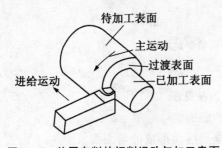

图 1-1 外圆车削的切削运动与加工表面

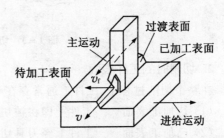

图 1-2 平面刨削的切削运动与加工表面

主运动速度即切削速度,外圆车削或用旋转刀具进行切削加工时的切削速度的计算公式为:

$$v_c = \frac{\pi d n}{1000} \quad (\text{m/min}),$$

式中 d 为工件或刀具直径(mm),n 为工件或刀具转速(r/min)。

(2)进给运动   使新的切削层不断投入切削,以便切完工件表面上全部余量的运动,称为进给运动。进给运动一般速度较低,消耗的功率较小,可由一个或多个运动组成,可以是连续的,也可以是间断的。车削外圆时的进给运动是车刀沿平行于工件轴线方向的连续直线运动。平面刨削时的进给运动是工件沿刨削平面且垂直于主运动方向的间隙直线运动进给运动的速度称为进给速度,以 v_f 表示(mm/s 或 mm/min)。进给速度还可以每转或每行程进给量 f(mm/r 或 mm/st)、每齿进给量 f_z(mm/z)表示。

此外,在进给运动开始前由机床的吃刀机构提供的一种间歇进给运动称为吃刀运动。其进给量大小称为背吃刀量 a_p,对于外圆车削,如图 1−3 所示,背吃刀量 a_p 为工件已加工表面和待加工表面之间的垂直距离,即

$$a_p = \frac{d_w - d_m}{2} \quad (\text{mm}),$$

式中,d_w 为工件待加工表面的直径(mm),d_m 为工件已加工表面的直径(mm)。

(3) 切削用量　是指切削速度 v_c、进给量 f(或进给速度 v_f)和背吃刀量 a_p 三者的总称。图 1−3 所示为车削外圆时的切削用量。在切削加工过程中,需针对工件及刀具材料,以及其他工艺技术要求来选择合适的切削用量。

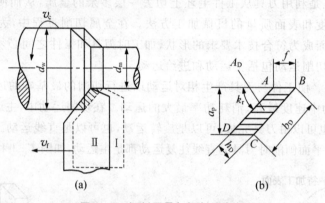

图 1−3　切削用量与切削层参数

2. 切削时的工件表面

在整个切削过程中,工件上通常存在 3 个表面,如参见图 1−1 所示:

(1) 待加工表面　工件上即将被切去金属层的表面。

(2) 已加工表面　工件上经刀具切削一部分金属后而形成的新表面。

(3) 过渡表面　工件上正在被切削刃切削的表面。它总是处在待加工表面与已加工表面之间。

3. 切削层参数

切削层是指工件上正在被切削刃切削的一层材料,即两个相邻加工表面之间的那层材料。外圆车削时的切削层,就是工件转一转,主切削刃移动一个进给量 f 所切除的一层金属层,如图 1−3 中的 $ABCD$。通常用通过切削刃上的选定点并垂直于该点切削速度的平面内的切削层参数来表示它的形状和尺寸。

(1) 切削层公称厚度 h_D　垂直于过渡表面测量的切削层尺寸,即相邻两过渡表面

之间的距离。它反映了切削刃单位长度上的切削负荷。车外圆时,若车刀主切削刃为直线,则

$$h_D = f \sin k_r \quad (\text{mm}),$$

式中,k_r 为车刀主偏角。

(2) 切削层公称宽度 b_D 　　沿过渡表面测量的切削层尺寸。它反映了切削刃参加切削的工作长度。当车刀主切削刃为直线时,外圆切削的切削层公称宽度

$$b_D = a_p / \sin k_r \quad (\text{mm}).$$

(3) 切削层公称横截面积 A_D 　　切削层在切削层尺寸平面内的实际横截面积。由定义知

$$A_D = h_D \, b_D \quad (\text{mm}^2).$$

1.1.2　刀具的几何角度

金属切削刀具的种类很多,其形状、结构也各不相同,但是它们的基本功用都是在切削过程中,用刀刃从工件毛坯上切下多余的金属。因此在结构上它们都具有共同的特征,尤其是它们的切削部分。外圆车刀是最基本、最典型的切削刀具,本书以外圆车刀为代表来说明刀具切削部分的组成,并给出切削部分几何参数的一般性定义。

1. 刀具切削部分的组成

刀具中承担切削工作的部分称为刀具的切削部分。图 1-4 所示的外圆车刀由刀头和刀杆组成,其切削部分(即刀头)的结构要素及其定义如下:

(1) 前刀面　　切屑流过的表面,以 A_r 表示。

(2) 主后刀面　　与工件上过渡表面相对的表面,以 A_a 表示。

(3) 副后刀面　　与工件上已加工表面相对的表面,以 A'_a 表示。

(4) 主切削刃　　前刀面与主后刀面的交线,记为 S。它承担主要的切削工作。

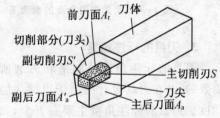

图 1-4　车刀切削部分组成要素

(5) 副切削刃　　前刀面与副后刀面的交线,记为 S'。它协同主切削刃完成切削工作,并最终形成已加工表面。

(6) 刀尖　　主切削刃与副切削刃连接处的那部分切削刃。它可以是小的直线段或圆弧。

其他各类刀具,如刨刀、钻头、铣刀等,都可以看作是车刀的演变和组合,如图 1-5 所示。刨刀切削部分的形状与车刀相同,如图 1-5(a)所示;钻头可看作是两把一正一反并在一起同时镗削孔壁的车刀,因此有两个主切削刃,两个副切削刃,另外还多了一个横刃,如图 1-5(b)所示;铣刀可看作是由多把车刀组合而成的复合刀具,其每一个刀齿相当于一把车刀,如图 1-5(c)所示。

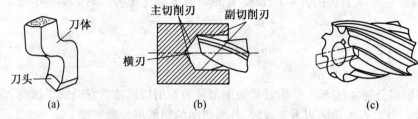

图 1-5 刨刀、钻头、铣刀切削部分的形状

2. 定义车刀角度的参考系

刀具要从工件上切下金属,必须有一定的切削角度,也正是由于切削角度才决定了刀具切削部分各表面的空间位置。要确定和测量刀具角度,必须引入一个空间坐标参考系,如图 1-6 所示。

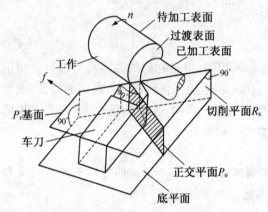

图 1-6 定义车刀角度的参考系

（1）基面 P_r　　通过主切削刃上选定点,垂直于该点切削速度方向的平面。

（2）切削平面 P_s　　通过主切削刃上选定点,与主切削刃相切,且垂直于该点基面的平面。

（3）正交平面 P_o　　通过主切削刃上选定点,垂直于基面和切削平面的平面。

基面、切削平面和正交平面组成标注刀具角度的正交平面参考系。常用的标注刀具角度的参考系还有法平面参考系、假定工作平面和背平面参考系。

3. 刀具的标注角度

刀具的标注角度是制造和刃磨所需要的,并在刀具设计图上予以标注的角度。刀具的标注角度主要有五个,如图 1-7 所示:

（1）前角 γ_0　　在正交平面内测量的前刀面与基面间的夹角。前角的正负方向按图示规定表示,即刀具前刀面在基面之下时为正前角,刀具前刀面在基面之上时为负前角。

（2）后角 α_0　　在正交平面内测量的主后刀面与切削平面间的夹角。后角一般为正值。

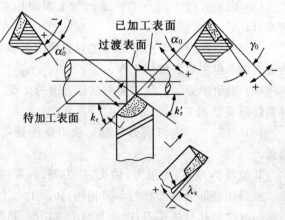

图 1-7 车刀的主要标注角度

（3）主偏角 k_r　　在基面内测量的主切削刃在基面上的投影与进给方向的夹角。主偏角一般为正值。

（4）副偏角 k'_r　　在基面内测量的副切削刃在基面上的投影与进给反方向的夹角。副偏角一般也为正值。

（5）刃倾角 λ_s　　在切削平面内测量的主切削刃与基面间的夹角。当主切削刃呈水平时，$\lambda_s = 0$；刀尖为主切削刃上最高点时，$\lambda_s > 0$；刀尖为主切削刃上最低点时，$\lambda_s < 0$，如图 1-8 所示。

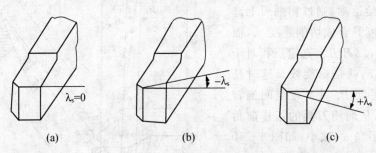

图 1-8　刃倾角的正负规定

4. 刀具的工作角度

在实际的切削加工中，由于车刀的安装位置和进给运动的影响，上述车刀的标注角度会发生一定的变化。角度变化的根本原因是基面、切削平面和正交平面位置的影响。以切削过程中实际的基面、切削平面和正交平面为参考系所确定的刀具角度称为刀具的工作角度，又称实际角度。通常，刀具的进给速度很小，因此在正常的安装条件下，刀具的工作角度与标注角度基本相等。但在切断、车螺纹以及加工非圆柱表面等情况下，进给运动的影响就不能不考虑。为保证刀具有合理的切削条件，这时应根据刀具的工作角度来换算出刀具的标注角度。

（1）横向进给运动对工作角度的影响

图 1-9 所示为切断车刀加工的情况。加工时，切断车刀作横向直线进给运动，即工件转一转，车刀横向移动距离 f。因此切削速度由 v_c 变至合成切削速度 v_e，因而基面 P_r 由水平位置变至工作基面 P_{re}，切削平面 P_s 由铅垂位置变至工作切削平面 P_{se}，引起刀具的前角和后角发生变化：

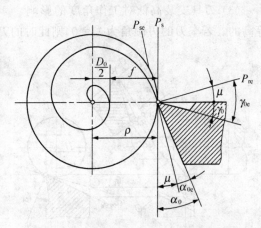

$$\gamma_{0e} = \gamma_0 + \mu, \qquad (1-1)$$

$$\alpha_{0e} = \alpha_0 - \mu, \qquad (1-2)$$

$$\mu = \arctan \frac{f}{\pi d}, \qquad (1-3)$$

图 1-9　横向进给运动对工作角度的影响

式中，γ_{0e}，α_{0e} 为工作前角和工作后角。由(1-3)式可知，当进给量 f 增大，则 μ 值增大；当瞬时直径 ρ 减小，μ 值也增大。因此，车削至接近工件中心时，μ 值增大很快，工作后角将由正变负，致使工件最后被挤断。

（2）轴向进给运动对工作角度的影响　车削外圆时，假定车刀 $\lambda_s = 0$，如不考虑进给运动，则基面 P_r 平行于刀杆底面，切削平面 P_s 垂直于刀杆底面。若考虑进给运动，则过切削刃上选定点的相对速度是合成切削速度 v_e，而不是主运动 v_c，故刀刃上选定点相对于工作表面的运动就是螺旋线。这时基面 P_r 和切削平面 P_s 就会在空间偏转一定的角度 μ，从而使刀具的工作前角 γ_{0e} 增大，工作后角 α_{0e} 减小，如图 1-10 所示，有

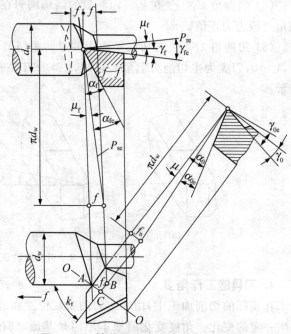

$$\gamma_{0e} = \gamma_0 + \mu, \quad (1-4)$$
$$\alpha_{0e} = \alpha_0 - \mu, \quad (1-5)$$
$$\tan\mu = \frac{f\sin k_r}{\pi d_w}, \quad (1-6)$$

图 1-10　轴向进给运动对工作角度的影响

由(1-6)式可知，进给量 f 越大，工件直径 d_w 越小，则工作角度值的变化就越大。一般车削时，由进给运动所引起的 μ 值不超过 $30' \sim 1°$，故其影响常可忽略。但是在车削大螺距螺纹或蜗杆时，进给量 f 很大，故 μ 值较大，此时就必须考虑它对刀具工作角度的影响。

（3）刀具安装高低对工作角度的影响　车削外圆时，车刀的刀尖一般与工件轴线是等高的。若车刀的刃倾角为 $\lambda_s = 0$，则此时的刀具的工作前角和工作后角与标注前角和标注后角相等。如果刀尖高于或低于工件轴线，则此时的切削速度方向发生变化，引起基面和切削平面的位置改变，从而使车刀的实际车削角度发生变化。如图 1-11 所示，刀尖高于工件轴线时，工作切削平面变为 P_{se}，工作基面变为 P_{re}，则工作前角 γ_{0e} 增大，工作后角 α_{0e} 减小；刀尖低于工件轴线时，工作角度的变化则正好相反。有

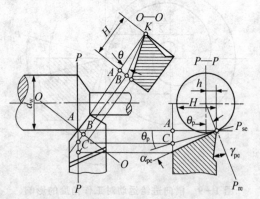

图 1-11　刀具安装高低对工作角度的影响

$$\gamma_{0e} = \gamma_0 \pm \theta, \quad (1-7)$$
$$\alpha_{0e} = \alpha_0 \mp \theta, \quad (1-8)$$

$$\tan\theta=\frac{h}{\sqrt{\left(\dfrac{d_{\mathrm{w}}}{2}\right)^2-h^2}}\cos k_{\mathrm{r}},\qquad\qquad(1-9)$$

式中,h 为刀尖高于或低于工件轴线的距离(mm)。

(4)刀杆中心线偏斜对工作角度的影响　　当车刀刀杆的中心线与进给方向不垂直时,车刀的主偏角 k_{r} 和副偏角 k'_{r} 将发生变化。刀杆右斜,如图 1-12 所示,将使工作主偏角 k_{re} 增大,工作副偏角 k'_{re} 减小;如果刀杆左斜,则 k_{re} 减小,k'_{re} 增大,有

$$k_{\mathrm{re}}=k_{\mathrm{r}}\pm\varphi,\qquad\qquad(1-10)$$
$$k'_{\mathrm{re}}=k'_{\mathrm{r}}\mp\varphi,\qquad\qquad(1-11)$$

式中 φ 为进给方向的垂线与刀杆中心线间的夹角。

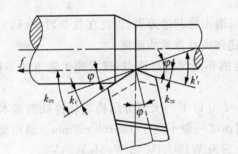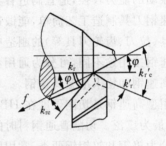

图 1-12　刀杆中心线与进给方向不垂直对工作角度的影响

1.1.3　刀具材料

刀具切削性能的好坏,取决于构成刀具切削部分的材料、几何形状和结构尺寸。刀具材料性能的优劣对加工表面质量、加工效率、刀具使用寿命和加工成本都有很大的影响。

1. 刀具材料应具备的性能

刀具的切削部分是在高温、高压、振动、冲击以及剧烈摩擦等条件下工作的,因此,刀具切削部分材料的性能应能满足以下基本要求:

(1)高的硬度　　刀具材料的硬度必须高于工件材料的硬度。刀具材料的常温硬度一般要求在 HRC60 以上。

(2)高的耐磨性　　一般刀具材料的硬度越高,耐磨性也越好。

(3)足够的强度和韧性　　以便承受切削力、冲击和振动,而不至于产生崩刃和断裂。

(4)高的耐热性(热稳定性)　　耐热性是指刀具材料在高温下保持硬度、耐磨性、强度和韧性的能力。它是衡量刀具材料性能的主要标志。

(5)良好的热物理性能和耐热冲击性能　　即刀具材料的导热性能要好,不会因受到大的热冲击产生刀具内部裂纹而导致刀具断裂。

(6)良好的工艺性能　　即刀具材料应具有良好的锻造性能、热处理性能、焊接性能、磨削加工性能等。

刀具材料分工具钢(碳素工具钢、合金工具钢和高速钢)、硬质合金、陶瓷、超硬材料(金刚石和立方氮化硼)四大类。碳素工具钢(如 T10A,T12A)及合金工具钢(如 9SiCr,CrWMn),因耐热性较差,通常只用于手工工具及切削速度较低的刀具;陶瓷、金刚石、立方氮化硼仅用于有限的场合。目前,刀具材料用得最多的仍是高速钢和硬质合金。

2. 高速钢

高速钢是含有较多钨、钼、铬、钒等元素的高合金工具钢。高速钢具有较高的硬度(热处理硬度可达 HRC62～67)和耐热性(切削温度可达 550～600℃),且能刃磨锋利,俗称风钢。与碳素工具钢和合金工具钢相比,能提高切削速度 1～3 倍(因此而得名),提高刀具耐用度 10～40 倍,甚至更多。它可加工包括有色金属、高温合金在内的范围广泛的材料。

高速钢具有高的强度(抗弯强度为一般硬质合金的 2～3 倍,为陶瓷的 5～6 倍)和韧性,抗冲击振动的能力较强,适宜制造各类刀具。

高速钢刀具制造工艺简单,能锻造,容易磨出锋利的刀刃,因此在复杂刀具(钻头、丝锥、成形刀具、拉刀、齿轮刀具等)的制造中,高速钢占有重要的地位。

高速钢按用途不同,可分为通用型高速钢和高性能高速钢;按制造工艺方法不同,可分为熔炼高速钢和粉末冶金高速钢。

通用型高速钢是切削硬度在 HBS250～280 以下的大部分结构钢和铸铁的基本刀具材料,应用最为广泛。切削普通钢料时的切削速度一般不高于 40～60 m/min。通用型高速钢一般可分为钨钢和钨钼钢两类,常用牌号分别为 W18Cr4V 和 W6Mo5Cr4V2。

高性能高速钢(如 9W6Mo5Cr4V2 和 W6Mo5Cr4V3)较通用型高速钢有更好的切削性能,适合于加工奥氏体不锈钢、高温合金、钛合金和超高强度钢等难加工材料。这类高速钢的不同牌号只有在各自的规定切削条件下使用才能达到良好的切削性能。

粉末冶金高速钢的优点很多:具有良好的力学性能和可磨削加工性,淬火变形只及熔炼钢的 1/3～1/2,耐磨性提高 20%～30%,适于制造切削难加工材料的刀具、大尺寸刀具(如滚刀、插齿刀),也适于制造精密、复杂刀具。

表 1-1 列出了几种常用高速钢的牌号、主要性能及用途。

表 1-1 常用高速钢的力学性能和适度范围

牌　号	硬度 HRC	抗弯强度 HRC	冲击韧度 /GPa	600℃时硬度 HRC	主要性能和适应范围
W18Cr4V (W18)	63～66	3.0～3.4	0.18～0.32	48.5	综合性能好,通用性强,可磨性好,适于制造加工轻合金、碳素钢、合金钢、普通铸铁的精加工刀具和复杂刀具,例如螺纹车刀、成形车刀、拉刀等
W6Mo5Cr4V2 (M2)	63～66	3.5～4.0	0.30～0.40	47～48	强度和韧性略高于 W18,热硬性略低于 W18,热塑性好,适于制造加工轻合金、碳钢、合金钢的热成形刀具及承受冲击、结构薄弱的刀具

牌 号	硬度 HRC	抗弯强度 HRC	冲击韧度 /GPa	600℃时 硬度 HRC	主要性能和适应范围
W14Cr4VMnRe	64~66	~4.0	0.31	50.5	切削性能与 W18 相当,热塑性好,适于制作热轧刀具
W9Mo3Cr4V (W9)	65~66.5	4.0~4.5	0.35~0.40		刀具寿命比 W18 和 M2 有一定程度提高,适于加工普通轻合金、钢材和铸铁
9W18Cr4V (9W18)	66~68	3.0~3.4	0.17~0.22	51	属高碳高速钢,常温硬度和高温硬度有所提高,适于制造加工普通钢材和铸铁,耐磨性要求较高的钻头、铰刀、丝锥、铣刀和车刀等或加工较硬材料(HBS220~250)的刀具,但不宜承受大的冲击
9W6Mo5Cr4V2 (cM2)	67~68	3.5	0.13~0.25	52.1	
W12Cr4V4Mo (EV4)	66~67	~3.2	~0.10	52	属高钒高速钢,耐磨性好,适于切削对刀具磨损极大的材料,如纤维、硬橡胶、塑料等,也用于加工不锈钢、高强度钢和高温合金等,效果也很好
W6Mo5Cr4V3 (M3)	65~67	~3.2	~0.25	51.7	
W2Mo9Cr4Vco8 (M42)	67~69	2.7~3.8	0.23~0.30	55	属高钴超硬高速钢,有很高的常温和高温硬度,适于加工高强度耐热钢、高温合金、钛合金等难加工材料,M42 可磨性好,适于作精密复杂刀具,但不宜在冲击切削条件下工作
W10Mo4Cr4V3Co10 (HSP-15)	67~68	~2.35	~0.10	55.5	
W12Cr4V5Co5 (T15)	66~68	~3.0	~0.25	54	常温硬度和耐磨性都很好,600℃高温硬度接近 M42 钢,适于加工耐热不锈钢、高温合金、高强度钢等难加工材料,适合制造钻头、滚刀、拉刀、铣刀等
W6Mo5Cr4V2Co8 (M36)	66~68	~3.0	~0.30	54	
W6Mo5Cr4V2Al (501)	67~69	2.9~3.9	0.23~0.30	55	属含铝超硬高速钢,切削性能相当于 M42,适于制造铣刀、钻头、铰刀、齿轮刀具和拉刀等,用于加工合金钢、不锈钢、高强度钢和高温合金等
W10Mo4Cr4V3Al (5F-6)	67~69	3.1~3.5	0.20~0.28	54	
W12Mo3Cr4V3N (V3N)	67~69	2.0~3.5	0.15~0.30	55	含氮超硬高速钢,硬度、强度、韧性与 M42 相当,可作为含钴钢的代用品,用于低速切削难加工材料和低速高精度加工

3. 硬质合金

硬质合金是高耐热性和高耐磨性的金属碳化物(碳化钨、碳化钛、碳化钽、碳化铌等)与金属粘结剂(钴、镍、钼等)在高温下烧结而成的粉末冶金制品。其硬度为 HRA89~93,能耐 850~1000℃的高温,具有良好的耐磨性,允许使用的切削速度可达 100~300 m/min,可加工包括淬硬钢在内的多种材料,因此获得广泛应用。但是,硬质合金的抗弯强度低,冲击韧性差,刃口不锋利,较难加工,不易做成形状较复杂的整体刀具,因此目前还不能完全取代高速钢。常用的硬质合金有钨钴类(YG 类)、钨钛钴类(YT 类)和通用硬质合金(YW 类)三类。

(1)钨钴类硬质合金(YG 类)　YG 类硬质合金主要由碳化钨和钴组成,常用的牌号有 YG3,YG6,YG8 等。YG 类硬质合金的抗弯强度和冲击韧性较好,不易崩刃,很适宜于切削切屑呈崩碎状的铸铁等脆性材料。YG 类硬质合金的刃磨性较好,刃口可以磨得较锋利,故切削有色金属及其合金的效果也较好。由于 YG 类硬质合金的耐热性和耐磨性较差,因此一般不用于普通钢材的切削加工。但它的韧性好,导热系数较大,可以用来加工不锈钢和高温合金钢等难加工材料。

(2)钨钛钴类硬质合金(YT 类)　YT 类硬质合金主要有碳化钨、碳化钛和钴组成,常用的牌号有 YT5,YT15,YT30 等。它里面加入了碳化钛后,增加了硬质合金的硬度、耐热性、抗粘结性和抗氧化能力。但由于 YT 类硬质合金的抗弯强度和冲击韧性较差,故主要用于切削一般切屑呈带状的普通碳钢及合金钢等塑性材料。

(3)钨钛钽(铌)钴类硬质合金(YW 类)　它是在普通硬质合金中加入了碳化钽或碳化铌,从而提高了硬质合金的韧性和耐热性,使其具有较好的综合切削性能。YW 类硬质合金主要用于不锈钢、耐热钢、高锰钢的加工,也适用于普通碳钢和铸铁的加工,因此被称为通用型硬质合金,常用的牌号有 YW1,YW2 等。

不同硬质合金牌号的性能和应用范围见表 1-2。由表 1-2 可以看出,由于碳化物的硬度和熔点比粘结剂高得多,因此在硬质合金中,如果碳化钨所占比例大,则硬质合金的硬度就高,耐磨性也好;反之,若钴、镍等金属粘结剂的含量多,则硬质合金的硬度降低,而抗弯强度和冲击韧性就有所提高。硬质合金的性能还与其晶粒大小有关。当粘结剂的含量一定时,碳化物的晶粒越细,则硬质合金的硬度就越高,而抗弯强度和冲击韧性降低;反之,则硬质合金的硬度降低,而抗弯强度和冲击韧性就会有所提高。

表 1-2　常用硬质合金的牌号、性能和应用范围

类型	牌号	物理机械性能			使用性能			使用范围	
		硬度		抗弯强度/GPa	耐磨	耐冲击	耐热	材料	加工性质
		HRA	HRC						
钨钴类	YG3	91	78	1.08	↑	↓	↑	铸铁 有色金属	连续切削时精、半精加工
	YG6X	91	78	1.37				铸铁 耐热合金	精加工、半精加工
	YG6	89.5	75	1.42				铸铁 有色金属	连续切削粗加工,间断切削半精加工
	YG8	89	74	1.47				铸铁 有色金属	间断切削粗加工

类型	牌号	物理机械性能			使用性能			使用范围	
		硬度		抗弯强度/GPa	耐磨	耐冲击	耐热	材料	加工性质
		HRA	HRC						
钨钴钛类	YT5	89.5	75	1.37				钢	粗加工
	YT14	90.5	77	1.25				钢	间断切削半精加工
	YT15	91	78	1.13				钢	连续切削粗加工,间断切削半精加工
	YT30	92.5	81	0.88				钢	连续切削精加工
添加稀有金属碳化钨类	YA6	92	80	1.37	较好			冷硬铸铁有色金属合金钢	半精加工
	YW1	92	80	1.28		较好	较好	难加工材料	精加工、半精加工
	YW2	91	78	1.47		好		难加工材料	半精加工、粗加工
镍钼钛类	YN10	92.5	81	1.08	好		好	钢	连续切削精加工

4. 涂层刀具和其他刀具材料

(1) 涂层刀具　　涂层刀具是在韧性较好的硬质合金或高速钢刀具基体上,涂覆一薄层耐磨性高的难熔金属化合物而获得的。

常用的涂层材料有碳化钛、氮化钛、氧化铝等。碳化钛的硬度比氮化钛的硬度高,抗磨损性能好,对于会产生剧烈磨损的刀具,碳化钛涂层较好。氮化钛与金属的亲和力小,润湿性能好,在容易产生粘结的条件下,氮化钛涂层较好。在高速切削产生大量热量的场合,以采用氧化铝涂层为好,因为氧化铝在高温下有良好的热稳定性能。

涂层硬质合金刀片的耐用度至少可提高 1～3 倍,涂层高速钢刀具的耐用度则可提高 2～10 倍。加工材料的硬度愈高,则涂层刀具的效果愈好。

(2) 陶瓷材料　　陶瓷材料是以氧化铝为主要成分,经压制成形后烧结而成的一种刀具材料。它的硬度可达 HRA91～95,在 1200℃ 的切削温度下仍然可保持 HRA80 的硬度。另外,它的化学惰性大,摩擦系数小,耐磨性好,加工钢件时的寿命为硬质合金的 10～12 倍。其最大缺点是脆性大,抗弯强度和冲击韧性低。因此主要用于半精加工和精加工高硬度、高强度钢和冷硬铸铁等材料。常用的陶瓷刀具材料有氧化铝陶瓷、复合氧化铝陶瓷以及复合氧化硅陶瓷等。

(3) 人造金刚石　　人造金刚石是通过合金触媒的作用,在高温高压下由石墨转化而成。人造金刚石具有较高的硬度(显微硬度可达 HV10000)和耐磨性。其摩擦系数小,切削刃可以做得非常锋利。因此,人造金刚石做刀具可以获得较高的加工表面质量。但人造金刚石的热稳定性较差(不得超过 700～800℃),特别是它与铁元素的化学亲和力很强,因此它不宜用来加工钢铁件。人造金刚石主要用来制作磨具和磨料,用作刀具材料时,多用于在高速下精细车削或镗削有色金属及非金属材料。尤其用它切削加工硬质合金、陶瓷、高硅铝合金及耐磨塑料等高硬度、高耐磨性的材料时,具有很大的优越性。

(4) 立方氮化硼　　立方氮化硼是由六方氮化硼在高温高压下加入催化剂转变而成的。它是 20 世纪 70 年代才发展起来的一种新型刀具材料,立方氮化硼的硬度很高(可达 HV8000～9000),并具有很高的热稳定性(可达 1300～1400℃),它的最大优点是在高温(1200～1300℃)时也不易与铁族金属起反应。因此,它能胜任淬火钢、冷硬铸铁的粗车和精车,同时还能高速切削高温合金、热喷涂材料、硬质合金及其他难加工材料。

1.1.4　刀具角度的选择

1. 前角 γ_0

前角对切削的难易程度有很大影响。增大前角能使刀刃变得锋利,使切削更为轻快,可以减小切屑变形,从而使切削力和切削功率减小。但增大前角会使刀刃和刀尖强度下降,刀具散热体积减小,影响刀具寿命。前角的大小对表面粗糙度、排屑及断屑等也有一定影响。

实践证明,刀具合理前角的大小主要取决于工件材料、刀具材料及其工件加工要求。工件材料的强度、硬度较低时,应取较大的前角,反之应取较小的前角;加工塑性材料(如钢)时,应选择较大的前角,加工脆性材料(如铸铁)时,应选择较小的前角。刀具材料韧性好(如高速钢),前角可选择大些,反之(如硬质合金)则前角应选择小一些。粗加工时,特别是断续切削时,应选择较小前角,精加工时应选择较大前角。

通常硬质合金车刀的前角 γ_0 在 $-5°～+20°$ 范围内选取,高速钢刀具的前角则应比硬质合金刀具大 $5°～10°$,而陶瓷刀具的前角一般取 $-5°～-15°$。

2. 后角 α_0

后角的主要功用是减小后刀面与工件的摩擦和后刀面的磨损,其大小对刀具耐用度和加工表面质量都有很大影响。

合理后角的大小主要取决于切削厚度(或进给量),也与工件材料、工艺系统的刚性有关。一般,切削厚度越大,刀具后角越小;工件材料越软、塑性越大,后角越大;工艺系统刚性较差时,应适当减小后角;刀具尺寸精度要求较高的刀具,后角宜取小值。

车削一般钢和铸铁时,车刀后角常选用 $4°～6°$。

3. 主偏角 k_r 和副偏角 k'_r

主偏角和副偏角对刀具耐用度影响较大。减小主偏角和副偏角,可使刀尖角增大,刀尖强度提高,散热条件改善,因而刀具耐用度得以提高。减小主偏角和副偏角,可降低残留面积的高度,故可减小加工表面的粗糙度。主偏角和副偏角还会影响各切削分力的大小和比例。如车削外圆时,增大主偏角,可使背向力 F_p 明显减小,进给力 F_f 增大,因而有利于减小工艺系统的弹性变形和振动。

在工艺系统刚性较好时,主偏角 k_r 宜取较小值,如 $k_r = 30°～45°$;当工艺系统刚性较差或强力切削时，一般取 $k_r = 60° \sim 75°$。车削细长轴时，一般取 $k_r = 90° \sim 93°$，以减小背向力 F_p。

副偏角 k'_r 的大小主要根据里面粗糙度的要求选取，一般为 $5° \sim 15°$，粗加工时取大值，精加工时取小值。

4. 刃倾角 λ_s

刃倾角 λ_s 主要影响刀头的强度和切屑流向。在加工一般钢料和铸铁时，无冲击的粗车取 $\lambda_s = 0° \sim -5°$，精车取 $\lambda_s = 0° \sim +5°$；有冲击负荷时，取 $-5° \sim -15°$；当冲击特别大时，取 $\lambda_s = -30° \sim -45°$。切削高强度钢、冷硬钢时，为提高刀头强度，可取 $-30° \sim -10°$。

应当指出，刀具各角度之间是相互联系、相互影响的，孤立地选择某一角度并不能得到所希望的合理值。例如，在加工硬度比较高的工件材料时，为了增加切削刃的强度，一般取较小的后角，但在加工特别硬的材料如淬硬钢时，通常采用负前角，这时如适当增大后角，不仅使切削刃易于切入工件，而且还可提高刀具耐用度。

1.1.5 常用金属切削刀具简介

1. 车刀

车刀是金属切削加工中应用最广泛的一种刀具。它可以用来加工外圆、内孔、端面、螺纹及各种内、外回转体成形表面，也可用于切断和切槽等，因此车刀类型很多，形状、结构、尺寸也各异，如图 1-13 所示。车刀的结构形式有整体式、焊接式、机夹重磨式和机夹可转位式等。整体式为高速钢车刀，用得较少；后几种为硬质合金车刀，应用很广泛。

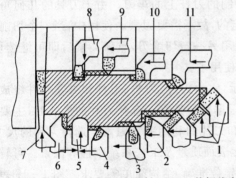

1－45°弯头车刀；2－90°外圆车刀；3－外螺纹车刀；
4－75°外圆车刀；5－成形车刀；6－90°外圆车刀；
7－切断刀；8－内孔切槽刀；9－内螺纹车刀；
10－盲孔镗刀；11－通孔镗刀

图 1-13　几种常用的车刀

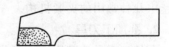

图 1-14　焊接式车刀

（1）硬质合金焊接式车刀　焊接式车刀就是在碳钢（一般为 45 钢）刀杆上按刀具几何角度的要求开出刀槽，用焊料将硬质合金刀片焊接在刀槽内，并按所选定的几何角度刃磨后使用的车刀，其结构如图 1-14 所示。焊接式车刀结构简单、刚性好、适应性强，可以根据具体的加工条件和要求刃磨出合理的几何角度。但焊接时易在硬质合金刀片内产生应力或裂纹,使刀片硬度下降,切削性能和耐用度降低。

焊接式车刀的硬质合金刀片型号(表示形状和尺寸)已经标准化,可根据需要选用。刀杆的截面形状有正方形、矩形和圆形,一般是根据机床的中心高和切削力的大小来选择其截面尺寸和长度。

(2) 硬质合金机夹重磨式车刀　　机夹重磨式车刀就是用机械的方法将硬质合金刀片夹固在刀杆上的车刀,如图 1-15 所示。刀片磨损后,可卸下重磨,然后再安装使用。与焊接式车刀相比,机夹式重磨车刀可避免焊接引起的缺陷,刀杆可多次重复使用,但其结构较复杂,刀片重磨时仍有可能产生应力和裂纹。

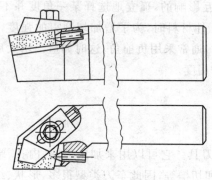

图 1-15　机夹重磨式车刀

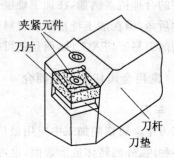

图 1-16　可转位式车刀的组成

(3) 机夹可转位式车刀　　机夹可转位式车刀就是将预先加工好的有一定几何角度的多角形硬质合金刀片,用机械的方法夹紧在特制的刀杆上的车刀。由于刀具的几何角度是由刀片形状及其在刀杆槽中的安装位置来确定的,故不需要刃磨。使用中,当一个切削刃磨钝后,只要松开刀片夹紧元件,将刀片转位,改用另一新切削刃,重新夹紧后即可继续切削。待全部刀刃都磨钝后,再装上新刀片又可继续使用了。

可转位式车刀的基本结构如图 1-16 所示,它由刀片、刀垫、刀杆和夹紧元件组成。可转位刀片的型号也已经标准化,种类很多,可根据需要选用。选择刀片的形状时,主要是考虑加工工序的性质、工件的形状、刀具的寿命和刀片的利用率等因素。选择刀片的尺寸时,主要是考虑切削刃工作长度、刀片的强度、加工表面质量及工艺系统刚性等因素。可转位车刀的夹紧机构,应该满足夹紧可靠、装卸方便、定位准确、结构简单等要求。图 1-17 表示了生产中几种常用的夹紧机构。

2. 孔加工刀具

孔加工刀具按其用途一般分为两大类:一类是从实体材料上加工出孔的刀具,如麻花钻、中心钻及深孔钻等;另一类是对已有孔进行再加工的刀具,如扩孔钻、铰刀、镗刀等。此外,内拉刀、内圆磨砂轮、珩磨头等也可以用来加工孔。

(1) 麻花钻　　麻花钻是一种形状较复杂的双刃钻孔或扩孔的标准刀具。一般用于孔的粗加工(IT11 以下精度及表面粗糙度 $Ra25 \sim 6.3 \ \mu m$),也可用于加工攻丝、铰孔、拉孔、镗孔、磨孔的预制孔。

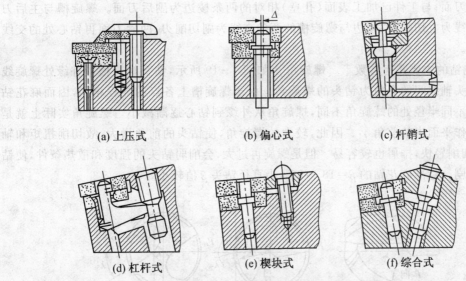

(a) 上压式   (b) 偏心式   (c) 杆销式

(d) 杠杆式   (e) 楔块式   (f) 综合式

图 1-17   可转位式车刀的夹紧结构

① 麻花钻的构造   标准麻花钻由三个部分组成,如图 1-18(a)所示。尾部是钻头的夹持部分,用于与机床连接,并传递扭矩和轴向力。按麻花钻直径的大小,分为直柄(小直径)和锥柄(大直径)两种。颈部是工作部分和尾部间的过渡部分,供磨削时砂轮退刀和打印标记用。小直径的直柄钻头没有颈部。工作部分是钻头的主要部分,前端为切削部分,承担主要的切削工作;后端为导向部分,起引导钻头的作用,也是切削部分的后备部分。

钻头的工作部分如图 1-18(b)所示,它有两条对称的螺旋槽,是容屑和排屑的通道。钻头导向部分磨有两条棱边,为了减少与加工孔壁的摩擦,棱边直径磨有 $(0.03 \sim 0.12)/100$ 的倒锥量(即直径由切削部分顶端向尾部逐渐减小),从而形成副偏角 k'_r。麻花钻的两个刃瓣由钻心连接,如图 1-18(c)所示,为了增加钻头的强度和刚度,钻心制成正锥体(锥度为 $(1.4 \sim 2)/100$)。螺旋槽的螺旋面形成了钻头前刀面;与工件过渡表面(孔底)相对的端部两

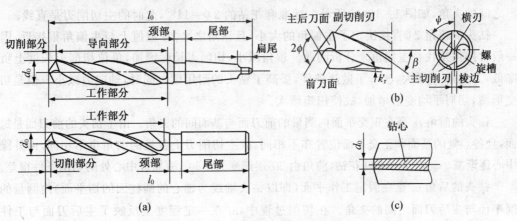

图 1-18   麻花钻的组成和切削部分

曲面为主后刀面;与工件已加工表面(孔壁)相对的两条棱边为副后刀面。螺旋槽与主后刀面的两条交线为主切削刃;棱边与螺旋槽的两条交线为副切削刃;两后刀面再钻心处的交线构成了横刃。

② 麻花钻的主要几何参数 螺旋角 β,如图 1-19 所示,钻头螺旋槽最外缘处螺旋线的切线与钻头轴线间的夹角为钻头的螺旋角。由于螺旋槽上各点的导程相同,因而麻花钻主切削刃上不同半径处的螺旋角不同,螺旋角从外缘到钻心逐渐减小。螺旋角实际上就是钻头假定工作平面内的前角 γ_f。因此,较大的螺旋角,使钻头的前角增大,故切削扭矩和轴向力减小,切削轻快,排屑也较容易。但是螺旋再过大,会削弱钻头的强度和散热条件,使钻头的磨损加剧。标准麻花钻的 $\beta=18°\sim30°$,小直径钻头 β 值较小。

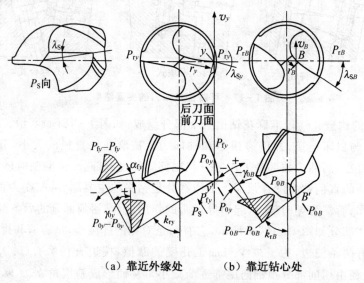

(a) 靠近外缘处   (b) 靠近钻心处

图 1-19 麻花钻的几何角度

顶角 2ϕ 和主偏角 k_r。钻头的顶角(即锋角)为两主切削刃在与其平行的轴向平面上投影之间的夹角,如图 1-18(b)所示。标准麻花钻的 $2\phi=118°$,此时的主切削刃是直线。

钻头的顶角 2ϕ 直接决定了主偏角的大小,且顶角之半 ϕ 在数值上与主偏角很接近,因此一般常用顶角代替主偏角来分析问题。顶角减小,切削刃长度增加,单位切削刃长度上负荷降低,刀尖角 ε_r 增大,改善了散热条件,提高了钻头的耐用度。同时,轴向力减小。但是切屑变形薄,切屑平均变形增加,故使扭矩增大。

钻头的前角 r_0 是在正交平面内测量的前刀面与基面间的夹角。由于钻头的前刀面是螺旋面,且各点处的基面和正交平面位置亦不相同,故主切削刃上各处的前角也不相同,由外缘向中心逐渐减小。对于标准麻花钻,前角由 30° 逐渐变为 -30°,故靠近中心处的切削条件很差。

钻头的后角 α_f 是在假定工作平面(即以钻头轴线为轴心的圆柱面的切平面)内测量的切削平面与主后刀面之间的夹角。在切削过程中,α_f 在一定程度上反映了主后刀面与工件过渡表面之间的摩擦关系,而且测量也比较容易。

考虑到进给运动对工件后角的影响,同时为了补偿前角的变化,使刀刃各点的楔角较为合理,并改善横刃的切削条件,麻花钻的后角刃磨时应由外缘处向钻心逐渐增大。一般后刀面磨成圆锥面,也有磨成螺旋面或圆弧面的。标准麻花钻的后角(最外缘处)为 8°～12°,大直径钻头取小值,小直径钻头取大值。

横刃角度,如图 1-20 所示。横刃是两个后刀面的交线,其长度为 b_ψ。横刃角度包括横刃斜角 ψ、横刃前角 $\gamma_{0\psi}$ 和横刃后角 $\alpha_{0\psi}$。横刃斜角 ψ 为钻头端平面内投影的横刃与主切削刃之间的夹角,它是刃磨后刀面时形成的。标准麻花钻的 $\psi=50°～55°$。当后角磨得偏大时,横刃斜角 ψ 减小,横刃长度 b_ψ 增大。

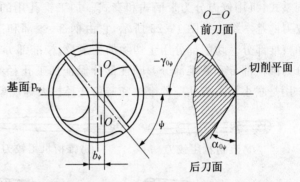

图 1-20 横刃切削角度

横刃是通过钻心的,并且它在钻头端面上的投影近似为一条直线,因此横刃上各点的基面和切削平面的位置是相同的。由于横刃的前刀面在基面的前面,故横刃前角 $\gamma_{0\psi}$ 为负值(标准麻花钻的 $\gamma_{0\psi}=-60°～-54°$)。横刃后角 $\alpha_{0\psi}$ 与 $\gamma_{0\psi}$ 互为余角,为较大的正值(标准麻花钻的 $\alpha_{0\psi}=30°～36°$)。因此,在切削过程中,横刃的切削条件很差,会产生严重的挤压,对轴向切削力及孔的加工影响很大。

由于标准麻花钻在结构上存在着很多问题,如切削刃长、切屑较宽、前角变化大、排屑不畅、横刃部分切削条件很差等,因此,在使用时常常要进行修磨,以改变标准麻花钻切削部分的几何形状,改善其切削条件,提高钻头的切削性能。例如,将钻头磨成双重顶角,或将横刃磨短并增大横刃前角,或将两条主切削刃磨成圆弧刃或在钻头上开分屑槽等,都可大大改善钻头的切削效能,提高加工质量和钻头耐用度。

(2) 扩孔钻　扩孔钻是用于对已钻孔进一步加工,以提高孔的加工质量的刀具。其加工精度可达 IT10～IT11,表面粗糙度可达 $Ra6.3～3.2\ \mu m$。扩孔钻的刀齿比较多,一般有 3～4 个,故导向性较好,切削平稳。由于扩孔余量较小,容屑槽较浅,刀体强度和刚度较好;扩孔钻没有横刃,改善了切削条件,因此,可大大提高切削效率和加工质量。扩孔钻的主要类型有两种,即整体式扩孔钻和套式扩孔钻,如图 1-21 所示,其中套式扩孔钻适于大直径的扩孔加工。

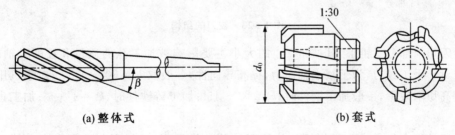

(a) 整体式　　　　　　　　　　(b) 套式

图 1-21 扩孔钻

（3）铰刀　　铰刀用于中、小尺寸孔的半精加工和精加工，也可用于磨孔或研孔前的预加工。铰刀齿数多（6～12个），导向性好，心部直径大，刚性好。铰削余量小，切削速度低，加上切削过程中的挤压作用，所以能获得较高的加工精度（IT6～IT8）和较好的表面质量（粗糙度 $Ra1.6～0.4~\mu m$）。铰刀分为手动铰刀和机用铰刀两类。手动铰刀又分为整体式和可调整式，机用铰刀分为带柄式和套式。加工锥孔用的铰刀称为锥度铰刀，如图1-22所示。铰刀的基本结构如图1-23所示，它由柄部、颈部和工作部分组成，工作部分包括切削部分和校准部分。切削部分用于切除加工余量；校准部分起导向、校准与修光作用。校准部分又分为圆柱部分和倒锥部分。圆柱部分保证加工孔径的精度和表面粗糙度要求；倒锥部分的作用是减小铰刀与孔壁的摩擦和避免孔径扩大等现象。

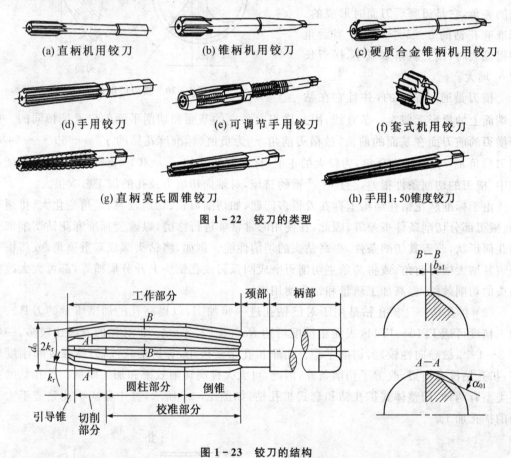

(a) 直柄机用铰刀　　　　(b) 锥柄机用铰刀　　　　(c) 硬质合金锥柄机用铰刀

(d) 手用铰刀　　　　(e) 可调节手用铰刀　　　　(f) 套式机用铰刀

(g) 直柄莫氏圆锥铰刀　　　　　　　　　(h) 手用1:50锥度铰刀

图1-22　铰刀的类型

图1-23　铰刀的结构

铰刀切削部分呈锥形，其锥角 $2k_r$ 的大小主要影响被加工孔的质量和铰削时轴向力的大小。对于手工铰刀，为了减小轴向力，提高导向性，一般取 $k_r = 30' \sim 1°30'$；对于机用铰刀，为了提高切削效率，一般加工钢件时，$k_r = 12° \sim 15°$；加工铸铁件时，$k_r = 3° \sim 5°$；加工盲孔时，$k_r = 45°$。

由于铰削余量很小，切屑很薄，故铰刀的前角作用不大，为了制造和刃磨方便，一般取

$\gamma_0 = 0°$；铰刀的切削部分为尖齿，后角一般为 $\alpha_0 = 6° \sim 10°$。而校准部分应留有宽 $0.2 \sim 0.4\ mm$、后角 $\alpha_{01} = 0°$ 的棱边，以保证铰刀有良好的导向性与修光作用。

铰刀的直径是指铰刀圆柱校准部分的刀齿直径，它直接影响被加工孔的尺寸精度、铰刀的制造成本及使用寿命。铰刀的基本直径等于孔的基本直径，铰刀的直径公差应综合考虑被加工孔的公差、铰削时的扩张量或收缩量（一般为 $0.003 \sim 0.02\ mm$）、铰刀的制造公差和备磨量等来确定。

3. 铣刀

铣刀是刀齿分布在圆周表面或端面上的多刃回转刀具，可以用来加工平面（水平、垂直或倾斜的）、台阶、沟槽和各种成形表面等。

（1）铣刀的几何角度　　铣削时的主运动就是铣刀的旋转运动，进给运动一般是工件的直线或曲线运动。铣刀的几何角度可以按圆柱铣刀和端铣刀来分析。

① 圆柱铣刀的几何角度　　如图 1-24 所示，为了设计和制造方便，规定圆柱铣刀的前角用法平面前角 γ_n 表示，γ_n 与 γ_0 的换算关系为

$$\tan\gamma_n = \tan\gamma_0 \cos\beta 。$$

铣刀的前角主要根据根据材料来选择，一般铣削钢件时，取 $\gamma_0 = 10° \sim 20°$；铣削铸铁件时，取 $\gamma_0 = 5° \sim 15°$。加工软材料时，为了减小变形，可取较大值；加工硬而脆的材料时，为了保护刀刃则应取较小值。

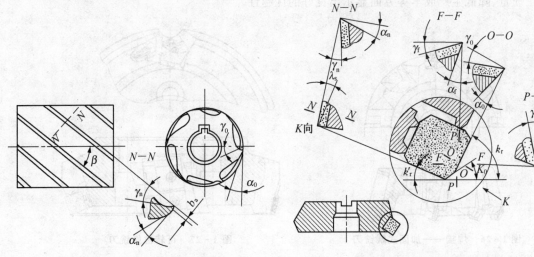

图 1-24　圆柱铣刀的几何角度　　　　图 1-25　端铣刀的几何角度

圆柱铣刀的后角是正交平面后角 α_0（亦即端平面后角）。由于铣削厚度较小，磨损主要发生在后刀面上，故一般后角较大。通常粗加工时，$\alpha_0 = 12°$，精加工时 $\alpha_0 = 16°$。

铣刀的螺旋角 β 就是其刃倾角 λ，它能使刀齿逐渐切入和切离工件，使铣刀同时工作的齿数增加，故能提高铣削过程的平稳性。增大 β 角，可增大实际切削前角，使切削轻快，排屑较容易。一般粗齿铣刀 $\beta = 40° \sim 60°$，细齿铣刀 $\beta = 30° \sim 35°$。

② 端铣刀的几何角度　　端铣刀的每一个刀齿相当于一把车刀，都有主、副切削刃和过渡刃。如图 1-25 所示，在正交平面系内端铣刀的标注角度有：γ_0，α'_0，α_0，k_r，k'_r 和 λ_s。机夹端铣刀的每一个刀齿的 γ_0 和 λ_s 均为 0°，以利于刀齿的集中制造和刃磨。把刀齿安装在刀体上时，为了获得所需要的切削角度，应使刀齿在刀体中径向倾斜角 γ_f，轴向倾斜 γ_p 角，并把它们标注出来，以供制造时参考。它们之间可由下式来换算：

$$\tan\gamma_f = \tan\gamma_0 \sin k_r - \tan\lambda_s \cos k_r, \qquad \tan\gamma_p = \tan\gamma_0 \cos k_r + \tan\lambda_s \sin k_r。$$

由于硬质合金端铣刀是断续切削，刀齿经受较大的冲击，在选择几何角度时，应保证刀齿具有足够的强度。一般铣削钢件时，取 $\gamma_0 = -10°\sim15°$，铣削铸铁件时取 $\gamma_0 = -5°\sim5°$；粗铣时取 $\alpha_0 = 6°\sim8°$，精铣时取 $\alpha_0 = 12°\sim15°$；主偏角 $k_r = 45°\sim75°$，副偏角 $k'_r = 2°\sim5°$，刃倾角 $\lambda_s = -15°\sim5°$。

（2）硬质合金端铣刀

① 硬质合金机夹重磨式端铣刀　　如图 1-26 所示，它是将硬质合金刀片焊接在小刀齿上，再用机械夹固的方法装夹在刀体的刀槽中。这类铣刀的重磨方式有体外刃磨和体内刃磨两种。因其刚性好，故目前应用较多。

② 硬质合金可转位端铣刀　　如图 1-27 所示，它是将硬质合金可转位刀片直接用机械夹固的方法安装在铣刀刀体上，磨钝后，可直接在铣床上转换切削刃或更换刀片。其刀片的夹固方法与可转位车刀的夹固方法相似。因此，硬质合金可转位铣刀在提高铣削效率和加工质量、降低生产成本等方面显示出良好的优越性。

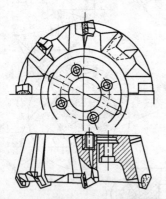

图 1-26　焊接——加固式端铣刀

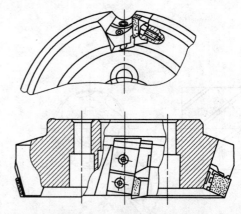

图 1-27　可转位端铣刀

（3）铣削方式及合理选用　　铣削方式是指铣削时铣刀相当于工件的运动和位置关系。不同的铣削方式对刀具的耐用度、工件的加工表面粗糙度、铣削过程的平稳性及切削加工的生产率等都有很大的影响。

① 圆周铣削法（周铣法）　　用铣刀圆周上的切削刃来铣削工件加工表面的方法，叫周铣法。它有两种铣削方式：逆铣法（铣刀的旋转方向与工件的进给方向相反，如图 1-28(a)所示）和顺铣法（铣刀的旋转方向与工件的进给方向相同，如图 1-28(b)所示）。

逆铣时,刀齿由切削层内切入,从待加工表面切出,切削厚度由零增至最大。由于刀刃并非绝对锋利,所以刀齿在刚接触工件的一段距离上不能切入工件,只是在加工表面上挤压、滑行,使工件表面产生严重冷硬层,降低了表面加工质量,并加剧了刀具磨损。顺铣时,切削厚度由大到小,没有逆铣的缺点。同时,顺铣时的铣削力始终压向工作台,避免了工件上、下振动,因而可提高铣刀的耐用度和加工表面质量。但顺铣时由于水平切削分力与进给方向相同,因此可能会使铣床工作台产生窜动,引起振动和进给不均匀。加工有硬皮的工件时,由于刀齿首先接触工件表面硬皮,会加速刀齿的磨损。这些都使顺铣的应用受到很大的限制。

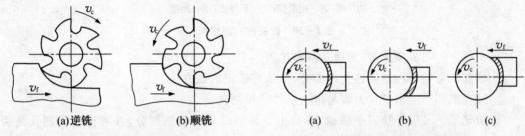

图 1 - 28　逆铣和顺铣　　　　　　图 1 - 29　端面铣削方式

一般情况下,尤其是粗加工或是加工有硬皮的毛坯时,多采用逆铣。精加工时,加工余量小,铣削力小,不易引起工作台窜动,可采用顺铣。

② 端面铣削法(端铣法)　　端铣法是利用铣刀端面的刀齿来铣削工件的加工表面。端铣时,根据铣刀相对于安装位置的不同,可分为三种不同的切削方式:

对称铣如图 1 - 29(a)所示,工件安装在端铣刀的对称位置上,它具有较大的平均切削厚度,可保证刀齿在切削表面的冷硬层之下铣削。

不对称逆铣如图 1 - 29(b)所示,铣刀从较小的切削厚度处切入,从较大的切削厚度处切出,这样可减少切入时的冲击,提高铣削的平稳性,适合于加工普通碳钢和低合金钢。

不对称顺铣如图 1 - 29(c)所示,铣刀从较大的切削厚度处切入,从较小的切削厚度处切出。在加工塑性较大的不锈钢、耐热合金等材料时,可减小毛刺及刀具的粘结磨损,刀具耐用度可大大提高。

4. 拉刀

拉刀是一种高生产率、高精度的多齿刀具。拉削时,拉刀作等速直线运动,由于拉刀的后一个(或一组)刀齿高于前一个(或一组)刀齿,所以能够依次从工件上切下金属层,从而获得所需的表面。

(1) 拉刀的类型

① 按加工工件表面不同,可分为内拉刀和外拉刀。前者用于加工各种形状的内表面(如圆孔、花键孔等),后者用于加工各种形状的外表面(如平面、成形面等)。

② 按拉刀工作时受力方向的不同,可分为拉刀和推刀。前者受拉力,后者受压力。

③ 按拉刀的结构不同,可分为整体式和组合式。前者主要用于中、小型尺寸的高速钢整体式拉刀;后者多用于大尺寸拉刀和硬质合金组合拉刀。

(2) 拉刀的结构　　各种拉刀的外形和构造虽有差异,但其组成部分和基本结构是相似的。图 1-30 所示为典型的圆孔拉刀,其各部分的功能如下:

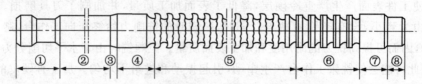

①—头部；②—颈部；③—过渡锥部；④—前导部；

⑤—切削部；⑥—校准部；⑦—后导部；⑧—尾部

图 1-30　圆孔拉刀的结构

① 头部　　与机床连接,传递运动和拉力。

② 颈部　　头部和过渡锥连接部分,也是打标记的地方。

③ 过渡锥部　　引导拉刀容易进入工件的预制孔。

④ 前导部　　引导拉刀平稳地、不发生歪斜地过渡到切削部分,并可检查预制孔是否过小,以免拉刀因第一个刀齿负荷过大而损坏。

⑤ 切削部　　担任全部加工余量的切除工作。它由粗切齿、过渡齿和精切齿组成。通常粗切齿切除拉削余量的 80% 左右,每齿的齿升量(即相邻齿的齿高差)相等。为了使拉削负荷平稳下降,过渡齿的齿升量按粗切齿的齿升量逐渐递减至精切齿的齿升量。为了减小切削宽度,便于容屑,在刀齿顶端都开有分屑槽。

⑥ 校准部　　最后几个无齿升量和分屑槽的刀齿,起修光、校准作用。以提高孔的加工精度和表面质量,并可作为精切齿的后备齿。

⑦ 后导部　　用来保持拉刀最后几个刀齿的准确位置,防止拉刀在即将离开工件时,因工件下垂而损坏已加工表面质量及刀齿。

⑧ 尾部　　当拉刀长而重时,用于支托拉刀,防止拉刀下垂,一般拉刀则不需要该部分。

(3) 刀齿几何参数　　拉刀切削部分主要几何参数如图 1-31 所示。

① 齿升量 a_f　　前、后两刀齿(或齿组)半径或高度之差。齿升量的确定必须考虑拉刀强度、机床拉力及工件表面质量要求,一般粗切齿 $a_f = 0.02 \sim 0.20$ mm,精切齿 $a_f = 0.005 \sim 0.015$ mm。

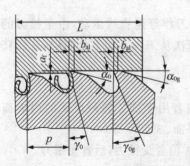

图 1-31　拉刀切削部分的
主要几何参数

② 齿距 p　　相邻两刀齿之间的轴向距离。它取决于容屑空间、同时工作齿数及拉刀强度等,一般 $p = (1.25 \sim 1.9)\sqrt{L}$(式中 L 为孔的拉削长度)。为了保证拉削过程的平稳,拉刀同时工作齿数可取 3~8 个。

③ 前角 γ_0　　前角根据工件材料选择。一般高速钢拉刀切削齿的前角 $\gamma_0 = 5° \sim 20°$,硬质合金拉刀的前角 $\gamma_0 = 0° \sim 1.0°$,校准齿的前角 γ_{0g} 与切削齿前角相同。

④ 后角 α_0　　因后角直接影响到拉刀刃磨后的径向尺寸,故一般取得很小。切削齿的后角 $\alpha_0 = 2°30' \sim 4°$,校

准齿的后角 $\alpha_{0g}{}' = 30' \sim 1°30'$。

⑤ 刃带 b_{a1} 为了增加拉刀的重磨次数,提高切削过程的平稳性和便于制造时控制刀齿的直径,在刀齿后刀面上留有一后角为 $0°$ 的棱边。一般粗切齿 $b_{a1} < 0.2$ mm,精切齿 $b_{a1} = 0.3$ mm,校准齿 $b_{a1} = 0.6 \sim 0.8$ mm。

(4) 拉削方式   拉削方式是指拉削过程中,加工余量在各刀齿上的分配方式。它决定每个刀齿切下的切削层的截面形状。不同的拉削方式对拉刀的结构形式、拉削力的大小、拉刀的耐用度、拉削表面质量及生产效率有很大影响。拉削方式主要分为分层式拉削、分块式拉削和综合式拉削三类。

分层式拉削的特点是刀齿的刃形与被加工表面相同,它们一层一层地切下加工余量,最后由拉刀的最后一个刀齿和校准齿切出工件的最终尺寸和表面。这种方式可获得较高的表面质量,但拉刀长度较长,生产率较低。

分块式拉削是将加工余量分为若干层,每层金属不是由一个刀齿切去,而是由几个刀齿分段切除,每个刀齿切去该层金属中相互间隔的几块金属。其优点是切屑窄而厚,在同一拉削余量下所需的刀齿总数较分层式少,故拉刀长度大大缩短,生产率也大大提高。这种方式还可以用来加工带有硬皮的铸铁和锻件。其缺点是拉刀结构复杂,加工表面质量较差。

综合式拉削集中了分层式和分块式拉削的优点,拉刀的粗切齿及过渡齿制成轮切式结构(分块拉削),精切齿则采用分层式结构,分层拉削,最终完成零件表面的加工。这样既缩短了拉刀长度,提高了生产率,又能获得较好的表面质量。

5. 齿轮刀具

(1) 齿轮刀具的类型   齿轮刀具是用于切削齿轮齿形的刀具。齿轮刀具结构复杂,种类繁多。按其工作原理,可分为成形法刀具和展成法刀具两大类。

① 成形法齿轮刀具   这类刀具切削刃的廓形与被切齿轮齿槽的廓形相同或相似,通常适于加工直齿槽工件,如直齿圆柱齿轮、斜齿齿条等。如图 1 - 32 所示,常用的成形法齿轮刀具有盘形齿轮铣刀和指状齿轮铣刀等。这类铣刀结构较简单,制造容易,可在普通铣床上使用,但加工精度和效率较低,主要用于单件、小批量生产和修配。

② 展成法齿轮刀具   这类刀具是利用齿轮的啮合原理来加工齿轮的。加工时,刀具本身就相当于一个齿轮,它与被切齿轮作无侧隙啮合,工件齿形由刀具切削刃在展成过程中逐渐切削包络而成。因此,刀具的齿形不同于被加工齿轮的齿槽形状。常用的展成法齿轮刀具有滚齿刀、插齿刀、剃齿刀等。

(2) 插齿刀   插齿刀可以加工直齿轮、斜齿轮、内齿轮、塔形齿

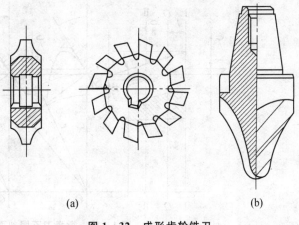

(a)   (b)

图 1 - 32   成形齿轮铣刀

轮、人字齿轮和齿条等,是一种应用很广泛的齿轮刀具。

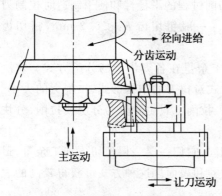

图 1-33　插齿刀的基本原理

① 插齿刀的基本工作原理　插齿刀的形状如同圆柱齿轮,但具有前角、后角和切削刃。插齿时,它的切削刃随插齿机床的往复运动在空间形成一个渐开线齿轮,称为产形齿轮。如图 1-33 所示,插齿刀的上、下往复运动就是主运动,同时,插齿刀的回转运动与工件齿轮的回转运动相配合形成展成运动(相当于产形齿轮与被切齿轮之间的无间隙啮合运动)。展成运动一方面包络形成齿轮渐开线齿廓,另一方面又是切削时的圆周进给运动和连续的分齿运动。在开始切削时,还有径向进给运动,切到全齿深时径向进给运动自动停止。为了避免后刀面与工件的摩擦,插齿刀每次空行程退刀时,应有让刀运动。

插齿刀是一种展成法齿轮刀具,它可以用来加工同模数、同压力角的任意齿数的齿轮。既可以加工标准齿轮,也可以加工变位齿轮。

② 插齿刀的结构特点　插齿刀的基本结构是一个齿轮,为了形成后角,以及重磨后齿形不变,插齿刀的不同端平面就具有不同变位系数的变位齿轮的形状,如图 1-34 所示。图中,O-O 剖面处的变位系数 χ_m 为 0,具有标准齿形,称 O-O 剖面为原始剖面。在原始剖面的前端各剖面中,变位系数为正值,且愈接近前端面变位系数愈大;在原始剖面的后端各剖面中,变位系数为负值,且愈接近后端面变位系数愈小。根据变位齿轮的特点,插齿刀各剖面中的分度圆和基圆直径不变,故渐开线齿形不变。但由于各剖面中变位量不同,故各剖面的顶圆半径和齿厚都不同。顶圆半径的变化,使插齿刀顶刃后面呈圆锥形,形成顶刃后角。而齿厚的变化,使刀齿的左、右两侧后面呈方向相反的渐开线螺旋面(即由一个右螺旋齿轮的侧面和一个左螺旋齿轮的侧面组合而成),从而形成侧刃后角。

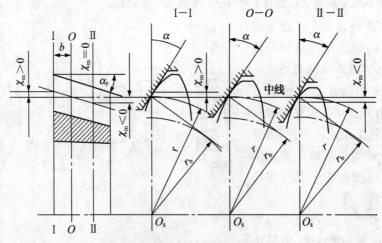

图 1-34　插齿刀不同剖面的齿形

如果用前端平面作为插齿刀的前刀面,则其前角为0°,切削条件较差。为了使插齿刀的顶刃和侧刃都有一定的前角,可将前刀面磨成内凹的圆锥面。标准插齿刀顶刃前角为5°。

插齿刀具有了前角后,切削刃在端面上的投影(产形齿轮齿形)就不再是正确的渐开线,而产生一定的齿形误差(即齿顶处齿厚增大,齿根处齿厚较小)。为了缩小这种齿形误差,可增加插齿刀分度圆处的应力角,使刀齿在端面的投影接近于正确的渐开线齿形。

③ 标准插齿刀的选用 标准直齿插齿刀按其结构分为盘形、碗形和锥柄形3种,它们的主要规格与应用范围见表1-3。插齿刀精度分为 AA,A,B 3 级,分别用来加工 6,7,8 级精度的齿轮。

表 1-3 插齿刀的主要类型、规格与应用范围

序号	类型	简 图	应用范围	规 格		d_1/mm 或莫氏锥度
				d_0/mm	m/mm	
1	盘形直齿插齿刀	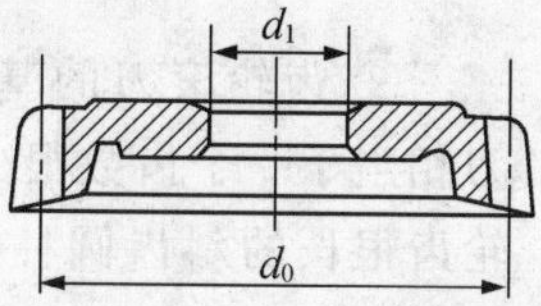	加工普通直齿外齿轮和大直径内齿轮	$\phi 75$	$1\sim 4$	31.743
				$\phi 100$	$1\sim 6$	
				$\phi 125$	$4\sim 8$	
				$\phi 60$	$6\sim 10$	88.90
				$\phi 200$	$8\sim 12$	101.60
2	碗形直齿插齿刀	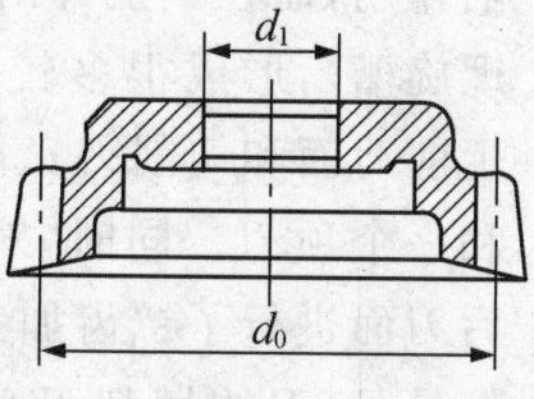	加工塔形、双联直齿轮	$\phi 50$	$1\sim 3.5$	20
				$\phi 75$	$1\sim 4$	31.743
				$\phi 100$	$1\sim 8$	
				$\phi 125$	$4\sim 8$	
3	锥柄直齿插齿刀	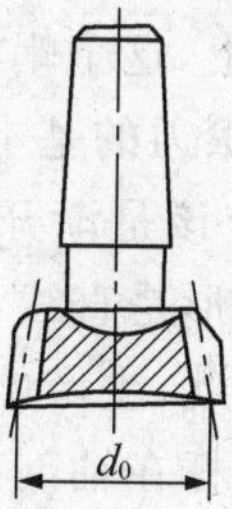	加工直齿内齿轮	$\phi 25$	$1\sim 2.75$	莫氏锥度 2#
				$\phi 38$	$1\sim 3.75$	莫氏锥度 3#

(3) 齿轮滚刀 齿轮滚刀是加工直齿和螺旋齿圆柱齿轮时常用的一种刀具。它的加工范围很广,模数从 0.1~40 mm 的齿轮,均可使用滚刀加工。同一把齿轮滚刀可以加工模数、压力角相同而齿数不同的齿轮。

① 齿轮滚刀的工作原理 齿轮滚刀是利用螺旋齿轮啮合原理来加工齿轮的。在加工过程中,滚刀相当于一个螺旋角很大的斜齿圆柱齿轮,与被加工齿轮作空间啮合,滚刀的刀齿就将齿轮的齿形逐渐包络出来,如图1-35所示。滚齿时,滚刀轴向相对工件端面倾斜一定

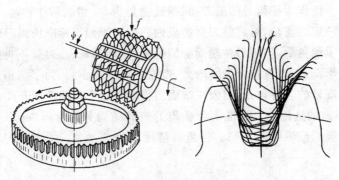

图 1 - 35　齿轮滚刀的工作原理

角度。滚刀的旋转运动为主运动。加工直齿轮时,滚刀每转一转,工件转过一个齿(当滚刀为单头时)或数个齿(当滚刀为多头时),以形成展成运动,即圆周进给运动;为了在齿轮的全齿宽上切出牙齿,滚刀还需沿齿轮轴线方向进给。加工斜齿轮时,除上述运动外,还需给工件一个附加的运动,以形成斜齿轮的螺旋齿槽。

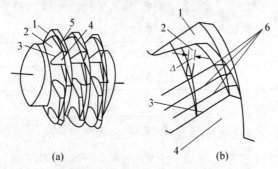

1—基本蜗杆表面;2—侧铲螺旋面(侧刃后面);
3—齿轮滚刀刀刃;4—前面;5—铲制顶刃后面;
6—齿轮滚刀每次重磨后的位置

图 1 - 36　齿轮滚刀的基本蜗杆与刀刃位置

②　齿轮滚刀的基本蜗杆　齿轮滚刀相当于一个齿数很少、螺旋角很大,而且轮齿很长的斜齿圆柱齿轮。因此,其外形就像一个蜗杆。为了使这个蜗杆能起到切削作用,需在其上开出几个容屑槽(直槽或螺旋槽),形成很多较短的刀齿,因此而产生前刀面和切削刃。每个刀齿有两个侧刃和一个顶刃。同时,对齿顶后刀面和齿侧后刀面进行了铲齿加工,从而产生了后角。但是,滚刀的切削刃必须保持在蜗杆的螺旋面上,这个蜗杆就是滚刀的产形蜗杆,也称为滚刀的基本蜗杆,如图 1 - 36 所示。

在理论上,加工渐开线齿轮的齿轮滚刀基本蜗杆应该是渐开线蜗杆。渐开线蜗杆在其端剖面内的截形是渐开线,在其基圆柱的切平面内的截形是直线,但在轴剖面和法剖面内的截形都是曲线,这就使滚刀的制造和检验较为困难。因此,生产中一般采用阿基米德蜗杆或法向直廓蜗杆,作为齿轮滚刀的基本蜗杆。阿基米德蜗杆在轴剖面内的齿形为直线,而法向直廓蜗杆则是在法剖面内的齿形为直线。因此,以这两种蜗杆为基本蜗杆的阿基米德滚刀和法向直廓滚刀,在制造和检验上就方便多了。

用阿基米德滚刀和法向直廓滚刀加工出来的齿轮齿形,理论上都不是渐开线,有一定的加工原理误差。但由于齿轮滚刀的分度圆柱上的螺旋升角很小,故加工出来的齿形误差也很小。特别是阿基米德滚刀,不仅误差较小,而且误差的分布对齿轮齿形造成一定的修缘,有利于齿轮的传动。因此,一般精加工用的和小模数($m \leqslant 10$ mm)的齿轮滚刀,均为阿基米德滚刀。法向直廓滚刀误差较大,多用于粗加工和大模数齿轮的加工。

③ 齿轮滚刀的选用 用于加工基准压力角为20°的渐开线齿轮的齿轮滚刀已经标准化了,均为阿基米德整体式滚刀,模数 $m=1\sim10$ mm,单头,右旋,0°前角和直槽。其基本结构型式及主要结构尺寸见表1-4。

表 1-4 标准齿轮滚刀的基本结构型式及主要结构尺寸(GB6083—85)/mm

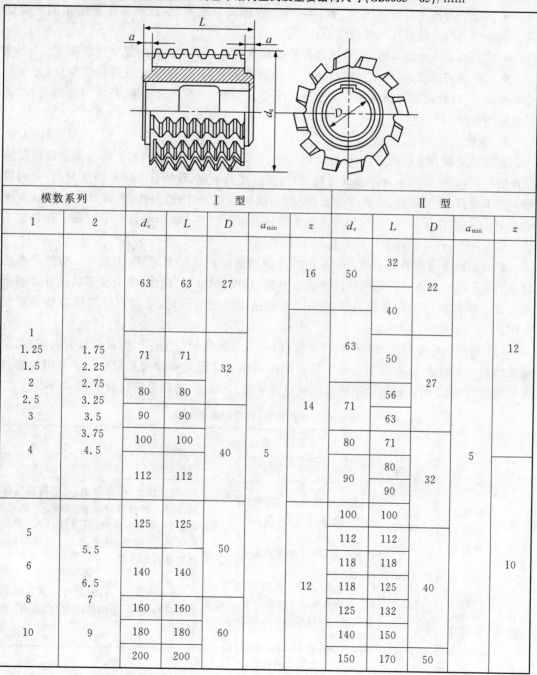

模数系列		Ⅰ型					Ⅱ型				
1	2	d_e	L	D	a_{min}	z	d_e	L	D	a_{min}	z
1	1.75	63	63	27		16	50	32			
1.25	2.25							40	22		12
1.5	2.75	71	71	32		14	63	50			
2	3.25	80	80				71	56	27		
2.5	3.5	90	90		5			63		5	
3	3.75	100	100	40			80	71			
4	4.5	112	112				90	80	32		
								90			
5		125	125	50		12	100	100			
	5.5	140	140				112	112	40		
6	6.5	160	160	60			118	118			10
8	7	180	180				118	125		10	
10	9	200	200				125	132			
							140	150			
							150	170	50		

表 1-4 中 Ⅰ 型的外径 d_e、孔径 D、长度 L、齿槽数 z 均大于 Ⅱ 型的,故刀齿的理论齿形精度较高,用于 AAA 级齿轮滚刀,适用于加工 6 级精度的齿轮;Ⅱ 型用于 AA,A,B,C 级齿轮滚刀,分别适用于加工 7,8,9,10 级精度的齿轮。

选用齿轮滚刀时,应注意以下几点:

● 齿轮滚刀的基本参数(如模数、压力角、齿顶高系数等)应按被切齿轮的相同参数选取。齿轮滚刀的参数标注在其端面上。

● 齿轮滚刀的精度等级,应按被切齿轮的精度要求或工艺文件的规定选取。

● 齿轮滚刀的旋向,应尽可能与被切齿轮的旋向相同,以减少滚刀的安装角度,避免产生切削振动,以提高加工精度和表面质量。滚切直齿轮,一般用右旋滚刀;滚切左旋齿轮,最好选用左旋滚刀。

6. 砂轮

磨削是用带有磨粒的工具(砂轮、砂带、油石等)对工件进行切削加工的方法。磨削的应用范围很广,既可以用来加工金属材料,包括高强度合金钢、硬质合金等高硬度材料,又可以用来加工宝石、光学玻璃、陶瓷等非金属材料;既可以用于外圆、内孔、平面等简单形状表面的加工,又可以用于螺纹、齿形和其他复杂形状表面的加工。磨削是目前半精加工和精加工的主要方法之一,并已逐步应用到粗加工之中。

砂轮是最重要的磨削工具。它是用结合剂把磨粒粘结起来,经压坯、干燥、焙烧及车整而成的多孔疏松物体。砂轮的特性主要由磨料、粒度、结合剂、硬度、组织及形状尺寸等因素所决定。磨削加工时,应根据具体的加工条件选用合适的砂轮,才能充分发挥砂轮的磨削作用。

(1) 磨料　磨料是制造砂轮的主要材料,直接担负切削工作。磨料应具有高硬度、高耐热性和一定的韧性,在磨削过程中受力破碎后还要能形成锋利的几何形状。常用的磨料有氧化物系(刚玉类)、碳化物系和超硬磨料系 3 类,其性能、适用范围见表 1-5 所示。

表 1-5　砂轮特性、代号和适用范围

磨粒的磨料种类				
系列	名　称	代　号	性　　能	适用范围
刚玉	棕刚玉 白刚玉 铬刚玉	A WA PA	棕褐色,硬度较低,韧性较好 白色,较 A 硬度高,磨粒锋利,韧性差 玫瑰红色,韧性比 WA 好	A:磨削碳素钢、合金钢、可锻铸铁与青铜;WA:磨削淬硬的高碳钢、合金钢、高速钢、薄壁零件、成形零件;PA:磨削高速钢、不锈钢、成形磨削,刀具磨削,高质量表面磨削
碳化物	黑碳化硅/绿碳化硅	C /GC	C:黑色带光泽,比刚玉类硬度高、导热性好,韧性差;GC:绿色带光泽,较 C 硬度高、导热性好,韧性较差	C:磨削铸铁、黄铜、耐火材料及其他非金属材料;GC:磨削硬质合金、宝石、光学玻璃

系列	名 称	代 号	性 能	适用范围
超硬磨料	人造金刚石/立方氮化硼	D/CBN	D:白色、淡绿、黑色,硬度最高,耐热性较差;CBN:棕黑色,硬度仅次于D,韧性较好	D:磨削硬质合金、宝石、光学玻璃、陶瓷等高硬度材料;CBN:磨削高性能高速钢、不锈钢、耐热刚及其他难加工材料

磨粒的粒度

类别	粒 度 号	适用范围
磨粒	8♯,10♯,12♯,14♯,16♯,20♯,22♯,24♯ 30♯,36♯,40♯,46♯ 54♯,60♯,70♯,80♯,90♯,100♯ 120♯,150♯,180♯,220♯,240♯	荒磨 一般磨削,加工表面粗糙度可达 $Ra0.8\ \mu m$ 半精磨、粗磨和成形磨削,可达 $Ra0.8\sim0.16\ \mu m$ 精磨、精密磨、超精磨、成形磨、刀具刃磨、珩磨
微粉	W63 W50 W40 W28 W20 W14 W10 W7 W5 W3.5 W1.5 W1.0 W0.5	精磨、精密磨、超精磨、珩磨、螺纹磨 超精密磨、镜面磨、精研,可达 $Ra0.05\sim0.012\ \mu m$

结合剂的种类

名称	代号	特 性	适用范围
陶瓷	V	耐热、耐油和耐酸、碱的侵蚀,强度较高,但性较脆	除薄片砂轮外,能制成各种砂轮
树脂	B	强度高,富有弹性,具有一定抛光作用,耐热性差,不耐酸碱	荒磨砂轮,磨窄槽、切断用砂轮,高速砂轮,镜面磨砂轮
橡胶	R	强度高,弹性更好,抛光作用好,耐热性差,不耐油和酸,易堵塞	磨削轴承沟槽砂轮,无心磨导轮,切割薄片砂轮,抛光砂轮

结合剂的硬度

等级	超软		软			中软		中		中硬		硬		超硬
代号	D	E	F	G	H	J	K	L	M	N	O	P	R	S	T	Y
选择	磨未淬硬钢选用L ~N;磨淬火合金钢选用H~K;高表面质量磨削时选用K~L,刃磨硬质合金刀具选用H~J													

气孔组织

组织号	0	1	2	3	4	5	6	7	8	9	10	11	12	13	14
磨粒率(%)	62	60	58	56	54	52	50	48	46	44	42	40	38	36	34
用途	成形磨削,精密磨削			磨削淬火钢,刀具刃磨			磨削韧性大而硬度不高的材料						磨削热敏性大的材料		

(2) 粒度　粒度是指磨料颗粒的大小,通常分为磨粒(颗粒尺寸 $>40\ \mu m$)和微粉(颗粒尺寸 $\leqslant40\ \mu m$)两类。磨粒是用筛选法确定粒度号,如粒度 $60^{\sharp}$ 的磨粒,表示其大小正好能

通过 1 英寸(2.54 cm)长度上孔眼数为 60 的筛网。粒度号越大,表示磨粒粒度越小。微粉按其颗粒的实际尺寸分级,如 W20 是指用显微镜测得的实际尺寸为 20 μm 的微粉。

粒度对加工表面粗糙度和磨削生产率影响较大。一般来说,粗磨用粗粒度($30^{\#}$ ～ $46^{\#}$),精磨用细粒度($60^{\#}$ ～ $120^{\#}$)。当工件材料硬度低、塑性大和磨削面积较大时,为了避免砂轮堵塞,也可采用粗磨粒的砂轮。

(3)硬度　　砂轮的硬度是指砂轮工作表面的磨粒在磨削力的作用下脱落的难易程度。它反映磨粒与结合剂的粘固程度。磨粒不易脱落,称砂轮硬度高;反之,称砂轮硬度低。因此,砂轮的硬度与磨料的硬度是两个不同的概念。

砂轮的硬度从低到高分为超软、软、中软、中、中硬、硬、超硬 7 个等级。工件材料较硬时,为了使砂轮有良好的自砺性,应选用较软的砂轮;工件与砂轮的接触面积大,工件的导热性差时,为减少磨削热,避免工件表面烧伤,应选用较软的砂轮;对于精磨或成形磨削,为了保持砂轮的廓形精度,应选用较硬的砂轮;粗磨时应选用较软的砂轮,以提高磨削效率。

(4)结合剂　　结合剂是将磨料粘结在一起,使砂轮具有必要的形状和强度的材料。结合剂的性能对砂轮的强度、抗冲击性、耐热性、耐腐蚀性,以及对磨削温度和磨削表面质量都有较大的影响。

常用结合剂的种类有陶瓷、树脂、橡胶及金属等。陶瓷结合剂的性能稳定,耐热、耐酸碱,价格低廉,应用最为广泛。树脂结合剂强度高,韧性好,多用于高速磨削和薄片砂轮。橡胶结合剂适用于无心磨的导轮、抛光轮、薄片砂轮等。金属结合剂主要用于金刚石砂轮。

(5)组织　　砂轮的组织是指砂轮中磨料、结合剂和气孔三者间的体积比例关系。按磨料在砂轮中所占体积的不同,砂轮的组织分为紧密、中等和疏松三大类。组织号越大,磨粒所占体积越小,表明砂轮越疏松。这样气孔就越多,砂轮不易被切屑堵塞,同时可把冷却液或空气带入磨削区,使散热条件改善。但过分疏松的砂轮,磨粒含量少,容易磨钝,砂轮廓形也不易保持长久。生产中常用的是中等组织(组织号 4～7)的砂轮。

(6)砂轮的形状、尺寸及代号　　根据不同的用途、磨削方式和磨床类型,砂轮被制成各种形状和尺寸,并已标准化。表 1-6 列出了常用砂轮的形状、代号和主要用途。砂轮的特性用代号标注在砂轮端面上,用以表示砂轮的磨料、粒度、硬度、结合剂、组织、形状、尺寸及最高工作线速度。例如 A60SV6P300×30×75 即表示砂轮的磨料为棕刚玉、粒度为 $60^{\#}$、硬度为硬 1、结合剂为陶瓷、组织号为 6、形状为平型、外径为 300 mm、厚度为 30 mm、内径为 75 mm。

表 1-6　常用砂轮的形状、代号及主要用途

砂轮名称	代号	断面形状	主要用途
平行砂轮	P		根据不同尺寸,分别用于外圆磨、内圆磨、平面磨、无心磨、工具磨、螺纹磨和砂轮机上
双斜边一号砂轮	PSX1		主要用于磨齿轮齿面和磨单线螺纹

砂轮名称	代号	断面形状	主要用途
双面凹砂轮	PSA	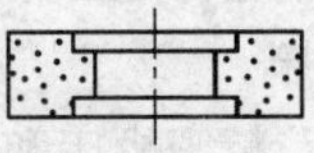	主要用于外圆磨削和刃磨刀具,还用作无心磨的磨轮和导轮
薄片砂轮	PB	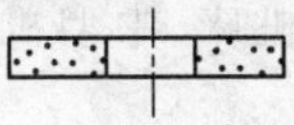	用于切断和开槽等
筒形砂轮	N	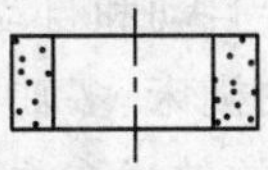	用于立式平面磨床
杯形砂轮	B	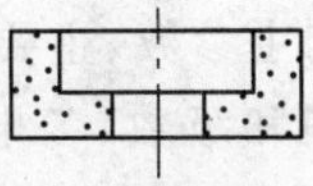	主要用其端面刃磨刀具,也可用其圆周面磨平面及内孔
碗形砂轮	BW	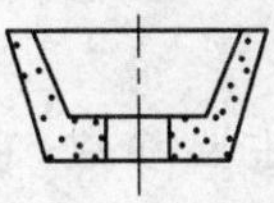	通常用于刃磨刀具,也可用于导轨磨床上磨机床导轨
碟形砂轮	D	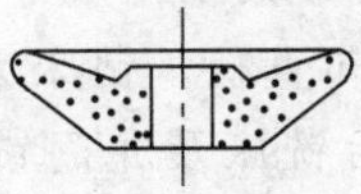	适于磨铣刀、铰刀、拉刀等,大尺寸的砂轮一般用于磨齿轮的齿面

1.2　金属切削机床

1.2.1　机床概述

1. 机床的分类及型号

（1）机床的分类　金属切削机床,简称机床,是制造机器的机器,所以又称为工作母机或工具机。机床的品种规格繁多,为便于区别、使用和管理,必须加以分类。对机床常用的分类方法有几下几种:

① 按加工性质、所用刀具和机床的用途,机床可分为车床、钻床、镗床、磨床、齿轮加工机床、螺纹加工机床、铣床、刨插床、拉床、特种加工机床、锯床和其他机床共 12 类。这是最基本的分类方法。在每一类机床中,又按工艺范围、布局形式和结构性能的不同,分 10 个组,每一组又分若干系。

② 按机床的通用性程度,同类机床又可分为通用机床(万能机床)、专门化机床和专用机床。通用机床的工艺范围宽,通用性好,能加工一定尺寸范围的多种类型零件,完成多种工序,如卧式车床、卧式升降台铣床、万能外圆磨床等。通用机床的结构往往比较复杂,生产

率也较低,故适于单件小批量生产。专门化机床只能加工一定尺寸范围内的某一类或几类零件,完成其中的某些特定工序。如曲轴车床、凸轮轴磨床、花键铣床等即是如此。专用机床的工艺范围最窄,通常只能完成某一特定零件的特定工序,如车床主轴箱的专用镗床、车床导轨的专用磨床等。组合机床也属于专用机床。

③ 同类机床按工作精度又可分为普通机床、精密机床和高精密机床。

④ 按机床的重量和尺寸,机床可分为仪表机床、中型机床、大型机床、重型机床和超重型机床。

⑤ 按自动化程度,机床可分为手动、机动、半自动和自动机床。

⑥ 按主要工作器官的数目,机床可分为单轴机床、多轴机床、单刀机床和多刀机床。

（2）机床的技术参数和尺寸系列　　机床的技术参数是表示机床的尺寸大小和加工能力的各种技术数据,一般包括:主参数、第二主参数、主要工作部件的结构尺寸、主要工作部件的移动行程范围、各种运动的速度范围和级数、各电机的功率、机床轮廓尺寸等。这些参数在每台机床的使用说明书中均详细列出,是用户选择、验收和使用机床的重要技术数据。

主参数是反映机床最大工作能力的一个主要参数,它直接影响机床的其他参数和基本结构的大小。主参数一般以机床加工的最大工件尺寸或与此有关的机床部件尺寸表示。例如,普通车床为床身上最大工件回转直径。钻床为最大钻孔直径,外圆磨床为最大磨削直径,卧式镗床为镗轴直径,升降台铣床及龙门铣床为工作台面宽度,齿轮加工机床为最大工件直径等。有些机床的主参数不用尺寸表示,例如拉床的主参数为最大拉力。

有些机床为了更完整地表示其工作能力和尺寸大小,还规定有第二主参数。例如普通车床的第二主参数为最大工作长度,外圆磨床的第二主参数为最大磨削长度,齿轮加工机床的第二主参数则为最大加工模数。

在《GB1838—1985 金属切削机床型号编制方法》中,对各种机床的主参数、第二主参数及其表示方法都作了明确规定。同一类机床中,机床的尺寸大小是由主参数系列决定的。主参数系列通常按等比数列的规律分布。

（3）机床的型号编制　　机床的型号是机床产品的代号,用以简明地表示机床的类型、主要技术参数、性能和结构特点等。例如按照《GB1838—1985 金属切削机床型号编制方法》,CA6140,MG1432A 的含义如下:

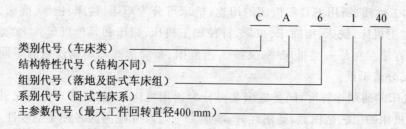

机械制造技术与项目训练

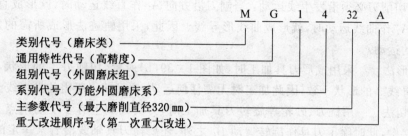

类别代号（磨床类）
通用特性代号（高精度）
组别代号（外圆磨床组）
系别代号（万能外圆磨床系）
主参数代号（最大磨削直径320 mm）
重大改进顺序号（第一次重大改进）

2. 机床的运动

（1）工件表面的形成方法　　任何一种经切削加工得到的机械零件,其形状都是由若干便于刀具切削加工获得的表面组成的。这些表面包括平面、圆柱面、圆锥面以及各种成形表面,如图1-37所示。从几何观点看,这些表面(除了少数特殊情况如涡轮叶片的成形面外)都可看作是一条线(母线)沿另一条线(导线)运动而形成的。如图1-38所示,平面可以由直母线1沿直导线2移动而形成;圆柱面及圆锥面可以由直母线1沿圆导线2旋转而形成;螺纹表面是由代表螺纹牙型的母线1沿螺旋导线2运动而形成的;使渐开线形的母线2沿直导线2移动,就得到直齿圆柱齿轮的齿形表面。

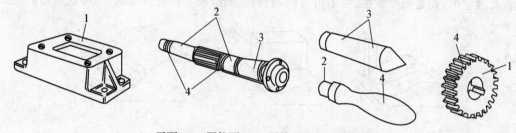

1—平面；2—圆柱面；3—圆锥面；4—成形表面

图1-37　机械零件上常用的表面

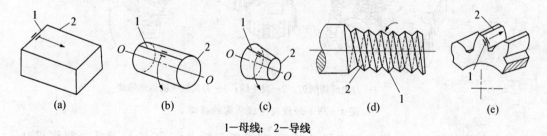

(a)　　　　(b)　　　　(c)　　　　(d)　　　　(e)

1—母线；2—导线

图1-38　零件表面的形成

母线和导线统称为表面的发生线。在用机床加工零件表面的过程中,工件、刀具之一或两者同时按一定规律运动,形成两条发生线,从而生成所要加工的表面。常用的形成发生线的方法有四种:

①　轨迹法　　如图1-39(a)所示,刀具切削刃与被加工表面为点接触。为了获得所需

的发生线,切削刃必须沿发生线运动:当刨刀沿方向 A_1 作直线运动时,就形成直母线;当刨刀沿方向 A_2 作曲线运动时,就形成曲线形导线。因此,采用轨迹法形成所需的发生线需要一个独立的运动。

②　成形法　采用成形刀具加工时,如图 1-39(b)所示,切削刃 1 的形状与所需生成的曲线形母线 2 的形状一致,因此加工时无需任何运动,便可获得所需的发生线。

③　相切法　用铣刀、砂轮等旋转刀具加工时,刀具圆周上有多个切削点 1 轮流与工件表面相接触,此时除了刀具作旋转运动 B_1 之外,还要使刀具轴线沿着某一定的轨迹 3(即发生线 2 的等距线)运动,而各个切削点运动轨迹的包络线就是所加工表面的一条发生线 2,如图 1-39(c)所示。因此采用相切法形成发生线,需要刀具旋转和刀具与工件之间的相对移动两个彼此独立的运动。

④　展成法　图 1-39(d)所示为用滚刀或插齿刀加工圆柱齿轮的情形,刀具的切削刃与齿坯之间为点接触。当刀具与齿坯之间按一定的规律作相对运动时,工件的渐开线形母线就是由与之相切的刀具切削刃一系列瞬时位置的包络线形成的。用展成法生成发生线时,工件的旋转与刀具的旋转(或移动)两个运动之间必须保持严格的运动协调关系,即刀具与工件之间犹如一对齿轮之间或齿轮与齿条之间作啮合运动。在这种情况下,两个运动不是彼此独立的,而是相互联系、密不可分的,它们共同组成一种复合运动(即展成运动)。

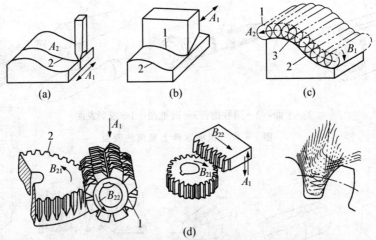

(a)　　　　　(b)　　　　　(c)

(d)

1-刀尖或切削刃;2-发生线;3-刀具轴线的运动轨迹

图 1-39　形成发生线所需的运动

(2) 机床的运动　机床加工零件时,为获得所需的表面,工件与刀具之间作相对运动,既要形成母线,又要形成导线,于是形成这两条发生线所需的运动的总和,就是形成该表面所需的运动。机床上形成被加工表面所必需的运动,称为机床的工作运动,又称为表面成形运动。例如,在图 1-39(a)中,用轨迹法加工时,刀具与工件的相对运动 A_1 是形成母线所需的运动。刀具沿曲线轨迹的运动 A_2,用来形成导线。A_1 与 A_2 之间不必有严格的运动联系,因此它们是相互独立的。所以,要加工出图 1-39(a)所示的曲面,一共需要两个独立的工作运动：A_1 和 A_2。

用展成法加工齿轮时，如前所述，生成母线需要一个复合的成形运动（$B_{21}+B_{22}$）。为了形成齿的全长，即形成导线，如果采用滚刀加工，用相切法，需要两个独立的运动：滚刀轴线沿导线方向的移动和滚刀的旋转。前一个运动是用轨迹法实现的，而滚刀的旋转运动由于要与工件的运动保持严格的复合运动关系，只能与 B_{22} 为同一个运动而不可能另外增加一个运动。所以，用滚刀加工圆柱齿轮时，一共需要两个独立的运动：展成运动（$B_{21}+B_{22}$）和滚刀沿工件轴向的移动 A_1。

机床的工作运动中，必有一个速度最高、消耗功率最大的运动，它是产生切削作用必不可少的运动，称为主运动。其余的工作运动使切削得以继续进行，直至形成整个表面，这些运动都称为进给运动。进给运动速度较低，消耗的功率也较小，一台机床上可能有一个或几个进给运动，也可能不需要专门的进给运动。

工作运动是机床上最基本的运动。每个运动的起点、终点、轨迹、速度、方向等要素的控制和调整方式，对机床的布局和结构有重大的影响。

机床上除了工作运动以外，还可能有下面的几种运动：

① 切入运动　刀具切入工件表面一定深度，以使工件获得所需的尺寸。

② 分度运动　工作台或刀架的转位或移位，以顺次加工均匀分布的若干个相同的表面，或使用不同的刀具作顺次加工。

③ 调位运动　根据工件的尺寸大小，在加工之前调整机床上某些部件的位置，以便加工。

④ 其他各种运动　如刀具快速趋近工件或退回原位的空程运动，控制运动的开、停、变速、换向的操纵运动等。

这几类运动与表面的形成没有直接的关系，而是为工作运动创造条件，统称为辅助运动。

3. 机床的传动

（1）传动链　机床上最终实现所需运动的部件称为执行件，如主轴、工作台、刀架等。为执行件的运动提供能量的装置称为运动源。将运动和动力从运动源传至执行件的装置，称为传动装置。机床的运动源可以是电机、液压机或气动马达。交流异步电机因价格便宜、工作可靠，在一般机床的主运动、进给运动和辅助运动中应用最为广泛。当转速和调速性能等不能满足要求时，应选用其他运动源。

机床的传动装置有机械、电气、液压、气动等多种类型。机械传动又有带传动、链传动、啮合传动、丝杆螺母传动及其组合等多种方式。从一个元件到另一个元件之间的一系列传动件，称为机床的传动链。传动链两端的元件称为末端件。末端件可以是运动源、某个执行件，也可以是另一条传动链中间的某个环节。每一条传动链并不是都需要运动源，以后可以看到，有的传动链可以和其他传动链公用一个运动源。

传动链的两个末端件的转角或移动量（称为计算位移）之间如果有严格的比例关系要求，这样的传动链称为内联系传动链。若没有这种要求，则为外联系传动链。展成法加工齿轮时,单头滚刀转一转,工件也应匀速转过一个齿,才能形成准确的齿形。因此,连接工件与滚刀的传动链即展成运动传动链,就是一条内联系传动链。同样,在机床上车螺纹时,刀具的移动与工件的转动之间,也应由内联系传动链相联。在内联系传动链中,不能用带传动、摩擦轮传动等传动比不稳定的装置。

传动链中通常包括两类传动机构:一类是传动比和传动方向固定不变的机构,如定比齿轮副、蜗杆蜗轮副、丝杆螺母副等,称为定比传动机构;另一类是根据加工要求可以变换传动比和传动方向的传动机构,如挂轮变速机构、滑移齿轮变速机构、离合器换向机构等,统称为换置机构。

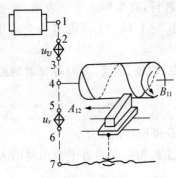

图 1 – 40　车床的传动原理图

(2)传动原理图　拟订或分析机床的传动原理时,常用传动原理图。传动原理图只是用简单的符号表示各种执行件、运动源之间的传动联系,并不表示实际传动机构的种类和数量。图 1 – 40 所示为车床的传动原理图。图中,电机、工件、刀具、丝杆螺母等均以简单的代号表示,1~4 及 4~7 分别表示电机至主轴、主轴至丝杆的传动链。传动链中传动比不变的定比传动部分以虚线表示,如 1~2,3~4,4~5,6~7 之间均代表定比传动机构。2~3 及 5~6 之间的代号表示传动比可以改变的机构,即换置机构,其传动比分别为 u_v 和 u_x。

(3)转速图　通用机床的工艺范围很广,因而其主运动的转速范围和进给运动的速度范围较大。例如,中型卧式车床主轴的最低转速 n_{min} 常为每分钟几转至十几转,而最高转速 n_{max} 可达 1500~2000 r/min。在最低转速和最高转速之间,根据机床对传动的不同要求,主轴的转速可能有两种变化方式——无级变速和有级变速。

采用无级变速方式时,主轴转速可以选择 n_{min} 与 n_{max} 之间的任何数值。其优点是可以得到最合理的转速,速度损失小,但是无级变速机构的成本稍高。常用的无级变速机构有各种电机的无级变速和机械的无级变速机构。

采用有级变速方式时,主轴转速在 n_{min} 和 n_{max} 之间只有有限的若干级中间转速可供选用。为了让转速分布相对均匀,常使各级转速的数值构成等比数列,其公比的标准值为 1.12,1.25,1.41,1.58 和 2。也有的机床主轴转速数列中有两种不同的公比值,即在常用的中间一段转速范围内,φ 取较小的值,主轴转速分布较密,而在两端的低速和高速范围内,φ 取较大的值,主轴转速范围分布较疏。这种情形称为双公比数列。有级变速的缺点是在大多数情况下,能选用的转速与最合理的转速不能一致而造成转速损失,但是由于有级变速可以用滑移齿轮等机械装置来实现,成本较低,结构紧凑,且工作可靠,所以在通用机床上仍得到广泛应用。

为了表示有级变速传动系统中各级转速的传动路线,对各种传动方案进行分析比较,常使用转速图。图 1 – 41 所示为某车床主运动传动系统的转速图,图中每条竖线代表一根轴并标明轴号,竖线上的圆点表示该轴所能有的转速。为使转速图上表示转速的横线分布均匀,转速值以对数坐标绘出,但在图上仍标以实际转速。两轴(竖线)之间一条相连的线段表示一对传动副,并在线旁标明带轮直径之比或齿轮的齿数比。两竖线之间的一组平行线代表同一对传动副。从左至右往上斜的线表示升速传动,往下斜的线表示降速传动。从转速图上容易找出各级转速的传动路线和各轴、齿轮的转速范围。例如,主轴的转速范围为 31.5~1400 r/min 共 12 级;主轴上 $n=$ 500 r/min 的一级转速,是由电机轴的 1440 r/min 经 126:256 一对带轮传动至 I 轴,再经 I~II 轴间一对 36:36 的齿轮、II~III 轴间一对 22:62 的齿轮传至 III 轴,最后经一对齿轮 60:30 传至主轴 IV。

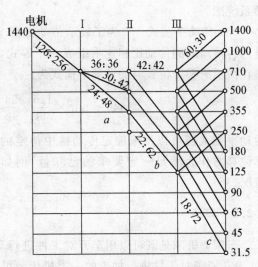

图 1-41 某车床主运动转速图

将各种可能的传动路线全部列出来,就得出主传动链的传动路线表达式(传动结构式):

$$\frac{\text{电动机}}{3\ kW-1440\ r/min}-\frac{\phi126}{\phi256}-\text{I}-\begin{bmatrix}\frac{36}{36}\\\frac{30}{42}\\\frac{24}{48}\end{bmatrix}-\text{II}-\begin{bmatrix}\frac{42}{42}\\\frac{22}{62}\end{bmatrix}-\text{III}-\begin{bmatrix}\frac{60}{30}\\\frac{18}{72}\end{bmatrix}-\text{IV(主轴)}$$

(4)传动系统图　分析机床的传动系统时经常使用的另一种技术资料是传动系统图。它是表示机床全部运动的传动关系的示意图,用国家标准所规定的符号(见国标 GB4460—1984 机械运动简图符号)代表各种传动元件,按运动传递的顺序画在能反映机床外形和各主要部件相互位置的展开图中。传动系统图上应标明电机的转速和功率、轴的编号、齿轮和蜗轮的齿数、带轮直径、丝杆导程和头数等参数。传动系统图只表示传动关系,而不表示各零件的实际尺寸和位置。有时为了将空间机构展开为平面图形,还必须作一些技术处理,如将一根轴断开绘成两部分,或将实际上啮合的齿轮分开来画(用大括号或虚线连接起来),看图时应加以注意。图 1-42 所示为将图 1-41 给出的主运动传

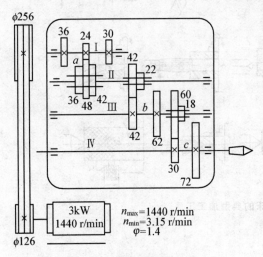

图 1-42 主运动传动系统图

动系统图。

（5）传动平衡式　为了表示传动链两个末端件计算位移之间的数值关系，常将传动链内各传动副的传动比相连乘组成一个等式，称为传动平衡式。如图 1-42 的主运动传动链在图示的啮合位置时的运动平衡式为：

$$1440 \text{ r/min} \times \frac{126}{256} \times \frac{24}{48} \times \frac{42}{48} \times \frac{60}{30} = 710 \text{ r/min}。$$

运动平衡式还可以用来确定传动链中待定的换置机构传动比，这时传动链两末端件的计算位移常作为满足一定要求的已知量，例如以后将要讨论的展成法加工齿轮就是这种情况。

1.2.2　车床

车床类机床是既可以用车刀对工件进行车削加工，又可用钻头、扩孔钻、铰刀、丝锥、板牙、滚花刀等对工件进行加工的一类机床。可加工的表面有内外圆柱面、圆锥面、成形回转面、端平面和各种内外螺纹面等。车床的种类很多，按用途和结构的不同，可分为卧式车床、六角车床、立式车床、单轴自动车床、多轴自动和半自动车床、仿形车床、专门化车床等，应用极为普遍。在所有车床中，卧式车床的应用最为广泛。它的工艺范围广，加工尺寸范围大（由机床主参数决定），既可以对工件进行粗加工、半精加工，也可以进行精加工。图 1-43 列出了卧式车床所能完成的典型加工工序，表 1-7 列出了几种卧式车床的技术参数，表 1-8 列出了刀架上最大工件回转直径为 200 mm 的精密和高精度卧式车床应能达到的加工精度。

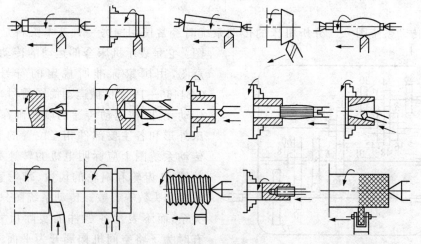

图 1-43　卧式车床的典型加工工序

表 1-7　几种卧式车床的技术参数

技术规格＼型号		CG6125B	CA6140	C6150	CW6163	CW61100
最大加工直径/mm	在床身上	250	400	500	630	1000
	在刀架上	130	210	280	350	630
	棒料	27	47	51	78	98
最大加工长度/mm		450	650,900 1400,1900	950,1400 1900	1360,2900	1300,2800 4800,7800 9800,13800
中心高/mm		125	205	250	315	500
顶尖距/mm		500	750,1000 1500,2000	1000,1500 2000	1500,3000	1500,3000 5000,8000 10000,14000
主轴锥孔		莫氏 4 号	莫氏 6 号	莫氏 6 号	公制 100 号	公制 120 号
主轴转速范围/(r/min)		40～200 (无级)	10～1400 (24 级)	20～1250 (18 级)	6～800 (18 级)	3.15～315 (21 级)
进给量范围	纵向/(mm/r)	6～114[①] (无级)	0.028～6.33 (64 级)	0.028～6.528	0.1～24.3 (64 级)	0.1～12 (56 级)
	横向/(mm/r)	0.5～0.9[①] (无级)	0.014～3.16 (64 级)	0.010～2.456	0.05～12.15 (64 级)	0.05～6 (56 级)
加工螺纹范围	公制/mm	0.5～4 (15 种)	1～192 (44 种)	1～80	1～240 (39 种)	1～120 (44 种)
	英制/(牙/in)		2～24 (20 种)	40～7/16	1～14 (20 种)	3/8～28 (31 种)
	模数/mm	0.25～1.5 (10 种)	0.25～48 (39 种)	0.5～40	0.5～120 (45 种)	0.5～60 (45 种)
	径节/(牙/in)		1～96 (37 种)	80～7/8	1～28 (24 种)	1～56 (25 种)
刀架最大行程/mm	纵向	450	650,900 1400,1900	950,1400 1900	1360,2900	1450,2950 4950,7950 9950,13950
	横向	125	320	290	420	520
	刀架溜板	75	140	140	200	300
尾座套筒锥孔尺寸		莫氏 2 号	莫氏 5 号	莫氏 4 号	莫氏 6 号	莫氏 6 号
尾座套筒最大行程/mm		100	150	170	250	300

技术规格　　型号	CG6125B	CA6140	C6150	CW6163	CW61100
主电机功率/kW	1.1/1.5	7.5	5.5	10	22
机床外形尺寸/mm　长度	1600	2418,2668 3168,3668	2710,3160 3660	3665,5165	4600,6100 8100,11100 13100,17100
机床外形尺寸/mm　宽度	740	1000	930	1310,1555	2150
机床外形尺寸/mm　高度	1183	1267	1295	1450	1700

注：① 单位为 mm/min。

表 1-8　精密和高精密车床的几项主要精度标准

精度项目	精密车床	高精度车床
精车外圆的圆度/mm	0.0035	0.0014
精车外圆的圆柱度	0.005 mm/100 mm	0.0018 mm/100 mm
精车端面的平面度	0.0085 mm/200 mm	0.0035 mm/200 mm
加工螺纹的精度	不低于 8 级	不低于 7 级
加工表面粗糙度 $Ra/\mu m$	1.25～0.32	0.32～0.02

1. CA6140 型卧式车床

CA6140 型卧式车床不仅能车削外圆，还可以车削成形回转面、各种螺纹、端面和内圆面等。车削外圆时，需要两个简单成形运动：工件旋转运动 B_1（主运动）和刀具直线进给运动 A_2（轨迹与工件旋转轴线平行）。CA6140 型卧式车床车削外圆时的传动原理图如图 1-40 所示，两条传动链均为外联系传动链。

（1）CA6140 型卧式车床的组成和主要技术参数　　CA6140 型卧式车床的外形如图 1-44 所示。床身 4 固定在左、右床脚 9 和 5 上。床身的主要作用是支承机床各部件，使各部件保持准确的相对位置。主轴箱 1 固定在床身的左端，其内装有主轴及主运动变速机构。主轴通过安装于其前端的卡盘装夹工件，并带动工件按需要的转速旋转，以实现主运动。刀架 2 装在车身上的刀架导轨上，由纵溜板、横溜板、上溜板和方刀架组成，由电动机经主轴箱 1、挂轮变速机构 11、进给箱 10、光杆 6 或丝杆 7 和溜板箱 8 带动作纵向和横向进给运动。进给运动的进给量（加工螺纹时为螺纹导程）和进给方向的变换通过操纵进给箱和溜板箱的操纵机构实现。尾座 3 装在床身导轨上，其套筒中的锥孔可以安装顶尖，以支承较长工件的一端，也可安装钻头、铰刀等孔加工刀具，利用套筒的轴向移动实现纵向进给运动来加工内孔。尾座的纵向位置可沿床身导轨（尾座导轨）进行调整，以适应加工不同长度工件的需要。尾座的横向位置可相对于底座在小范围内进行调整，以车削锥度较小的长外圆锥面。CA6140 型卧式车床的部分主要技术参数如下：

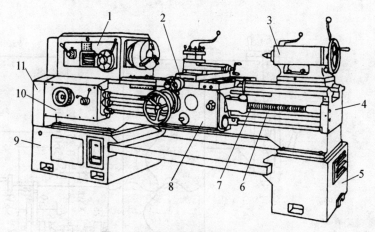

图 1 - 44　CA6140 型卧式车床外形

床身上最大工件回转直径(主参数)　400 mm

刀架上最大工件回转直径　201 mm

最大棒料直径　47 mm

最大工件长度(第二主参数/mm)　750,1000,1500,2000

最大加工长度/ mm　650,900,1400,1900

主轴转速范围/(r/min)　正转 10~1400(24 级)　　反转 14~1580(12 级)

进给量范围/(mm/r)　纵向 0.028~6.33(共 64 级)　横向 0.014~3.16(共 64 级)

标准螺纹加工范围　公制　$t=1$~192 mm(44 种)　英制　$a=2$~24 牙/in(20 种)　模数制　$m=0.25$~48 mm(39 种)　径节制　$DP=1$~96 牙/in(37 种)

(2) 传动系统　CA6140 型卧式车床的传动系统如图 1 - 45 所示由主运动传动链、螺纹进给传动链和纵向、横向进给传动链等组成。

① 主运动传动链　主运动传动链将电动机的旋转运动传至主轴,使主轴获得 24 级正转转速(10~1400 r/min)和 12 级反转转速(14~1580 r/min)。

主运动的传动路线是:运动由电动机经 V 形带传至主轴箱中的 Ⅰ轴,Ⅰ轴上装有双向多片摩擦离合器 M_1,用来使主轴正转、反转或停止。当 M_1 向左结合时,主轴正转;向右结合时,主轴反转;M_1 处于中间位置时,主轴停转。Ⅰ~Ⅱ轴间有两对齿轮可以啮合(利用Ⅱ轴上的双联滑移齿轮分别滑到左、右两个不同位置),可使Ⅱ轴得到两种不同速度。Ⅱ~Ⅲ轴之间有三对齿轮可以分别啮合(利用Ⅲ轴上的三联滑移齿轮滑动到不同位置),可使Ⅲ轴得到 $2\times3=6$ 种不同的转速。从Ⅲ轴到Ⅵ轴,有两条传动路线:若将Ⅳ轴上的离合器 M_2 接合(即 Z_{50} 在右位),则运动经Ⅲ-Ⅳ-Ⅴ-Ⅵ的顺序传至主轴Ⅵ,使主轴以中速或低速回转;若 Z_{50} 处于图示的左位,即 M_2 脱开,则运动从Ⅲ轴经齿轮副 63/50 直接传至主轴,使主轴以高速回转。

主传动链的计算位移为"电动机旋转 n_0 转——主轴旋转 n 转"。传动路线表达式为:

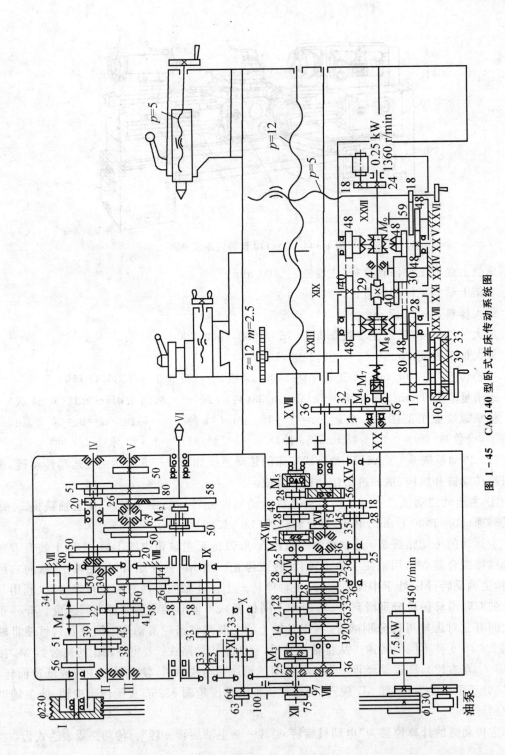

图 1 - 45 CA6140 型卧式车床传动系统图

$$\frac{电动机}{7.5\ kW,1450\ r/min}-\frac{\phi130}{\phi230}-I-\begin{bmatrix}M_1\ 左接合\\(正转)\\\\M_1\ 右接合\\(反转)\end{bmatrix}-\begin{bmatrix}\dfrac{51}{43}\\\\\dfrac{56}{38}\end{bmatrix}-II-\begin{bmatrix}\dfrac{22}{58}\\\\\dfrac{30}{50}\\\\\dfrac{39}{41}\end{bmatrix}-$$

注: $\dfrac{50}{34}-VII-\dfrac{34}{30}$

$$III-\begin{bmatrix}\dfrac{20}{80}\\\\\dfrac{50}{50}\end{bmatrix}-IV-\begin{bmatrix}\dfrac{20}{80}\\\\\dfrac{51}{50}\\\\\dfrac{63}{50}\end{bmatrix}-V-\dfrac{26}{58}-M_2\end{bmatrix}-VI(主轴)。$$

主轴正转时只能得到 $1\times2\times3\times(2\times2\times1-1+1)=24$ 级不同的转速。式中减 1 是由于从轴 III 至轴 V 的 4 种传动比中，$\dfrac{20}{80}\times\dfrac{51}{50}$ 与 $\dfrac{50}{50}\times\dfrac{20}{80}$ 的值近似相等。主轴反转时，由于轴 I 经惰轮至轴 II 只有 1 种传动比，故反转转速为 12 级。当各轴上的齿轮啮合位置完全相同时，反转的转速高于正转的转速。主轴反转主要用于车螺纹时退刀，快速反转能节省辅助时间。

② 车螺纹进给传动链　　CA6140 型卧式车床可以车削右旋或左旋的公制、英制、模数制和径节制 4 种标准螺纹，还可以车削加大导程非标准和较精密的螺纹。

车螺纹进给传动链的两末端件为主轴和刀架，计算位移为"主轴转 1 转——刀架移动导程 L mm"，传动路线根据所要加工螺纹的种类分为 6 种情况。

车削公制螺纹时，主轴 IV 经轴 IX 与轴 X 之间在左、右螺纹换向机构及挂轮 $\dfrac{63}{100}\times\dfrac{100}{75}$ 传动进给箱上的轴 XII，进给箱中的离合器 M_5 接合，M_3 及 M_4 均脱开。此时传动路线表达式为：

$$主轴 VI-\dfrac{58}{58}-IX-\begin{bmatrix}\dfrac{33}{33}(右旋螺纹)\\\\\dfrac{33}{25}-XI-\dfrac{25}{33}(左旋螺纹)\end{bmatrix}-X-\dfrac{63}{100}\times\dfrac{100}{75}-XII-\dfrac{25}{36}-XIII-u_j-$$

$$XIV-\dfrac{25}{36}\times\dfrac{36}{25}-XV-u_b-XVII-M_5-XVIII(丝杆)-刀架，$$

表达式中 u_j 代表轴 XIII 至轴 XIV 间的 8 种可供选择的传动比 $\left(\dfrac{26}{28},\dfrac{28}{28},\dfrac{32}{28},\dfrac{36}{28},\dfrac{19}{14},\dfrac{20}{14},\dfrac{33}{21},\dfrac{36}{21}\right)$；$u_b$ 代表轴 XV 至轴 XVII 间 4 种传动比 $\left(\dfrac{28}{35}\times\dfrac{35}{28},\dfrac{18}{45}\times\dfrac{35}{28},\dfrac{28}{35}\times\dfrac{15}{48},\dfrac{18}{45}\times\dfrac{15}{48}\right)$。

车削公制螺纹时的运动平衡式为：

$$1\times\dfrac{58}{58}\times\dfrac{33}{33}\times\dfrac{63}{100}\times\dfrac{100}{75}\times\dfrac{25}{36}\times u_j\times\dfrac{25}{36}\times\dfrac{36}{25}\times u_b\times12=L=KP\quad(mm)，$$

化简后得：

$$L = 7u_j u_b \quad \text{(mm)},$$

式中,K 为螺纹头数,P 为螺距,车床丝杆(轴 XVIII)的导程为 12。

③ 纵向、横向进给传动链　刀架带着刀具作纵向或横向机动进给运动时,传动链的两个末端件仍是主轴和刀具,计算位移关系为主轴每转一转,刀具的纵向或横向移动量。机动进给的传动路线在主轴至离合器 M_5 的一段与螺纹进给传动链共用,可以经由公制或英制螺纹路线,但是机动进给时离合器 M_5 应脱开,XVII 轴不传动丝杆而传动光杆 XIV,再经溜板箱中的降速和换向机构,传动 XXIII 轴上的纵向进给齿轮 Z_{12} 或横溜板内的横向进给丝杆 XXVII。

纵向进给传动链经公制螺纹传动路线的运动平衡式为:

$$f_{纵} = 1 \times \frac{58}{58} \times \frac{33}{33} \times \frac{63}{100} \times \frac{100}{75} \times \frac{25}{36} \times u_j \times \frac{25}{36} \times \frac{36}{25} \times u_b \times \frac{28}{56} \times \frac{36}{32}$$
$$\times \frac{32}{56} \times \frac{4}{29} \times \frac{40}{48} \times \frac{28}{80} \times \pi \times 2.5 \times 1.2,$$

化简后得:

$$f_{纵} = 0.71\, u_j u_b \quad \text{(mm/r)}.$$

横向进给传动链的运动平衡式与此类似,且 $f_{横} = 0.5 f_{纵}$。

以上所有的纵、横向进给量的数值及各进给量时相应的各个操纵手柄处于的位置,均可从进给箱上的标牌中查到。

④ 刀架快速移动　在刀架作机动进给或退刀的过程中,如需要刀架作快速移动时,则用按钮将溜板箱内的快速移动电机(0.25 kW,1360 r/min)接通,经齿轮 Z_{18},Z_{24} 传动轴 XX 作快速旋转,再经后续的机动进给路线使刀架在该方向上作快速移动。松开按钮后,快速移动电机停转,刀架仍按原有的速度作机动进给。XX 轴上的超越离合器 M_7,用来防止光杆与快速移动电机同时传动 XX 轴时出现运动干涉而损坏传动机构。

2. 立式车床和单轴自动车床

(1) 立式车床　加工径向尺寸大而轴向尺寸相对较小的工件时,如用卧式车床,则机床尺寸庞大而床身长度得不到充分利用,工件装夹找正困难,主轴前支承轴承因负荷过大容易磨损,难以长期保证工作精度。立式车床适合于作这类工件的加工之用。由于立式车床的主轴轴线为垂直布置,工件安装在水平的工作台上,因而找正和装夹比较方便。工件与工作台的重量均匀地作用在环形的工作台导轨或推力轴承上,没有颠覆力矩,能长期保持机床工作精度。

如图 1-46 所示,立式车床分单柱式和双柱式两种。单柱立式车床只能加工直径较小的工件,而最大的双柱立式车床的加工直径可以超过 25 m。

单柱立式车床的工作台 2 由主轴带动在底座 1 的环形导轨上作旋转运动。工作台上有多条径向 T 形槽,用来固定工件。横梁 6 能在立柱上作上、下移动以调整位置,便于加工不同高度的工件。立柱 4 上的侧刀架 3 可沿立柱导轨作垂直方向的进给运动,也可沿刀架滑座的导轨作水平的横向进给运动。垂直刀架 5 可沿横梁上的导轨作横向进给及沿刀架滑座的导轨作垂直进给,刀架滑座能向两侧倾斜一定角度以加工锥面。垂直刀架上通常装有五角形的转塔刀架,上面可装几组刀具。

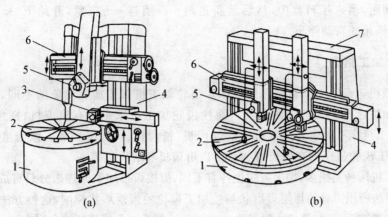

(a)　　　　　　　　　　　　(b)

1—底座；2—工作台；3—侧刀架；4—立柱；5—垂直刀架；6—横梁；7—顶梁

图 1－46　立式车床

由于大直径工件上很少有螺纹，因此立式车床上没有车削螺纹传动链，不能加工螺纹。

（2）单轴自动车床　　单轴自动车床主要用于大批量生产中加工尺寸较小、形状比较复杂，需要用多把刀具顺序加工的零件。在单轴转塔自动车床上可以车削外圆、锥面、成形面、端面、台肩，倒角，打中心孔，钻、扩、铰孔，攻、套内外螺纹，切槽和切断等。通常这种车床只能加工冷拔棒料，其主要参数为最大棒料直径。图1－47所示为单轴自动车床的外形，它是凸轮控制的通用全自动化机床，由底座 1、床身 2、分配轴 3、主轴箱 4、前刀架 5、立刀架 6、后刀架 7、转塔刀架 8 和辅助轴 9 等部分组成。主轴箱中有送料机构、夹料机构。棒料从主轴箱外的料管中送入，由空心主轴前端的夹头夹紧。转塔刀架上有 6 个均匀的径向孔，可安装一根挡料杆和5组刀具。加工每个工件的过程中，转塔刀架按事先调整好的时间间隔，由分配轴上的时间轮发出动作信号，由辅助轴传动作转位运动，使各组刀具顺次作纵向进给运动，分别完成挡料，钻中心孔，车削内、外圆，钻、扩、铰孔，加工螺纹等工作。5，6，7 三个刀架上的刀具分别由分配轴上的 3 个凸轮控制，作切槽、倒角、成形车削、滚花、切断等工作。加工过程中，主运动传动系统还能按照分配轴发出的指令进行变速和反转。分配轴每转一周，加工完的工件

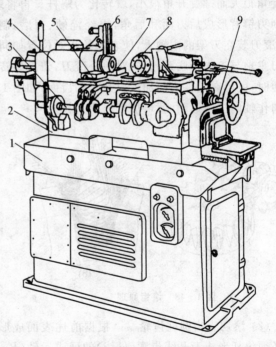

1—底座；2—床身；3—分配轴；4—主轴箱；5—前刀架；
6—立刀架；7—后刀架；8—转塔刀架；9—辅助轴

图 1－47　单轴转塔自动车床

就从棒料上切断,落入接料盘中,然后重新送料——挡料——夹紧,开始下一个工作循环。棒料用完后,机床能自动停车。

1.2.3 齿轮加工机床

齿轮加工机床是加工齿轮齿面的机床。齿轮加工机床按加工对象的不同,分为圆柱齿轮加工机床和锥齿轮加工机床两大类。圆柱齿轮加工机床主要有滚齿机、插齿机、车齿机等;锥齿轮加工机床有加工直齿锥齿轮的刨齿机、铣齿机、拉齿机和加工弧齿锥齿轮的铣齿机;用于精加工齿轮齿面的有研齿机、剃齿机、珩齿机和磨齿机等。

齿轮加工机床种类很多,加工方式也各有不同,但按齿形加工原理来分只有成形法和展成法两种。成形法所用刀具的切削刃形状与被加工齿轮的齿槽形状相同,这种方法的加工精度和生产率通常都较低,仅在单件小批量生产中采用。展成法是将齿轮啮合副中的一个齿轮转化为刀具,另一个齿轮转化为工件,齿轮刀具作切削主运动的同时,以内联系传动链强制刀具与工件作严格的啮合运动,于是刀具切削刃就在工件上加工出所要求的齿形表面来。这种方法的加工精度和生产率都较高,目前绝大多数齿轮加工机床都采用展成法,其中又以滚齿机应用最广。

1. 滚齿机

(1) 滚齿原理   滚齿加工是根据展成法加工齿轮的。滚齿的过程相当于一对交错螺旋齿轮副啮合滚动的过程。将这对啮合传动副中的一个螺旋齿轮齿数减少到 $1 \sim 4$ 个齿,其螺旋角很大而螺旋升角很小,就转化为蜗杆。再将蜗杆在轴向开槽形成切削刃和前刀面,各切削刃铲背形成后刀面和后角,再经淬硬、刃磨,制成滚刀。滚齿时,工件装在机床工作台上,滚刀装在刀架的主轴上,使它们的相对位置如同一对螺旋齿轮相啮合。用一条传动链将滚刀主轴与工作台联系起来,对单头滚刀,刀具旋转一周,强制工件转过一个齿,则滚刀连续旋转时,就在工件表面加工出共轭的齿面,如图 1-48 所示。若滚刀再沿工件轴线平行的方向作轴向进给运动,就可加工出全齿长。

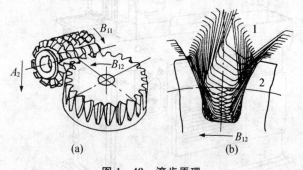

图 1-48　滚齿原理

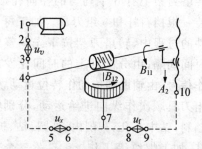

图 1-49　滚切直齿圆柱齿轮的传动原理图

(2) 滚切直齿圆柱齿轮   根据前述表面成形原理可知,加工直齿圆柱齿轮的成形运动必须包括形成渐开线齿廓(母线)的展成运动($B_{11} + B_{12}$)和形成直线形齿长(导线)的运动 A_2,因此滚切直齿圆柱齿轮需要 3 条传动链,即展成运动传动链、主运动传动链和轴向进给运动传动链,如图 1-49 所示。

① 展成运动传动链　　由滚刀到工作台的 $4-5-u_x-6-7$ 构成。由于头数为 K 的滚刀旋转运动 B_{11} 与工作台的旋转运动 B_{12} 之间要保存严格的传动比关系,因此生成渐开线齿廓的展成运动是一个复合运动,记为 $(B_{11}+B_{12})$。因而联系 B_{11} 和 B_{12} 的展成运动传动链为一条内联系传动链。

展成运动传动链的两个末端件的计算位移关系为:

$$滚刀\ 1\ 转——工件\frac{K}{z}转,$$

式中,z 为工件的齿数。传动链中的 u_x 表示换置机构的传动比,它的大小应根据不同情况加以调整,以满足上式的要求。由运动平衡式求出 u_x 的值后,一般是用 4 个挂轮的比值来代替 u_x。挂轮的计算应很精确,才能得到准确的齿形。滚刀的螺旋方向(左旋或右旋)若有改变,则复合运动 $(B_{11}+B_{12})$ 中的工件运动 B_{12} 的方向亦应随之改变,故 u_x 的调整还包括方向的变更。

② 主运动传动链　　展成运动传动链只能使滚刀与工件的计算位移之间保持一定的比例关系,但滚刀与工件的旋转速度,还必须由运动源到滚刀的传动链 $1-2-u_v-3-4$ 来决定,这条外联系传动链称为主运动传动链。传动链中的换置机构用于调整渐开线齿廓的成形速度,以适应滚刀直径、滚刀材料、工件材料和硬度,以及加工质量要求等的变化。

由滚刀的切削速度和刀具直径确定了滚刀合适的转速后,就可以求出主运动传动链中换置机构的传动比 u_v。两末端件的计算位移关系为:

$$电机\ n_{电}\ r/min——滚刀\ n_{刀}\ r/min。$$

③ 轴向进给运动传动链　　为了形成全齿长,即形成齿面的导线——直线,滚刀需要沿工件轴向方向作进给运动。在滚刀机上,刀架沿立柱导轨的这个轴向进给运动是由丝杆——螺母机构实现的。轴向进给传动链 $7-8-u_f-9-10$ 的两个末端件为工件和刀架,其计算位移关系为:

$$工件\ 1\ 转——刀架移动\ f\ mm。$$

传动链中的换置机构 u_f 用于调整轴向进给量的大小和进给方向,以适应不同的加工表面粗糙度的要求。轴向进给运动传动链是一条外联系传动链。由于轴向进给量是以工件或工作台每转中刀架移动量来计算,并且进给速度很低,所耗功率很小,所以这条传动链以工作台作为间接的运动源。

（3）滚切斜齿圆柱齿轮

① 机床的运动和传动原理图　　斜齿圆柱齿轮与直齿圆柱齿轮相比,两者端面齿廓都是渐开线,但斜齿圆柱齿轮的齿长方向不是直线,而是螺旋线。因此加工斜齿圆柱齿轮也需要两个成形运动:一个是产生渐开线(母线)的展成运动,另一个是产生螺旋线(导线)的运动。前者与加工直齿圆柱齿轮时相同,后者则有所不同。加工直齿圆柱齿轮时,进给运动是直线运动,是一个简单运动;加工斜齿圆柱齿轮时,进给运动是螺旋运动,是一个复合运动。

滚切斜齿圆柱齿轮的两个成形运动都各需一条内联系传动链和一条外联系传动链,如图 $1-50$(a)所示。展成运动的内联系传动链(即展成运动传动链)和外联系传动链(即主运动传动链)与滚切直齿圆柱齿轮时完全相同。产生螺旋运动的外联系传动链——轴向进给运动传动链也与切削直齿圆柱齿轮时相同。但是由于这时的进给运动是复合运动，因此还需一条产生螺旋线的内联系传动链，即差动运动传动链。

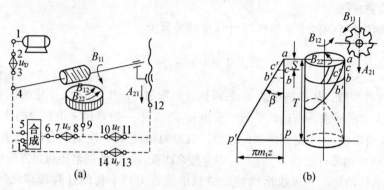

图 1-50　滚切斜齿圆柱齿轮的传动原理图

② 差动运动传动链　斜齿圆柱齿轮的导线是一条螺旋线，如图 1-50(b)所示，将导线展成后得到直角三角形 $ap'p$。当刀架从 a 点沿工件轴向进给到 b 点时，为了使加工出的齿长为右旋的螺旋线，即加工出右旋的斜齿圆柱齿轮，工件上的 b 点应转到 b' 点位置。也就是说，工件在随滚刀的运动 B_{11} 作展成运动 B_{12} 的同时，还应随刀架的轴向进给 A_{21} 作附加的转动 B_{22}。由图 1-50(b)可知，当滚刀沿工件轴线进给一个工件螺旋导程 T 时，工件附加转动量应为 1 转。附加运动 B_{22} 的方向与工件在展成运动中的旋转运动 B_{12} 的方向或者相同，或者相反，这取决于工件螺旋线方向、滚刀螺旋线方向及滚刀进给方向。当滚刀向下进给时，如果工件与滚刀螺旋线方向相同（即两者均为右旋或者均为左旋），则 B_{22} 和 B_{12} 同向，计算时附加运动取 +1；反之，若工件与滚刀螺旋线方向相反，则 B_{22} 和 B_{12} 方向相反，计算时附加运动取 -1。

工件附加运动 B_{22} 和展成运动 B_{12} 是两条传动链中的两个不同的运动，不能互相代替。但工件最终的运动只是一个螺旋运动，所以应当用一个运动合成机构，将 B_{12} 和 B_{22} 两个旋转运动合成后再传动工作台和工件。图 1-50(a)中的"合成"代表合成机构，联系刀架与工作台的传动链 12—13—u_y—14—15—合成—6—7—u_x—8—9 称为差动运动传动链，又称差动链或附加运动链。改变置换机构的传动比 u_y，则加工出的斜齿圆柱齿轮的螺旋角 β 也发生变化，u_y 的符号改变则会使工件齿的旋向改变。由图 1-50(b)可以得出，工件齿的螺旋角 β 与导程 T 之间的关系为：

$$T = \frac{\pi m_t z}{\tan\beta} = \frac{\pi m_n z}{\tan\beta \cos\beta} = \frac{\pi m_n z}{\sin\beta},$$

式中，m_t，m_n 分别为工件齿的端面模数和法向模数，z 为工件齿数。

滚齿机是根据滚切斜齿圆柱齿轮的原理设计的，当加工直齿圆柱齿轮时，就将差动链断开，并把合成机构固定成一个如同联轴器的整体。

（4）Y3150E 型滚齿机　　Y3150E 型滚齿机为中型滚齿机，能加工直齿、斜齿圆柱齿轮；用径向切入法能加工蜗轮，配备切向进给刀架后也可以用切向切入法加工蜗轮。滚齿机的主要参数为最大工件直径。

机床外形如图 1-51 所示。立柱 2 固定在床身 1 上，刀架溜板 3 可沿立柱上的导轨作轴向进给运动。安装滚齿的刀杆 4 固定在刀架体 5 中的刀具主轴上，刀架体能绕自身轴线倾斜一个角度，这个角度称为滚刀安装角，其大小与滚刀的螺旋升角大小及旋向有关。安装工件用的心轴 7 固定在工作台 9 上，工作台与后立柱 8 装在床鞍 10 上，可沿床身导轨作径向进给运动或调整径向位置。支架 6 用于支承工件心轴上端，以提高心轴的刚性。

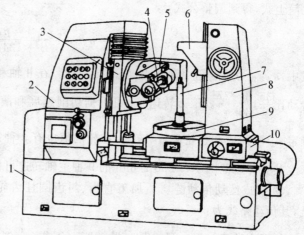

1—床身；2—立柱；3—刀架溜板；4—刀杆；5—刀架体；
6—支架；7—心轴；8—后立柱；9—工作台；10—床鞍

图 1-51　Y3150E 型滚齿机

① 主运动传动链　图 1-52 所示为 Y3150E 型滚齿机的传动系统图。机床的主运动传动链在加工直齿、斜齿圆柱和加工蜗轮时是相同的，对照图 1-49 和图 1-52，可找出它的传动路线为：电动机－Ⅰ－Ⅱ－Ⅲ－Ⅳ－Ⅴ－Ⅵ－Ⅶ－Ⅷ（滚刀主轴），其运动平衡式为：

$$1430(\text{r/min}) \times \frac{115}{165} \times \frac{21}{42} \times u_{\text{II}-\text{III}} \times \frac{A}{B} \times \frac{28}{28} \times \frac{28}{28} \times \frac{28}{28} \times \frac{28}{28} \times \frac{20}{80} = n_{\text{刀}},$$

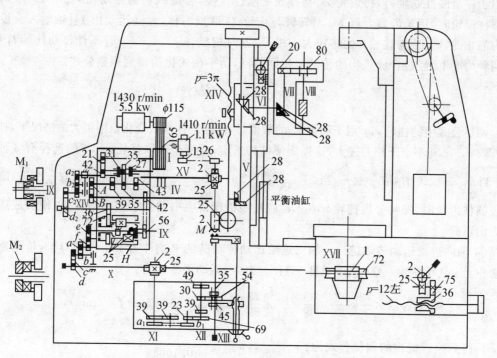

图 1-52　Y3150E 型滚齿机传动系统图

化简上式,得到调整公式:

$$u_v = u_{\text{Ⅱ}-\text{Ⅲ}} \times \frac{A}{B} = \frac{n_{刀}}{124.58},$$

式中,$u_{\text{Ⅱ}-\text{Ⅲ}}$ 为速度箱中轴 Ⅱ,Ⅲ 间的传动比。在 Ⅱ 轴和 Ⅲ 轴之间,用滑移齿轮可以得到 3 个传动比 $\frac{35}{35}$,$\frac{31}{39}$,$\frac{27}{43}$。滚刀转速 $n_{刀}$ 可根据切削速度和滚刀外径来确定,然后再利用调整公式确定 $u_{\text{Ⅱ}-\text{Ⅲ}}$ 的值和挂轮齿数 A,B。挂轮的值也有 3 种:$\frac{44}{22}$,$\frac{33}{33}$,$\frac{22}{44}$。由 $u_{\text{Ⅱ}-\text{Ⅲ}}$ 和 $\frac{A}{B}$ 的组合,机床上共有转速范围 40~250 r/min 的 9 种主轴转速可供选用。

② 展成运动传动链   加工直齿、斜齿圆柱齿轮和蜗杆时使用同一条展成运动传动链,其传动路线为:

滚刀主轴 Ⅷ−Ⅶ−Ⅵ−Ⅴ−Ⅳ−Ⅸ−合成−$\frac{e}{f} \times \frac{a}{b} \times \frac{c}{d}$−Ⅹ−Ⅻ(工作台)。

运动平衡式为:

$$1 \text{转}_{(滚刀)} \times \frac{80}{20} \times \frac{28}{28} \times \frac{28}{28} \times \frac{28}{28} \times \frac{42}{56} \times u_{合成} \times \frac{e}{f} \times \frac{a}{b} \times \frac{c}{d} \times \frac{1}{72} = \frac{K}{z} \text{转}_{(工件)}。$$

式中,$u_{合成}$ 为运动合成机构的传动比。Y3150E 型滚齿机使用差动轮系作为运动合成机构。滚切直齿圆柱齿轮或用径向切入法滚切蜗轮时,用短齿离合器 M_1 将转臂 H(即合成机构的壳体)与轴 Ⅸ 联成一体。此时,差动链没有运动输入,齿轮 Z_{72} 空套在转臂上,运动合成机构相当于一个刚性联轴器,将齿轮 Z_{56} 与挂轮 e 刚性连接,合成机构的传动比 $u_{合成} = 1$。滚切斜齿圆柱齿轮时,用长齿离合器 M_2 将转臂与齿轮 Z_{72} 联成一体,差动运动由 ⅩⅥ 轴输入。设转臂为静止的,则 Z_{56} 与挂轮 e 的转速大小相等,方向相反,$u_{合成} = -1$。若不计传动比的符号,则两种情况下,经过合成机构的传动比相同,将运动平衡式化简得到调整公式:

$$u_x = \frac{a}{b} \times \frac{c}{d} = \frac{f}{e} \times \frac{24K}{z}。$$

调整公式中的挂轮 e,f 用于调整 u_x 的数值,以便在工件齿数变化范围很大的情况下,挂轮的齿数 a,b,c,d 不至于相差过大,这样能使结构紧凑,并便于选取挂轮。e,f 的选择有 3 种情形:当 $5 \leqslant \frac{z}{K} \leqslant 20$ 时,取 $\frac{e}{f} = \frac{48}{24}$;当 $21 \leqslant \frac{z}{K} \leqslant 142$ 时,取 $\frac{e}{f} = \frac{36}{36}$;当 $\frac{z}{K} \geqslant 143$ 时,取 $\frac{e}{f} = \frac{24}{48}$。滚切斜齿圆柱齿轮时,安装分齿挂轮 a,b,c,d 应按照机床说明书的要求使用惰轮,以便展成运动的方向正确。

③ 轴向进给运动传动链   轴向进给运动传动链的末端件为工作台和刀架,传动路线为工作台−Ⅻ−Ⅹ−Ⅺ−Ⅻ−ⅩⅢ−ⅩⅣ−刀架,运动平衡式为:

$$1 \text{转}_{(工件)} \times \frac{72}{1} \times \frac{2}{25} \times \frac{39}{39} \times \frac{a_1}{b_1} \times \frac{23}{69} \times u_{\text{Ⅻ}-\text{ⅩⅢ}} \times \frac{2}{25} \times 3\pi = f \quad (\text{mm}),$$

化简后得到换置机构的调整公式为:$u_f = \frac{a_1}{b_1} \times u_{\text{Ⅻ}-\text{ⅩⅢ}} = \frac{f}{0.4608\pi}$,

式中，$u_{XII-XIII}$ 为进给箱中轴 XII—XIII 的三联滑移齿轮的三种传动比：$\frac{49}{35}, \frac{30}{54}, \frac{39}{45}$。选择合适的 a_1, b_1 挂轮与三联滑移齿轮相组合，可得到工件每转时刀架的不同轴向进给量。

④ 差动运动传动链　差动运动传动链在传动系统图上为：

丝杆 XIV—XIII—XV—$\frac{a_2}{b_2} \times \frac{c_2}{d_2}$—XVI—合成—IX—$\frac{e}{f} \times \frac{a}{b} \times \frac{c}{d}$—X—XVII（工作台）。

运动平衡式为：

$$T \text{ mm（刀架）} \times \frac{1}{3\pi} \times \frac{25}{2} \times \frac{2}{25} \times \frac{a_2}{b_2} \times \frac{c_2}{d_2} \times \frac{36}{72} \times u_{合成} \times \frac{e}{f} \times u_x \times \frac{1}{72} = 1 \text{ 转（工件）} 。$$

滚切斜齿圆柱齿轮时，使用长齿离合器 M_2 将转臂与空套齿轮 Z_{72} 联成一体后，附加运动自 XVI 轴上的 Z_{36} 传入，设 IX 轴上的中心轮 Z_{56} 固定，对于此差动轮系，转臂转一转时，中心轮 e 转 2 转，故 $u_{合成} = 2$。前面已经求得 $T = \frac{\pi m_n z}{\sin\beta}$，又在展成运动传动链中求得 $u_x = \frac{a}{b} \times \frac{c}{d} = \frac{f}{e} \times \frac{24K}{z}$，代入上式并简化，得到调整公式：$u_y = \frac{a_2}{b_2} \times \frac{c_2}{d_2} = 9 \frac{\sin\beta}{m_n K}$。

从差动运动传动链的调整公式可以看出，其中不含工件齿数 z，这是由于差动运动传动链与展成运动传动链有一公用段（轴 IX—X—XVII）的结果。因为差动挂轮 a_2, b_2, c_2, d_2 的选择与工件齿数无关，在加工一对斜齿齿轮时，尽管其齿数不同，但它们的螺旋角大小可加工得完全相等，而与计算 u_y 时的误差无关，这样能使一对斜齿齿轮在全齿长上啮合良好。另外，由于刀架用导程为 3π 的单头模数螺纹丝杆传动，可使调整公式中不含常数 π，也简化了计算过程。与展成运动传动链一样，在配装差动挂轮时，也应根据工件齿的旋向，参照机床说明书的要求使用惰轮，以使附加转动方向正确无误。

⑤ 空行程传动链　滚齿加工前刀架趋近工件或两次走刀之间刀架返回的空行程运动，应以较高的速度进行，以缩短空行程时间。Y3150E 滚齿机上设有空行程快速传动链，其传动路线为：

$$快速电机（1410 \text{ r/min}, 1.1 \text{ kW}）—\frac{13}{26}—M—\frac{2}{25}—XIV—刀架。$$

刀架快速移动的方向由电机的旋向来改变。启动快速运动电机之前，轴 XIII 上的滑移齿轮必须处于空档位置，即轴向进给传动链应在轴 XII 和 XIII 之间断开，以免造成运动干涉。在机床上，通过电气联锁装置实现这一要求。

用快速电机使刀架快速移动时，主电机转动或不转动都可以进行。这是由于展成运动与差动运动（附加转动）是两个互相独立的运动。若主电机转动，则刀架快速退回时工件的运动是 $(B_{12} + B_{22})$，其中的 B_{22} 取相反的方向、较高的速度；主电机停开而刀架快速退回时，工件的运动为反方向、较高速度的 B_{22}，而 B_{12} 为零，刀具不转动而沿原有的螺旋线快速退回。但是，若工件需要两次以上的轴向走刀才能完成加工，则两次走刀之间开动快速电机时，绝不可将展成运动或差动运动传动链断开后再重新接合，否则就会造成工件错牙及损坏刀具。

　　工作台及工件在加工前后，也可以快速趋近或离开刀架，这个运动由床身右端的液压缸来实现。若用手柄经蜗轮副及齿轮$\frac{2}{25}\times\frac{75}{36}$传动与活塞杆相联的丝杆上的螺母，则可实现工作台及工件的径向切入运动。

2. 插齿机

　　插齿机也是一种常见的齿轮加工机床，主要用于加工直齿圆柱齿轮，增加特殊的附件后也可以加工斜齿圆柱齿轮。对滚齿机无法加工的内齿轮和多联齿轮，使用插齿机尤为适合。

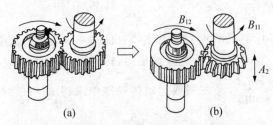

图 1-53　插齿原理及所需运动

　　插齿的原理相当于一对圆柱齿轮相互啮合，其中一个假想的齿轮是工件，另一个齿轮转化为磨有前角、后角而形成切削刃的刀具——插齿刀。用内联系传动链使插齿刀与工件之间按啮合规律作展成运动（$B_{11}+B_{12}$），同时插齿刀快速作轴向的切削主运动 A_2，就可以在工件上加工出齿形来，如图 1-53 所示。

3. 磨齿机

　　磨齿机加工齿轮齿面的方式是用砂轮磨削，主要用于加工已经淬硬的齿轮，但对模数较小的某些齿轮，可以直接在齿坯上磨出齿轮。磨齿机的加工精度可达 6 级以上，属于精加工机床。按齿形的形成原理，磨齿也分为成形法及展成法两种。

　　（1）成形法磨齿　　成形法磨齿用的砂轮，需要专门的机构以金刚石进行修整，使其截面形状与被磨削齿轮的齿廓形状相同。图 1-54(a,b)分别为磨削内齿轮、外齿轮时的砂轮截面形状。磨削时，砂轮作旋转主运动，并沿工件轴线即齿长方向作往复的轴向进给运动，还可在工件径向作切入进给运动。每磨一个齿，工件作一次分度运动，再磨削下一个齿。以成形法原理工作的磨齿机，机床的运动比较简单。

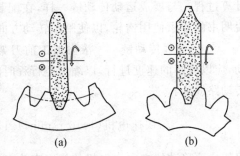

图 1-54　成形法磨齿

　　（2）展成法磨齿

　　① 蜗杆形砂轮磨齿机　　这是一种连续磨削的高效率的磨齿机，其工作原理与滚齿机相同。如图 1-55(a)所示，大直径的蜗杆形砂轮相当于滚刀，加工时砂轮与工件作展成运动，轴向进给运动一般由工件完成。这种机床的生产效率高，但蜗杆形砂轮高速转动时，机械式内联系传动链的零件转速很高，噪声大且易磨损，同时砂轮修复困难，难以获得高的加工精度。这种机床一般用于成批或大量生产中磨削中、小模数的齿轮。

　　② 锥形砂轮磨齿机　　这种机床属于单齿分度型，每次磨削一个齿，其磨齿原理相当于齿

轮与齿条相啮合。如图1-55(b)所示,砂轮的两个侧面修整成锥面,其截面形状与齿条相同。砂轮作高速旋转的主运动,并沿工件齿长方向作往复的进给运动,两侧面的母线就形成了假想齿条的一个齿。再强制工件在此不动的假想齿条上一边啮合一边滚动,即工件齿轮转动一个齿($1/z$ 转)的同时,工件轴线移动一个齿距 πm。实际使用的砂轮比齿条的一个齿略窄一些,往一个方向滚动时只磨削齿槽的

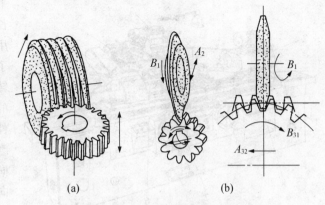

图1-55 展成法磨齿的工作原理

一侧,每往复滚动一次磨出齿槽的两个侧面,工件经多次分度后就可磨削完毕。由此可见,形成工件的母线——渐开线是用展成法,由工件同时作转动 B_{31} 和横向移动 A_{32} 来实现;而工件上的导线——直线是用相切法,由砂轮旋转主运动 B_1 和纵向移动 A_2 来实现的。

1.2.4 其他各类普通机床

1. 磨床

用磨料、磨具(砂轮、砂带、油石、研磨料等)为工具对工件进行切削加工的机床,统称为磨床。磨床通常用作精加工,工艺范围非常广泛,平面、内外圆柱面、螺纹表面、齿轮齿面、各种成形面,都可以用相应的磨床加工。对淬硬的零件和高硬度的材料制品,磨床是主要的加工设备。磨床除了作精加工外,也可用来进行高效率的粗加工或一次完成粗、精加工。磨床在机床总数中所占比例在工业发达的国家已达 30%～40%。

磨床与其他机床相比,由于其加工方式及加工要求有独特之处,因而在传动和结构方面也有其特点。磨床上主运动的转速高而要求稳定,故多采用带传动或内连式电机等原动机直接驱动主轴;砂轮主轴轴承广泛采用各种精度高、吸振性好的动压或静压滑动轴承;直线进给运动多为液压传动;并且对旋转件的静、动平衡,冷却液的洁净度,进给机构的灵敏度和准确度等都有较高的要求。

磨床的种类很多,主要类型有外圆磨床、内圆磨床、平面磨床、工具磨床,以及加工特定的某一类零件如曲轴、花键轴等的各种专门化磨床。

(1) 外圆磨床　　外圆磨床又可分为普通外圆磨床、万能外圆磨床、无心外圆磨床、宽砂轮外圆磨床、端面外圆磨床等。

① M1432A 型万能外圆磨床　　M1432A 型万能外圆磨床适用于单件小批量生产中磨削内外圆柱面、圆锥面、轴肩端面等,其主参数为最大磨削直径。图1-56 为该磨床的外形图,床身1为机床的基础支承件,其内部有油池和液压系统。工作台8能以液压或手轮驱动在床身的纵向导轨上作进给运动。工作台由上、下两层组成,上工作台可相对于下工作台在水

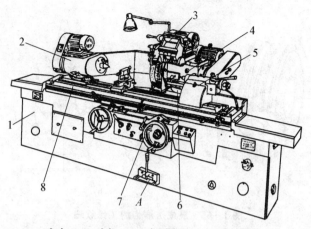

1—床身；2—头架；3—内圆磨具；4—砂轮架；
5—尾座；6—滑鞍；7—手轮；8—工作台

图 1-56　M1432A 型万能外圆磨床

平面内回转一个不大的角度以磨削长锥面。头架 2 固定在工作台上，用来安装工件并带动工件旋转。为了磨短的锥孔，头架在水平面内可转动一个角度。尾座 5 可在工作台的适当位置上固定，以顶尖支承工件。滑鞍 6 上装有砂轮架 4 和内圆磨具 3，转动横向进给手柄 7，通过横向进给机构能使滑鞍和砂轮架作横向进给运动。砂轮架也能在滑鞍上调整一定角度，以磨削锥度较大的短锥面。为了便于装卸工件及测量尺寸，滑鞍与砂轮架还可以通过液压装置作一定距离的快进或快退运动。将内圆磨具 3 放下并固定后，就能启动内圆磨具电机，磨削夹紧在卡盘中的工件的内孔，此时电气联锁装置使砂轮架不能作快进或快退运动。

　　图 1-57 为万能外圆磨床的几种典型加工方式图。图 (a) 为以顶尖支承工件，磨削外圆柱面；图 (b) 为上工作台调整一个角度磨削长锥面；图 (c) 为砂轮架偏转，以切入法磨削短圆锥面；图 (d) 为头架偏转磨削锥孔。

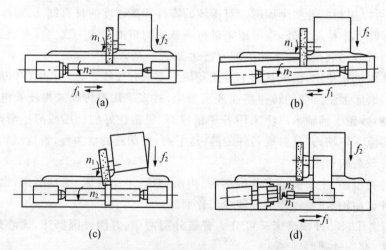

图 1-57　万能外圆磨床加工示意图

　　从万能外圆磨床的这些典型加工方式可知，机床应有以下几种运动：砂轮旋转主运动 n_1，由电动机经带传动驱动砂轮主轴作高速转动；工件圆周进给运动 n_2，转速较低，可以调整；工件纵向进给运动 f_1，通常为液压传动，以使换向平衡并能无级调速；砂轮架周期或连续

横向进给运动 f_2，可由手动或液压实现。机床的辅助运动有砂轮架的横向快进、快退和尾座套筒的缩回，它们也用液压传动。

图 1-58 所示为 M1432A 型万能外圆磨床机械传动系统图。砂轮旋转主运动 n_1 由电动机通过 V 形带直接带动砂轮主轴旋转。其传动路线为：

$$主电机 - \frac{\phi 127}{\phi 113} - 砂轮(n_1)。$$

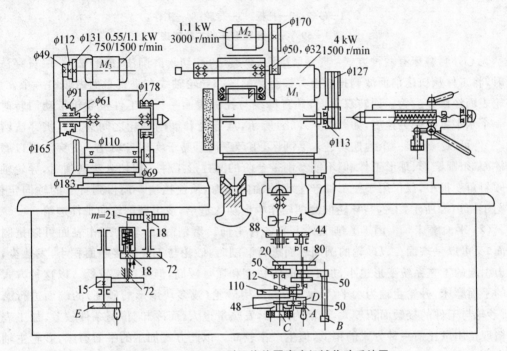

图 1-58　M1432A 型万能外圆磨床机械传动系统图

工件圆周进给运动 n_2 由双速异步电机经塔轮变速机构传动，其传动路线图为：

$$头架电机（双速） - \begin{bmatrix} \dfrac{\phi 49}{\phi 165} \\[6pt] \dfrac{\phi 112}{\phi 110} \\[6pt] \dfrac{\phi 131}{\phi 91} \end{bmatrix} - \frac{\phi 61}{\phi 183} - \frac{\phi 69}{\phi 178} - 拨盘或卡盘(n_2)。$$

由于电机为双速，因而可以使工件获得 6 级转速。

②　无心外圆磨床　　图 1-59 为无心磨床的加工原理图。无心磨床磨削外圆时，工件不是用顶尖或卡盘定心，而是直接由托板和导轮支承，用被加工表面本身定位。图中 1 为磨削砂轮，以高速旋转作切削主运动，导轮 3 是用树脂或橡胶为结合剂的砂轮，它与工件之间的摩擦系数较大，当导轮以较低的速度带动工件旋转时，工件的线速度与导轮表面线速度相近。工件 4 由托板 2 与导轮 3 共同支承，工件的中心一般应高于砂轮与导轮的连心线，以免

工件加工后出现棱圆形。

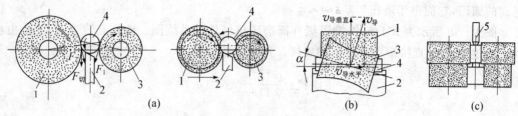

1—砂轮；2—托板；3—导轮；4—工件

图 1-59　无心外圆磨床的工作原理

无心外圆磨床有两种方式：贯穿磨削法（纵磨法）和切入磨削法（横磨法）。用贯穿法磨削时，将工件从机床前面放到托板上并推至磨削区。导轮轴线在垂直平面内倾斜一个 α 角，导轮表面经修整后为一回转双曲面，其直母线与托板表面平行。工件被导轮带动回转时产生一个水平方向的分速度，如图 1-59(b) 所示，从导轮和磨削砂轮之间穿过。贯穿法磨削时，工件可以一个接一个地连续进入磨削区，生产率高且易于实现自动化。贯穿法可以磨削圆柱面形、圆锥形、球形工件，但不能磨削带台阶的圆柱形工件。用切入法磨削时，导轮轴线的倾斜角度很小，仅仅用于使工件产生小的轴向推力，顶住挡块 5 而得到可靠的轴向定位，如图 1-59(c) 所示，工件与导轮向磨削轮作横向切入进给，或由磨削轮向工件进给。

（2）平面磨床　　用于磨削工件上的各种平面。磨削时，砂轮的工作表面可以是圆周表面，又可以是端面。以砂轮的圆周表面进行磨削时，砂轮与工件的接触面积小，发热少，磨削力引起的工艺系统变形也小，加工表面的精度和质量较高，但生产率较低。以这种方式工作的平面磨床，砂轮主轴为水平（卧式）布置。用砂轮（或多块扇形的砂瓦）的端面进行磨削时，砂轮与工件的接触面积较大，切削力增加，发热量也大，而冷却、排屑条件较差，加工表面的精度及质量比前一种方式的稍低，但生产率较高。以此方式加工的平面磨床，砂轮主轴为垂直（立式）布置。

根据平面磨床的工作方式和机床布局的不同，平面磨床可分为 4 类，如图 1-60 所示。图中，(a) 为卧轴矩台式，(b) 为立轴矩台式，其运动有砂轮旋转主运动 n_1，矩形工作台的纵向往复进给运动 f_1，砂轮的周期性横向进给运动 f_2，以及砂轮的垂直切入运动 f_3。图中，(c) 为卧轴

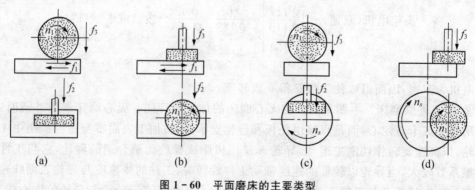

图 1-60　平面磨床的主要类型

圆台式,(d)为立轴圆台式,其主运动为砂轮旋转运动 n_1,进给运动有圆形工作台的旋转进给运动 n_s,砂轮的周期性垂直切入进给运动 f_3,对卧轴圆台平面磨床还有一个径向进给运动 f_2。

矩形工作台与圆形工作台相比较,前者的加工范围较宽,但有工作台换向的时间损失;后者为连续磨削,生产率较高,但不能加工较长的或带台阶的平面。

图 1-61 为常见的卧轴矩台磨床的外形图。

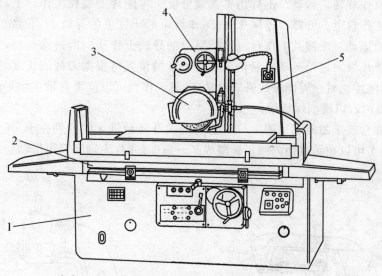

1—床身;2—工作台;3—砂轮架;4—滑座;5—立柱

图 1-61 卧轴矩台平面磨床

2. 铣床

铣床的用途广泛,可以加工各种平面、沟槽、齿槽、螺旋形表面、成形表面等,如图 1-62 所示。铣床上用的刀具是铣刀,以相切法形成加工表面,同时有多个刀刃参加切削,因此生产率较高。但多刃刀具断续切削容易造成振动而影响加工表面质量,所以对机床的刚度和

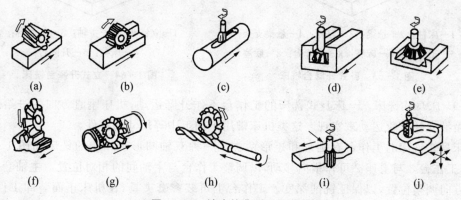

图 1-62 铣床的典型工艺范围

抗振性有较高的要求。铣床的主要类型有：卧式升降台铣床、立式升降台铣床、床身式铣床、龙门铣床、工具铣床和各种专门化铣床。

（1）升降台铣床　加工的工件尺寸、重量都不大时，多使用工作台能垂直移动的升降台铣床。图1-63为卧式升降台铣床的外形。它由底座8、床柱1、悬梁支架4、升降台7、床鞍6、工作台5及装在主轴上的刀杆3等主要部件组成。床柱内部装有主传动系统，经主轴、刀杆传动刀具作旋转主运动。工件用夹具或分度头等附件安装在工作台上，也可以用压板直接固定在工作台上。升降台连同床鞍、工作台可沿床柱上的导轨上、下移动，以手动或机动作垂直进给运动。床鞍及工作台可在升降台的导轨上作横向的进给运动，工作台又可沿床鞍上的导轨作纵向进给运动。悬梁2及支架4的位置可根据刀杆的长度而调整，以支承刀杆，增大其刚度。对于万能卧式升降台铣床，其工作台可以绕垂直轴在水平面内移动一个角度（±45°以内），以铣削螺旋槽。

立式升降台铣床的外形见图1-64，它与卧式升降台铣床的区别在于，其主轴2为垂直布置，立铣头1可以在垂直面内倾斜调整成某一角度，并且主轴套筒可沿轴向调整其伸出的长度。

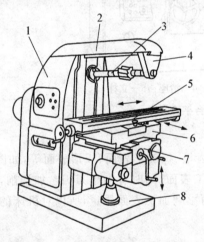

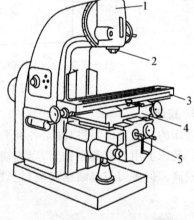

1—床柱；2—悬梁；3—刀杆；4—悬梁支架；
5—工作台；6—床鞍；8—升降台；8—底座

图1-63　卧式升降台铣床

1—立铣头；2—主轴；3—工作台；
4—床鞍；5—升降台

图1-64　立式升降台铣床

（2）床身式铣床　床身式铣床的工作台不作升降运动，机床垂直方向的进给运动由主轴箱沿立柱导轨运动来实现。这类机床常用于加工中等尺寸的零件。

床身式铣床的工作台有圆形和矩形两类。一种双轴圆形工作台的铣床如图1-65所示，其工作台3与滑座2可作横向移动，以调整工作台与主轴间的相对位置。主轴套筒能在垂直方向调整位置，以保证铣削深度。工作台上可装多套夹具，在机床正面装卸工件，加工时工作台缓慢旋转作圆周方向进给，两主轴上的端铣刀分别完成粗铣和半精铣加工。由于加工是连续进行的，在成批或大量生产中加工中、小型工件，其生产率较高。

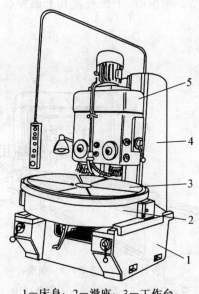

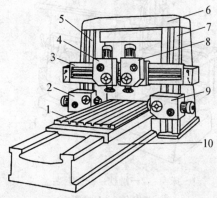

1—床身；2—滑座；3—工作台；
4—立柱；5—主轴箱

图 1-65 双轴圆形工作台铣床

1—工作台；2，4，8，9—铣头；3—横梁
5，7—立柱；6—顶梁；10—床身

图 1-66 龙门铣床

（3）龙门铣床　龙门铣床是大型、高效通用机床，主要用于各种大型工件上的平面、沟槽等的粗铣、半精铣或精铣加工，也可借助于附件加工斜面和内孔。

图 1-66 为龙门铣床的外形。其立柱 5 和 7、床身 10 和顶梁 6 组成一个门式框架，其刚性较好。横梁 3 可沿立柱上的导轨垂直移动，以调整位置。两个铣头 4 和 8 可沿横梁上的导轨作横向移动，两立柱上也各有一个铣头 2 和 9，可以沿立柱导轨垂直移动。四个铣头都有单独的主运动电机和传动系统，其主轴转速和箱体位置都是独立调整的，每个铣头的主轴套筒连同主轴可在其轴线方向调整位置并锁紧。加工时，工件固定在工作台 1 上，工作台沿床身上的导轨作纵向进给运动。由于龙门铣床能用多把铣刀同时加工几个平面，所以生产效率高，适于成批或大量生产。

3. 刨床和拉床

（1）刨床　刨床类机床主要用于加工各种平面和沟槽，加工时，工件和刨刀作往复直线运动。往复运动中进行切削的行程称为工作行程，返回的行程称为空行程。为了缩短空行程时间，返回时的速度应高于工作行程的速度。由于刨床是单程切削，生产率较低，所以在大批大量生产中常被铣床或拉床所代替。刨床可以在两个方向上作进给运动，这两个运动的方向都与主运动方向垂直，并且都是在前一个空行程结束、下一个工作行程之前进行的，进给运动的执行件为刀具或工作台。

刨削较小的工件时，常使用牛头刨床。图 1-67 为牛头刨床的外形。床身 1 的顶部有水平导轨，滑枕 2 由曲柄摇杆机构或液压机构传动，带着刀架 3 沿导轨作往复主运动。横梁 5 可连同工作台 4 沿床身上的导轨上、下移动调整位置。刀架可在左、右两个方向调整角度以刨削斜面,并能在刀架座的导轨上作进给或切入移动。刨削时,工作台及其上面安装的工件沿横梁上的导轨作间歇性的横向进给移动。

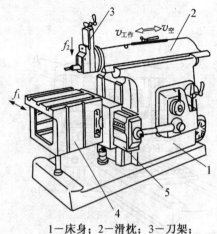

1—床身;2—滑枕;3—刀架;

4—工作台;5—横梁

图1-67 牛头刨床

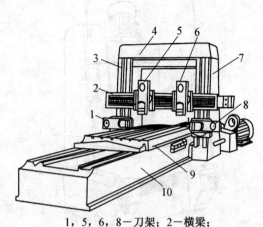

1,5,6,8—刀架;2—横梁;

3,7—立柱;4—顶梁;9—工作台;10—床身

图1-68 龙门刨床

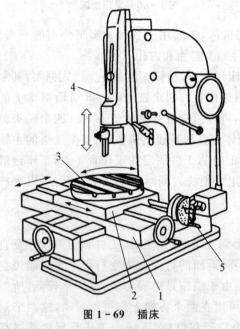

图1-69 插床

加工大型、重型工件上的各种平面和沟槽时,需使用龙门刨床。龙门刨床也可以用来同时加工多个中、小型工件。图1-68为龙门刨床的外形,其布局与龙门铣床相似,但工作台带着工件作主运动,速度远比龙门铣床工作台的速度高;横梁上及左、右立柱上的4个刀架内没有类似于龙门铣床铣头箱中的主运动传动机构,并且每个刀架在空行程结束之后沿导轨作水平或垂直方向的进给,而龙门铣床的铣头在加工过程中是不移动的。

插床,如图1-69所示实质上是立式刨床,它的滑枕4带着刀具作垂直方向的主运动。床鞍1和溜板2可分别作横向及纵向的进给运动。圆工作台3可由分度装置5传动,在圆周方向作分度运动或进给运动。插床主要用来在单件小批量生产中加工键槽、孔内的平面或成形表面。

（2）拉床　拉床是用拉刀进行加工的机床,主要用来加工各种形状的通孔、平面及成形表面等。图1-70为适于拉削加工的一些典型表面形状。拉床上只有主运动,没有进给运动,拉刀一次走刀即可完成粗、精加工。拉削时,拉刀及拉床上受的力很大,为了使运动平稳、易于操纵,拉床的主运动通常都是由液压驱动的。图1-71(a,b)分别为卧式内拉床及立式外拉床的拉削加工示意图。

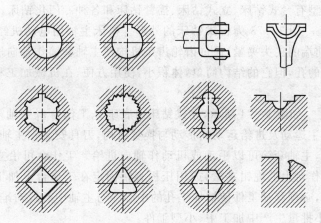

图 1-70　适于拉削加工的一些典型表面

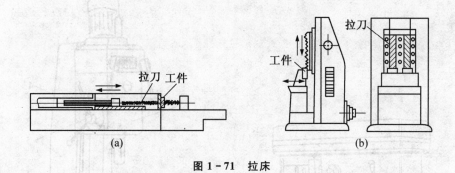

图 1-71　拉床

拉床的生产效率很高,且加工精度和表面质量也较好,但刀具结构复杂,设计、制造费用昂贵,所以仅用于大批量生产。

4. 钻床与镗床

钻床与镗床是孔加工机床,主要用于加工外形复杂、没有对称回转轴线的工件,如各种杆件、支架件、板件和箱体等零件上的孔或孔系。

(1) 钻床　　钻床一般用于加工直径不大且精度要求不高的孔。加工时,工件固定,刀具作旋转的主运动并作轴向进给运动。图 1-72 为钻床的几种典型加工表面。钻床的主参数为最大钻孔直径。

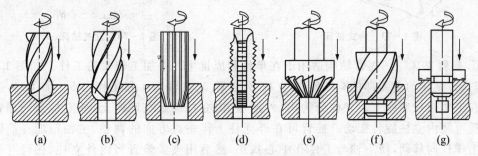

图 1-72　钻床的几种典型加工表面

钻床的主要类型有台式钻床、立式钻床、摇臂钻床和各种专门化钻床。

① 台式钻床   图1-73为台式钻床的外形。机床主轴用电动机经一对塔轮以 V 带传动,刀具用主轴前端的夹头夹紧,通过齿轮齿条机构使主轴套筒作轴向进给。同时钻床只能加工较小工件上的孔,但它的结构简单,体积小,使用方便,在机械加工和修理车间中应用广泛。

② 立式钻床   如图1-74所示,立式钻床由底座1、工作台2、主轴箱3、立柱4等部件组成。主轴箱内有主运动及进给运动的传动与换置机构,刀具安装在主轴的锥孔内,由主轴带动作旋转主运动,主轴套筒可以手动或机动作轴向进给。工作台可沿立柱上的导轨作调位运动。工件用工作台上的虎钳夹紧,或用压板直接固定在工作台上加工。立式钻床的主轴中心线是固定的,必须移动工件使被加工孔的中心线与主轴中心线对准。所以,立式钻床只适用于在单件、小批量生产中加工中、小型工件。

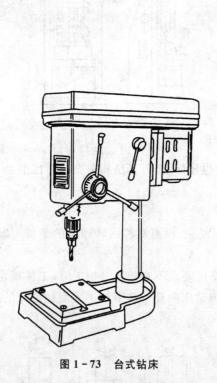

图1-73 台式钻床

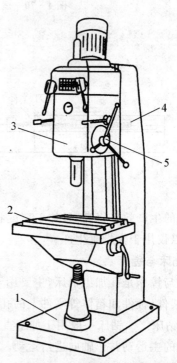

1—底座;2—工作台;3—主轴箱;
4—立柱;5—手柄

图1-74 立式钻床

③ 摇臂钻床   摇臂钻床适用于在单件和成批生产中加工较大的工件。如图1-75所示,摇臂钻床的主要部件有底座1、立柱2、摇臂3、主轴箱4和工作台5。加工时,工件安装在工作台或底座上。立柱分为内、外两层,内立柱固定在底座上,外立柱连同摇臂和主轴箱可绕内立柱旋转摆动。摇臂可在外立柱上作垂直方向的调整,主轴箱能在摇臂的导轨上作径向移动,使主轴与工件孔中心找正,然后用夹紧装置将内外立柱、摇臂与外立

柱、主轴箱与摇臂间的位置分别固定。主轴的旋转运动及主轴套筒的轴向进给运动的开停、变速、换向、制动机构,都布置在主轴箱内。

(2) 镗床　镗床主要用于加工工件上已铸出或粗加工过的孔或孔系,使用的刀具为镗刀。加工时刀具作旋转主运动,轴向的进给运动由工件或刀具完成。镗削时切削力较小,其加工精度高于钻床。镗床的主要类型有卧式铣镗床、坐标镗床等。

① 卧式铣镗床　卧式铣镗床的工艺范围很广,除了镗孔之外,还可以车端面、车外圆、车螺纹、车沟槽、钻孔、铣平面等,如图 1-76 所示。对于较大的复杂箱体类零件,能在一次装夹中完成各种

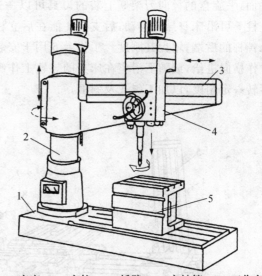

1—底座；2—立柱；3—摇臂；4—主轴箱；5—工作台

图 1-75　摇臂钻床

孔和箱体表面的加工,并能较好地保证其尺寸精度和形状位置精度,这是其他机床难以胜任的。

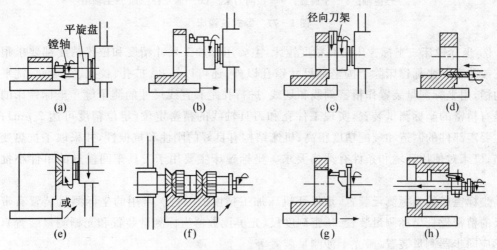

图 1-76　卧式铣镗床的工艺范围

卧式铣镗床的主参数为镗轴的直径。卧式铣镗床的外形如图 1-77 所示,图中 1 为床身,其上固定有前立柱 10。主轴箱 11 可沿前立柱上的导轨上、下移动,主轴箱内有主轴部件,以及主轴运动、轴向进给运动、径向进给运动的传动机构和相应的操纵机构。主轴前端的镗轴 7 上可以装刀具或镗杆。镗杆上安装刀具,由镗轴带动作旋转主运动,并可作轴向的进给运动。镗轴上也可以装上端铣刀加工平面。主轴前面的平旋盘 8 上也可以装端铣刀铣

削平面,平旋盘的径向刀架9上装的刀具可以一边旋转一边作径向进给运动,车削孔端面。后立柱5可沿床身导轨移动,后支架4能在后立柱的导轨上与主轴箱作同步的升降运动,以支承镗杆的后端,增大其刚度。工作台6用于安装工件,它可以随上滑座3在下滑座2的导轨上作横向进给,或随下滑座在床身的导轨上作纵向进给,还能绕上滑座的圆导轨在水平面内旋转一定角度,以加工斜孔及斜面。

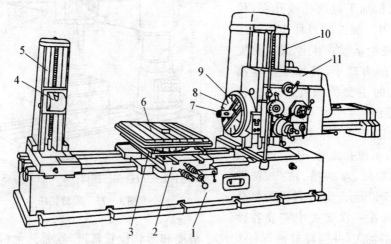

1—床身；2—下滑座；3—上滑座；4—后支架；5—后立柱；6—工作台；
7—镗轴；8—平旋盘；9—径向刀架；10—前立柱；11—主轴箱

图 1 - 77　卧式铣镗床

② 坐标镗床　坐标镗床是高精度镗床,主要用于加工尺寸精度和位置精度都要求很高的孔或孔系。坐标镗床除了按坐标尺寸镗孔以外,还可以钻孔、扩孔、铰孔、锪端面、铣平面和沟槽,用坐标测量装置作精密刻线和划线,进行孔距和直线尺寸的测量等。坐标镗床的特点是有精密的坐标测量装置,实现工件孔和刀具轴线的精密定位(定位精度可达 $2 \mu m$);机床主要零部件的制造和装配精度很高;机床结构有良好的刚性和抗振性,并采取了抗热变形措施;机床对使用环境和条件有严格要求。坐标镗床主要用于工具车间模具的单件小批量生产。

坐标镗床的坐标测量装置,是保证机床加工精度的关键。常用的坐标测量装置有带校正尺的精密丝杆坐标测量装置、精密刻度尺(光屏读数器坐标测量装置和光栅测量装置),还有感应同步器测量装置、激光干涉测量装置等。

坐标镗床有立式单柱、立式双柱和卧式等主要类型。图 1 - 78 为立式单柱坐标镗床,工作台 2 可在床鞍 5 的导轨上作纵向移动,也可随床鞍在床身 1 的导轨上作横向移动,这两个方向均有坐标测量装置。主轴箱 3 固定在立柱 4 上,主轴套筒可作轴向进给。这种机床的尺寸较小,其主参数(工作台面宽度)小于 630 mm。图 1 - 79 为立式双柱坐标镗床,其工作台 2 只沿床身 1 的导轨作纵向移动,主轴在横坐标方向的移动由主轴箱 6 沿横梁 3 上的导轨的移动来完成。横梁 3 可沿立柱 4 与 7 的导轨作上、下位置调整。这种机床的两根立柱与顶梁 5 和床身 1 组成框架结构,并且工作台的层次少,接合面少,所以刚度高。大、中型坐标镗床常采用这种双柱式布局。

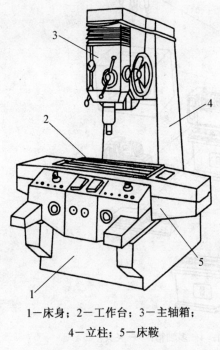 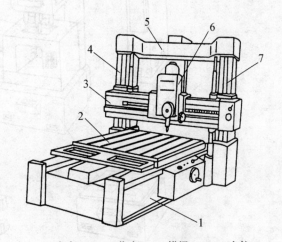

1—床身;2—工作台;3—主轴箱;
4—立柱;5—床鞍

图 1-78　立式单柱坐标镗床

1—床身;2—工作台;3—横梁;4,7—立柱;
5—顶梁;6—主轴箱

图 1-79　立式双柱坐标镗床

5. 组合机床

组合机床是根据特定工件的加工要求,以系列化、标准化的通用部件为基础,配以少量的专用部件所组成的专用机床。

组合机床的工艺范围主要属于平面加工和孔加工,如铣平面、车端面、锪平面、钻孔、扩孔、铰孔、镗孔、倒角、切槽、攻螺纹、锪沉头孔、滚压孔等。

组合机床最适于加工箱体类零件,如气缸体、气缸盖、变速箱体、阀门与仪表的壳体等。这些零件的加工表面主要是孔和平面,几乎都可以在组合机床上完成。另外,轴类、盘类、套类及叉架类零件,如曲轴、气缸套、连杆、飞轮、发兰盘、拨叉等,也能在组合机床上完成部分或全部加工工序。

图 1-80 所示为一种典型的双面复合式单工位组合机床。被加工工件装夹在夹具 5 中,加工时工件固定不动,镗削头 6 上的镗刀和多轴箱 4 中各主轴上的刀具分别由电动机通过动力箱 3 驱动作旋转主运动,并由各自的滑台 7 带动作直线进给运动,在机床电气控制系统控制下,完成一定形式的运动循环。整台机床的组成部件中,除多轴箱和夹具是专用部件外,其余均为通用部件。即使是专用部件,其中也有不少零件是通用件和标准件。通常一台组合机床中,通用部件和零件的数量约占机床零、部件总数的 70%～90%。

组合机床与一般机床相比,有以下特点:

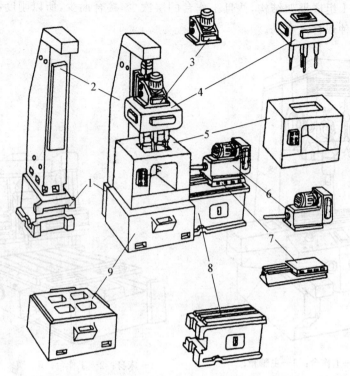

1—立柱底座；2—立柱；3—动力箱；4—多轴箱；5—夹具；

6—镗削头；7—滑台；8—侧底座；9—中间底座

图 1-80　组合机床的组成

（1）设计、制造周期短　　这主要是由于组合机床的专用部件少，通用部件有专门工厂生产，可根据需要直接选购。

（2）加工效率高　　组合机床可采用多刀、多轴、多面、多工位和多件加工，因此，特别适合汽车、拖拉机、电机等行业定型产品的大批量生产。

（3）当加工对象改变后，通用零、部件可重复使用，组成新的组合机床，不致因产品的更新而造成设备的大量浪费。

1.2.5　数控机床

数字控制机床（简称数控机床）是一种用数字化的代码作为指令，由数字控制系统进行处理而实现自动控制的机床。它是综合应用计算机技术、自动控制、精密测量和机械设计等领域的先进技术成就而发展起来的一种新型自动化机床。它的出现和发展，有效地解决了多品种、小批量生产精密、复杂零件的自动化问题。

1. 数控机床的特点及应用范围

（1）数控机床的特点

① 加工精度高　　因为数控机床是按照预定的加工程序自动进行加工的，加工过程消

除了操作者的人为误差,所以同批零件加工尺寸的一致性好,而且加工误差还可以利用软件来进行校正及补偿,因此可以获得比机床本身精度还要高的加工精度和重复精度。

② 对加工对象的适应性强   由于数控机床是按照记录在信息载体上的指令信息自动进行加工的,当加工对象改变时,除了重新调整工件的装夹和更换刀具外,只需换上另外一张载有加工程序的磁盘(或其他信息载体),或手动输入加工程序,便可加工出新的零件,而无需对机床作任何其他调整或制造专用夹具。所以数控加工方法为新产品的试制及单件、小批量生产的自动化提供了极大的方便,或者说数控机床具有很好的柔性。

③ 加工形状复杂的工件比较方便   由于数控机床能自动控制多个坐标联动,因此可以加工一般通用机床很难甚至不能加工的复杂曲面。对于用数学方程式或型值点表示的曲面,加工尤为方便。

④ 加工生产率高   在数控机床上加工,对工夹具要求低,只需通用的夹具,又免去划线等工作,所以加工准备时间大大缩短;数控机床有较高的重复精度,可以省去加工过程中对零件的多次测量和检验时间;对箱体类零件采用加工中心进行加工,可以实现一次装夹,多面加工,生产效率的提高更为明显。

⑤ 易于建立计算机通讯网络   由于数控机床是用数字信息的标准代码输入,有利于与数字计算机连接,形成计算机辅助设计与制造紧密结合的一体化系统,同时也为实现制造系统的快速重组及远程制造等先进制造模式创造了条件。

⑥ 使用、维修技术要求高,机床价格较昂贵。

(2) 数控机床的适用范围   根据以上特点,数控机床最适在单件、小批量生产条件下,加工具有下列特点的零件:用普通机床难以加工的形状复杂的曲线、曲面零件;结构复杂、要求多部位、多工序加工的零件;价格昂贵、不允许报废的零件;要求精密复制或准备多次改变设计的零件。

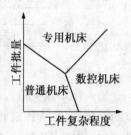

图 1-81   数控机床的适用范围

图 1-81 给出数控机床的适用范围。图中"工件复杂程度"的含义,不仅仅指那些形状复杂而难以加工的零件,还包括像印刷线路板钻孔那种虽然操作简单,但需钻孔数量很大(多至几千个),人工操作容易出错的零件。

2. 数控机床的组成与工作原理

数控机床通常由输入介质、数控装置、伺服系统和机床本体 4 个基本部分组成,如图 1-82 所示。数控机床的工作过程大致如下:机床加工过程中所需的全部指令信息,包括加工过程所需的各种操作(如主轴变速、主轴启动和停止、工件夹紧与松开、选择刀具与换刀、刀架或工作台转位、进刀与退刀、冷却液开关等),机床各部件的动作顺序以及刀具与工件之间的相对位移量,都是用数字化的代码来表示,由编程人员编制成规定的加工程序,通过输入介质送入数控装置。数控装置根据这些指令信息进行运算与处理,不断地发出各种指令,控制机床的伺服系统和其他执行元件(如电磁铁、液压缸等)动作,自动地完成预定的工作循环,加工出所需的工件。

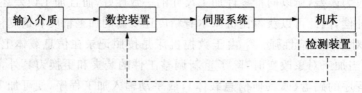

图 1-82 数控机床组成框图

（1）输入介质 数控机床工作时，不需要人去直接操作机床，但又要执行人的意图，因此人和数控机床之间必须建立某种联系，这种联系的媒介物称为输入介质或信息载体、控制介质。

输入介质上存储着加工零件所需的全部操作信息和刀具相对工件的移动信息。输入介质按数控装置的类型而异，可以是磁盘、磁带，也可以是穿孔纸带或其他信息载体。

以数字化代码的形式存储在输入介质上的零件加工工艺过程，通过信息输入装置（如磁盘驱动器、键盘、磁带阅读机或光电阅读机等）输送到数控装置中。

（2）数控装置 数控装置是数控机床的运算和控制系统，一般由输入接口、存储器、控制器、运算器和输出接口等组成，如图 1-83 所示。

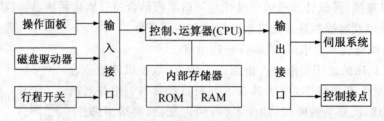

图 1-83 数控装置原理图

输入接口接受输入介质或操作面板上的信息，并将信息代码加以识别，经译码后送入相应的存储器，作为控制和运算的原始依据。控制器根据输入的指令，及时地控制运算器和输出接口，使机床按规定的要求协调地进行工作。运算器接受控制器的指令，及时地对输入数据进行运算，并按控制器的控制信号不断地向输出接口输出脉冲信号。输出接口则根据控制器的指令，接受运算器的输出脉冲，经过功率放大，驱动伺服系统，使机床按规定要求运动。

数控机床的功能强弱主要由数控装置来决定，所以它是数控机床的核心部分。数控装置中的译码、处理、计算和控制的步骤都是预先安排好的。这种安排可以用专用计算机的硬件结构来实现（称为硬件数控或简称 NC：Numerical Control），也可以用通用微型计算机的系统控制程序来实现（称为软件控制或简称 CNC：Computer Numerical Control）。用微型计算机构成数控装置，由 CPU 实现控制和运算，内部存储器中的只读存储器（ROM）存放系统控制程序，读写存储器（RAM）存放零件的加工程序和系统运行时的中间结果，I/O 接口实现输入输出功能。

（3）伺服系统 伺服系统的作用是把来自数控装置的脉冲信号转换为机床移动部件

的运动,使工作台(或溜板)精确定位或按规定的轨迹作严格的相对运动,以加工出符合图纸要求的零件。

伺服系统是由伺服驱动装置和进给传动装置两部分组成。对于闭环控制系统,则还包括工作台等机床运动部件的位移检测装置。数控装置每发出一个脉冲,伺服系统驱动机床运动部件沿某一坐标轴进给一步,产生一定的位移量。这个位移量称为脉冲当量。常用的脉冲当量为每脉冲 0.01～0.001 mm。显然,数控装置发出的脉冲数量决定了机床移动部件的位移量,而单位时间内发出的脉冲数(即脉冲频率)则决定了部件的移动速度。

(4)机床　　它是在普通机床的基础上发展起来的,但也作了许多改进和提高,如采用轻巧的滚珠丝杆进行传动,超越滚动导轨或贴塑导轨消除爬行,采用带有刀库及机械手的自动换刀装置来实现自动快速换刀,以及采用高性能的主轴系统,并努力提高机械结构的动刚度和阻尼精度等。

3. 数控机床的分类

(1)按工艺用途分类

① 一般数控机床　　这类机床与传统的通用机床类型一样,有数控车、铣、钻、镗、磨和齿轮加工机床等。其加工方法、工艺范围也与传统的同类型通用机床相似。所不同的是,除装卸工件外,这类机床的加工过程是完全自动的,并且可以加工形状复杂的表面。

② 可自动换刀的数控机床

这类机床通常又称为加工中心,与一般的数控机床相比,其主要特点是带有一个容量较大的刀库(可容纳的刀具数量一般为10～120把)和自动换刀装置,使工件能在一次装夹中完成大部分甚至全部加工工序。典型的加工中心有镗铣加工中心和车削加工中心。如图1-84所示,镗铣加工中心主要用于形状复杂、需进行多面多工序(如铣、钻、镗、铰和攻丝等)加工的箱体零件。

(2)按控制运动的方式分类

① 点位控制数控机床这类机床只对点的位置进行控制,即机床的数控装置只控制刀具或机床工作台,从一点准确地移动到另一点,而点与点之间的运动轨迹不需要严格控制。为了

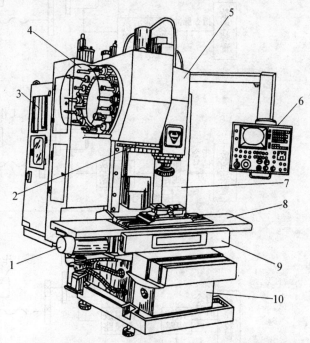

1—直流伺服电机;2—换刀机械手;3—数控柜;4—盘式刀库;
5—主轴箱;6—机床操作面板;7—驱动电源柜;8—工作台;
9—滑座;10—床身

图1-84　JCS—018A型立式加工中心外观图

减少移动部件的运动与定位时间,并保证良好的定位精度,一般应先快速移动到终点附近位置,然后低速准确地移动到终点定位位置。移动过程中刀具不进行切削。采用点位控制的数控机床有数控钻床、数控镗床及数控车床等。

② 点位直线控制数控机床　　这类机床不仅控制刀具或工作台从一点准确地移动到另一点,而且还要保证两点之间的运动轨迹为一条直线。由于刀具相对于工件移动时要进行切削,因此移动速度也需控制。生产中,简易数控机床、数控磨床及数控铣床一般均为点位直线控制数控机床。

③ 轮廓控制数控机床　　这类机床的特点是能对两个或两个以上的坐标轴进行严格的连续控制,它不仅要控制移动部件的起点和终点位置,而且还要控制整个加工过程中每一点的位置和速度,最终将零件加工成一定的轮廓形状。功能比较齐全的数控铣床、数控车床和加工中心都属于轮廓控制机床。

(3) 按伺服系统类型分类

① 开环控制数控机床　　这类机床采用开环伺服系统,一般由步进电机、配速齿轮和丝杆螺母副等组成,如图1-85(a)所示。步进电机每接收一个电脉冲信号,它就转过一定角

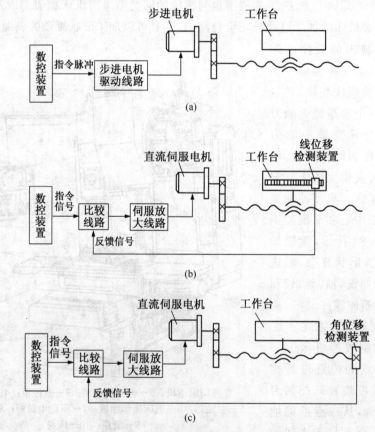

图 1-85　开环、闭环和半闭环伺服系统

度,这个角度称为步距角。步进电机的步距角通常为 0.75°或 1.5°。为了得到要求的脉冲当量,在步进电机与传动丝杆之间设有配速齿轮。由于伺服系统没有检测反馈装置,不能对运动部件的实际位移量进行检测,也不能进行误差校正,故其位移精度主要决定于步进电机的步距角精度、配速齿轮和丝杆螺母副的制造精度与间隙,因而机床加工精度的提高受到限制。但开环伺服系统结构简单、调试维修方便、价格低廉,故适用于中、小型经济型数控机床。

② 闭环控制数控机床 这类机床采用闭环伺服系统,通常由直流伺服电机(或交流伺服电机)、配速齿轮、丝杆螺母副和位移检测装置组成,如图 1-85(b)所示。安装在机床工作台上的直线位移检测装置将检测到的工作台实际位移值反馈到数控装置中,与指令要求的位置进行比较,用差值进行控制,直至差值为零。因此,从理论上讲,这类机床运动部件的位移精度主要决定于检测装置的检测精度,而与机床传动链的精度无关。闭环伺服系统可保证机床达到很高的位移精度,但是用于系统比较复杂,调整、维修比较困难,故一般应用在高精度的数控机床上。

③ 半闭环控制数控机床 这类机床的伺服系统也属于闭环控制的范畴,只是位移检测装置不是装在机床的工作台上,而是装在传动丝杆或伺服电机轴上,如图 1-85(c)所示。由于丝杆螺母等传动机构不在控制环内,它们的误差不能进行校正,因此,这种机床的精度不及闭环控制数控机床,但位移检测装置机构简单,系统的稳定性好,调试较容易,应用比较广泛。

4. 数控编程简介

(1) 概述 如前所述,在数控机床上加工零件,首先要编制零件的加工程序,然后才能加工。

所谓程序编制,就是将零件的工艺过程、工艺参数、刀具位移量与方向以及其他辅助动作(换刀、冷却、夹紧等),按动作顺序和所用数控机床规定的指令代码及程序格式编制成一定的表格,这种表格称为零件加工程序单,或简称程序单。再将程序单中的全部内容记录在输入介质上(如磁盘、穿孔纸带、磁带等),然后输送给数控装置,从而指挥数控机床加工。如图 1-86 所示,这种从分析零件图纸开始,到制成数控机床所需的输入介质的全过程称为程序编制。数控机床所以能加工出各种各样形状、不同尺寸和精度的零件,就是因为有不同的加工程序。因此数控加工程序的编制是数控机床使用中最重要的环节。至于制作输入介质(如磁盘),则是程序单以代码信息表示的一种方式。

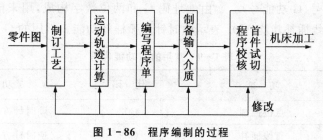

图 1-86 程序编制的过程

（2）程序的组成与程序段格式

① 程序的组成　一个完整的零件加工程序由若干个程序段组成；一个程序段由若干个代码字组成；每个代码字则由文字（地址符）和数字（有些数字还带有符号）组成。字母、数字、符号统称字符。例如下例完整的零件加工程序，它由 17 个程序段组成，每个程序段以顺序号字"N"开头，以符号"LF"结束。M02 作为整个程序结束的标志。每个程序段中有若干个代码字，如第 1 程序段就有 8 个代码字。

```
N001   G91   G00   X2700   Y3000   Z15000   M03   LF
N002   Z－14800   LF
⋮          ⋮
N017   X－5000   Y－4000   Z14800   M02   LF
```

② 程序段格式　数控系统是以执行指令的方式进行工作的。每条具体指令相当于程序中的一个字。数控机床为完成某一特定动作所需的全部指令，相当于由各相应的字组成的一个程序段。

所谓程序段格式就是一个程序段中字的排列书写方式和顺序，以及每个字和整个程序段的长度限制和规定。现代数控机床广泛采用地址程序段格式，其程序段的长度可随字数和字长而变，故又称为可变程序段地址程序格式。

● 程序段内字的顺序　各字的先后顺序并不严格，但为编程方便起见，一般习惯的排列顺序如下：

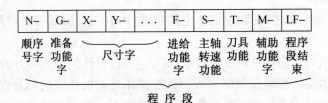

程　序　段

在同一程序段中 X，Y，F，S，T 等字不能重复，但不同组的 G 功能或 M 功能可以多于一个；不需要的字略去，与上一程序段相同的模态（续效）字可以省略。

● 程序段内各字的说明：

（a）顺序号字　由地址码 N 和后面的若干位数字构成，用来识别程序段的编号。例如，N001，N010 分别表示是第 1 程序段和第 10 程序段。

（b）准备功能号（G 功能号）　由地址码 G 和两位数字构成，用来描述机床的动作类型，如 G01 表示直线插补功能，G02 表示顺时针圆弧插补功能。常用的 G 功能见表 1－9。

表 1－9　常用的 G 功能代码

代　码	功　能	代　码	功　能
G00	点位控制	G02	顺时针方向圆弧插补
G01	直线插补	G03	逆时针方向圆弧插补

代　码	功　能	代　码	功　能
G04	暂停（延迟）	G40	取消刀具偏移
G06	抛物线插补	G41	刀具左偏
G08	加速	G42	刀具右偏
G09	减速	G43	刀具偏置（＋）
G17	XY 平面选择	G44	刀具偏置（－）
G18	ZX 平面选择	G60	准确定位
G19	YZ 平面选择	G65～G79	保留用于点位系统
G33	螺纹切削,等螺距	G80	取消固定循环
G34	螺纹切削,增螺距	G81～G89	固定循环♯1～♯9
G35	螺纹切削,减螺距	G90	绝对坐标编程
G36～G39	保留作控制用	G91	相对坐标编程

（c）尺寸字　　尺寸字由地址码、"＋"、"－"符号和绝对值（或增量）的数字构成,用来表示坐标的运动尺寸。尺寸字码有 X,Y,Z,U,V,W,P,Q,R,I,J,K,A,B,C 等。坐标尺寸字的正号"＋"可省略。例如,X100,Y120,Z50 分别表示 X,Y,Z 坐标方向的移动量。

（d）进给速度功能字　　由地址码 F 和在其后面的若干位数字构成。这个数字的单位可以是 mm/r 或 mm/min,也有的用进给率数 1/min 表示,这取决于每个数控系统所采用的进给速度指定方法。

（e）主轴转速功能字　　由地址码 S 和在其后面的若干位数字构成。这个数字的单位可以是转速（r/min）或切削速度（m/min）。

（f）刀具功能字　　由地址码 T 和在其后面的若干位数字构成。在自动换刀的数控机床中,该指令用以选择所需的刀具。刀具功能字中的数字代表刀具的编号。

（g）辅助功能字　　由地址码 M 和两位数字表示。常用的 M 指令见表 1－10。各种数控系统的 M 功能并不完全相同。因此,在编程时必须了解所使用的数控机床系统的 M 功能。

（h）程序结束段　　在每一程序段结束时,均应加上程序段结束码 NL（或 LF）。

表 1－10　常用的 M 功能代码

代　码	功　能	代　码	功　能
M00	程序停机	M04	主轴逆时针方向旋转
M01	任选停机	M05	主轴停转
M02	程序结束	M06	换刀
M03	主轴顺时针方向旋转	M07	开 2 号切削液

代　码	功　能	代　码	功　能
M08	开 1 号切削液	M30	纸带终了
M09	关闭切削液	M31	旁路互锁
M10	夹紧	M32～M35	恒切削速度
M11	松开	M40～M45	可用于变换齿轮,否则不用
M13	主轴顺转并开切削液	M50	开 3 号切削液
M14	主轴逆转并开切削液	M51	开 4 号切削液
M15	正向(＋)运动	M60	换工件
M16	负向(－)运动	M68	工件夹紧
M19	主轴定向停止	M69	工件松开

例 1-1　在数控钻镗床上加工图 1-87(a)所示的零件上的两个螺纹孔(底孔为 $\phi 10$),机床的脉冲当量为 0.01 mm/脉冲。

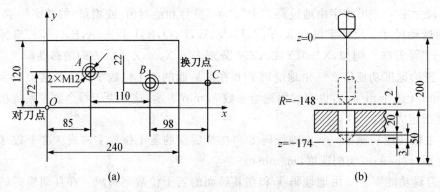

图 1-87　零件图及钻孔(攻丝)轴向尺寸的确定

解:程序编制的过程如下:

(1) 根据零件的加工要求,确定装夹方法和对刀点。对刀点往往就是数控加工的起点,程序通常就是从这一点开始的。在加工过程中需要换刀,所以还需要规定换刀点。图中 O 点即为工件原点,又是对刀点,C 点为换刀点。

(2) 确定加工(走刀)路线的顺序:对刀点—孔 A—孔 B—换刀点—孔 B(攻丝)—孔 A(攻丝)—对刀点。

(3) 根据工件的原点,按照绝对坐标系统换算各孔位置尺寸的坐标值,换算的结果是:对刀点(0,0),$A(+85,+72)$,$B(+195,+50)$,换刀点$(+293,+50)$。

(4) 确定钻孔循环"快速趋近——工作进给——快速退回"的轴向行程长度,见图 1-87(b)。攻丝循环与钻孔循环的区别在于:当工作进给至终点时主轴(丝锥)要反转,然后仍以工作进给(每转移动一个螺距)的速度退出工件。

(5) 确定切削用量。主轴转速：钻孔为 880 r/min；攻丝为 170 r/min。进给速度：钻孔为 0.125 mm/r＝110 mm/min，空行程时为 600 mm/min，攻丝为 1.75 mm/r＝297.5 mm/min。

(6) 根据上面计算和选定的数值，按加工路线的顺序填写程序单(表 1-11)。

(7) 根据程序单制作输入介质(如磁盘)，用它控制机床加工出零件。

表 1-11　程序单

序号 N	准备 功能 G	坐　标				进给 速度 F	主轴 转速 S	刀具 号 T	辅助 功能 M	程序段 结束 NL	备　注
		x	y	z	R						
N001	G00 G90	X0	Y0							NL	走到对刀点
N002	G81	X8500	Y7200			F600	S 880	T01	M03	NL	走到孔 A
N003				Z－17400	R－14800	F110				NL	钻孔 ϕ 10
N004		X19500	Y5000			F600				NL	走到孔 B
N005				Z－17400	R－14800	F110				NL	钻孔 ϕ 10
N006	G80	X29300	Y5000			F600				NL	走到换刀点
N007								T02	M00	NL	换刀 (手动)
N008	G84	X19500	Y5000			F600	S 170		M03	NL	走到孔 B
N009				Z－17400	R－14800	F 297.5				NL	攻丝
N010		X8500	Y7200			F600				NL	走到孔 A
N011				Z－17400	R－14800	F 297.5				NL	攻丝
N012	G80	X0	Y0						M02	NL	回到对刀点 程序完

从表 1-11 可以看出，从机床开始启动到零件加工完毕，每一个动作都作了规定。正因为如此，程序单中不能漏掉或写错任何一个细小的过程。必须严格按照所用机床规定的程序格式填写程序单中的每一个符号、字母和数字，否则数控装置就不能正常运算，机床也就无法加工出符合要求的零件。

1.3 机床夹具设计基础

1.3.1 概述

夹具是机械制造厂里的一种工艺装备,有机床夹具、装配夹具、焊接夹具、检验夹具等。各种金属切削机床上使用的夹具称为机床夹具(以下简称夹具),如三爪自定心卡盘、机床用平口钳等,都是机床夹具。

在现代生产中,工件安装是通过机床夹具来实现的。工件安装的正确、迅速、方便和可靠与否,将直接影响工件的加工质量、生产率、制造成本和操作安全。因此,根据具体的生产条件和工件加工要求,正确而合理地选择工件的安装方法,是机械制造工艺与工装研究的重要问题之一。

1. 机床夹具的作用

在机械加工过程中,使用机床夹具的目的主要有以下五个方面,但在不同的生产条件下,应该有不同的侧重点。

(1) 保证加工精度 用夹具安装工件后,工件在加工中的正确位置就由夹具来保证,不会受工人操作习惯和技术差别等因素的影响,每一批零件基本上都能达到相同的精度,使产品质量稳定。

(2) 提高生产效率 采用机床夹具后,能使工件迅速定位和夹紧,既可以提高工件加工时的刚度,有利于选用较大的切削用量,又可以省去划线找正等辅助工作,因而提高了劳动生产率。

(3) 改善劳动条件 用夹具装夹工件方便、省力、安全,降低了对工人的技术要求。当采用气动或液动等夹紧装置后,可以减轻工人的劳动强度,保证生产安全。

(4) 降低生产成本 在成批生产中使用夹具时,由于生产效率的提高和对工人技术要求的降低,可明显地降低生产成本,批量越大,生产成本降低越显著。

(5) 扩大工艺范围 在单件小批量生产时,零件品种多而数量少,又不可能为了满足所有的加工要求而购置相应的机床,采用夹具就可以扩大机床的加工范围。如在车床上安装镗孔夹具后,就可以进行箱体的孔系加工;安装磨头后,就可以进行磨削加工等。采用夹具是在生产条件有限的企业中,常用的一种技术改造措施。

2. 机床夹具的组成

机床夹具虽有不同的类型和结构,但它们的工作原理基本上是相同的。为此,可以把各类夹具中的元件或机构,按其功能相同的原则归类,从而得出组成夹具的几个主要部分:

(1) 定位元件 定位元件用于确定工件在夹具中的正确位置。如支承钉、支承板、V形块、定位销等。当工件定位基准面的形状确定后,定位元件的结构也就基本确定了。

(2) 夹紧装置 夹紧装置用于夹紧工件,使工件在受到外力作用时,仍能保持其正确的位置。夹紧装置的结构会影响到夹具的性能和复杂程度。它通常是一种机构,包括夹紧元件(如夹爪、压板等)、增力和传动装置(如杠杆、螺纹传动副、凸轮等)以及动力装置(如气缸、油缸)等。

（3）夹具体　　夹具体用于连接夹具上的各种元件和装置,使之成为一个整体,并与机床的有关部位连接,以确定夹具相对机床的正确位置。

（4）对刀元件和引导元件　　对刀元件或引导元件用于确定或引导刀具使其与夹具有一个正确的相对位置,如对刀块、钻套、镗套等。

（5）其他元件及装置　　其他元件和装置有定向件、操作件以及根据夹具特殊功能需要而设置的一些装置,如分度装置、工件顶出装置、上下料装置等。

机床夹具的组成并非上述每一个部分都缺一不可,但其中的定位元件、夹紧装置和夹具体,则是构成机床夹具最主要的组成部分。

3. 机床夹具的分类

机床夹具的种类繁多,可以从不同的角度对机床夹具进行分类。常用的分类方法有以下几种。

（1）按夹具的使用特点分类

① 通用夹具　　已经标准化的,可加工一定范围内不同工件的夹具,称为通用夹具,如三爪自定心卡盘、机床用平口虎钳、万能分度头、磁力工作台等。这些夹具已作为机床附件由专门工厂制造供应,只需选购即可。

② 专用夹具　　专为某一工件的某道工序设计制造的夹具,称为专用夹具。专用夹具一般在批量生产中使用,本章主要介绍专用夹具的设计。

③ 可调夹具　　夹具的某些元件可调整或可更换,以适应多种工件加工的夹具,称为可调夹具。它还分为通用可调夹具和成组夹具两类。

④ 组合夹具　　采用标准的组合夹具元件、部件,专为某一工件的某道工序组装的夹具,称为组合夹具。

⑤ 拼装夹具　　用专门的标准化、系列化的拼装夹具零部件拼装而成的夹具,称为拼装夹具。它具有组合夹具的优点,但比组合夹具精度高、效能高、结构紧凑。它的基础板和夹紧部件中常带有小型液压缸。此类夹具更适合在数控机床上使用。

（2）按使用机床分类

夹具按使用机床可分为车床夹具、铣床夹具、钻床夹具、镗床夹具、齿轮机床夹具、数控机床夹具、自动机床夹具、自动线随行夹具以及其他机床夹具等。

（3）按夹紧的动力源分类

夹具按夹紧的动力源可分为手动夹具、气动夹具、液压夹具、气液增力夹具、电磁夹具以及真空夹具等。

1.3.2　工件的定位

1. 定位概念

工件在夹具中的定位,对保证加工精度起着决定性的作用。工件在加工之前,必须首先使它相对于机床和刀具占有正确的加工位置,这就是工件的定位。在使用夹具的情况下,就要使机床、刀具、夹具和工件之间保持正确的加工位置。显然,工件的定位是其中极为重要的一个环节。工件在夹具中定位的目的就是使同一批工件在夹具中占有一致的正确的加工位置。为此,必须选择和设计合理的定位方法及相应的定位元件或定位装置,同时,要保证有一定的定位精度。

(1) 基准及定位副　　基准种类很多,这里只讨论夹具设计中直接涉及的几种基准。在工件加工的工序图中,用来确定本工序加工表面位置的基准,称为工序基准。可通过工序图上标注的加工尺寸与形位公差来确定工序基准。

关于定位基准,有几种不同看法。本书采用下述观点:当工件以回转面(圆柱面、圆锥面、球面等)与定位元件接触(或配合)时,工件上的回转面称为定位基面,其轴线称为定位基准。如图1-88(a)所示,工件以圆孔在心轴上定位,工件的内孔面称为定位基面,它的轴线称为定位基准。与此对应,心轴的圆柱面称为限位基面,心轴的轴线称为限位基准。工件以平面与定位元件接触时,如图1-88(b)所示,工件上那个实际存在的面是定位基面,它的理想状态(平面度误差为零)是定位基准。如果工件上的这个平面是精加工过的,形状误差很小,可认为定位基面就是定位基准。同样,定位元件以平面限位时,如果这个面的形状误差很小,也可认为限位基面就是限位基准。

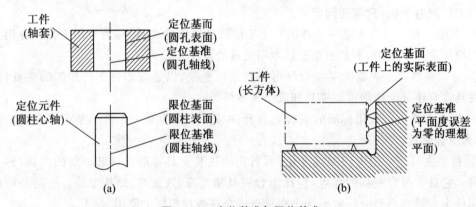

图1-88　定位基准与限位基准

工件在夹具上定位时,理论上,定位基准与限位基准应该重合,定位基面与限位基面应该接触。当工件有几个定位基面时,限制自由度最多的定位基面称为主要定位面,相应的限位基面称为主要限位基面。

为了简便,将工件上的定位基面和与之相接触(或配合)的定位元件的限位基面合称为定位副。图1-88(a)中,工件的内孔表面与定位元件心轴的圆柱表面就合称为一对定位副。

(2) 定位符号和夹紧符号的标注　　在选定定位基准及确定了夹紧力的方向和作用点后,应在工序图上标注定位符号和夹紧符号。定位、夹紧符号可看机械工业部的有关标准(JB/T 5061—1991)。图1-89为典型零件定位、夹紧符号的标注。

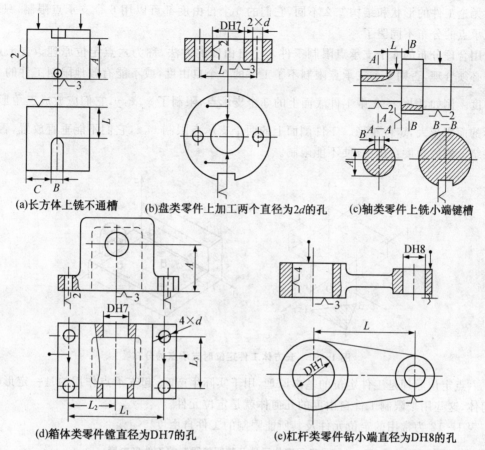

(a)长方体上铣不通槽　　(b)盘类零件上加工两个直径为2d的孔　　(c)轴类零件上铣小端键槽

(d)箱体类零件镗直径为DH7的孔　　　　(e)杠杆类零件钻小端直径为DH8的孔

图 1-89　典型零件定位、夹紧符号的标注

2. 工件定位基本原理

一个尚未定位的工件,其空间位置是不确定的,这种位置的不确定性可描述如下。如图 1-90 所示,将未定位工件(双点划线所示长方体)放在空间直角坐标系中,工件可以沿 x,y,z 轴有不同的位置,称作工件沿 x,y 和 z 轴的位置自由度,用 $\vec{x},\vec{y},\vec{z}$ 表示;也可以绕 x,y,z 轴有不同的位置,称作工件绕 x,y 和 z 轴的角度自由度,用 $\hat{x},\hat{y},\hat{z}$ 表

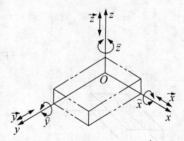

示。用以描述工件位置不确定性的 $\vec{x},\vec{y},\vec{z}$ 和 $\hat{x},\hat{y},\hat{z}$,称为　　**图 1-90　未定位工件的 6 个自由度**
工件的 6 个自由度。

工件定位的实质就是要限制对加工有不良影响的自由度。设空间有一固定点,工件的底面与该点保持接触,那么工件沿 z 轴的位置自由度便被限制了。如果按图 1-91 所示设置六个固定点,工件的三个面分别与这些点保持接触,工件的 6 个自由度便都被限制了。这些用来限制工件自由度的固定点称为定位支承点,简称支承点。

无论工件的形状和结构怎么不同,它们的 6 个自由度都可以用 6 个支承点限制,只是 6 个支承点的分布不同罢了。

用合理分布的 6 个支承点限制工件六个自由度的方法,称为六点定位原理。支承点的分布必须合理,否则 6 个支承点限制不了工件的 6 个自由度,或不能有效地限制工件的 6 个自由度。例如,图 1-91 中工件底面上的 3 个支承点,限制了 $\vec{z}$, $\hat{x}$, $\hat{y}$,它们应放成三角形,三角形的面积越大,定位越稳。工件侧面上的两个支承点限制 $\vec{x}$, $\hat{z}$,它们不能垂直放置,否则,工件绕 z 轴的角度自由度 $\hat{z}$ 便不能限制。

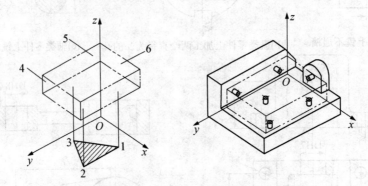

图 1-91 长方体工件定位时支承点的分布

六点定位原理是工件定位的基本原理,用于实际生产时,起支承点作用的是一定形状的几何体,这些用来限制工件自由度的几何体就是定位元件。

表 1-12 为常用的定位元件及其所能限制的工件自由度。

表 1-12 常用定位元件及其所能限制的工件自由度

工件定位基面	定位元件	定位简图	定位元件特点	限制的自由度
	支承钉			$1,2,3 - \vec{z}$, $\hat{x}$, $\hat{y}$ $4,5 - \vec{x}$, $\hat{z}$ $6 - \vec{y}$
	支承板			$1,2 - \vec{z}$, $\hat{x}$, $\hat{y}$ $3 - \vec{x}$, $\hat{z}$

工件定位基面	定位元件	定位简图	定位元件特点	限制的自由度
圆柱孔	定位销（心轴）		短销（短心轴）	$\vec{x}$，$\vec{y}$
			长销（长心轴）	$\vec{x}$，$\vec{y}$ $\hat{x}$，$\hat{y}$
	菱形销		短菱形销	$\vec{y}$
			长菱形销	$\vec{y}$，$\hat{x}$
	锥销			$\vec{x}$，$\vec{y}$，$\vec{z}$
			1-固定锥销 2-活动锥销	$\vec{x}$，$\vec{y}$，$\vec{z}$ $\hat{x}$，$\hat{y}$

工件定位基面	定位元件	定位简图	定位元件特点	限制的自由度
外圆柱面	支承板或支承钉		短支承板或支承钉	$\vec{z}$
			长支承板或两个支承钉	$\vec{z}$, $\hat{x}$
	V形块		窄V形块	$\vec{x}$, $\vec{z}$
			宽V形块	$\vec{x}$, $\vec{z}$ $\hat{x}$, $\hat{z}$
	定位套		短套	$\vec{x}$, $\vec{z}$
			长套	$\vec{x}$, $\vec{z}$ $\hat{x}$, $\hat{z}$
	半圆套		短半圆套	$\vec{x}$, $\vec{z}$
			长半圆套	$\vec{x}$, $\vec{z}$ $\hat{x}$, $\hat{z}$
	锥套			$\vec{x}$, $\vec{y}$, $\vec{z}$
			1-固定锥套 2-活动锥套	$\vec{x}$, $\vec{y}$, $\vec{z}$ $\hat{x}$, $\hat{z}$

3. 应用六点定位原理应注意的问题

（1）正确的定位形式　　正确的定位形式就是指在满足加工要求的情况下，适当地限制工件的自由度数目。如图 1-92 所示，要加工压板上的导向槽，由于要求槽深方向的尺寸 A_2，故要限制自由度 $\vec{z}$；由于要求保证槽长度方向的尺寸 A_1，故要限制自由度 $\vec{x}$；由于要求槽底面与 C 面平行，故要限制自由度 $\hat{x}$ 和 $\hat{y}$；由于要求导向槽应在压板的中心，并与长圆孔的轴线方向一致，故要限制自由度 $\vec{y}$ 和 $\hat{z}$。可见，压板在加工导向槽时，六个自由度都被限制了。这种定位称为完全定位。如要在平面磨床上磨削压板的上表面，加工要求保证板厚尺寸 B，并要求上表面与 C 面平行。这时，只要限制自由度 $\vec{z}$、$\hat{x}$ 和 $\hat{y}$ 就可以了。这种根据零件加工要求，限制部分自由度的定位，称为对应定位（也称不完全定位）。在满足加工要求的前提下，工件所要限制的自由度，必须通过各种支承来完成。一个支承究竟限制几个自由度，要看具体情况具体分析。

（2）防止产生欠定位　　根据零件的加工要求，而未能满足应该限制的自由度数目时，称为欠定位。如图 1-92 中加工压板的导向槽时，减少限制任何一个自由度都是欠定位。欠定位是不允许的，因为工件在欠定位的情况下，将不可能保证加工精度的要求。

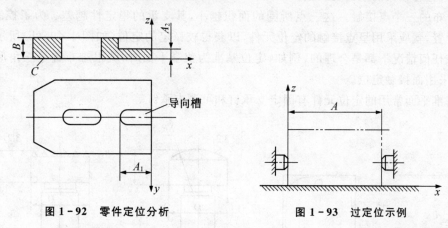

图 1-92　零件定位分析　　　　　　　　图 1-93　过定位示例

（3）正确处理过定位　　如果工件的同一个自由度被多于一个的定位元件来限制，称为过定位（也称为重复定位）。图 1-93 所示为一个零件的 $\vec{x}$ 自由度有左右两个支承限制，这就产生了过定位，工件有放不下去的可能。如图 1-94 所示为齿轮毛坯的定位，其中

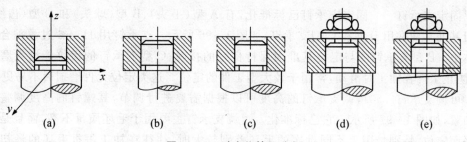

(a)　　　　　(b)　　　　　(c)　　　　　(d)　　　　　(e)

图 1-94　过定位情况分析

图 1 - 94(a)是短销大平面定位,短销限制自由度 $\vec{x}$ 和 $\vec{y}$,大平面限制自由度 $\vec{z}$,$\hat{x}$ 和 $\hat{y}$,无过定位。图 1 - 94(b)是长销、小平面定位,长销限制自由度 $\vec{x}$,$\vec{y}$,$\hat{x}$ 和 $\hat{y}$,小平面限制自由度 $\vec{z}$,也无过定位。图 1 - 94(c)是长销、大平面定位,长销限制自由度 $\vec{x}$,$\vec{y}$,$\hat{x}$ 和 $\hat{y}$,大平面限制自由度 $\vec{z}$,$\hat{x}$ 和 $\hat{y}$,这里的自由度 $\hat{x}$ 和 $\hat{y}$ 同时被两个定位元件限制,所以产生了过定位。

过定位一般是不允许的,因为它可能产生破坏定位、工件不能装入(图 1 - 93)、工件变形或夹具变形如图 1 - 94(d,e)等后果,导致同一批工件在夹具中位置的不一致性,影响加工精度。但如果工件与夹具定位面的精度都较高时,过定位又是允许的,因为它可以提高工件的安装刚度和加工的稳定性。

4. 定位方式与定位元件

(1) 工件以平面定位   在机械加工过程中,大多数工件都是以平面为主要定位基准,如箱体、机座、支架等。初始加工时,工件只能以粗基准平面定位,进入后续加工时,工件才能以精基准平面定位。

① 工件以粗基准平面定位   粗基准平面通常是指经清理后的铸、锻件毛坯表面,其表面粗糙,且有较大的平面度误差。如图 1 - 95(a)所示,当该面与定位支承面接触时,必然是随机分布的三个点接触。这三点所围的面积越小,其支承的稳定性越差。为了控制这 3 个点的位置,就应采用呈点接触的定位元件,以获得较稳定的定位,如图 1 - 95(b)所示。但这并非在任何情况下都是合理的,例如,定位基准为狭窄平面时,就很难布置呈三角形的支承,而应采用面接触定位。

粗基准平面常用的定位元件有固定支承钉和可调支承钉等。

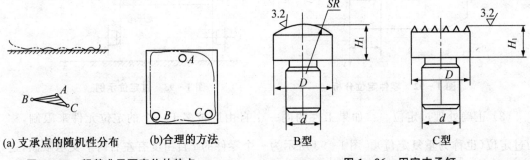

(a) 支承点的随机性分布   (b)合理的方法   B型   C型
图 1 - 95   粗基准平面定位的特点   **图 1 - 96   固定支承钉**

● 固定支承钉   固定支承钉已标准化,有 A 型(平头)、B 型(球头)和 C 型(齿纹)三种。粗基准平面常用 B 型和 C 型支承钉,如图 1 - 96 所示。支承钉用 H7/r6 过盈配合压入夹具体中。B 型支承钉能与定位基准面保持良好的接触;C 型支承钉的齿纹能增大磨擦系数,可防止工件在加工时滑动,常用于较大型工件的定位。这类定位元件磨损后不易更换。

● 可调支承钉   可调支承钉的高度可以根据需要进行调节,其螺钉的高度调整后用螺母锁紧,如图 1 - 97 所示。它已标准化。可调支承钉主要用于毛坯质量不高,而且是以粗基准平面定位,特别是用于不同批次的毛坯差别较大时,往往在加工每批毛坯的最初几件时,需要按划线来找正工件的位置,或者在产品系列化的情况下,可用同一夹具装夹结构相同而尺寸规格不同的工件。图 1-98 所示为可调支承钉定位的应用示例。工件以箱体的底面为粗基准定位,铣削顶面,由于毛坯的误差,将使后续镗孔工序的余量偏向一边(如 H_1 或 H_2),甚至出现余量不足的现象。为此,定位时应按划线找正工件的位置,以保证同一批次的毛坯有足够而均匀的加工余量。

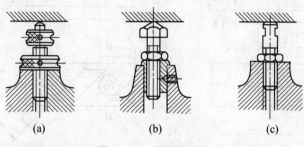

(a)　　　　　　(b)　　　　　　(c)

图 1-97　可调支承钉

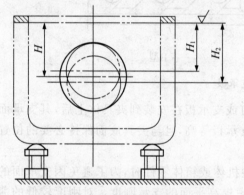

图 1-98　可调支承钉的应用示例

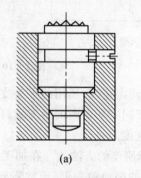

(a)　　　　　(b)

图 1-99　可换支承钉

● 可换支承钉　　可换支承钉的两端面都可作为支承面,但一端为齿面,另一端为球面或平面。它主要用于批量较大的生产中,以降低夹具的制造成本。如图 1-99 所示,支承钉为图示位置时,用于粗基准的定位;若松开紧定螺钉,将支承钉调头,即可作为精基准的定位。

② 工件以精基准平面定位　　工件经切削加工后的平面可作为精基准平面,定位时可直接放在已加工的平面上。此时的精基准平面具有较小的表面粗糙度值和平面度误差,可获得较高的定位精度。常用的定位元件有平头支承钉和支承板等。

● 平头支承钉　　平头支承钉如图 1-100 所示。它用于工件接触面较小的情况,多件使用时,必须使高度尺寸 H 相等,故允许产生过定位,以提高安装刚度和稳定性。

● 支承板　　支承板如图 1-101 所示,它们都已标准化,A

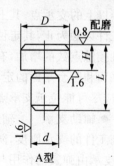

A 型

图 1-100　平头支承钉

型为光面支承板,用于垂直方向布置的场合;B 型为带斜槽的支承板,用于水平方向布置的场合,其上斜槽可防止细小切屑停留在定位面上。

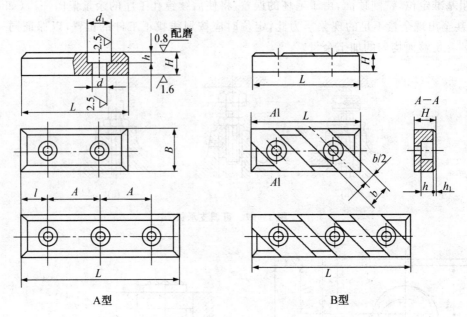

A型　　　　　　　　　　　　B型

图 1-101　支承板

工件以精基准平面定位时,所用的平头支承钉或支承板在安装到夹具体上后,其支承面须进行磨削,以使位于同一平面内的各支承钉或支承板等高,且与夹具底面保持必要的位置精度(如平行度或垂直度)。

③ 提高平面支承刚度的方法　在加工大型机体或箱体零件时,为了避免因支承面的刚度不足而引起工件的振动和变形,通常需要考虑提高平面的支承刚度。对刚度较低的薄板状零件进行加工时,也需考虑这一问题。常用的方法是采用浮动支承或辅助支承,这既可减小工件加工时的振动和变形,又不致产生过定位。

● 浮动支承　浮动支承是指支承本身在对工件的定位过程中所处的位置,可随工件定位基准面位置的变化而自动与之适应,如图 1-102 所示。浮动支承是活动的,一般具有两个以上的支承点,其上放置工件后,若压下其中一点,就迫使其余各点上升,直至各点全部与工件接触为止,其定位作用只限制一个自由度,相当于一个固定支承钉。由于浮动支承与工件接触点数的增加,有利于提高工件的定位稳定性和支承刚度。通常用于粗基准平面、断续平面和阶台平面的定位。采用浮动支承时,夹紧力和切削力不要正好作用在某一支承点上,应尽可能位于支承点的几何中心。

● 辅助支承　辅助支承是在夹具中对工件不起限制自由度作用的支承。它主要用于提高工件的支承刚度,防止工件因受力而产生振动或变形。如图 1-103 所示为自动调节支承,支承由弹簧的作用与工件保持良好的接触,锁紧顶销即可起支承作用。图 1-103(b)表示了平面用辅助支承的支承作用,可见其与定位的区别。

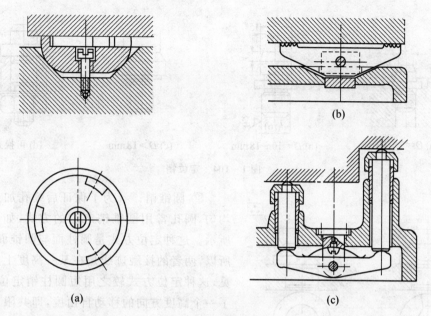

图 1 - 102　浮动支承

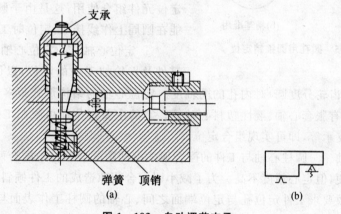

图 1 - 103　自动调节支承

　　辅助支承不能确定工件在夹具中的位置,因此,只有当工件按定位元件定好位以后,再调节辅助支承的位置,使其与工件接触。这样每装卸一次工件,必须重新调节辅助支承。凡可调节的支承都可用作辅助支承。

　　(2) 工件以圆柱孔定位　　工件以圆孔内表面作为定位表面时,常用以下定位元件:

　　① 圆柱销(定位销)　图 1 - 104 为常用定位销的结构。当定位销直径 D 为 3～10 mm 时,为增加刚性避免使用中折断或热处理时淬裂,通常把根部倒成圆角 R。夹具体上应设有沉孔,使定位销的圆角部分沉入孔内而不影响定位。大批大量生产时,为了便于定位销的更换,可采用图 2 - 104(d)所示的带衬套的结构形式。为便于工件装入,定位销的头部有 15°倒角。定位销的有关参数可查阅有关国家标准。

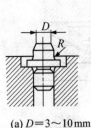
(a) $D=3\sim10\,\mathrm{mm}$

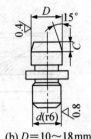
(b) $D=10\sim18\,\mathrm{mm}$

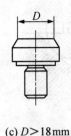
(c) $D>18\,\mathrm{mm}$

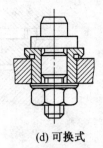
(d) 可换式

图 1-104　定位销

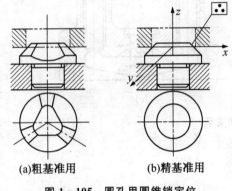

(a)粗基准用　　　(b)精基准用

图 1-105　圆孔用圆锥销定位

② 圆锥销　为了保证后续孔加工余量的均匀,圆孔常用圆锥销定位的方式,如图1-105所示。这种定位方式是圆柱面与圆锥面的接触,所以,两者的接触迹线是在某一高度上的圆。可见,这种定位方式较之用短圆柱销定位,多限制了一个高度方向的移动自由度,即共限制了工件的 3 个自由度 $\vec{x}$、$\vec{y}$ 和 $\vec{z}$。圆锥销定位常和其他定位元件组合使用,这是由于圆柱孔与圆锥销只能在圆周上作线接触,定位时工件容易倾斜。

③ 定位心轴　定位心轴常用于盘类、套类零件及齿轮加工中的定位,以保证加工面(外圆柱面、圆锥面或齿轮分度圆)对内孔的同轴度。定位心轴的结构形式很多,除以下要介绍的刚性心轴外,还有胀套心轴、液性塑料心轴等。它的主要定位面可限制工件的 4 个自由度,若再设置防转支承等,即可实现组合定位。

● 圆柱心轴　圆柱心轴与工件的配合形式有间隙配合和过盈配合两种。间隙配合心轴装卸工件方便,但定心精度不高。为了减小因配合间隙造成的工件倾斜,工件常以孔和端面组合定位。故要求工件定位孔与定位端面之间、心轴的圆柱工作表面与其端面之间有较高的垂直度。

图 1-106 所示为过盈配合圆柱心轴,它由引导部分、工作部分和传动部分组成。这种心轴制造简单,定心精度较高,不用另外设置夹紧装置,但装卸工件比较费时,且容易损伤工件定位孔,故多用于定心精度要求较高的精加工中。

● 锥度心轴　如图 1-107 所示,锥度心轴的锥度一般都很小,通常锥度 $K=1:1000\sim1:8000$。装夹时以轴向力将工件均衡推入,依靠孔与心轴接触表面的均匀弹性变形,使工件楔紧在心轴的锥面上,加工时靠摩擦力带动工件旋转,故传递的转矩较小,装卸工件不方便,且不能加工工件的端面。但这种定位方式的定心精度高,同轴度公差值为 $\phi 0.02\sim\phi 0.01\,\mathrm{mm}$,工件轴向位移误差较大,一般只用于工件定位孔的精度高于 IT7 级的精车和磨削加工。

锥度心轴的锥度越小,定心精度越高,夹紧越可靠。当工件长径比较小时,为避免因工件倾斜而降低加工精度,锥度应取较小值,但减小锥度后,工件轴向位移误差会增大。同时,心轴增长,刚度下降,为保证心轴有足够的刚度,当心轴长径比 $L/d>8$ 时,应将工件定位孔的公差范围分成 $2\sim3$ 组,每组设计一根心轴。

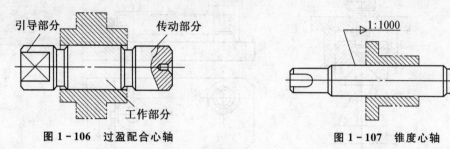

图 1-106 过盈配合心轴

图 1-107 锥度心轴

(3) 工件以外圆柱面定位 工件以外圆柱面作为定位基准,是生产中常见的定位方法之一。盘类、套类、轴类等工件就常以外圆柱面作为定位基准。根据工件外圆柱面的完整程度、加工要求等,可以采用 V 形块、半圆套、定位套等定位元件。

① V 形块 图 1-108 所示为已标准化的 V 形块,它的两半角($\alpha/2$)对称布置,定位精度较高,当工件用长圆柱面定位时,可以限制四个自由度;若是以短圆柱面定位时,则只能限制工件的两个自由度。V 形块的结构形式较多,如图 1-109 所示。图 1-109(a)用于较短的精基准定位;图 1-109(b)用于较长的粗基准(或阶梯轴)定位;图 1-109(c)用于较长的精基准或两个相距较远的定位基准面的定位;图 1-109(d)为在铸铁底座上镶淬硬支承板或硬质合金板的 V 形块,以节省钢材。

图 1-108 V 形块

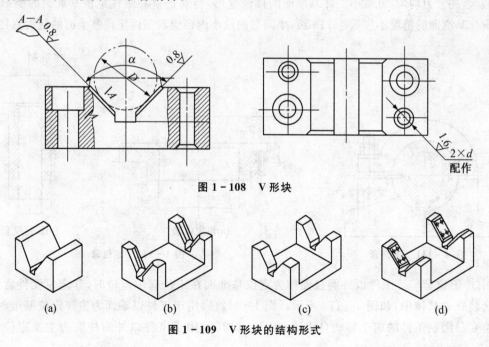

(a)　　　　　(b)　　　　　(c)　　　　　(d)

图 1-109 V 形块的结构形式

V形块有活动式与固定式之分。图 1-110(a)所示为加工轴承座孔时的定位方式,此时活动 V 形块除限制工件的一个自由度以外,还兼有夹紧的作用。图 1-110(b)中的活动 V 形块只起定位作用,限制工件的一个自由度。

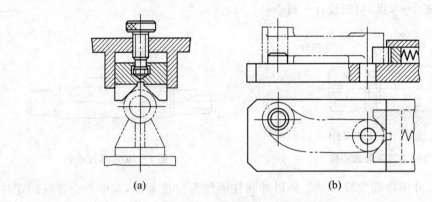

图 1-110 活动 V 形块的应用

不论定位基面是否经过加工,也不论外圆柱面是否完整,都可用 V 形块定位。其特点是对中性好,即能使工件定位基准的轴线对中在 V 形块两斜面的对称平面上,而不受定位基准直径误差的影响,并且安装方便,生产中应用很广泛。

② 半圆套   如图 1-111 所示,下半部分半圆套装在夹具体上,其定位面 A 置于工件的下方,上半部分半圆套起夹紧作用。这种定位方式类似于 V 形块,常用于不便轴向安装的大型轴套类零件的精基准定位中,其稳定性比 V 形块更好。半圆套与定位基准面的接触面积较大,夹紧力均匀,可减小工件基准面的接触变形,特别是空心圆柱定位基准面的变形。工件定位基准面的精度不应低于 IT9 级,半圆套的最小内径应取工件定位基准面的最大直径。

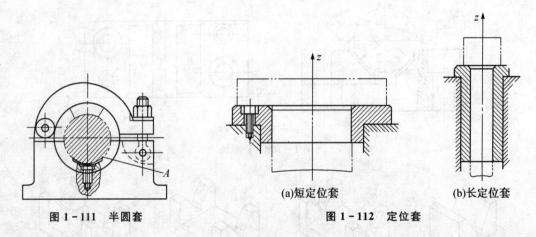

图 1-111 半圆套   图 1-112 定位套

③ 定位套   工件以外圆柱面作为定位基准面在定位套中定位时,其定位元件常做成钢套装在夹具体中,如图 1-112 所示。图 1-112(a)用于工件以端面为主要定位基准时,短定位套只限制工件的两个移动自由度;图 1-112(b)用于工件以外圆柱面为主要定位基准

时,应考虑垂直度误差与配合间隙的影响,必要时应采取工艺措施,以避免重复定位引起的不良后果。长定位套可限制工件的四个自由度。这种定位方式为间隙配合的中心定位,故对定位基准面的精度要求较高(不应低于 IT8 级)。定位套应用较少,主要用于小型的形状简单的轴类零件的定位。

5. 定位误差分析

(1)定位误差概念　　工件在夹具中的位置是以其定位基面与定位元件相接触(配合)来确定的。然而,由于定位基面、定位元件的工作表面的制造误差,会使一批工件在夹具中的实际位置不相一致。加工后,各工件的加工尺寸必然大小不一,形成误差。这种由于工件在夹具上定位不准而造成的加工误差称为定位误差,用 Δ_D 表示。它包括基准位移误差和基准不重合误差。在采用调整法加工一批工件时,定位误差的实质是工序基准在加工尺寸方向上的最大变动量。采用试切法加工,不存在定位误差。

定位误差产生的原因是工件的制造误差和定位元件的制造误差,两者的配合间隙及工序基准与定位基准不重合等。

① 基准不重合误差　　当定位基准与设计基准不重合时便产生基准不重合误差。因此选择定位基准时应尽量与设计基准相重合。当被加工工件的工艺过程确定以后,各工序的工序尺寸也就随之而定,此时在工艺文件上,设计基准便转化为工序基准。设计夹具时,应当使定位基准与工序基准相重合。当定位基准与工序基准不重合时,也将产生基准不重合误差,其大小等于定位基准与工序基准之间尺寸的公差,用 Δ_B 表示。

② 基准位移误差　　工件在夹具中定位时,由于工件定位基面与夹具上定位元件限位基面的制造公差和最小配合间隙的影响,导致定位基准与限位基准不能重合,从而使各个工件的位置不一致,给加工尺寸造成误差,这个误差称为基准位移误差,用 Δ_Y 表示。图 1-113(a)是圆套铣键槽的工序简图,工序尺寸为 A 和 B。图 1-113(b)是加工示意图,工件以内孔 D 在圆柱心轴上定位,O 是心轴轴心,C 是对刀尺寸。尺寸 A 的工序基准是内孔轴线,定位基准也是内孔轴线,两者重合,$\Delta_B=0$。但是,由于工件内孔面与心轴圆柱面有制造公差和最小配合间隙,使得定位基准(工件内孔轴线)与限位基准(心轴轴线)不能重合,定位基准相对于限位基准下移了一段距离。由于刀具调整好位置后在加工一批工件过程中位置不再变动

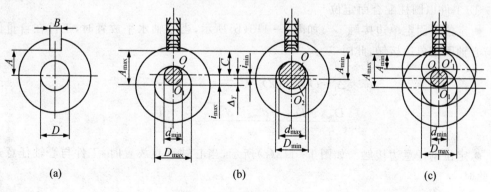

(a)　　　　　　　　　(b)　　　　　　　　　(c)

图 1-113　基准位移误差

（与限位基准的位置不变），所以定位基准的位置变动影响到尺寸 A 的大小，给尺寸 A 造成了误差，这个误差就是基准位移误差。基准位移误差的大小应等于因定位基准与限位基准不重合造成工序尺寸的最大变动量。由图 1-113(b)可知，一批工件定位基准的最大变动量应为：

$$\Delta_i = A_{\max} - A_{\min},$$

式中 Δ_i 为一批工件定位基准的最大变动量，$A_{\max}$ 为最大工序尺寸，$A_{\min}$ 为最小工序尺寸。

当定位基准的变动方向与工序尺寸的方向相同时，基准位移误差等于定位基准的变动范围，即

$$\Delta_Y = \Delta_i \, \text{。} \tag{1-12}$$

当定位基准的变动方向与工序尺寸的方向不同时，基准位移误差等于定位基准的变动范围在加工尺寸方向上的投影，即

$$\Delta_Y = \Delta_i \cos\alpha, \tag{1-13}$$

式中 α 为定位基准的变动方向与工序尺寸方向间的夹角。

（2）定位误差的计算

一般情况下，定位误差由基准位移误差和基准不重合误差组成。但并不是在任何情况下两种误差都存在。当定位基准与工序基准重合时，$\Delta_B = 0$，当定位基准无变动时，$\Delta_Y = 0$。

定位误差由基准位移误差与基准不重合误差两项组合而成。计算时，先分别算出 Δ_Y 和 Δ_B，然后将两者组合而成 Δ_D。组合方法为：

如果工序基准不在定位基面上：　$\Delta_D = \Delta_Y + \Delta_B$，

如果工序基准在定位基面上：　$\Delta_D = \Delta_Y \pm \Delta_B$，

式中"＋"、"－"号的确定方法如下：

（a）分析定位基面直径由小变大（或由大变小）时，定位基准的变动方向。

（b）定位基面直径同样变化时，假设定位基准的位置不变，分析工序基准的变动方向。

（c）两者的变动方向相同时，取"＋"号，两者的变动方向相反时，取"－"号。

① 工件以圆柱配合面定位

● 定位副固定单边接触　如图 1-113(b)所示，当心轴水平放置时，工件在自重作用下与心轴固定单边接触，此时

$$\Delta_Y = \Delta_i = OO_1 - OO_2 = \frac{D_{\max} - d_{\min}}{2} - \frac{D_{\min} - d_{\max}}{2}$$

$$= \frac{D_{\max} - D_{\min} + d_{\max} - d_{\min}}{2} = \frac{T_D + T_d}{2}$$

● 定位副任意边接触　如图 1-113(c)所示，当心轴垂直放置时，工件与心轴任意边接触，此时

$$\Delta_Y = \Delta_i = OO_1 + OO'_1 = D_{\max} - d_{\min} = T_D + T_d + X_{\min} \tag{1-14}$$

式中，T_D 为工件孔的公差（mm），T_d 为心轴的公差（mm），$X_{\min}$ 为工件孔与心轴的最小间隙（mm）。

例 1 在图 1-113 中，设 $A = 40$ mm ± 0.1 mm，$D = 50^{+0.03}_{0}$ mm，$d = 50^{-0.01}_{-0.04}$ mm。求加工尺寸 A 的定位误差。

解 （1）定位基准与工序基准重合，$\Delta_B = 0$。

（2）定位基准与限位基准不重合，定位基准单方向移动。其最大移动量为：

$$\Delta_i = \frac{T_D + T_d}{2}, \quad \Delta_Y = \Delta_i = \frac{0.03 + 0.03}{2} = 0.03 \text{（mm）}。$$

（3）$\Delta_D = \Delta_Y = 0.03$ mm。

例 2 钻铰图 1-114(a)所示凸轮上的 2—ϕ16 mm 孔，定位方式如图 1-114(b)所示。定位销直径为 $\phi 22^{0}_{-0.021}$ mm，求加工尺寸 100 mm ± 0.1 mm 的定位误差。

解 （1）定位基准与工序基准重合，$\Delta_B = 0$。

（2）定位基准与限位基准不重合，定位基准单方向移动，移动方向与加工尺寸方向间的夹角为 $30° \pm 15'$。因

$$\Delta_i = \frac{T_D + T_d}{2},$$

根据（1-13）式知

$$\Delta_Y = \Delta_i \cos\alpha = \left(\frac{0.033 + 0.021}{2} \cos 30° \right) = 0.02 \text{（mm）}。$$

（3）$\Delta_D = \Delta_Y = 0.02$ mm。

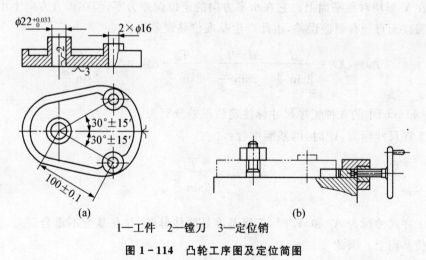

1—工件　2—镗刀　3—定位销

图 1-114　凸轮工序图及定位简图

例 3 如图 1-115 所示，在金刚镗床上镗活塞销孔。活塞销孔轴线对活塞裙部内孔轴线的对称度要求为 0.2 mm，活塞以裙部内孔及端面定位，内孔与限位销的配合为 $\phi 95 \dfrac{H7}{g6}$，

求对称度的定位误差。

解 查表：$\phi 95\text{H}7 = \phi 95^{+0.035}_{0}$ mm，$\phi 95\text{g}6 = \phi 95^{-0.012}_{-0.034}$ mm。

(1) 对称度的工序基准是裙部内孔轴线，定位基准也是裙部内孔轴线，两者重合，$\Delta_B = 0$。

(2) 定位基准与限位基准不重合，定位基准可任意方向移动。

根据(1-14)式知

$$\Delta_i = T_D + T_d + X_{\min}, \Delta_Y = \Delta_i = (0.035 + 0.022 + 0.012) = 0.069(\text{mm})。$$

(3) $\Delta_D = \Delta_Y = 0.069$ mm。

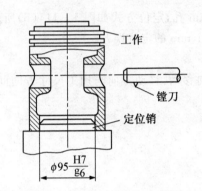

图 1-115 镗活塞销孔示意图

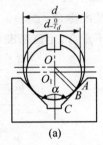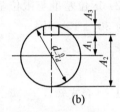

图 1-116 工件以圆柱面在 V 形块上定位

② 工件以外圆在 V 形块上定位   如图 1-116 所示，如不考虑 V 形块的制造误差，则定位基准在 V 形块对称平面上。它在水平方向的定位误差为零，但在垂直方向上由图可知，因工件外圆柱面直径有制造误差，由此产生基准位移误差为：

$$\Delta_Y = OO_1 = \frac{d}{2\sin\frac{\alpha}{2}} - \frac{d - T_d}{2\sin\frac{\alpha}{2}} = \frac{T_d}{2\sin\frac{\alpha}{2}}, \Delta_Y = \Delta_i = \frac{T_d}{2\sin\frac{\alpha}{2}}。$$

图 1-116(b)中的 3 种工序尺寸标注定位误差分别为：

● 当工序尺寸标为 A_1 时，因基准重合：

$$\Delta_D = \Delta_Y = \frac{T_d}{2\sin\frac{\alpha}{2}}。$$

● 当工序尺寸标为 A_2 和 A_3 时，工序基准是圆柱母线，存在基准不重合误差，又因工序基准在定位基面上。因此

$$\Delta_D = \Delta_Y \pm \Delta_B。$$

对于尺寸 A_2，当定位基面直径由大变小时，定位基准向下变动；当定位基面直径由大变小、假设定位基准位置不动，工序基准朝上变动。两者的变动方向相反，取"－"号：

$$\Delta_D = \Delta_Y - \Delta_B = \frac{T_d}{2\sin\frac{\alpha}{2}} - \frac{T_d}{2} = \frac{T_d}{2}\left[\frac{1}{\sin\frac{\alpha}{2}} - 1\right].$$

对于尺寸 A_3，当定位基面直径由大变小时，定位基准向下变动；当定位基面直径由大变小、假设定位基准位置不动，工序基准也朝下变动。两者的变动方向相同，取"＋"号：

$$\Delta_D = \Delta_Y + \Delta_B = \frac{T_d}{2\sin\frac{\alpha}{2}} + \frac{T_d}{2} = \frac{T_d}{2}\left[\frac{1}{\sin\frac{\alpha}{2}} + 1\right].$$

当 $\alpha = 90°$ 时，上述三种情况下，Δ_D 可以计算为：

当工序尺寸为 A_1 时

$$\Delta_D = \Delta_Y = \frac{T_d}{2\sin45°} = 0.707T_d;$$

当工序尺寸为 A_2 时

$$\Delta_D = \Delta_Y - \Delta_B = \left(\frac{1}{2\sin45°} - \frac{1}{2}\right)T_d = 0.207T_d;$$

当工序尺寸为 A_3 时

$$\Delta_D = \Delta_Y + \Delta_B = \left(\frac{1}{2\sin45°} + \frac{1}{2}\right)T_d = 1.207T_d.$$

(3) 保证加工精度实现条件

① 影响加工精度的因素　用夹具装夹工件进行机械加工时，其工艺系统中影响工件加工精度的因素很多。与夹具有关的因素有定位误差 Δ_D、对刀误差 Δ_T、夹具在机床上的安装误差 Δ_A 和夹具误差 Δ_J。在机械加工工艺系统中，影响加工精度的其他因素综合称为加工方法误差 Δ_G。上述各项误差均导致刀具相对工件的位置不精确，从而形成总的加工误差 $\sum\Delta$。

② 保证加工精度的条件　工件在夹具中加工时，总加工误差 $\sum\Delta$ 为上述各项误差之和。由于上述误差均为独立随机变量，应用概率法叠加。因此保证工件加工精度的条件是：

$$\sum\Delta = \sqrt{\Delta_D^2 + \Delta_T^2 + \Delta_A^2 + \Delta_J^2 + \Delta_G^2} \leqslant \delta_K, \qquad (1-15)$$

即工件的总加工误差 $\sum\Delta$ 应不大于工件的加工尺寸公差 δ_K。

为保证夹具有一定的使用寿命，防止夹具因磨损而过早报废，在分析计算工件加工精度时，需留出一定的精度储备量 J_C。因此将上式改写为

$$\sum\Delta \leqslant \delta_K - J_C，或 J_C \leqslant \delta_K - \sum\Delta \geqslant 0. \qquad (1-16)$$

当 $J_C \geqslant 0$ 时，夹具能满足工件的加工要求。J_C 值的大小还表示了夹具使用寿命的长短和夹具总图上各项公差值 δ_J 确定得是否合理。

1.3.3 工件的夹紧

夹紧是工件装夹过程的重要组成部分。工件定位后,必须通过一定的机构产生夹紧力,把它固定,使工件保持准确的定位位置,以保证在加工过程中,在切削力等外力作用下不产生位移或振动。这种产生夹紧力的机械称为夹紧装置。

1. 夹紧装置的组成和基本要求

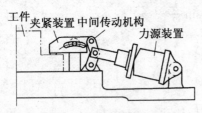

图 1-117　夹紧装置组成示意图

（1）夹紧装置的组成　　夹紧装置的结构形式虽然很多,但其组成主要包括以下 3 部分,如图 1-117 所示。

① 力源装置　　是产生夹紧原始作用力的装置,对机动夹紧机构来说,有气动、液压、电力等动力装置。

② 中间传动机构　　是把力源装置产生的力传给夹紧元件的中间机构。其作用是能改变力的作用方向和大小,当手动夹紧时能可靠地自锁。

③ 夹紧元件　　是夹紧装置的最终执行元件,直接和工件接触,把工件夹紧。

中间传动机构和夹紧元件合称为夹紧机构。

（2）夹紧装置的基本要求

① 夹紧过程可靠　　夹紧过程中不破坏工件在夹具中的正确位置。

② 夹紧力大小适当　　夹紧后的工件变形和表面压伤程度必须在加工精度允许的范围内。

③ 结构性好　　结构力求简单、紧凑,便于制造和维修。

④ 使用性好　　夹紧动作迅速,操作方便,安全省力。

2. 夹紧力的确定

确定夹紧力包括确定其大小、方向和作用点。

（1）夹紧力作用点的选择

① 夹紧力作用点必须选在定位元件的支承表面上或作用在几个定位元件所形成的稳定受力区域内,如图 1-118 所示。

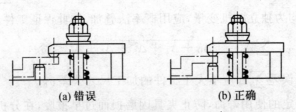

(a) 错误　　　　　　　　(b) 正确

图 1-118　夹紧力作用点与工件稳定的关系

② 夹紧力作用点应选在工件刚性较好的部位。如图 1-119 所示为箱体的夹紧,(a)图是表示夹紧薄壁箱体时,夹紧力不应作用在箱体的顶面,而应作用在刚性好的凸边上。箱体没有凸边时,如(b)图所示,将单点夹紧改为三点夹紧,从而改变了着力点的位置,减少了工件的变形。

③ 夹紧力的作用点应适当靠近加工表面。如图 1-120 所示为在拨叉上铣槽,由于主要夹紧力的作用点距加工表面较远,故在靠近加工表面的部位设置了一个辅助支承,增加了夹紧力 F_J。这样,提高了工件的装夹刚性,减少了加工时的工件振动。

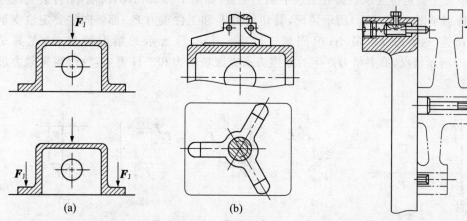

图 1-119 夹紧力作用点与夹紧变形的关系

图 1-120 夹紧力作用点靠近加工表面

(2) 夹紧力方向的选择

① 夹紧力的作用方向不应破坏工件的定位　　工件在夹紧力的作用下要确保其定位基面紧贴在定位元件的工作表面上。为此要求主夹紧力的方向应指向主要定位基准面。如图 1-121 所示,工件上要镗的孔与 A 面有垂直度要求,A 面为主要定位基面,应使夹紧力垂直于 A 面,如图 1-121(a)所示,才能保证镗出的孔与 A 面垂直,如果夹紧力垂直于 B 面,如图 1-121(b),则镗出的孔与 A 面的垂直度不能保证。

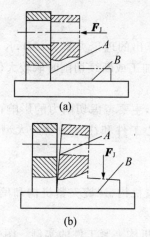

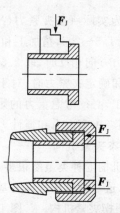

图 1-121 夹紧力方向垂直指向主要定位支承表面

图 1-122 夹紧力的作用方向对工件变形的影响

② 夹紧力作用方向应与工件刚度最大的方向一致,使工件的夹紧变形小　　如图 1-122所示,加工薄壁套筒时,由于工件的径向刚度很差,若用卡爪径向夹紧,工件变形

大,改为沿轴向施加夹紧力,变形就会小得多。

③ 夹紧力的作用方向应尽量与工件的切削力、重力等方向一致,有利于减小夹紧力,如图 1 - 123 所示为工件在夹具中夹紧时几种典型的受力情况。从装夹方便和减小夹紧力的角度考虑,应使主要定位支承表面处于水平朝上位置,如图 1 - 123(a,b)所示,工件装夹既方便又稳定,特别是图 1 - 123(a)所示情况,其切削力 F 和工件重力 F_G 都朝向主要定位支承表面,因而所需夹紧力 F_W 最小;但图 1 - 123(c,d,e,f)所示的情况就较差,尤其是图 1 - 123(d)所示情况,靠夹紧力产生的摩擦力来克服切削力和工件重力,故所需夹紧力最大,应尽量避免。

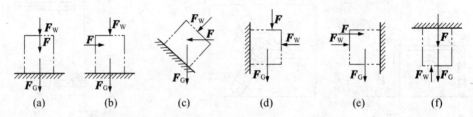

图 1 - 123   夹紧力方向与夹紧力大小的关系

（3）夹紧力大小的确定

夹紧力的大小从理论上讲,应该与作用在工件上的其他力(力矩)相平衡。而实际上,夹紧力的大小还与工艺系统的刚度、夹紧机构的传力效率等因素有关,计算是很困难的。因此,在实际工作中常用估算法、类比法或经验法来确定所需夹紧力的大小。

用估算法确定夹紧力的大小时,首先根据加工情况,确定工件在加工过程中对夹紧最不利的瞬时状态,分析作用在工件上的各种力,再根据静力平衡条件计算出理论夹紧力,最后再乘以安全系数,即可得到实际所需夹紧力,即

$$F_{WK} = KF_W,$$

式中 F_{WK} 为实际所需夹紧力(N),F_W 为由静力平衡计算出的理论夹紧力(N),K 为安全系数,通常取 1.5～2.5,精加工和连续切削时取较小值,粗加工或断续切削时取较大值,当夹紧力与切削力方向相反时,取 2.5～3。

计算和确定夹紧力时,对于一般中、小型工件的加工,主要考虑切削力的影响;对于大型工件的加工,必须考虑重力的影响;对于高速回转的偏心工件和往复运动的大型工件的加工,还必须考虑离心力和惯性力的影响。

3. 基本夹紧机构

夹紧机构的种类虽然很多,但其结构大都以斜楔夹紧机构、螺旋夹紧机构和偏心夹紧机构为基础,这三种机构合称为基本夹紧机构。

（1）斜楔夹紧机构   图 1 - 124 为几种用斜楔夹紧机构夹紧工件的实例。图 1 - 124(a)是手动斜楔夹紧机构。工件装入后,锤击斜楔大头即可夹紧工件。加工完毕后,锤击斜楔小头,即可松开工件。由于是用斜楔直接夹紧工件的,夹紧力较小,且操作费时,所以实际生产中应用不多。多数情况下是将斜楔与其他机构组合起来使用。图 1 - 124(b)是将斜楔与滑

柱组合成一种夹紧机构,一般用气压或液压做动力源。图 1-124(c)是由端面斜楔与压板组合而成的夹紧机构。

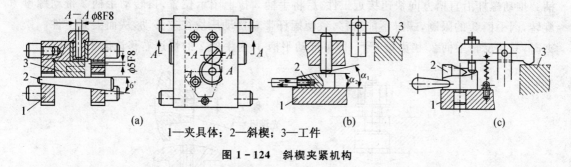

1—夹具体;2—斜楔;3—工件

图 1-124 斜楔夹紧机构

斜楔的自锁条件是:斜楔的升角小于斜楔与工件、斜楔与夹具体之间的摩擦角之和。为保证自锁可靠,手动夹紧机构一般取 $\alpha = 6° \sim 8°$。用气压或液压装置驱动的斜楔不需要自锁,可取 $\alpha = 15° \sim 30°$。

(2)螺旋夹紧机构　　由螺钉、螺母、垫圈、压板等元件组成的夹紧机构,称为螺旋夹紧机构。图 1-125 是应用这种机构来夹紧的实例。

螺旋夹紧机构的实质是绕在圆柱体上的斜楔,因此它不仅结构简单、容易制造,而且,由于其升角很小,所以螺旋夹紧机构的自锁性能好,夹紧行程较大,是手动夹紧中用得最多的一种夹紧机构,只是夹紧动作较慢。

① 单个螺旋夹紧机构　　图 1-125(a,b)所示是直接用螺钉或螺母夹紧工件的机构,称为单个螺旋夹紧机构。在图(a)中,螺钉头直接与工件表面接触,螺钉转动时,可能损伤工件表面,或带动工件旋转。克服这一缺点的方法是在螺钉头部装上图 1-126 所示的摆动压块。当摆动压块与工件接触后,由于压块与工件间的摩擦力矩大于压块与螺钉间的摩擦力矩,压块不会随螺钉一起转动。如图 1-126 所示,图(a)的端面是光滑的,用于夹紧已加工表面;图(b)的端面有齿纹,用于夹紧毛坯面。

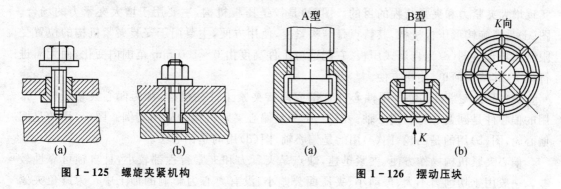

图 1-125 螺旋夹紧机构　　　　　图 1-126 摆动压块

为克服单个螺旋夹紧机构夹紧动作慢、工件装卸费时的缺点,常用各种快速接近、退离工件的方法。图 1-127 为常见的几种快速螺旋夹紧机构,图 1-127(a)使用了开口垫圈;图

1-127(b)采用了快卸螺母;图1-127(c)中,夹紧轴1上的直槽连着螺旋槽,先推动手柄2,使摆动压块迅速靠近工件,继而转动手柄,用螺旋槽段夹紧工件并自锁;图1-127(d)中的手柄2推动螺杆沿直槽方向快速接近工件,后将手柄3拉上图示位置,再转动手柄2带动螺母旋转,因手柄3的限制,螺母不能右移,致使螺杆带着摆动压块往左移动,从而夹紧工件。松夹时,只要反转手柄2,稍微松开后,即可推动手柄3,为手柄2的快速右移让出了空间。

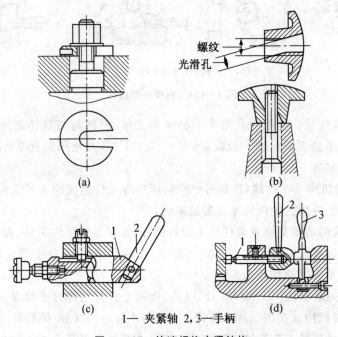

1— 夹紧轴 2,3—手柄

图 1-127 快速螺旋夹紧结构

② 螺旋压板机构　　夹紧机构中,结构形式变化最多的是螺旋压板机构。图1-128是螺旋压板机构的5种典型结构。图1-128(a,b)两种机构的施力螺钉位置不同,图(a)夹紧力 F_J 小于作用力 F_Q,主要用于夹紧行程较大的场合;图(b)可通过调整压板的杠杆比 l/L,实现增大夹紧力和夹紧行程的目的。图(c)是铰链压板机构,主要用于增大夹紧力的场合。图(d)是螺旋钩形压板机构,其特点是结构紧凑,使用方便,主要用于安装夹紧机构的位置受限制的场合。图(e)为自调式压板,它能适应工件高度由 $0\sim100$ mm 范围内变化,而无需进行调节,其结构简单、使用方便。

(3) 偏心夹紧机构　　用偏心件直接或间接夹紧工件的机构,称为偏心夹紧机构。常用的偏心件是圆偏心轮和偏心轴。图1-129是偏心夹紧机构的应用实例。图(a)用的是圆偏心轮,图(b)用的是凸轮,图(c)用的是偏心轴,图(d)用的是偏心叉。

偏心夹紧机构操作方便、夹紧迅速,缺点是夹紧力和夹紧行程都较小,且自锁可靠性较差。一般用于切削力不大、振动小、夹压面公差小、没有离心力影响的加工中。为避免夹紧时带动工件而破坏定位,一般不直接用偏心件夹工件。偏心轮相当于绕在原盘上的斜楔,故其自锁条件与斜楔的自锁条件相同。

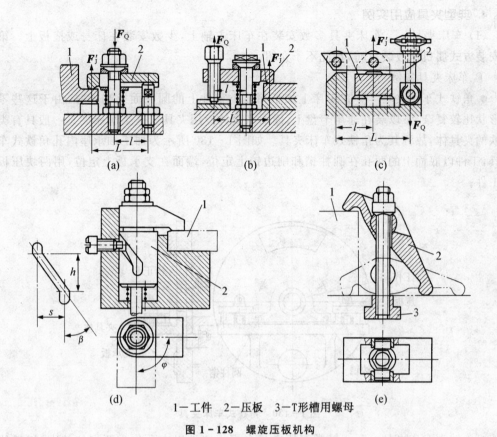

1—工件　2—压板　3—T形槽用螺母

图 1-128　螺旋压板机构

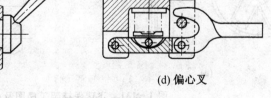

(a) 圆偏心轮　　　　　　　　　(b) 凸轮

(c) 偏心轴　　　　　　　　　(d) 偏心叉

图 1-129　圆偏心夹紧机构

4. 典型夹具应用实例

（1）车床夹具　车床夹具多数安装在车床主轴上,少数安装在床身或拖板上。第二种安装方式属机床改装范畴,在此不予介绍。

① 车床夹具实例

● 角铁式车床夹具　在车床上加工箱体类零件上的圆柱面及端面时,由于这些零件的形状比较复杂,难以装在通用卡盘上,因而需设计专用夹具。这类车床夹具一般具有类似角铁的夹具体,故称其为角铁式车床夹具。如图1－130所示为加工轴承座内孔角铁式车床夹具,工件以底面上的两孔在圆柱销和削边销上定位,端面在支承板上定位,用两块压板夹紧工件。

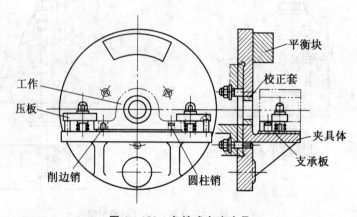

图1－130　角铁式车床夹具

● 心轴类车床夹具　心轴类车床夹具多用于工件以内孔作主要定位基准,加工外圆柱面的情况。常见的车床心轴有圆柱心轴、弹簧心轴、顶尖式心轴等。

如图1－131（a）所示为飞球保持架加工外圆$\phi 92^{0}_{-0.5}$ mm 及两端倒角的工序,如图1－131（b）所示为加工时所使用的圆柱心轴。心轴上装有定位键,工件以$\phi 33$ mm 孔、一端面及槽的侧面作定位基准套在心轴上,每次装夹22件,每件之间装一垫套,以便加工倒角 $C0.5$。旋转螺母,通过快换垫圈和压板将工件连续夹紧。卸下工件时需取下压板。

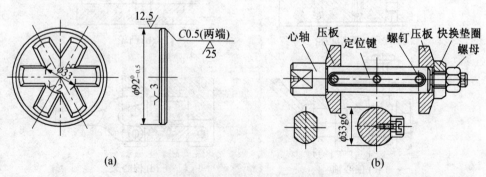

图1－131　飞球保持架工序图及心轴

如图 1-132 所示为弹簧心轴。工件以内孔和端面在弹性筒夹和定位套上定位。当拉杆带动螺母和弹性筒夹向左移动时,夹具体上的锥面迫使轴向开槽的弹性筒夹径向涨大,从而使工件定心并夹紧。加工结束后,拉杆带动筒夹向右移动,筒夹收缩复原,便可卸下工件。

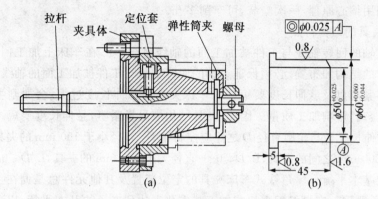

图 1-132　弹簧心轴

如图 1-133 所示为顶尖式心轴。圆面形工件在 60° 锥角的顶尖上定位车削外圆表面。当旋紧螺母时,即可使工件定心夹紧。卸下工件时需取下活动顶尖套。顶尖式心轴的结构简单、夹紧可靠、操作方便,适用于加工内、外圆同轴度要求不高,或只需加工外圆的套筒类零件。

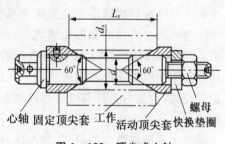

图 1-133　顶尖式心轴

● 回转分度车床夹具　　如图 1-134 所示是阀体四孔偏心回转车床夹具装配图。该夹具用于普通车床,车削阀体上的 4 个均布孔。

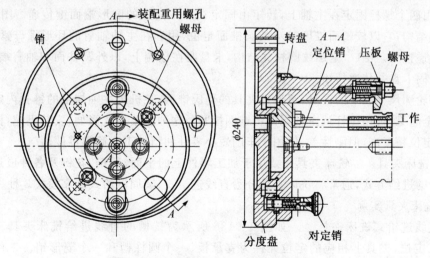

图 1-134　阀体四孔偏心回转车床夹具

工件以端面、中心孔和侧面在转盘、定位销及销上定位。分别拧紧螺母,通过压板,将工件压紧。一孔车削完毕后,松开螺母,拔出对定销,转盘旋转90°,对定销插入分度盘的另一个定位孔中,拧紧螺母,即可车削第二个孔,依此类推,车削其余各孔。

该夹具利用偏心原理,一次安装,可车削多孔。

② 车床夹具的结构特点

● 车床主轴的回转轴线与工件被加工面的轴线重合　　在车床上加工回转表面时,夹具上定位装置的结构和布置,必须保证主轴的回转轴线与工件被加工面的轴线重合。

● 结构要紧凑以及悬伸长度要短　　车床夹具的悬伸长度过大,会加剧主轴轴承的磨损,同时引起振动,影响加工质量。因此,夹具结构应尽量紧凑,悬伸长度要短。

夹具的悬伸长度 L 与轮廓直径 D 之比应控制如下:直径小于 150 mm 的夹具,$L/D \leqslant 2.5$;直径在 150～300 mm 之间的夹具,$L/D \leqslant 0.9$;直径大于 300 mm 的夹具,$L/D \leqslant 0.6$。

● 夹具应基本平衡　　角铁式车床夹具的定位装置及其他元件总是偏在主轴轴线的一边,不平衡现象严重。应设置配重块或加工减重孔来达到夹具的基本平衡,以减小振动和主轴轴承的磨损。

● 夹具体应制成圆形　　车床夹具的夹具体应设计成圆形,夹具上(包括工件)的各个元件不应伸出夹具体的圆形轮廓之外,以免工作时碰伤操作者。

③ 车床夹具的定位及夹具与机床的连接　　工件在夹具中的正确位置是由夹具定位元件的定位面所确定的。而夹具定位元件的定位面相对机床刀具和切削成形运动也必须处于正确位置,它是由夹具与机床连接和配合精度来保证的。不同的机床,夹具在其上的定位及与机床的连接方式也不相同。

对于工件回转类型的机床,如车床、内圆磨床和外圆磨床等,夹具随主轴一起回转,夹具一般连接在主轴的端部,其定位和连接方式取决于机床主轴端部的结构。如图 1 - 135 所示为常用的连接形式。图(a)是短锥发兰式结构,它以短锥和轴肩作为定位面。车床夹具通过卡盘座,用四个螺栓固定在主轴上,转矩由固定在圆锥面上的圆形端面键传递。图(b)是长锥带键式结构,它以较长而锥度较小的圆锥面定位,用套在主轴轴肩的环形螺母紧固卡盘,由平键传递扭矩。图(c)是螺纹圆柱式结构,卡盘座在轴端上,以外圆柱面和轴肩端面定位,用螺纹紧固卡盘并传递扭矩。

对外轮廓尺寸较小的夹具,可通过夹具的莫氏锥柄,在机床主轴端部的锥孔内定位并连接,为安全起见,可用拉杆从主轴尾部将锥柄拉紧。这种连接方式简便,安装迅速,锥面定心无间隙,定位精度高,但刚性差,适用于车削短小零件和精加工套筒类零件。

(2) 铣床夹具　　铣床夹具主要用于加工零件上的平面、凹槽、花键及各种成形面。按照铣削时的进给方式,通常将铣床夹具分为直线进给式、圆周进给式和靠模式 3 种。

① 铣床夹具实例

● 直线进给式铣床夹具　　如图 1 - 136 所示为铣槽的直线进给铣床夹具。工件以一面两孔定位,夹具上相应的定位元件为支承板、一个圆柱销和一个菱形销。工件的夹紧是使用螺旋压板夹紧机构来实现的。卸工件时,松开压紧螺母,螺旋压板在弹簧作用下抬起,转离工件的夹紧表面。使用定位键和对刀块,确定夹具与机床、刀具与夹具正确的相对位置。

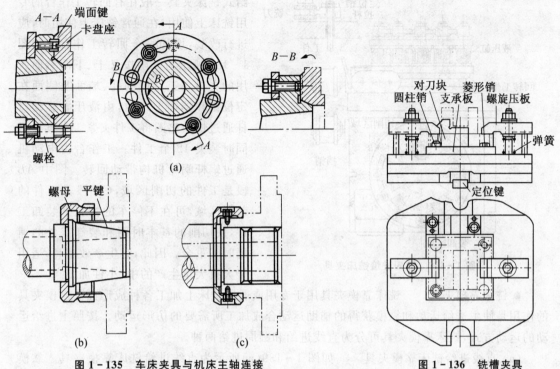

图1-135 车床夹具与机床主轴连接

图1-136 铣槽夹具

如图1-137所示为带料框的直线进给铣床夹具。夹具由两部分组成:一部分是可装卸的装料框如图1-137(b)所示;另一部分固定在机床工作台上。前者有定位元件,后者有夹紧装置。工件在装料框支架的左端面、圆柱销和菱形销上定位,拧紧螺母,通过压板、压块将工件压紧。为提高效率,减少安装工件的辅助时间,一个夹具应准备两个以上装料框。操作者

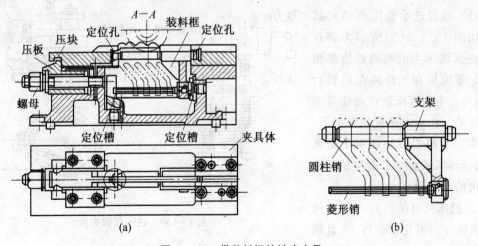

图1-137 带装料框的铣床夹具

利用切削的基本时间装好工件,与装料框一起装在夹具体上,再由夹具体上的夹紧机构夹紧。

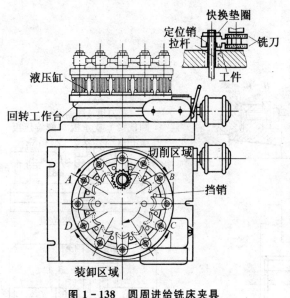

图 1-138　圆周进给铣床夹具

● 圆周进给式铣床夹具　圆周进给式铣床夹具一般在有回转工作台的专用铣床上使用,在通常铣床上使用时,应进行改装,增加一个回转工作台。如图 1-138 所示为铣削拨叉上、下两端面所用的夹具。工件以圆孔、端面及侧面在定位销和挡销上定位,由液压缸驱动拉杆通过快换垫圈将工件夹紧。夹具上可同时装夹 12 个工件。工作台由电动机通过蜗杆蜗轮机构带动回转。图中 AB 段是工件的切削区域,CD 段是工件的装卸区域,可在不停车的情况下装卸工件,使切削的基本时间和装卸工件的辅助时间重合。因此,它生产效率高,适用于大批大量生产的中、小件加工。

● 铣床靠模夹具　铣床靠模夹具用于专用或通用铣床上加工各种成形面。靠模夹具的作用是使主进给运动和靠模获得的辅助运动合成加工所需的仿形运动。按照主进给运动的运动方式,铣床靠模夹具可分为直线进给和圆周进给两种。

(a) 直线进给铣床靠模夹具　如图 1-139(a) 所示为直线进给铣床靠模夹具。靠模板和工件分别装在夹具上,滚柱滑座和铣刀滑座连成一体,它们的轴线距离 k 保持不变。滑座在强力弹簧或重锤拉刀作用下沿导轨滑动,使滚柱始终压在靠模板上。当工作台作纵向进给时,滑座即获得一横向辅助运动,使铣刀仿照靠模板的曲线轨迹在工件上铣出所需的成形表面。此种加工方法一般在靠模铣床上进行。

(b) 圆周进给铣床靠模夹具　如图 1-139(b) 所示为装在普通立式铣床上的圆周进给靠模夹具。靠模板和工件装在回转台上,回转台由蜗杆蜗轮带动作等速圆周运动。在强力弹簧的作用下,滑座带动工件沿导轨相对于刀具作辅助运动,从而加工出与靠模外形相仿的成形面。

② 铣床夹具结构特点　铣床夹具除了具有定位元件、夹紧机

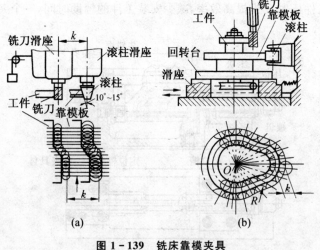

图 1-139　铣床靠模夹具

构和夹具体以外,和其他机床夹具不同的是还具有定位键和对刀装置(对刀块与塞尺)。

● 定位键　铣床夹具常用装在夹具体底面上的定位键来确定夹具相对于机床进给方向的正确位置。如图1-140所示为常用定位键的结构及使用实例。为了提高定向精度,定位键上部与夹具体底面的槽配合,下部与机床工作台的T形槽配合。两定位键在夹具允许范围内应尽量布置得远些,以提高夹具的安装精度。

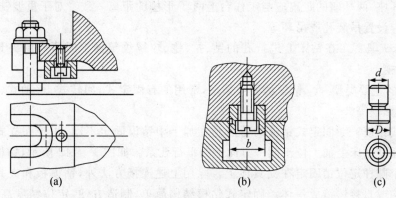

图 1-140　定位键

定向精度要求高的铣床夹具,常不放置定位键,而在夹具体的侧面加工出一窄长平面作为夹具安装时的找正基面,通过找正获得较高的定向精度。

矩形定位键已经标准化,其规格尺寸、材料和热处理等可从有关夹具的手册中查到。

● 对刀装置　对刀块用来确定夹具与刀具的相对位置。如图1-141所示为几种常见的对刀装置。其中图(a)所示装置用于铣平面,图(b)用于铣槽,图(c,d)用于铣削成形面。

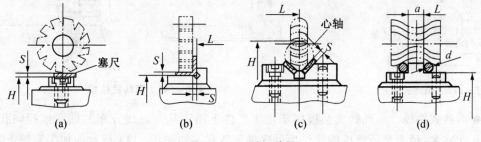

图 1-141　对刀装置

对刀时,在刀具与对刀块之间加一塞尺,使刀具与对刀块不直接接触,以免损坏刀刃或造成对刀块过早磨损。塞尺有平塞尺和圆柱形塞尺两种,其厚度 S 或直径 d 一般为3~5 mm。

对刀块与塞尺均已标准化,其结构尺寸、材料、热处理等都可从夹具手册中查到。

③ 铣床夹具设计注意事项　由于铣削过程中不是连续切削,极易产生振动,铣削的加工余量一般比较大,铣削力也较大,且方向是变化的,因此设计夹具时要注意:

● 夹具体要有足够的刚度和强度;

● 夹具要有足够的夹紧力,夹紧装置自锁性要好;

● 夹紧力应作用在工件刚度较大的部位,且着力点和施力方向要恰当;

● 夹具的重心应尽量低,高度与宽度之比不应大于1~1.25;

● 要有足够的排屑空间,切削和冷却液能顺利排出,必要时可设计排屑孔。

此外,为方便铣床夹具在铣床工作台上的固定,夹具体上应设置耳座,常见的耳座结构尺寸可查阅有关夹具手册。小型夹具体一般两端各设置一个耳座,夹具体较宽时,可在两端各设置两个耳座,两耳座的距离应与工作台上两 T 形槽的距离一致。对于重型铣床夹具,夹具体两端还应设置吊装孔或吊环等。

(3) 钻床夹具 在钻床上进行孔的钻、扩、锪、攻螺纹等加工时所用的夹具称为钻床夹具,又称钻模。

① 钻模的主要类型 钻模的种类繁多,常用的有固定式、回转式、移动式、翻转式、盖板式、滑柱式钻模等。

● 固定式钻模 固定式钻模的特点是在加工中钻模固定不动,用于在立式钻床上加工单孔或在摇臂钻床上加工位于同一方向上的平行孔系。如图1-142所示,钻模板用若干个螺钉和两个圆柱定位销固定在夹具体上。除用上述连接方法外,钻模板和夹具体还可以采用焊接结构或直接铸造成一体。固定式钻模结构简单,制造方便,定位精度高,但有时装卸工件不方便。

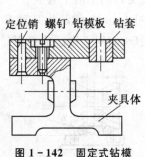

图 1 - 142 固定式钻模

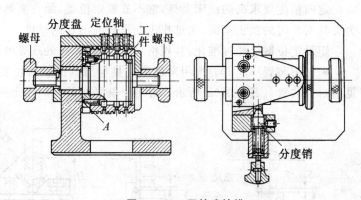

图 1 - 143 回转式钻模

● 回转式钻模 回转式钻模用于加工工件上围绕某一轴线分布的轴向或径向孔系。工件一次安装,经夹具分度机构转位而顺序加工各孔。如图1-143所示为加工套筒上三圈径向孔的回转式钻模。工件以内孔和一个端面在定位轴和分度盘的端面 A 上定位,用螺母夹紧工件。钻完一排孔后,将分度销拉出,松开螺母,即可转动分度盘至另一位置,再插入分度销,拧紧螺母,即可进行另一排孔的加工。

● 移动式钻模 移动式钻模用在立式钻床上,先后钻削工件同一表面上的多个孔,属于小型夹具。移动方式有两种:一种是自由移动;另一种是定向移动,用专门设计的导轨和定程机构来控制移动的方向和距离。

● 盖板式钻模 盖板式钻模无夹具体,其定位元件和夹紧装置直接安装在钻模板上。如图1-144所示为加工车床溜板箱上多个小孔的盖板式钻模。在钻模板上装有钻套和定位元件等。它的主要特点是钻模在工件上定位,夹具结构简单,轻便,易清除切屑。盖板式钻模适合在体积大而笨重的工件上加工小孔。但盖板式钻模每次需从工件上卸载,比较费时。

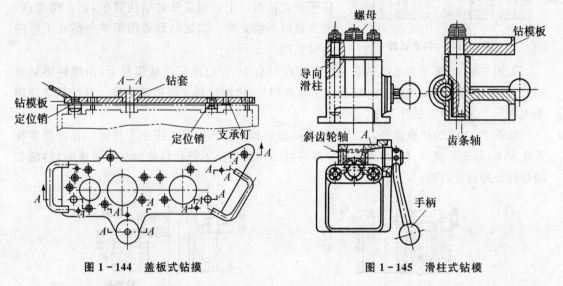

图 1 – 144　盖板式钻摸　　　　　　　　图 1 – 145　滑柱式钻摸

● 滑柱式钻模　　这是一种钻模板装在可升降的滑柱上的钻模。如图 1 – 145 所示为手动滑柱式钻模,它由钻模板、斜齿轮轴、齿条轴、两根导向滑柱以及夹具体等部分组成。这种夹具结构和尺寸系列已经标准化。使用时,转动手柄使斜齿轮轴转动,并带动齿条轴、钻模板上下移动,从而实现松开和夹紧工件。当钻模板向下与工件接触,并将工件夹紧后,继续转动手柄,由于斜齿轮轴的锥体 A 的作用,即可完成锁紧。

● 翻转式钻模　　翻转式钻模主要用于加工中、小型工件分布在不同表面上的孔。图 1 – 146所示为加工套筒上四个径向孔的翻转式钻模。工件以内孔及端面在定位轴的台肩和圆柱面上定位,用快换垫圈和螺母夹紧。钻完一组孔后,翻转 60°,钻另一组孔。该夹具的结构比较简单,但每次钻孔都需找正钻套相对钻头的位置,所以辅助时间较长,且手动翻转费力,因此工件连同夹具总重量不能太重,生产批量不宜过大。

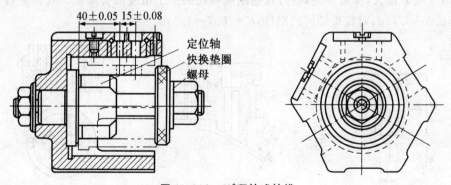

图 1 – 146　60°翻转式钻模

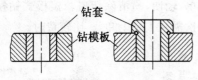

图 1 - 147　固定钻套

② 钻床夹具的结构特点

● 钻套　　如图 1 - 147 所示为固定钻套。钻套直接压装在钻模板上。固定钻套结构简单,钻孔精度高,但磨损后不能更换。固定钻套适用于单一钻孔工序的小批生产。

如图 1 - 148 所示为可换钻套。钻套装在衬套中,衬套压装在钻模板上,由螺钉将钻套压紧,以防止钻套转动或退刀时脱出。钻套磨损后,将螺钉松开可迅速更换。可换钻套适用于大批生产时的单一钻孔工序。

如图 1 - 149 为快换钻套,其结构与可换钻套相似。当一个工序中工件同一孔需经多种方法加工(如孔需经钻、扩、铰或攻螺纹等)时,能快速更换不同孔径的钻套。更换时,将钻套缺口转至螺钉处,即可取出。

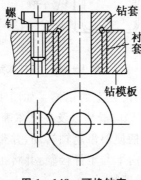

图 1 - 148　可换钻套

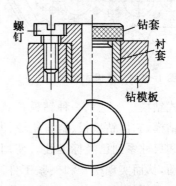

图 1 - 149　快换钻套

如图 1 - 150 所示是特殊钻套,当工件的结构形状不适合采用标准钻套时,可自行设计与工件相适应的特殊钻套。

钻套的高度 H 增大,则导向性能好,刀具刚度提高,加工精度高,但钻套与刀具的磨损加剧,一般取 $H = (1 \sim 2.5)d$。

排屑空间 h 增大,排屑方便,但刀具的刚度和孔的加工精度都会降低。对较易排屑的铸铁,$h = (0.3 \sim 0.7)d$;对较难排屑的钢件,$h = (0.7 \sim 1.5)d$。

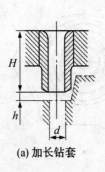

(a) 加长钻套

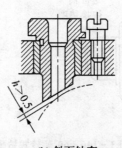

(b) 斜面钻套

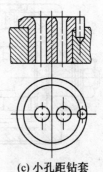

(c) 小孔距钻套

图 1 - 150　特殊钻套

● 钻模板　钻模板用于安装钻套,并确保钻套在钻模上的正确位置。钻模板多装配在夹具体或支架上。常用的钻模板有以下几种。

(a) 固定式钻模板　如图1-150所示。

(b) 链式钻模板　当钻模板妨碍工件装卸或钻孔后需攻螺纹时,可采用图1-151所示的铰链式钻模板。钻套导向孔与夹具安装面的垂直度可通过调整两个支承钉的高度来保证。加工时,钻模板由菱形螺母锁紧。由于铰链销孔之间存在配合间隙,用此类钻模板加工的工件精度比固定式钻模板低。

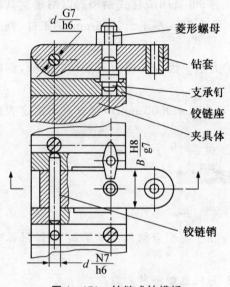

图1-151　铰链式钻模板

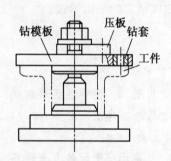

图1-152　可卸式钻模板

(c) 可卸式钻模板　可卸式钻模板又称分离式钻模板,如图1-152所示。它与夹具体作成可分离的,钻模板卸下才能装卸工件,比较费事,且定位精度低,一般多用于不便装卸工件的情况。

● 分度装置　加工同一圆周上的平行孔、同一截面内的径向孔系或同一直线上的等距孔系时,钻模上应设置分度装置。工件一次装夹后,能按一定规律依次改变工件加工位置的装置,称为分度装置。分度装置有直线式、回转式两类。而回转式又可分为立式、卧式和斜式三种。分度装置一般由以下几部分组成:

(a) 转动部分　实现工件的转位。

(b) 固定部分　是分度装置的基体,常与夹具体构成一整体。

(c) 对定机构　保证工件正确的分度位置并完成插销、拔销动作。

(d) 锁紧机构　将转动(或移动)部分与固定部分紧固在一起,起减小加工时振动和保护对定机构的作用。

③ 钻床夹具设计注意事项　在设计钻模时,需根据工件的尺寸、形状、质量和加工要求,以及生产批量、工厂的具体条件来考虑夹具的结构类型。设计时注意以下几点:

● 工件上被钻孔的直径大于 10 mm 时(特别是钢件),钻床夹具应固定在工作台上,以保证操作安全。

● 翻转式钻模和自由移动式钻模适用中小型工件的孔的加工。夹具和工件的总质量不宜超过 10 kg,以减轻操作工人的劳动强度。

● 当加工多个不在同一圆周上的平行孔系时,如夹具和工件的总质量超过 15 kg,宜采用固定式钻模在摇臂钻床上加工,若生产批量大,可以在立式钻床或组合机床上采用多轴传动头进行加工。

● 对于孔与端面精度要求不高的的小型工件,可采用滑柱式钻模。以缩短夹具的设计与制造周期。但对于垂直度公差小于 0.1 mm、孔距精度小于 ±0.15 mm 的工件,则不宜采用滑柱式钻模。

● 钻模板与夹具体的连接不宜采用焊接的方法。因焊接应力不能彻底消除,影响夹具制造精度的长期稳定性。

● 当孔的位置尺寸精度要求较高时(其公差小于 ±0.05 mm),则宜采用固定式钻模板和固定式钻套的结构形式。

习　题

1. 切削加工由哪些运动组成?它们各有什么作用?

2. 从外圆车削来分析,v_c,f,a_p 各起什么作用?它们与切削层厚度 h_D 和切削层宽度 b_D 各有什么关系?

3. 刀具正交平面参考系由哪些平面组成?它们是如何定义的?

4. 刀具的基本角度有哪些?它们是如何定义的?

5. 刀具的工作角度和标注角度有什么区别?影响刀具工作角度的主要因素有哪些?请举例说明。

6. 普通高速钢有什么特点?常用的牌号有哪些?主要用来制造哪些刀具?

7. 什么是硬质合金?常用的牌号有哪几大类?一般如何选用?

8. 刀具的前角、后角、主偏角、副偏角、刃倾角各有什么作用?如何合理选择?

9. 常用的车刀有哪几大类?各有什么特点?

10. 什么是逆铣?什么是顺铣?各有什么特点?

11. 什么是齿轮滚刀的基本蜗杆?有哪几种?最常用的是哪一种?为什么?

12. 砂轮的特性主要由哪些因素所决定?一般如何选用砂轮?

13. 以简图分析进行下列加工时的成形方法,并标明机床上所需的运动。

(1)用成形车刀车外圆锥面;(2)在卧式车床上钻孔;(3)用丝锥攻螺纹;(4)用螺纹铣刀铣螺纹。

14. 试分析题14图所示的3种车螺纹时的传动原理图各有什么特点。

15. 机床传动链中为什么要设置换置机构?分析传动链一般有哪几个步骤?

16. 在什么情况下机床的传动链可以不设置换置机构？

17. 写出在 CA6140 型车床上进行下列加工时的运动平衡式，并说明主轴的转速范围。

（1）米制螺纹 $p=16 \text{ mm}, K=1$；（2）英制螺纹 $a=8$ 牙/in；（3）模数螺纹 $m=2 \text{ mm}$，$K=3$。

18. 证明 CA6140 型车床的机动进给量 $f_横 \approx 0.5 f_纵$。

19. CA6140 型车床主轴箱中有几个换向机构？能否取消其中一个？为什么？

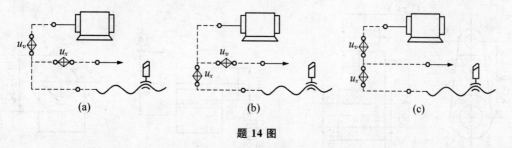

题 14 图

20. 如果 CA6140 型车床的快速电机方向接反了，机床能否正常工作？

21. 在 Y3150E 型滚齿机上加工斜齿轮时：（1）如果进给挂轮的传动比有误差，是否会导致斜齿圆柱齿轮的螺旋角 β 产生误差？为什么？（2）如果滚刀主轴的安装角度有误差，是否会导致斜齿圆柱齿轮的螺旋角 β 产生误差？为什么？

22. 机床夹具由哪几部分组成？各部分起什么作用？

23. 工件在夹具中定位、夹紧的任务是什么？

24. 什么叫六点定位原理？

25. 试分析题 25 图中的各定位方案中定位元件所限制的自由度。判断有无欠定位或过定位？是否合理？如何改进？

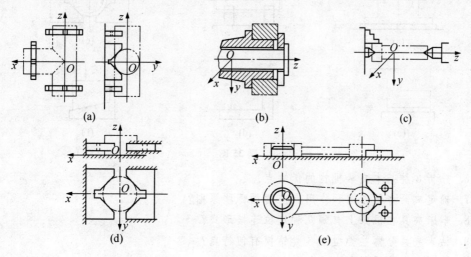

题 25 图

26. 工件的装夹方式有哪几种？试说明它们的特点和应用场合。

27. 工件以平面定位时,常用的定位元件有哪些？各适合于什么场合？

28. 辅助支承有何作用？说明自动调节支承的结构和工作原理。

29. 试举例说明浮动支承的特点。

30. 造成定位误差的原因是什么？

31. 用题31图所示的定位方式铣削连杆的两个侧面,计算加工尺寸 $12_0^{+0.3}$ mm 的定位误差。

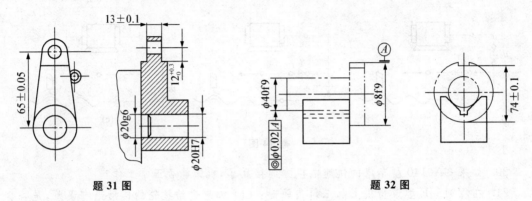

题 31 图　　　　　　　　　　　　题 32 图

32. 用题32图所示定位方式在阶梯轴上铣槽,V 形块的 V 形角 $\alpha = 90°$,试计算加工尺寸 74 mm ±0.1 mm 的定位误差。

33. 影响加工精度的因素有哪些？保证加工精度的条件是什么？

34. 对夹紧装置的基本要求有哪些？

35. 试分析题35图中夹紧力的作用点与方向是否合理,为什么？如何改进？

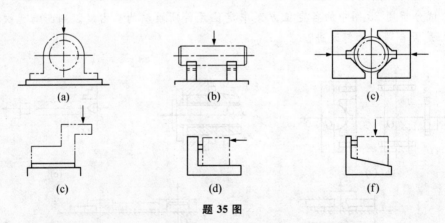

(a)　　　　　　(b)　　　　　　(c)

(c)　　　　　　(d)　　　　　　(f)

题 35 图

36. 分析3种基本夹紧机构的优缺点。

37. 确定夹紧力的方向和作用点应遵循哪些原则？

38. 车床夹具在机床上有哪几种定位连接形式？

39. 钻床夹具分哪些类型？各类钻模有何特点？

40. 何谓分度装置？它由哪些部分组成？

第2章 切削与磨削原理

2.1 切削过程

金属切削是通过刀具与工件间的切削运动,使刀具从工件的待加工表面上切去多余的金属层,形成已加工表面。这一过程也是工件被切削层在刀具前刀面的挤压下产生塑性变形、形成切屑的过程。磨削是用砂轮等磨具在工件的待加工表面上,通过磨具的微小磨粒对工件表面进行切削形成已加工表面。切削过程中产生一系列现象,如形成切屑、切削力、切削热与刀具磨损等。研究切削过程和切削规律对保证加工质量、提高生产率、降低成本等有着十分重要的意义。

切削过程中的各种物理现象,都是以切屑形成过程为基础的。了解切屑形成过程,对理解切削规律是非常重要的。本节以塑性金属材料为例,说明切削过程中切屑的形成及变形情况。

2.1.1 切屑的形成过程

切削层金属形成切屑的过程就是在刀具的作用下发生变形的过程,也是被切削金属层在刀具的挤压下产生剪切滑移的塑性变形过程,图 2-1 为直角自由切削金属条件时切屑根部金相照片。

1. 金属切削过程的变形

金属在加工过程中会发生剪切和滑移,图 2-2 表示了金属的滑移线和流动轨迹,其中横向线是金属流动轨迹线,纵向线是金属的剪切滑移线。图 2-3 表示了金

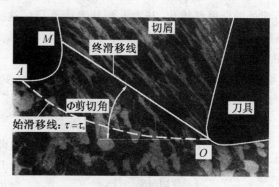

图 2-1 切屑根部金相照片

属的滑移过程。由图 2-2 可知,金属切削过程的塑性变形通常可以划分 3 个变形区,各区特点如下:

（1）第一变形区　如图 2-2 所示,从 OA 线开始发生塑性变形,到 OM 线金属晶粒的剪切滑移基本完成。OA 线和 OM 线之间的区域（图 2-2 中 I 区）称为第一变形区即剪切变形区,金属在刀具作用下产生剪切滑移形成切屑。金属切削过程的塑性变形主要集中于此区域。

切削层金属在刀具的挤压下首先将产生弹性变形,当最大剪切应力超过材料的屈服极限时,发生塑性变形,如图2-2所示,金属会沿OA线剪切滑移,OA被称为始滑移线。随着刀具的移动,这种塑性变形将逐步增大,当进入OM线时,这种滑移变形停止,OM被称为终滑移线。现以金属切削层中某一点的变化过程来说明。由图2-3所示,在金属切削过程中,切削层中金属一点P不断向刀具切削刃移动,当此点进入OA线时,发生剪切滑移,P点向2,3等点流动的过程中继续滑移,当进入OM线上4点时,这种滑移停止,$2'-2$,$3'-3$,$4'-4$为各点相对前一点的滑移量。切削层在此区域如同一片片相叠的层片,在切削过程中层片之间发生了相对滑移。

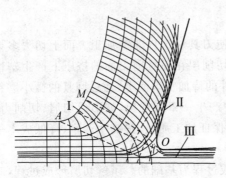

图2-2 金属切削过程中滑移线与流线

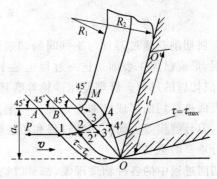

图2-3 第一变形区金属滑移

第一变形区是金属切削变形过程中最大的变形区,在这个区域内,金属将产生大量的切削热,并消耗大部分功率。此区域较窄,宽度仅0.02~0.2 mm。

(2)第二变形区 切屑沿前刀面排出时进一步受到前刀面的挤压和摩擦,使靠近前刀面处的金属纤维化,基本上和前刀面平行。这一区域(图2-2中Ⅱ区)称为第二变形区。在第二变形区切屑排出时受前刀面挤压与摩擦,此变形区的变形是造成前刀面磨损和产生积屑瘤的主要原因。

产生塑性变形的金属切削层材料经过第一变形区后沿刀具前刀面流出,经过第二变形区域时。由于切削层材料受到刀具前刀面的挤压和摩擦,变形进一步加剧,材料在此处纤维化,流动速度减慢,甚至停滞在前刀面上。而且,切屑与前刀面的压力很大,高达2~3 GPa,由此摩擦产生的热量也使切屑与刀具面温度上升到几百度的高温,切屑底部与刀具前刀面发生粘结现象。发生粘结现象后,切屑与前刀面之间的摩擦就不是一般的外摩擦,而变成粘结层与其上层金属的内摩擦。这种内摩擦与外摩擦不同,它与材料的流动应力特性和粘结面积有关,粘结面积越大,内摩擦力也越大。图2-4显示了发生粘结现象时的摩擦状况。由图可知,根据摩擦状况,切屑接触面分为两

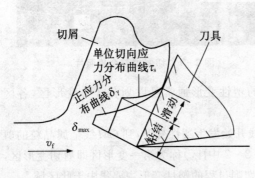

图2-4 切屑与前刀面的摩擦

个部分：粘结部分为内摩擦，这部分的单位切向应力等于材料的屈服强度 τ_s；粘结部分以外为外摩擦部分，也就是滑动摩擦部分，此部分的单位切向应力由 τ_s 减小到零。图中也显示了整个接触区域内正应力 σ_γ 的分布情况，刀尖处，正应力最大，逐步减小到零。

（3）第三变形区　已加工表面受到切削刃钝圆部分和后刀面的挤压和摩擦，造成表层金属纤维化与加工硬化。这一区（图 2-2 中Ⅲ区）称为第三变形区。

第三变形区的形成与刀刃钝圆有关。因为刀刃不可能绝对锋利，不管采用何种方式刃磨，刀刃总会有一钝圆半径 γ_e。一般高速钢刃磨后 γ_e 为 $3\sim10~\mu m$，硬质合金刀具磨后约 $18\sim32~\mu m$，如采用细粒金刚石砂轮磨削，γ_e 最小可达到 $3\sim6~\mu m$。另外，刀刃切削后就会产生磨损，增加刀刃钝圆。

图 2-5 表示了考虑刀刃钝圆情况下已加工表面的形成过程。当切削层以一定的速度接近刀刃时，会出现剪切与滑移，金属切削层绝大部分金属经过第二变形区的变形沿终滑移层 OM 方向流出，由于刀刃钝圆的存在，在钝圆 O 点以下有一少部分厚 Δa 的金属切削层不能沿 OM 方向流出，被刀刃钝圆挤压过去，该部分经过刀刃钝圆 B 点后，受到后刀面 BC 段的挤压和摩擦，经过 BC 段后，这部分金属开始弹性恢复，恢复高度为 Δh，在恢复过程中又与后刀面 CD 部分产生摩擦，这部分切削层在 OB，BC，CD 段的挤压和摩擦后，形成了已加工表面的加工质量。所以说第三变形区对工件加工表面质量产生很大影响。

如果将这 3 个区域综合起来，可以看作如图 2-6 所示过程。当金属切削层进入第一变形区时，金属发生剪切滑移，并且金属纤维化，该切削层接近刀刃时，金属纤维更长并包裹在切削刃周围，最后在 O 点断裂成两部分，一部分沿前刀面流出成为切屑，另一部分受到刀刃钝圆部分的挤压和摩擦成为已加工表面，表面金属纤维方向平行已加工表面，这层金属具有与基体组织不同的性质。

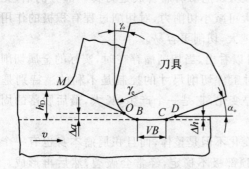

图 2-5　已加工表面形成过程

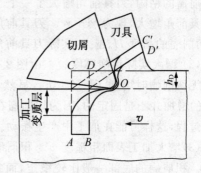

图 2-6　刀具的切削完成过程

2. 积屑瘤的形成及对切削过程的影响

在一定的切削速度和保持连续切削的情况下，加工塑性材料时，在刀具前刀面常常粘结一块剖面呈三角状的硬块，这块金属被称为积屑瘤，图 2-7 为积屑瘤金相照片。

积屑瘤的形成可以根据第二变形区的特点来解释。当金属切削层从终滑移面流出时，受到刀具前刀面的挤压和摩擦，切屑与刀具前刀面接触面温度升高，挤压力和温度达到一定的程度时，就产生粘结现象，也就是常说的"冷焊"。切屑流过与刀具粘附的底层时，产生内摩擦,这时底层上面金属出现加工硬化,并与底层粘附在一起,逐渐长大,成为积屑瘤。积屑瘤的产生及其成长与工件材料的性质、切削区的温度分布和压力分布有关。塑性材料的加工硬化倾向越强,越易产生积屑瘤;切削区的温度和压力很低时,不会产生积屑瘤;温度太高时,由于材料变软,也不易产生积屑瘤。与温度相对应,切削速度太低不会产生积屑瘤,切削速度太高,积屑瘤也不会发生,因为切削速度对切削温度有较大的影响。对碳钢来说,切削区温度处于 $300\sim350℃$ 时积屑瘤的高度最大,切削区温度超过 $500℃$ 积屑瘤便自行消失。在背吃刀量 a_p 和进给量 f 保持一定时,积屑瘤高度 H_b 与切削速度 v_c 有密切关系,因为切削过程中产生的热是随切削速度的提高而增加的。

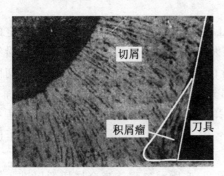

图 2-7　积屑瘤金相照片

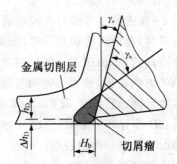

图 2-8　积屑瘤对加工的影响

积屑瘤硬度很高,是工件材料硬度的 $2\sim3$ 倍,能同刀具一样对金属进行切削。它对金属切削过程会产生如下影响:

(1) 增大刀具实际前角　刀具前角 γ_0 指刀面与基面之间的夹角。如图 2-8 所示,由于积屑瘤的粘附,刀具前角增大了一个 γ_b 角度,如把切屑瘤看成是刀具一部分的话,无疑实际刀具前角增大,现为 $\gamma_0+\gamma_b$。刀具前角增大可减小切削力,对切削过程有积极的作用。而且,切削瘤的高度 H_b 越大,实际刀具前角也越大,切削更容易。

(2) 增大实际切削厚度　由图 2-8 可以看出,当切削瘤存在时,实际的金属切削层厚度比无切削瘤时增加了一个 Δh_D,显然,这对工件切削尺寸的控制是不利的。特别是厚度 Δh_D 的增加并不是固定的,因为切削瘤在不停变化,它是一个产生、长大,最后脱落的周期性变化过程,这样可能在加工中产生振动。

(3) 增大加工表面粗糙度　积屑瘤的变化不但是整体,而且积屑瘤本身也有一个变化过程。积屑瘤的底部一般比较稳定,而它的顶部极不稳定,经常会破裂,然后再形成。破裂的一部分随切屑排除,另一部分留在加工表面上,使加工表面变得非常粗糙。因此要提高表面加工质量,必须控制积屑瘤的影响。

(4) 降低切削刀具寿命　从积屑瘤在刀具上的粘附来看,积屑瘤应该对刀具有保护作用,它代替刀具切削,减少了刀具磨损。但积屑瘤的粘附是不稳定的,它会周期性的从刀具上脱落,当他脱落时,可能使刀具表面金属剥落,从而使刀具磨损加大。对于硬质合金刀具这一点表现尤为明显。

积屑瘤对切削过程的影响有积极的一面,也有消极的一面。精加工时必须防止积屑瘤

的产生,可采取以下几个方面的措施来避免积屑瘤的产生:

● 适当提高工件材料硬度,减小加工硬化倾向。
● 增大前角,从而减小切屑对刀具前刀面的压力。
● 正确选用切削速度,使切削速度避开产生积屑瘤的区域。
● 采用润滑性能更好的切削液,减少切削摩擦。

2.1.2 切屑类型与变形系数

1. 切屑的类型

由于工件材料不同,工件在加工过程中的切削变形也不同,因此所产生的切屑类型也多种多样。切屑主要有四种类型,如图 2-9(a,b,c,d)4 种切屑中,其中前 3 种属于加工塑性材料所产生的切屑,第四种为加工脆性材料的切屑。图 2-10 为切屑形态照片。

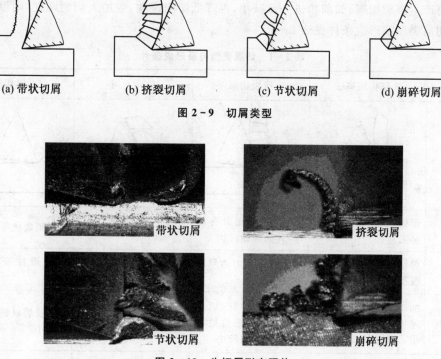

| (a) 带状切屑 | (b) 挤裂切屑 | (c) 节状切屑 | (d) 崩碎切屑 |

图 2-9 切屑类型

带状切屑 挤裂切屑 节状切屑 崩碎切屑

图 2-10 为切屑形态照片

(1)带状切屑 此类切屑的特点是形状为带状,内表面比较光滑,外表面可以看到剪切面的条纹,呈毛茸状。它的形成过程如图 2-9(a)所示。这是加工塑性金属时最常见的一种切屑。一般切削厚度较小,切削速度高,刀具前角大时,容易产生这类切屑。此时切削力波动小,已加工表面质量好。

(2)挤裂切屑 挤裂切屑形状与带状切屑差不多,不过它的外表面呈锯齿形,内表面一些地方有裂纹,如图 2-9(b)所示。此类切屑一般在切削速度较低,切削厚度较大,刀具前角较小时产生。切削过程不太稳定,切削力波动较大,已加工表面粗糙值较大。

（3）节状切屑 节状切屑又称单元切屑在切削速度很低,切削厚度很大情况下,切削钢以及铅等材料时,由于剪切变形完全达到材料的破坏极限,切下的切削断裂成均匀的颗粒状,则成为梯形的单元切屑,如图2-9(c)所示。这种切屑类型较少。此时切削力波动最大,已加工表面粗糙值较大。

（4）崩碎切屑 如图2-9(d)所示,此类切屑为不连续的碎屑状,形状不规则,而且加工表面也凹凸不平。主要在加工白口铁、高硅铸铁等脆硬材料时产生。不过对于灰铸铁和脆铜等脆性材料,产生的切屑也不连续,由于灰铸铁硬度不大,通常得到片状和粉状切屑,高速切削甚至为松散带状,这种脆性材料产生切屑可以算中间类型切屑。这时已加工工件表面质量较差,切削过程不平稳。

切屑类型虽然与加工不同材料有关,但加工同一种材料采用不同的切削条件也将产生不同的切屑。如加工塑性材料时,一般得到带状切屑,但如果前角较小,速度较低,切削厚度较大时将产生挤裂切屑;如前角进一步减小,再降低切削速度,或加大切削厚度,则得到单元切屑。切屑类型及形成条件见表2-1。

表2-1 切屑类型与及形成条件

名　称	带状切屑	挤裂切屑	单元元屑	崩碎切屑
简图	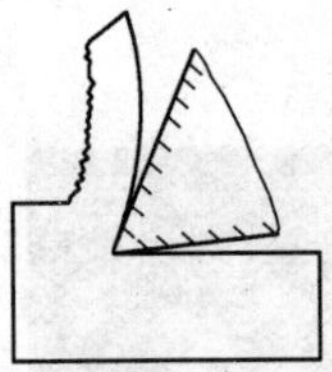	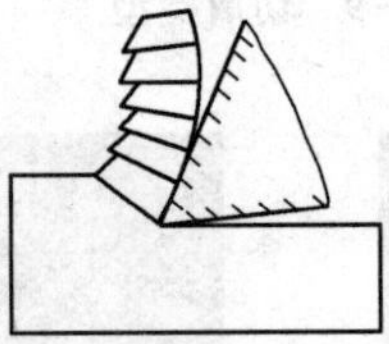	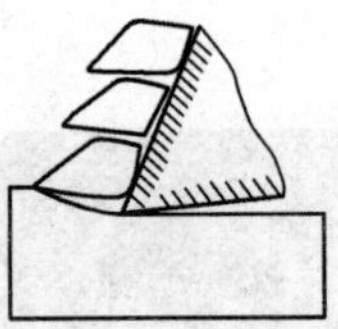	
形态	带状,底面光滑,背面呈毛茸状	节状,底面光滑有裂纹,背面呈锯齿状	粒状	不规则块状颗粒
变形	剪切滑移尚未达到断裂程度	局部剪切应力达到断裂强度	剪切应力完全达到断裂强度	未经塑性变形即被挤裂
形成条件	加工塑性材料,切削速度较高,进给量较小,刀具前角较大	加工塑性材料,切削速度较低,进给量较大,刀具前角较小	工件材料硬度较高,韧性较低,切削速度较低	加工硬脆材料,刀具前角较小
影响	切削过程平稳,表面粗糙度小,妨碍切削工作,应设法断屑	切削过程欠平稳,表面粗糙度欠佳	切削力波动较大,切削过程不平稳,表面粗糙度不佳	切削力波大,有冲击,表面粗糙度恶劣,易崩刀

2. 变形系数

变形系数 ξ 是表示切屑的外形尺寸变化大小的一个参数。如图2-11所示,切屑经过剪切变形、又受到前刀面摩擦后,与切削层比较,它的长度缩短、厚度增加,这种切屑外形尺寸变化的变形现象称为切屑的收缩。变形系数 ξ 表示切屑收缩的程度。

图 2-11 为切屑与切削层尺寸变化图。在切削过程中,刀具切下的切屑厚度 h_{ch} 通常都大于工件切削层厚度 h_D,而切屑长度 L_{ch} 却小于切削层长度 L_D。切屑厚度 h_{ch} 与切削层厚度 h_D 之比称为厚度变形系数 ξ_h;而切削层长度与切屑长度之比称为长度变形系数 ξ_L。变形系数越大,切屑越厚越短,切削变形越大。

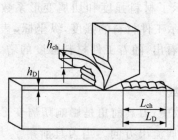

图 2-11　切屑与切削层尺寸

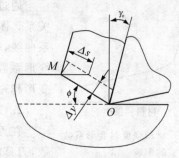

图 2-12　相对滑移系数

(3) 相对滑移系数　相对滑移系数 ε 是度量第一变形区滑移变形程度的。如图 2-12 所示,设切削层中 OM 线沿剪切面滑移的距离为 Δy,滑移量为 Δs。则相对滑移 ε 表示为:

$$\varepsilon = \frac{\Delta S}{\Delta y} = \frac{\cos y_0}{\sin\phi\cos(\phi - y_0)}, \tag{2-1}$$

式中 γ_0 为前角,φ 为剪切角。

由(2-1)式可知,剪切角 φ 与前角 γ_0 是影响切削变形的两个主要因素。如果增大前角 γ_0 和剪切角 φ,使相对滑移系数 ε 减小,则切削变形减小。

3. 切屑与前刀面的摩擦变形

切屑与前刀面的摩擦变形产生于第二变形区,如图 2-13 所示。在高温高压作用下,切屑底层与前刀面发生沾接,切屑与前刀面之间既有外摩擦,也有内摩擦。高温高压使切屑底层软化,粘嵌在前刀面高低不平的凹坑中,形成粘接区。切屑的粘接层与上层金属之间产生相对滑移,其间的摩擦属于内摩擦。切屑在脱离前刀面之前,与前刀面只在一些突出点接触,切屑与前刀面之间的摩擦属于外摩擦。

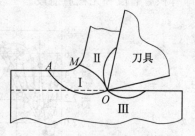

图 2-13　切屑与前刀面变形区及
已加工表面变形区

4. 已加工表面的变形

切削刃存在刃口圆弧,导致挤压和摩擦,已加工表面的变形位于第三变形区,如图2-13 所示。

变形情况 O 点以上部分沿前刀面流出,形成切屑;O 点以下部分受挤压和摩擦留在加工表面上,并有弹性恢复。应力分布 O 点前方正应力最大,剪应力为0。A 点两侧正应力逐渐减小,剪应力逐渐增大,继而减小。

2.1.3 影响切削变形的因素

影响金属切削变形的因素主要有工件材料、刀具几何参数、切削厚度和切削速度。

1. 工件材料

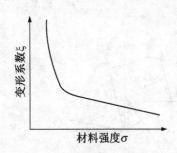

图 2-14 材料强度对变形系数的影响

通过试验,可以发现工件材料强度和切屑变形有密切的关系。图 2-14 显示了材料强度和切屑变形系数之间的关系曲线,横坐标 σ 表示工件材料的强度,纵坐标 ξ 表示材料的变形系数,从图可以看出,随着工件材料强度的增大,切屑的变形越来越小。

2. 刀具几何参数

在刀具几何参数中,刀具前角是影响切屑变形的重要参数,刀具前角影响切屑流出方向。当刀具前角 γ_0 增大时,沿刀面流出的金属切削层将比较平缓的流出,金属切屑的变形也会变小。通过对高速钢刀具所作的切削试验也证明了这一点。在同样的切削速度下,刀具前角 γ_0 愈大,材料变形系数愈小。

此外刀尖圆弧半径对切削变形也有影响,刀尖圆弧半径越大,表明刀尖越钝,对加工表面挤压也越大,表面的切削变形也越大。

3. 切削速度

由图 2-15 可以看出,随切削速度变化的材料变形系数曲线并不是一直递减,而是在某一段有一个波峰,这是积屑瘤产生的影响,因此切削速度对材料变形的影响分为两个阶段,即有积屑瘤段和无积屑瘤段。

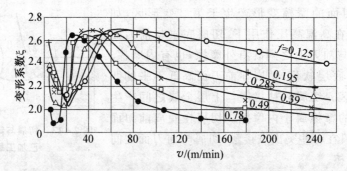

图 2-15 切削速度变化的材料变形系数曲线

在有积屑瘤段,切削速度对切屑变形的影响主要是通过积屑瘤对切屑变形的影响来实现的。在积屑瘤增长阶段,积屑瘤随着切削速度的增大而增大,积屑瘤越大,实际刀具前角也越大,切屑的变形相对减少。所以在此阶段,切削速度增加时,材料变形系数 ξ 也减少。随着速度的增加,积屑瘤增大到一定程度又会消退,在消退阶段,积屑瘤随着切削速度的增加而减小。同时,实际刀具前角也减小,材料的变形将增大,在积屑瘤完全消退时,材料变形将最大。此时曲线处于波峰位置。

无积屑瘤段，材料变形系数是随着切削速度的增加而减小。主要是因为塑性变形的传播速度比弹性变形的慢。速度低时，金属始剪切面为 OA，当速度增大到一定值时，金属流动速度大于塑性变形速度，在 OA 面金属并未充分变形，相当于始剪切面后移至 OA' 面，如图 2-16 所示。终剪切面 OM 也后移至 OM'，第一变形区后移，使得材料变形系数减小。另外，速度越大，摩擦系数减小，材料变形系数也会减小。

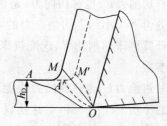

图 2-16　切削速度对剪切面影响

4. 切削厚度

在无积屑瘤段，进给量（即切削厚度）对切屑变形的影响是：进给量 f 越大，材料的变形系数 ξ 越小。

2.2　切　削　力

金属切削时，刀具切入工件，使被加工材料发生变形并成为切屑所需的力，称为切削力。

2.2.1　切削力的产生和分解

1. 切削力的产生

刀具在切削过程中，需克服切屑的塑性变形，切屑和加工表面对刀具的摩擦以及切屑的挤压力等，如图 2-17 所示，所以切削力主要由以下几个方面产生。

（1）克服被加工材料对弹性变形的抗力；

（2）克服被加工材料对塑性变形的抗力；

（3）克服切屑对前刀面的摩擦力和刀具后刀面对过渡表面与已加工表面之间的摩擦力。

2. 切削合力及分解

作用在刀具上各力的总和形成对刀具总的切削合力 F，如图 2-18。切削合力 F 又可分解为 3 个垂直方向的分力 F_f，F_P，F_c。

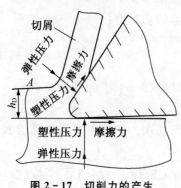

图 2-17　切削力的产生

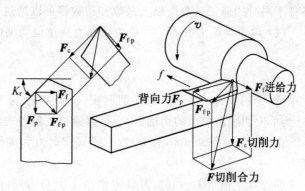

图 2-18　切削合力及分解

切削力 F_c 也称切向力,是切削合力 F 在主运动方向上的分力。它是总合力在进给方向的分力。大小约占切削合力的 $80\%\sim90\%$。F_c 消耗的功率最多,约占总功率的 90% 左右,是计算机床切削功率、选配机床电机、校核机床主轴、设计机床部件及计算刀具强度等必要的参数。

进给力 F_f 也称轴向力或走刀力,是切削合力 F 在进给方向的分力。进给力也作功,但只占总率功的 $1\%\sim5\%$。这是设计、校核机床进给机构,计算机床进给功率的依据。

背向力 F_p 也称径向力或吃刀力是切削合力 F 在垂直于工作平面方向的分力,不消耗功率。但容易使工件变形,甚至可能产生振动,影响工件的加工精度。它是进行加工精度分析、计算工艺系统刚度以及分析工艺系统振动时所必须的参数。

2.2.2 切削力与切削功率的计算

1. 切削力的计算

由图 $2-18$ 可知,切削合力 F 与切削分力有如下关系:

$$F = \sqrt{F_c^2 + F_{f,p}^2},$$

$F_{f,p}$ 为总合力在切削层尺寸平面上的投影,是进给力 F_f 与背向力 F_p 的合力:

$$F_{f,p} = \sqrt{F_p^2 + F_f^2}.$$

因此,总合力为

$$F = \sqrt{F_c^2 + F_p^2 + F_f^2}. \tag{2-2}$$

在生产过程中,切削力的计算一般采用经验公式,主要有以下两种:

(1) 指数公式   指数公式应用较广,它的形式如下:

$$\begin{aligned} F_c &= C_{F_c} a_p^{x_{F_c}} f^{y_{F_c}} v_c^{n_{F_c}} K_{F_c}, \\ F_p &= C_{F_p} a_p^{x_{F_p}} f^{y_{F_p}} v_c^{n_{F_p}} K_{F_p}, \\ F_f &= C_{F_f} a_p^{x_{F_f}} f^{y_{F_f}} v_c^{n_{F_f}} K_{F_f}. \end{aligned} \tag{2-3}$$

上式中 C_{F_c},C_{F_p},C_{F_f} 为被加工金属的切削条件系数,K_{F_c},K_{F_c},K_{F_c} 为当加工条件与经验公式条件不同时的修正系数。以上系数和指数都可以通过资料查表得到。

(2) 单位切削力公式   单位切削力指单位切削面积上的切削力:

$$K_c = \frac{F_c}{A_D} = \frac{F_c}{a_p f} \quad (\text{N/mm}^2), \tag{2-4}$$

式中 F_c 为切削力 (N),A_D 为切削面积 (mm^2),a_p 为背吃刀量 (mm),f 为进给量 (mm/r)。K_c 为单位切削面积上的切削力,也可以通过资料查表得到。

由以上公式能求出切削力,然后根据背向力和进给力与切削力的比例关系估算出其余两力。

在刀具主偏角 $k_r = 45°$,刀具刃倾角 $\lambda_s = 0$,刀具前角 $\gamma_O = 15°$ 时,根据试验 F_f,F_P,F_c

3 力之间有如下关系：

$$F_P = (0.4 \sim 0.5)F_c, F_f = (0.3 \sim 0.4)F_c, F_r = (1.12 \sim 1.18)F_c \quad (2-5)$$

当车刀材料、车刀几何参数、切削用量、工件材料和车刀磨损等情况不同时，F_f，F_P，F_c 三力之间比例有较大变化。

2. 切削功率的计算

切削过程中所消耗的功率称为切削功率 P_c。通过图 2-18 可以看到，背向力 F_P 在力的方向无位移，不做功，因此切削功率为进给力 F_f 与切削力 F_c 所做的功。根据功率公式有

$$P_c = (F_c v_c + F_f n f /1000) \times 10^{-3} \quad (kW), \quad (2-6)$$

式中，F_c 为切削力（N），v_c 为切削速度（m/min），F_f 为进给力（N），n 为工件转速（r/s），f 为进给量（mm）。

由于 F_f 消耗功率一般小于 1%～2%，可以忽略不计，因此功率公式可简化为

$$P_c = F_c v_c \times 10^{-3} \quad (kW)。 \quad (2-7)$$

2.2.3 影响切削力的因素

影响切削力的因素很多，主要有以下几个方面。

1. 工件材料

影响较大的因素主要是工件材料的强度、硬度和塑性。材料的强度、硬度越高，则屈服强度越高，切削力越大。在强度、硬度相近的情况下，材料的塑性、韧性越大，则刀具前面上的平均摩擦系数越大，切削力也就越大。

2. 切削用量

（1）背吃刀量 a_p 与进给量 f 影响　　背吃刀量 a_p 与进给量 f 增加，使切削力 F_c 增加。因为切削面积 $A_D = a_p f$，所以背吃刀量 a_p 与进给量 f 的增大都将增大切削面积。切削面积的增大将使变形力和摩擦力增大，切削力也将增大。背吃刀量与进给量对切削力的影响都成正比关系，但由于进给量的增大会减小切削层的变形，所以背吃刀量 a_p 对切削力的影响比进给量 f 更大。在生产中，如机床消耗功率相等，为提高生产效率，一般采用提高进给量而不是背吃刀量的措施。

（2）切削速度　　切削速度对切削力的影响与对变形系数的影响一样，图形曲线都有马鞍形变化。在积屑瘤产生阶段，由于刀具实际前角增大，切削力减小，在积屑瘤消失阶段，切削力逐渐增大，积屑瘤消失时，切削力 F_c 达到最大，以后又开始减小，如图 2-19。

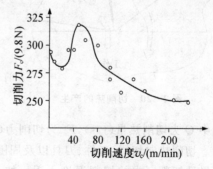

图 2-19　切削速度对切削力影响

（3）刀具几何参数

刀具前角　　在刀具几何参数中，前角 γ_o 对切削力影响最大。切削力随着前角的增大而减小。这是因为前角的增大，切削变形与摩擦力减小。切削力相应减小。

刀具主偏角 k_r 和刀尖圆弧半径　　主偏角对切削力 F_c 的影响不大，$k_r = 60° \sim 75°$ 时，F_c 最小，因此，主偏角 $k_r = 75°$ 的车刀在生产中应用较多。主偏角 k_r 的变化对背向力 F_p 与进给力 F_f 影响较大。背向力随主偏角的增大而减小，进给力随主偏角的增大而增大。刀尖圆弧半径增大，切削变形增大，切削力也增大。相当于 k_r 减小对切削力影响。

刀具刃倾角 λ_s　　试验表明，刃倾角 λ_s 的变化对切削力 F_c 影响不大，但对背向力 F_p 影响较大。当刃倾角由正值向负值变化时，背向力 F_p 逐渐增大，因此工件弯曲变形增大，机床振动也增大。

（4）刀具材料与切削液　　刀具材料与被加工材料间的摩擦系数，影响到摩擦力的变化，直接影响着切削力的变化。切削液的正确应用，可以降低摩擦力，减小切削力。

2.3　切削热与切削温度

金属的切削加工中将会产生大量切削热，切削热又影响到刀具前刀面的摩擦系数、积屑瘤的形成与消退、加工精度与加工表面质量、刀具寿命等。

2.3.1　切削热的产生和传导

在金属切削过程中，切削层发生弹性与塑性变形是切削热产生的一个重要原因。另外，切屑、工件与刀具的摩擦也产生了大量的热量。因此，切削过程中切削热由以下 3 个区域产生：剪切面、切屑与刀具前刀面的接触区、刀具后刀面与工件过渡表面接触区。

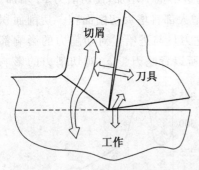

图 2 - 20　切削热的产生

金属切削过程的 3 个变形区就是产生切削热的三个热源，如图 2 - 20 所示：

（1）切屑变形所产生的热量，是切削热的主要来源；

（2）切屑与刀具前刀面之间的摩擦所产生的热量；

（3）工件与刀具后刀面之间的摩擦所产生的热量。

金属切削层的塑性变形产生的热量最大，即主要在剪切面区产生，可以通过下式近似计算出切削热量：

$$Q = F_c v_c \quad (\text{J/s}), \qquad (2-8)$$

式中 Q 为切削热量（J/s），F_c 为切削力（N），v_c 为切削主运动速度（m/s）。

切削热向切屑、工件、刀具以及周围的介质（空气或切削液）传导，使它们的温度上升，从而导致切削区内的切削温度上升。如不考虑切削液，则各种介质的切削热传出比例参考如下：

（1）车削加工 切屑，50％～86％；刀具，10％～40％；工件，3％～9％；空气，1％。切削速度越高，切削厚度越大，切屑传出的热量越多。

（2）钻削加工 切屑，28％；刀具，14.5％；工件，52.5％；空气5％。

2.3.2 切削温度

切削温度分布情况由图 2-21 和图 2-22 所示，其切削温度分布有以下特点：

（1）前刀面切削最高温度不在刀刃处，而是距离刀刃有一定距离。对于 45 钢，约在离刀刃 1 mm 处前刀面的温度最高。

（2）后刀面温度的分布与前刀面类似，最高温度也在切削刃附近，但比前刀面的温度低。

（3）终剪切面后方，沿切屑流出的垂直方向温度变化较大，越靠近刀面，温度越高，这说明切屑在刀面附近被摩擦升温，而且切屑在前刀面的摩擦热集中在切屑底层。

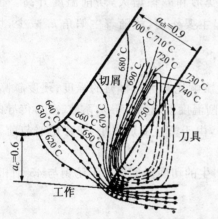

工件材料：低碳易切钢；刀具 $\gamma_o=30°$，$\alpha_o=7°$，
切削层厚度 $h_D=0.6$ mm，切削速度 $v_c=22.86$ m/min，
干切削，预热 611°

图 2-21 切削温度的分布

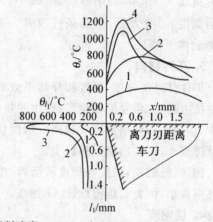

切削速度 $v_c=30$ m/min，$f=0.2$ m/r
1—45 钢- YT15 2—GCr15 - YT14 3—钛合金 BT2 - YG8 4—BT2 - YT15

图 2-22 切削不同材料温度分布

2.3.3 影响切削温度的因素

根据理论分析和大量的实验研究可知，切削温度主要受切削用量、刀具几何参数、工件材料和切削液的影响，以下对其主要因素进行分析。

1. 切削用量

切削用量是影响切削温度的主要因素。通过测温实验可以找出切削用量对切削温度的影响规律。通常在车床上利用测温装置求出切削用量对切削温度的影响关系，得到车削时切削用量三要素 v_c，a_p，f 和切削温度 θ 之间关系的经验公式：

用高速钢刀具加工 45 钢材料时：

$$\theta = (140 \sim 170)a_p^{0.08-0.1}f^{0.2-0.3}v^{0.35-0.45}, \tag{2-9}$$

用硬质合金刀具加工 45 钢材料时：

$$\theta = 320 a_\mathrm{p}^{0.05} f^{0.15} v^{0.26-0.41}。$$

(2-10)

(2-9)式和(2-10)式表明,切削用量三要素 $v_\mathrm{c}, a_\mathrm{p}, f$ 中,切削速度 v_c 指数最大,故对温度的影响最显著,切削速度增加一倍时,温度约增加 32%;其次是进给量 f,进给量增加一倍,温度约升高 18%,背吃刀量 a_p 影响最小,约 7%。原因是切削速度增加,摩擦热增多;进给量 f 增加,切削变形系数减小,切屑带走的热量也增多,所以热量增加不多;背吃刀量 a_p 的增加,使切削宽度增加,显著增加热量的散热面积。

2. 刀具的几何参数

影响切削温度的主要几何参数为前角 γ_o 与主偏角 k_r。前角 γ_o 增大,切削温度降低。因前角增大时,单位切削力下降,使切削热减少。但前角大于 18°~20°后,对切削温度的影响减小,这是因为楔角变小而使散热体积减小的缘故。主偏角 k_r 减小时,使切削宽度 b_D 增大,切削厚度 h_D 减小,因此,切削变形和摩擦增大,切削温度升高。但当切削宽度 b_D 增大后,散热条件改善。由于散热起主要作用,故随着主偏角 k_r 减少,切削温度总体下降。

3. 工件材料

工件材料的强度、硬度和导热系数对切削温度影响比较大。材料的强度、硬度越高,则切削抗力越大,消耗的功越多,产生的热就越多,切削温度就越高。导热系数越小,传导的热越少,切削区的切削温度就越高。切削脆性材料时,由于塑性变形很小,崩碎切屑与前刀面的摩擦也小,产生的切削热较少。

例如,低碳钢,强度与硬度较低,导热系数大,产生的切削温度低。不锈钢与 45 钢相比,导热系数小,因此切削温度比 45 钢高。

4. 切削液

切削液对切削温度的影响,与切削液的导热性能、比热、流量、浇注方式以及本身的温度都有很大关系。切削液的导热性越好,温度越低,则切削温度也越低。从导热性能方面来看,水基切削液优于乳化液,乳化液优于油类切削液。

2.4　刀具磨损与使用寿命

在金属切削过程中,刀具一方面切下切屑,另一方面刀具本身也要发生损坏。刀具损坏的形式主要有磨损和破损两类。磨损是逐渐和连续发生的;破损包括脆性破损(如崩刃、碎断、剥落、裂纹破损等)和塑性破损两种。

刀具磨损后,使工件加工精度降低,表面粗糙度增大,并导致切削力加大、切削温度升高,甚至产生振动,不能继续正常切削。因此,刀具磨损直接影响加工效率、质量和成本。

2.4.1 刀具的磨损和破损形式

1. 刀具磨损形式和过程

如图 2-23 所示刀具磨损的形式有以下几种：前刀面磨损、后刀面磨损和边界磨损（前、后刀面同时磨损）。

（1）前刀面磨损　　如图 2-24 所示，前刀面磨损的特点是在前刀面上离切削刃小段距离有一月牙洼，随着磨损的加剧，主要是月牙洼逐渐加深，洼宽变化并不是很大。但当洼宽发展到棱边较窄时，会发生崩刃。磨损程度用洼深 KT 表示。这种磨损一般不多。

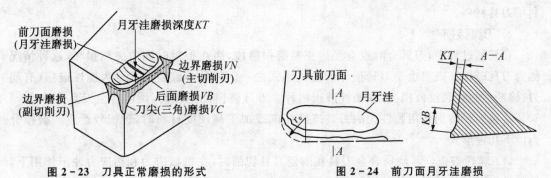

图 2-23　刀具正常磨损的形式　　　　图 2-24　前刀面月牙洼磨损

（2）后刀面磨损　　后刀面磨损的特点是在刀具后刀面上出现与加工表面基本平行的磨损带。如图 2-25，它分为 C,B,N 三个区：C 区是刀尖区，由于散热差，强度低，磨损严重，最大值 VC；B 区处于磨损带中间，磨损均匀，最大磨损量 VB_{max}；N 区处于切削刃与待加工表面的相交处，磨损严重，磨损量以 VN 表示，加工铸件、锻件等外皮粗糙的工件时，这个区域容易磨损。

（3）边界磨损　　边界磨损是前后刀面同时磨损的的形式，如图 2-23 所示。在加工塑性材料金属时，经常会发生这种磨损。

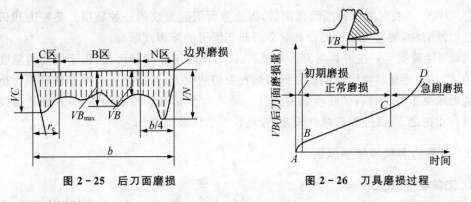

图 2-25　后刀面磨损　　　　　图 2-26　刀具磨损过程

2. 刀具磨损过程

在一定切削条件下，不论何种磨损的形态，其磨损量都将随时间的延长而增大。根据切削实验，可得图 2-26 所示的刀具磨损过程的典型磨损曲线。该图分别以切削时间和后刀

面磨损量 VB（或前刀面月牙洼磨损深度 KT）为横坐标与纵坐标。由图可知，刀具磨损过程可分为 3 个阶段：

AB 段 初期磨损阶段，刀刃锋尖迅速被磨掉，即磨成一个窄面。

BC 段 正常磨损阶段，磨损量随切削时间的延长而近似成比例增加，而磨损速度随时间延长减慢。刀具的使用不应超过这一有效工作阶段的范围。

CD 段 急剧磨损阶段，刀具变钝，切削力增大，切削温度急剧上升，磨损加快，出现振动、噪声，已加工表面质量明显恶化，刀具在使用中应避免进入该阶段。经验表明，在刀具正常磨损阶段的后期、急剧磨损阶段之前，换刀重磨为最好。这样既可保证加工质量又能充分利用刀具材料。

2. 刀具破损

在切削过程中，刀具有时没有经过正常磨损阶段，而在很短时间内突然损坏，这种情况称为刀具破损。破损也是刀具损坏的主要形式之一。刀具的破损形式分为脆性破损（有崩刃、碎断、剥落、裂纹破损等）和塑性破损两种。刀具破损比例较高，硬质合金刀具有 50%～60% 是破损。特别是用脆性大的刀具连续切削或加工高硬度材料时，破损较严重。破损分为以下几种形式

（1）脆性破损 硬质合金刀具和陶瓷刀具切削时，在机械应力和热应力冲击作用下，经常发生以下几种形态的破损：

① 崩刃 切削刃产生小的缺口。在继续切削中，缺口会不断扩大，导致更大的破损。用陶瓷刀具切削及用硬质合金刀具作断续切削时，常发生这种破损。

② 碎断 切削刃发生小块碎裂或大块断裂，不能继续进行切削。用硬质合金刀具和陶瓷刀具作断续切削时，常发生这种破损

③ 剥落 在刀具的前、后刀面上出现剥落碎片，经常与切削刃一起剥落，有时也在离切削刃一小段距离处剥落。陶瓷刀具端铣常发生剥落，硬质合金刀具连续切削也会发生剥落。

④ 裂纹 长时间进行断续切削后，因疲劳而引起裂纹的一种破损。热冲击和机械冲击均会引发裂纹，裂纹不断扩展合并就会引起切削刃的碎裂或断裂。

（2）塑性破损 在刀具前刀面与切屑、后刀面与工件接触面上，由于过高的温度和压力作用，刀具表层材料将因发生塑性流动而丧失切削能力，这就是刀具的塑性破损。抗塑性破损能力取决于刀具材料的硬度和耐热性。硬质合金和陶瓷的耐热性好，一般不易发生这种破损。相比之下，高速钢耐热性较差，较易发生塑性破损。

2.4.2 刀具的磨损和破损原因

1. 刀具磨损原因

刀具正常磨损的原因主要是机械磨损和热、化学磨损。机械磨损是由工件材料中硬质点的刻划作用引起；热磨损是由刀具与工件材料的接触粘结引起；化学磨损是刀具与工件两摩擦面的化学元素互相向对方扩散、腐蚀引起。刀具磨损原因主要有以下几种。

（1）硬质点磨损　　因为工件材料中含有一些碳化物、氮化物、积屑瘤残留物等硬质点杂质，在金属加工过程中，会将刀具表面划伤，造成机械磨损。低速刀具磨损的主要原因是硬质点磨损。

（2）粘结磨损　　加工过程中，切屑与刀具接触面在一定的温度与压力下，产生塑性变形而发生冷焊现象后，刀具表面粘结点被切屑带走而发生的磨损。一般具有较大的抗剪和抗拉强度的刀具抗粘结磨损能力强，如高速钢刀具具有较强的抗粘结磨损能力。

（3）扩散磨损　　由于切削时高温作用，刀具与工件材料中的合金元素相互扩散，而造成刀具磨损。硬质合金刀具和金刚石刀具切削钢件温度较高时，常发生扩散磨损。金刚石刀具不宜加工钢铁材料。一般在刀具表层涂覆 TiC，TiN，Al_2O_3 等，能有效提高抗扩散磨损能力。

（4）氧化磨损　　硬质合金刀具切削温度达到 $700 \sim 800 ℃$ 时，刀具中一些 C，Co，TiC 等被空气氧化，在刀具表层形成一层硬度较低的氧化膜，当氧化膜磨损掉后在刀具表面形成氧化磨损。

（5）相变磨损　　在切削的高温下，刀具金相组织发生改变，引起硬度降低造成的磨损。

总体而言，刀具磨损可能是其中的一种或几种。对一定的刀具和工件材料，起主导作用的是切削温度。在低温区，一般以硬质点磨损为主；在高温区以粘结磨损、扩散磨损、氧化磨损等为主。

2. 刀具破损原因

在断续切削条件下，由于强烈的机械与热冲击，超过刀具材料强度，常引起刀具破损。硬质合金刀具和陶瓷刀具由粉末烧结而成，容易产生破损。在自动化和数控机床上，这个问题尤为突出，需要采取一些措施，如提高韧性、使抗弯强度提高等，防止刀具破损。

断续切削时，在交变机械载荷作用下，降低了刀具材料的疲劳强度，容易引起机械裂纹而破损。此外，由于切削与空行程的变化，刀具表面温度发生周期性变化，容易产生热裂纹，又由于机械力的混和作用易发生破损。

2.4.3　刀具磨钝标准

刀具磨损到一定程度，将不能使用，这个限度称为磨钝标准。一般以刀具表面的磨损量作为衡量刀具磨钝标准。国际标准 ISO 推荐硬质合金车刀刀具寿命试验的磨钝标准，有下列三种选择：

（1）$VB = 0.3$ mm　　刀具后刀面的磨损容易测量，标准规定以 1/2 背吃刀量处后刀面上测量的磨损带宽 VB 作为刀具磨钝标准。

（2）如果主后刀面为无规则磨损，取 $VB\max = 0.6$ mm。

（3）前刀面磨损量 $KT = (0.06 + 0.3 f)$ mm。

实际生产中，考虑到不影响生产，一般根据切削中发生的一些现象来判断刀具是否磨钝。例如是否出现振动与异常噪音等。

2.4.4 刀具使用寿命及其与切削用量的关系

1. 刀具寿命

刃磨后的刀具,从开始切削直到磨损量达到磨钝标准为止所用的总切削时间,称为刀具使用寿命(又称刀具寿命),用 T 表示,单位为分钟。一把新刀往往要经过多次重磨,才会报废,刀具寿命指的是两次刃磨之间所经历的切削时间。如果用刀具寿命乘以刃磨次数,得到的就是刀具总寿命。

2. 刀具使用寿命与切削用量的关系

(1) 刀具使用寿命 T 与切削速度的关系   切削速度对切削温度的影响最大,因而对刀具磨损的影响也最大。通过刀具寿命试验,可以在图 2-27 所示的双对数坐标系中,作出 v_c-T 对数曲线,由图可看出不同的刀具材料,切削速度与刀具寿命的对数成正比关系,进一步通过直线方程求出切削速度与刀具耐用度之间有如下关系式,又称为泰勒公式:

$$v_c T^m = C_0, \qquad (2-11)$$

式中,v_c 为切削速度(m/min),T 为刀具使用寿命(min),m 为指数,表示 v_c-T 之间影响指数,C_0 为与刀具、工件材料和切削条件有关的系数。

泰勒公式(2-11)在图 2-27 中的双对数坐标系中,其图形是直线,C_0 为直线在纵坐标上的截距,m 为直线斜率。耐热性越低的刀具材料,斜率 m 越小,切削速度对刀具使用寿命的影响越大。v_c 稍有提高,使用寿命 T 就会下降很多。如高速钢刀具一般 $m = 0.1 \sim 0.125$,硬质合金刀具一般 $m = 0.2 \sim 0.3$。图中陶瓷刀具的使用寿命曲线的斜率比硬质合金和高速钢的都大。

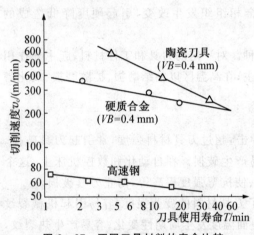

图 2-27 不同刀具材料的寿命比较

(2) 使用寿命 T 与进给量 f 及背吃刀量 a_p 的关系:

$$f T^{m_1} = C_1, \qquad (2-12)$$
$$a_p T^{m_2} = C_2, \qquad (2-13)$$

式中 C_1, C_2, m_1, m_2 为与工件、刀具材料等有关的系数。

(3) 刀具使用寿命 T 与切削用量与关系   刀具寿命经验公式:

$$T = \frac{C_T}{v_c^{\frac{1}{m}} f^{\frac{1}{g}} a_p^{\frac{1}{h}}}, \qquad (2-14)$$

式中 C_T, m, g, h 为与工件、刀具材料等有关的系数。用硬质合金刀具切削碳钢($\sigma_b = 0.763$ Gpa,$f > 0.7$ mm/r)时,有

$$T = \frac{C_T}{v_c^5 f^{2.25} a_p^{0.75}}。 \qquad (2-15)$$

由(2-15)式可知,切削速度 v_c 对刀具寿命的影响最大,进给量 f 的影响次之,背吃刀量 a_p 的影响最小。

2.5 切 削 液

在金属切削过程中,切削液的主要功能是润滑和冷却作用,正确地选择切削液能降低切削区温度,减小刀具磨损,提高刀具寿命,改善工件表面粗糙度,提高加工表面质量,保证工件加工精度,提高生产效率。

2.5.1 切削液的作用机理

切削液主要有以下几方面作用机理。

1. 润滑作用

金属切削时切屑、工件与刀具界面的摩擦可分为干摩擦、流体润滑摩擦和边界润滑摩擦三类。如不用切削液,则形成金属与金属接触的干摩擦,摩擦系数较大。如果在加切削液后,切削、工件与刀面之间形成完全的润滑油膜,金属直接接触面积很小或接近于零,则成为流体润滑。流体润滑时摩擦系数很小。但在很多情况下,由于切屑、工件与刀具界面承受载荷增加,温度升高,流体油膜大部分被破坏,造成部分金属直接接触,如图 2-28 所示;由于润滑液的渗透和吸附作用,部分接触面仍存在着润滑液的吸附膜,起到降低摩擦系数的作用,这种状态称之为边界润滑摩擦。边界润滑摩擦时的摩擦系数大于流体润滑,但小于干摩擦切削。金属切削中的润滑大都属于边界润滑状态。

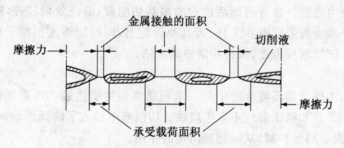

图 2-28　金属间的边界润滑摩擦

在金属切削加工中,大多属于边界润滑摩擦。采用恰当的切削液,能在刀具的前、后刀面与工件之间形成一层润滑膜,可以减少前刀面与切屑,后刀面与已加工表面间的直接接触,减轻摩擦和黏结程度。因而可以减轻刀具的磨损,提高工件表面的加工质量,从而减小切削力和摩擦热,降低刀具与工件摩擦部位的表面温度和刀具磨损,改善工件材料的切削加工性能。在磨削过程中,加入磨削液后,磨削液渗入砂轮磨粒—工件及磨粒—磨屑之间形成润滑膜,使界面间的摩擦减小,防止磨粒切削刃磨损和粘附切屑,从而减小磨削力和摩擦热,提高砂轮耐用度以及工件表面质量。

切削液的润滑性能与其渗透性以及形成吸附膜的牢固程度有关。在切削液添加含硫、氯等元素的极压添加剂后会与金属表面起化学反应，生成化学膜。它可以在高温下（达400～800℃）使边界润滑层保持较好的润滑性能。切削速度对切削液的润滑效果影响最大，一般速度越高，切削液的润滑效果越低。切削液的润滑效果还与切削厚度、材料强度等切削条件有关。切削厚度越大，材料强度越高，润滑效果越差。

2. 冷却作用

切削液的冷却作用通过与刀具（或砂轮）、切屑和工件间的对流和汽化作用把切削热从刀具和工件处带走，从而降低切削温度，减少工件和刀具的热变形，保持刀具硬度，提高加工精度和刀具寿命。切削液的冷却性能和其导热系数、比热、汽化热以及粘度（或流动性）有关。水的导热系数和比热均高于油，因此水的冷却性能要优于油。试验表明，切削液只能缩小刀具与切屑界面的高温区域，并不能降低最高温度，一般的浇注方法主要冷却切屑。切削液如喷注到刀具副后面处，对刀具和工件的冷却效果更好。

切削液的冷却性能取决于它的导热系数、比热容、汽化热、气化速度及流量、流速等。切削热的冷却作用主要靠热传导。因为水的导热系数为油的 3～5 倍，且比热也大一倍，所以水溶液的冷却性能比油好。切削液自身温度对冷却效果影响很大。切削液温度太高，冷却作用小，切削液温度太低，切削液粘度大，冷却效果也不好。

3. 清洗作用

在车、铣、钻、磨削等加工时，切屑、铁粉、磨屑、油污、沙粒等常常黏附在工件、刀具或砂轮的表面及缝隙中，同时沾污机床和工件，使刀具或砂轮的切削刃口变钝，影响到切削效果。需要浇注和喷射切削液来清洗机床上的切屑和杂物，并将切屑和杂物带走。防止机床和工件、刀具的沾污，使刀具或砂轮的切削刃口保持锋利，以获得正常的切削效果。油基切削油，粘度越低，清洗能力越强。含有表面活性剂的水基切削液，清洗效果较好，能在表面上形成吸附膜，阻止粒子和油泥等粘附在工件、刀具及砂轮上，同时能渗入到粒子和油泥粘附的界面上并使之分离，随切削液带走，保持切削液的清洁。

4. 防锈作用

切削加工中，工件要和环境介质中的一系列腐蚀性物质接触。这需要切削液具有一定的防锈能力，保护工件和机床部件不发生腐蚀。切削液中加入了防锈添加剂，能与金属表面起化学反应而生成一层保护膜，从而起到防锈的作用。

5. 其他作用

除了以上 4 种作用外，所使用的切削液应具备良好的稳定性，在贮存和使用中不产生沉淀或分层、析油等现象。对细菌和霉菌有一定抵抗性，不易发臭、变质；对人体和环境安全，无刺激性气味，便于回收。

2.5.2　切削液的添加剂

为了改善切削液性能所加入的化学物质，称为添加剂。主要有油性添加剂、极压添加剂、表面活性剂等。

1. 油性添加剂

含有极性分子,能与金属表面形成牢固的吸附膜,主要起润滑作用。但这种吸附膜只能在较低温度下起较好的润滑作用,故多用于低速精加工的情况。油性添加剂有动植物油(如豆油、菜籽油、猪油等),脂肪酸、胺类、醇类及脂类。

2. 极压添加剂

常用的极压添加剂是含硫、磷、氯、碘等的有机化合物。这些化合物在高温下与金属表面起化学反应,形成化学润滑膜。它比物理吸附膜能耐较高的温度。

用硫可直接配制成硫化切削油,或在矿物油中加入含硫的添加剂,如硫化动植物油、硫化烯烃等配制成含硫的极压切削油。这种含硫极压切削油使用时与金属表面化合,形成的硫化铁膜在高温下不易被破坏;切削钢时在 1000℃ 左右仍能保持其润滑性能。但其摩擦系数比氯化铁的大。

含氯极压添加剂有氯化石蜡(含氯量为 40%~50%)、氯化脂肪酸等。它们与金属表面起化学反应生成氯化亚铁、氯化铁和氯氧化铁薄膜。这些化合物的剪切强度和摩擦系数小,但在 300~400℃ 时易被破坏,遇水易分解成氢氧化铁和盐酸,失去润滑作用,同时对金属有腐蚀作用,必须与防锈添加剂一起使用。

含硫极压添加剂与金属表面作用生成磷酸铁膜,它的摩擦系数较小。

为了得到性能良好的切削液,按实际需要常在一种切削液中加入几种极压添加剂。

3. 表面活性剂

表面活性剂是一种有机化合物,它使矿物油微小颗粒稳定分散在水中,形成稳定的水包油乳化液。表面活性剂的分子由极性基团和非极性基团两部分组成。前者亲水,可溶于水;后者亲油,可溶于油。油和水本来是互不相溶的,加入表面活性剂后,它能定向地排列并吸附在油水两极界面上,极性端向水,非极性端向油,把油和水联系起来,降低油-水的界面张力,使油以微小的颗粒稳定地分散在水中,形成稳定水包油乳化液,如图 2-29 所示。金属切削时应用的就是这种水包油的乳化液。

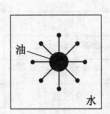

图 2-29 水包油乳化液示意图

表面活性剂在乳化液中,除了起乳化作用以外,还能吸附在金属表面上形成润滑膜起润滑作用。

表面活性剂种类很多,配制乳化液时,应用最广泛的是阴离子型和非离子型。前者如石油磺酸钠、油酸钠皂等,其乳化性能好,并有一定的清洗和润滑性能。后者如聚氯乙烯、脂肪、醇、醚等,它不怕硬水,也不受 PH 值的限制。良好乳化液往往使用几种表面活性剂,有时还加入适量的乳化稳定剂,如乙醇、正丁醇等。

2.5.3 切削液的分类与使用

1. 切削液的分类

切削液可分为水溶性和非水溶性两大类。

（1）水溶液　　水溶液的主要成分是水，具有良好的防锈性能和一定的润滑性能，常加入一定的添加剂（如亚硝酸钠、硅酸钠等）。常用的水溶液有电介质水溶液和表面活性水溶液。电介质水溶液是在水中加入电介质作为防锈剂；表面活性水溶液是加入皂类等表面活性物质，增强水溶液的润滑作用。

（2）切削油　　以矿物油为主要成分，少量为动植物油或混合油，加入各类油性添加剂和极压添加剂，以提高其润滑效果。润滑作用良好，而冷却作用小，多用以减小摩擦，常用于精加工工序，如精刨、珩磨和超精加工等常使用煤油作切削液，而攻螺纹、精车丝杠可用菜油之类的植物油等。切削油的组成见表2-2，水溶液和切削油使用性能对比见表2-3。

表2-2　切削油的组成

基础油	矿物油：煤油、柴油机油、全损耗系统用油 合成油：聚烯烃油、双酯
油性剂	脂肪油：豆油、菜籽油、猪油、鲸油、羊毛脂等 脂肪酸：油酸、棕榈酸等 脂类：脂肪酸酯 高级醇：十八烯醇、十八烷醇等
极压添加剂	氯系：氯化石蜡、氯化脂肪酸酯等 硫系：硫化脂肪油、硫化烯烃、聚硫化合物 磷系：二烷基二硫化代磷酸锌、磷酸三甲酚酯、磷酸三乙酯等 有机金属化合物：有机钼、有机硼等
防锈剂	石油磺酸盐、十二烯基丁二酸等
铜合金防蚀剂	苯并三氮唑、疏基苯并塞唑
抗氧化剂	二叔丁基对甲酚、胺系
消泡剂	二甲基硅油
降凝剂	氯化石蜡与萘的缩合物、聚烷基丙烯西酸酯等

表2-3　水溶液和切削油使用性能对比

性　　能		切削油	水溶液
切削性能	刀具寿命	好	差
	尺寸精度	好	差
	表面粗糙度	好	差
操作性能	机床、工件的锈蚀	好	差
	油漆的剥落	好	差
	切屑的分离、去除	差	好
	冒烟、起火	差	好

性　　能		切削油	水溶液
操作性能	对皮肤的刺激	差	好
	操作环境卫生	差	好
	长霉、腐败、变质	好	差
	使用液维护	好	差
	废液处理	好	差
经济性	切削液费用	差	好
	切削液管理费用	好	差
	废液处理费用	好	差
	机床维护保养费用	好	差

（3）乳化液　　乳化液是用乳化油加 $70\%\sim98\%$ 的水稀释而成的乳白色或半透明状液体，由切削油加乳化剂制成。乳化液具有良好的冷却和润滑性能。乳化液的稀释程度根据用途而定。浓度高润滑效果好，但冷却效果差；反之，冷却效果好，润滑效果差。低浓度的乳化液用于粗车、磨削；高浓度的乳化液用于精车、精铣、精镗、拉削等。

2. 切削液的使用

切削液的效果除由本身的性能决定外，还与工件材料、刀具材料、加工方法等因素有关，应综合考虑，合理选择切削液，以达到良好的效果。切削液的选用应遵循以下原则：

（1）粗加工　　粗加工时，切削用量大，产生的切削热量多，容易使刀具迅速磨损。此类加工一般采用冷却作用为主的切削液。切削速度较低时，刀具以机械磨损为主，宜选用润滑性能为主的切削液；速度较高时，刀具主要是热磨损，应选用冷却为主的切削液。

硬质合金刀具耐热性好，热裂敏感，可以不用切削液。如采用切削液，必须连续、充分浇注，以免冷热不均产生热裂纹而损伤刀具。

（2）精加工　　精加工时，切削液的主要作用是提高工件表面加工质量和加工精度。

加工一般钢件，在较低的速度（$6.0\sim30$ m/min）情况下，宜选用极压切削油或 $10\%\sim12\%$ 极压乳化液，以减小刀具与工件之间的摩擦和粘结，抑制积屑瘤。

（3）难加工材料的切削　　难加工材料硬质点多，热导率低，切削液不易散出，刀具磨损较快。此类加工一般处于高温高压的边界润滑摩擦状态，应选用润滑性能好的极压切削油或高浓度的极压乳化液。当用硬质合金刀具高速切削时，可选用冷却作用为主的低浓度乳化液。常用切削液的选用可见表 2-4。

表 2－4　常用切削液选用表

加工类型		工件材料					
		碳钢	合金钢	不锈钢及耐热钢	铸铁及黄铜	青铜	铝及合金
车、铣、镗孔	粗加工	3%～5%乳化液	1. 5%～15%乳化液 2. 5%石墨或硫化乳化液 3. 5%氯化石蜡油制乳化液	1. 10%～30%乳化液 2. 10%硫化乳化液	1. 一般不用 2. 3%～5%乳化液	一般不用	1. 一般不用 2. 中性或含有游离酸小于 4 mg 的弱性乳化液
	精加工	1. 石墨化或硫化乳化液 2. 5%乳化液(高速时) 3. 10%～15%乳化液(低速时)		1. 氧化煤油 2. 煤油 75%、油酸或植物油 25% 3. 煤油 60%、松节油 20%、油酸 20%	黄铜一般不用,铸铁用煤油	7%～10%乳化液	1. 煤油 2. 松节油 3. 煤油与矿物油的混合物
切断及切槽		1. 15%～20%乳化液 2. 硫化乳化液 3. 活性矿物油 4. 硫化油		1. 氧化煤油 2. 煤油 75%、油酸或植物油 25% 3. 硫化油 85%～87%、油酸或植物油 13%～15%	1. 7%～10%乳化液 2. 硫化乳化液		
钻孔及镗孔		1. 7%硫化乳化液 2. 硫化切削油		1. 3%肥皂＋2%亚麻油(不锈钢钻孔) 2. 硫化切削油(不锈钢镗孔)	1. 一般不用 2. 煤油(用于铸铁) 3. 菜油(用于黄铜)	1. 7%～10%乳化液 2. 硫化乳化液	1. 一般不用 2. 煤油 3. 煤油与菜油的混合油
铰孔		1. 硫化乳化液 2. 10%～15%极压化液 3. 硫化油与煤油混合液(中速)		1. 10%乳化液或硫化切削油 2. 含硫氯磷切削油		1. 2号锭子油 2. 2号锭子油与蓖麻油的混合物 3. 煤油和菜油的混合物	
车螺纹		1. 硫化乳化液 2. 氧化煤油 3. 煤油 75%、油酸或植物油 25% 4. 硫化切削油 5. 变压器油 70%,氯化石蜡 30%		1. 氧化煤油 2. 硫化切削油 3. 煤油 60%、松节油 20%、油酸 20% 4. 硫化油 60%、煤油 25%、油酸 15% 5. 四氯化碳 90%、猪油或菜油 10%	1. 一般不用 2. 煤油(铸铁) 3. 菜油(黄铜)	1. 一般不用 2. 菜油	1. 硫化油 30%、煤油 15%、2号或3号锭子油 55% 2. 硫化油 30%、煤油 15%、油酸 30%、2号或3号锭子油 25%
滚齿插齿		1. 20%～25%极压乳化液 2. 含硫(或氯、磷)的切削油			1. 煤油(铸铁) 2. 菜油(黄铜)	1. 10%～15%极压乳化液 2. 含氯切削油	1. 10%～15%极压乳化液 2. 煤油

加工类型	工件材料					
	碳钢	合金钢	不锈钢及耐热钢	铸铁及黄铜	青铜	铝及合金
磨削	1. 电解水溶液 2. 3%～5%乳化液 3. 豆油＋硫磺粉			3%～5%乳化液		磺化蓖麻油1.5%、浓度30%～40%的氢氧化钠,加至微碱性,煤油%,其余为水

3. 切削液的使用方法

普通使用的方法是浇注法,但流速慢、压力低,难于直接渗透入最高温度区,影响切削液效果。喷雾冷却法是以 0.3～0.6 MPa 的压缩空气,通过图 2-30 所示的喷雾装置使切削液雾化,从直径 1.5～3 mm 的喷嘴,高速喷射到切削区。高速气流带着雾化成微小液滴的切削液,渗透到切削区,在高温下迅速气化,吸收大量热,从而获得良好的冷却效果。

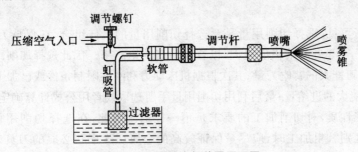

图 2-30　喷雾冷却装置原理图

2.6　切削用量的选择

2.6.1　选择切削用量的原则

选择切削用量是切削加工中十分重要的环节,选择合理的切削用量必须联系合理的刀具寿命。切削用量的选择是在已经选择好刀具材料和几何角度的基础上,合理地确定背吃刀量 a_p、进给量 f 和切削速度 v_c。所谓合理的切削用量是指充分利用刀具的切削性能和机床性能,在保证加工质量的前提下,获得高的生产率和低的加工成本的切削用量。

外圆纵车时,按切削工时 t_m 计算的生产率 P 为

$$P = \frac{1}{t_m}。 \tag{2-16}$$

而

$$t_m = \frac{L_w \Delta}{n_w a_p f} = \frac{\pi d_w L_w \Delta}{10 v_c a_p F} \tag{2-17}$$

式中 d_w 为车削前的毛坯直径(mm)，L_w 为工件切削部分长度(mm)，Δ 为加工余量(mm)，n_w 为工件转速(r/min)。

由于 d_w，L_w，Δ 均为常数，令 $1000/(\pi d_w L_w \Delta) = A_0$，则

$$p = A_0 v_c f a_p 。 \qquad (2-18)$$

由(2-18)式可知，切削用量三要素同生产率均保持线性关系，即提高切削速度、增大进给量和背吃刀量，都能提高劳动生产率。

利用(2-17)式可知，选用一定的切削条件进行计算，可以得到如下的结果：

(1) f 保持不变，a_p 增至 $3a_p$，如仍保持刀具合理的寿命，则 v_c 必须降低 15%，此时生产率 $P3a_p \approx 2.6P$，即生产率提高至 2.6 倍。

(2) a_p 保持不变，f 增至 $3f$，如仍保持刀具合理的寿命，则 v_c 必须降 32%，此时生产率 $P3f \approx 2P$，即生产率提高至 2 倍。由此可见，增大 a_p 比增大 f 更有利于提高生产率。

(3) 切削速度高过一定的临界值时，生产率反而会降低。a_p 增大至某一数值时，因受加工余量的限制而成为常值时，进给量 f 不变，把切削速度 v_c 增至 $3v_c$ 时，$P3v_c \approx 0.13P$，生产率大为降低。

由上述分析可见，选择切削用量是要选择切削用量的最佳组合，在保持刀具合理寿命的前提下，使 a_p，f，v_c 3 者的乘积值最大，以获得最高的生产率。因此选择切削用量的基本原则是：首先选取尽可能大的背吃刀量；其次根据机床动力和刚性限制条件或已加工表面粗糙度的要求，选取尽可能大的进给量；最后利用切削用量手册选取或者用公式计算确定切削速度。

不同的加工性质，对切削加工的要求是不一样的。因此，在选择切削用量时，考虑的侧重点也应有所区别。粗加工时，应尽量保证较高的金属切除率和必要的刀具寿命，故一般优先选择尽可能大的背吃刀量 a_p，其次选择较大的进给量 f，最后根据刀具耐用度要求，确定合适的切削速度。精加工时，首先应保证工件的加工精度和表面质量要求，故一般选用较小的进给量 f 和背吃刀量 a_p，而尽可能选用较高的切削速度 v_c。

1. 背吃刀量 a_p 的选择原则

背吃刀量应根据工件的加工余量来确定。粗加工时，除留下精加工余量外，一次走刀应尽可能切除全部余量。当加工余量过大，工艺系统刚度较低，机床功率不足，刀具强度不够或断续切削的冲击振动较大时，可分多次走刀。切削表面层有硬皮的铸锻件时，应尽量使 a_p 大于硬皮层的厚度，以保护刀尖。半精加工和精加工的加工余量一般较小时，可一次切除，但有时为了保证工件的加工精度和表面质量，也可采用二次走刀。多次走刀时，应尽量将第一次走刀的背吃刀量取大些，一般为总加工余量的 2/3~3/4。

在中等功率的机床上、粗加工时的背吃刀量可达 $8\sim10$ mm，半径加工(表面粗糙度为 $Ra6.3\sim3.2~\mu m$)时，背吃刀量取为 $0.5\sim2$ mm，精加工(表面粗糙度为 $Ra1.6\sim0.8~\mu m$)时，背吃刀量取为 $0.1\sim0.4$ mm。

2. 进给量 f 的选择原则

背吃刀量选定后，接着就应尽可能选用较大的进给量 f。粗加工时，由于作用在工艺系统上的切削力较大，进给量的选取受到下列因素限制：机床—刀具—工件系统的刚度，机床

进给机构的强度,机床有效功率与转矩,以及断续切削时刀片的强度。半精加工和精加工时,最大进给量主要受工件加工表面粗糙度的限制。

3. 切削速度 v_c 的选择原则

在 a_p 和 f 选定以后,可在保证刀具合理耐用度的条件下,用计算的方法或用查表法确定切削速度 v_c 的值。在具体确定 v_c 值时,一般应遵循下述原则:

(1) 粗车时,背吃刀量和进给量均较大,故选择较低的切削速度;精车时,则选择较高的切削速度。

(2) 工件材料的加工性能较差时,应选较低的切削速度。故加工灰铸铁的切削速度应较加工中碳钢低,而加工铝合金和铜合金的切削速度则较加工钢高得多。

(3) 刀具材料的切削性能越好时,切削速度也可选得越高。因此,硬质合金刀具的切削速度可选得比高速钢高度好几倍,而涂层硬质合金、陶瓷、金刚石个立方氧化硼刀具的切削速度又可选得比硬质合金刀具高许多。

此外,在确定精加工、半精加工的切削速度时,应注意避开积屑瘤和鳞刺产生的区域;在易发生振动的情况下,切削速度应避开自激震动的临界速度,在加工带硬皮的铸锻件时,加工大件、细长件和薄壁件时,以及断续切削时,应选用较低的切削速度。

总之,切削用量选择的基本原则是:粗加工时在保证合理的刀具寿命的前提下,首先选尽可能大的背吃刀量 a_p,其次选尽可能大的进给量 f,最后选取适当的切削速度 v_c;精加工时,主要考虑加工质量,常选用较小的背吃刀量和进给量,较高的切削速度,只有在受到刀具等工艺条件限制不宜采用高速切削时才选用较低的切削速度。

2.6.2 背吃刀量的选择

背吃刀量的选择根据加工余量确定。切削加工一般分为粗加工、半精加工和精加工多道工序,各工序有不同的选择方法。

(1) 粗加工时(表面粗糙度 $Ra50 \sim 12.5\ \mu m$),在允许的条件下,尽量一次切除该工序的全部余量。中等功率机床,背吃刀量可达 $8 \sim 10\ mm$。但对于加工余量大,一次走刀会造成机床功率或刀具强度不够;或加工余量不均匀,引起振动;或刀具受冲击严重出现打刀这几种情况,需要采用多次走刀。如分两次走刀,则第一次背吃刀量尽量取大,一般为加工余量的 $2/3 \sim 3/4$ 左右。第二次背吃刀量尽量取小些,第二次背吃刀量可取加工余量的 $1/3 \sim 1/4$ 左右。

(2) 半精加工时(表面粗糙度 $Ra6.3 \sim 3.2\ \mu m$),背吃刀量一般为 $0.5 \sim 2\ mm$。

(3) 精加工时(表面粗糙度 $Ra1.6 \sim 0.8\ \mu m$),背吃刀量为 $0.1 \sim 0.4\ mm$。

2.6.3 进给量的选择

粗加工时,进给量主要考虑工艺系统所能承受的最大进给量,如机床进给机构的强度,刀具强度与刚度,工件的装夹刚度等。精加工和半精加工时,最大进给量主要考虑加工精度和表面粗糙度。另外还要考虑工件材料,刀尖圆弧半径、切削速度等。如当刀尖圆弧半径增大,切削速度提高时,可以选择较大的进给量。

在生产实际中,进给量常根据经验选取。粗加工时,根据工件材料、车刀刀杆直径、工件直径和背吃刀量按表 2-5 进行选取,表中数据是经验所得,其中包含了刀杆的强度和刚度,

表 2-5　硬质合金车刀粗车外圆及端面的进给量参考值

工件材料	车刀刀杆尺寸 /mm	工件直径 /mm	背 吃 刀 量 a_p/mm				
			≤3	>3~5	>5~8	>8~12	>12
			进给量 f/(mm/r)				
碳素结构钢、合金结构钢耐热钢	16×25	20	0.3~0.4	—	—	—	—
		40	0.4~0.5	0.3~0.4	—	—	—
		60	0.5~0.7	0.4~0.6	0.3~0.5	—	—
		100	0.6~0.9	0.5~0.7	0.5~0.6	0.4~0.5	—
		400	0.8~1.2	0.7~1.0	0.6~0.8	0.5~0.6	—
	20×30 25×25	20	0.3~0.4	—	—	—	—
		40	0.4~0.5	0.3~0.4	—	—	—
		60	0.5~0.7	0.5~0.7	0.4~0.6	—	—
		100	0.8~1.0	0.7~0.9	0.5~0.7	0.4~0.7	—
		400	1.2~1.4	1.0~1.2	0.8~1.0	0.6~0.9	0.4~0.6
铸铁及合金钢	16×25	40	0.4~0.5	—	—	—	—
		60	0.6~0.8	0.5~0.8	0.4~0.6	—	—
		100	0.8~1.2	0.7~1.0	0.6~0.8	0.5~0.7	—
		400	1.0~1.4	1.0~1.2	0.8~1.0	0.6~0.8	—
	20×30 25×25	40	0.4~0.5	—	—	—	—
		60	0.6~0.9	0.5~0.8	0.4~0.7	—	—
		100	0.9~1.3	0.8~1.2	0.7~1.0	0.5~0.78	—
		400	1.2~1.8	1.2~1.6	1.0~1.3	0.9~1.0	0.7~0.9

工件的刚度等工艺系统因素。从表 2.5 可以看到,在背吃刀量一定时,进给量随着刀杆尺寸和工件尺寸的增大而增大。加工铸铁时,切削力比加工钢件时小,所以铸铁可以选取较大的进给量。精加工与半精加工时,可根据加工表面粗糙度要求按表 2-6 选取,同时考虑切削速度和刀尖圆弧半径因素,同时要对所选进给量参数进行强度校核,最后根据机床说明书确定。

表 2-6　按表面粗糙度选择进给量的参考值

工件材料	表面粗糙度 /μm	切削速度范围 /(m/min)	刀尖圆弧半径 $r_ε$/mm		
			0.5	1.0	2.0
			进给量 f/(mm/r)		
铸铁、青铜、铝合金	$Ra10~5$	不限	0.25~0.40	0.40~0.50	0.50~0.60
	$Ra5~2.5$		0.15~0.25	0.25~0.40	0.40~0.60
	$Ra2.5~1.25$		0.10~0.15	0.15~0.20	0.20~0.35

工件材料	表面粗糙度 /μm	切削速度范围 /(m/min)	刀尖圆弧半径 r_{ε}/mm		
			0.5	1.0	2.0
			进给量 f/(mm/r)		
碳钢及合金钢	$Ra10\sim5$	<50	0.30～0.50	0.45～0.60	0.55～0.70
		>50	0.40～0.55	0.55～0.65	0.65～0.70
	$Ra5\sim2.5$	<50	0.18～0.25	0.25～0.30	0.30～0.40
		>50	0.25～0.30	0.30～0.35	0.35～0.50
	$Ra2.5\sim1.25$	<50	0.10	0.11～0.15	0.15～0.22
		50～100	0.11～0.16	0.16～0.20	0.25～0.35
		>100	0.16～0.20	0.20～0.25	0.25～0.35

2.6.4　切削速度的确定

确定了背吃刀量 a_{p},进给量 f 和刀具耐用度 T,则可以按下面公式计算或由表确定切削速度 v_{c} 和机床转速 n:

$$v_{\text{c}} = \frac{C_{\text{v}}}{60T^m a_{\text{p}}^{x_{\text{v}}} f^{y_{\text{v}}}} k_{\text{v}},\qquad (2-19)$$

公式中各指数和系数可以由表 2-7 选取,修正系数 k_{v} 为一系列修正系数乘积,各修正系数可以通过表 2-8 选取。此外,切削速度速度也可通过表 2-9 得出。

半精加工和精加工时,切削速度 v_{c},主要受刀具耐用度和已加工表面质量限制,在选取切削速度 v_{c} 时,要尽可能避开积屑瘤的速度范围。

表 2-7　车削速度计算式中的系数与指数

工件材料	刀具材料	进给量 f/(mm/r)	系数与指数值			
			C_{v}	x_{v}	y_{v}	m
外圆纵车碳素结构钢	YT15 （干切）	$f \leqslant 0.3$	291	0.15	0.20	0.2
		$f \leqslant 0.7$	242	0.15	0.35	0.2
		$f > 0.7$	235	0.15	0.45	0.2
	W18Cr4V （加切削液）	$f \leqslant 0.25$	67.2	0.25	0.33	0.125
		$f > 0.25$	43	0.25	0.66	0.125
外圆纵车灰铸铁	YG6 （干切）	$f \leqslant 0.4$	189.8	0.15	0.20	0.2
		$f > 0.4$	158	0.15	0.40	0.2
	W18Cr4V （干切）	$f \leqslant 0.25$	24	0.15	0.30	0.1
		$f > 0.25$	22.7	0.15	0.40	0.1

表 2-8 车削速度计算修正系数

<table>
<tr>
<td rowspan="2">工件材料
K_{MV_c}</td>
<td colspan="5">加工钢：硬质合金 $K_{MV_c} = 0.637/\sigma_b$ 高速钢 $K_{MV_c} = c_M(0.637/\sigma_b)$
$c_M = 1.0$；$n_{v_c} = 1.75$；当 $\sigma_b \leqslant 0.441$ GPa 时，$n_c = -1.0$</td>
</tr>
<tr>
<td colspan="5">加工灰铸铁：硬质合金 $K_{MV_c} = (190/HBS)^{1.25}$ 高速钢 $K_{MV_c} = (190/HBS)^{1.7}$</td>
</tr>
<tr>
<td rowspan="3">毛坯状况
K_{SV_c}</td>
<td rowspan="2">无外皮</td>
<td rowspan="2">棒料</td>
<td rowspan="2">锻件</td>
<td colspan="2">铸钢、铸铁</td>
<td rowspan="2">Cu—Al
合金</td>
</tr>
<tr>
<td>一般</td>
<td>带砂皮</td>
</tr>
<tr>
<td>1.0</td>
<td>0.9</td>
<td>0.8</td>
<td>0.8—0.85</td>
<td>0.5—0.6</td>
<td>0.9</td>
</tr>
<tr>
<td rowspan="4">刀具材料
K_{TV_c}</td>
<td rowspan="2">钢</td>
<td>YT5</td>
<td>YT14</td>
<td>YT15</td>
<td>YT30</td>
<td>YG8</td>
</tr>
<tr>
<td>0.65</td>
<td>0.8</td>
<td>1</td>
<td>1.4</td>
<td>0.4</td>
</tr>
<tr>
<td rowspan="2">钢</td>
<td colspan="2">YG8</td>
<td colspan="2">YG6</td>
<td>YG2</td>
</tr>
<tr>
<td colspan="2">0.83</td>
<td colspan="2">1.0</td>
<td>1.15</td>
</tr>
<tr>
<td rowspan="3">主偏角 K_{krv_c}</td>
<td>k_r</td>
<td>30°</td>
<td>45°</td>
<td>60°</td>
<td>75°</td>
<td>90°</td>
</tr>
<tr>
<td>钢</td>
<td>1.13</td>
<td>1</td>
<td>0.92</td>
<td>0.86</td>
<td>0.81</td>
</tr>
<tr>
<td>灰铸铁</td>
<td>1.2</td>
<td>1</td>
<td>0.88</td>
<td>0.83</td>
<td>0.73</td>
</tr>
<tr>
<td rowspan="2">副偏角 K'_{krv_c}</td>
<td>k'_r</td>
<td>30°</td>
<td>30°</td>
<td>30°</td>
<td>30°</td>
<td>30°</td>
</tr>
<tr>
<td>K'_{krv_c}</td>
<td>1</td>
<td>0.97</td>
<td>0.94</td>
<td>0.91</td>
<td>0.87</td>
</tr>
<tr>
<td rowspan="2">刀尖半径
$K_{r_\varepsilon v_c}$</td>
<td>r_ε</td>
<td>1 mm</td>
<td colspan="2">2</td>
<td colspan="2">3</td>
<td>4</td>
</tr>
<tr>
<td>$K_{r_\varepsilon v_c}$</td>
<td>0.94</td>
<td colspan="2">1.0</td>
<td colspan="2">1.03</td>
<td>1.13</td>
</tr>
<tr>
<td rowspan="2">刀杆尺寸
K_{BV_c}</td>
<td>$B \times H$</td>
<td>12×20
16×16</td>
<td>16×25
20×20</td>
<td>20×30
25×25</td>
<td>25×40
×30×30</td>
<td>30×45
40×40</td>
<td>40×60</td>
</tr>
<tr>
<td>K_{BV_c}</td>
<td>0.93</td>
<td>0.97</td>
<td>1</td>
<td>1.04</td>
<td>1.08</td>
<td>1.12</td>
</tr>
</table>

表 2 - 9 车削加工常用钢材的切削速度参考数值

加工材料		硬度 HBS	背吃刀量 a_p/mm	高速钢刀具 v/(m/min)	高速钢刀具 f/(mm/r)	硬质合金刀具 未涂层 焊接式	未涂层 可接位	未涂层 f/(mm/r)	涂层 材料	涂层 v/(m/min)	涂层 f/(mm/r)	陶瓷（超硬材料）刀具 v/(m/min)	陶瓷 f/(mm/r)	说明
易切削钢	低碳	100~200	1	55~90	0.18~0.2	185~240	220~275	0.18	TY15	320~410	0.18	550~700	0.13	切削条件较好时可用冷压 Al_2O_3 陶瓷，切削条件较差时宜用 Al_2O_3 + TiC 热压混合陶瓷
			4	41~70	0.40	135~185	160~215	0.50	TY14	215~275	0.40	425~580	0.25	
			8	34~55	0.50	110~145	130~170	0.75	TY5	170~220	0.50	335~490	0.40	
中碳钢		175~225	1	52	0.2	165	200	0.18	TY15	305	0.18	520	0.13	
			4	40	0.40	125	150	0.50	TY14	200	0.40	395	0.25	
			8	30	0.50	100	120	0.75	TY5	160	0.50	305	0.40	
碳钢	低碳	125~225	1	43~46	0.18	140~150	170~195	0.18	TY15	260~290	0.18	520~580	0.13	
			4	34~33	0.40	115~125	135~150	0.50	TY14	170~190	0.40	365~425	0.25	
			8	27~30	0.50	88~100	105~120	0.75	TY5	135~150	0.50	275~365	0.40	
碳钢	中碳	175~275	1	34~40	0.18	115~130	150~160	0.18	TY15	220~240	0.18	460~520	0.13	
			4	23~30	0.40	90~100	115~125	0.50	TY14	145~160	0.40	290~350	0.25	
			8	20~26	0.50	70~78	90~100	0.75	TY5	115~125	0.50	200~260	0.40	
碳钢	高碳	175~275	1	30~37	0.18	115~130	140~155	0.18	TY15	215~230	0.18	460~520	0.13	
			4	24~27	0.40	88~95	105~120	0.50	TY14	145~150	0.40	275~335	0.25	
			8	18~21	0.50	69~76	84~95	0.75	TY5	115~120	0.50	185~245	0.40	
合金钢	低碳	125~225	1	41~46	0.18	135~150	170~185	0.18	TY15	220~235	0.18	520~580	0.13	
			4	32~37	0.40	105~120	135~145	0.40~0.50	TY14	175~190	0.40	365~395	0.25	
			8	24~27	0.50	84~95	105~115	0.50~0.75	TY5	135~145	0.50	275~335	0.40	
合金钢	中碳	175~275	1	34~41	0.18	105~115	130~150	0.18	TY15	175~200	0.18	460~520	0.13	
			4	26~32	0.40	85~90	105~120	0.50	TY14	135~160	0.40	280~360	0.25	
			8	20~24	0.50	67~73	82~95	0.75	TY5	105~120	0.50	220~265	0.40	
合金钢	高碳	175~275	1	30~37	0.18	105~115	135~145	0.18	TY15	175~190	0.18	460~520	0.13	
			4	24~27	0.40	84~90	105~115	0.50	TY14	135~150	0.40	275~335	0.25	
			8	18~21	0.50	66~72	82~90	0.75	TY5	105~120	0.50	215~245	0.40	
高强度钢		225~350	1	20~26	0.18	90~105	115~135	0.18	TY15	150~185	0.18	380~440	0.13	>300HBS 时宜用 W12Cr4V5Co5 及 W2MoCr4VCo8
			4	15~20	0.40	69~84	90~105	0.40	TY14	120~135	0.40	205~265	0.25	
			8	12~15	0.50	53~66	69~84	0.50	TY5	90~105	0.50	145~205	0.40	

2.7 磨削原理

磨削通常用于精加工,加工精度可达 IT5~IT6,表面粗糙度可小至 $Ra1.25~0.01\ \mu m$,镜面磨削时可达 $Ra0.04~0.01\ \mu m$。磨削常用于淬硬钢、耐热钢及特殊合金材料等坚硬材料。磨削的加工余量可以很小,在毛坯预加工工序如模锻、模冲压、精密铸造的精确度日益提高的情况下,磨削是直接提高工件精度的一个重要的加工方法。由被磨削工件和磨具在相对运动关系上的不同组合,可以产生各种不同的磨削方式。由于各种各样的机械产品越来越多地采用成形表面,成形磨削和仿形磨削得到了越来越广泛的应用。磨削时,由于所采用的"刀具"(磨具)与一般金属切削所采用的刀具不同,且切削速度很高,因而磨削机理和切削机理就有很大的不同。

2.7.1 砂轮的特性

砂轮是磨削加工中最主要的一类磨具。砂轮是在磨料中加入结合剂,经压坯、干燥和焙烧而制成的多孔体。由于磨料、结合剂及制造工艺不同,砂轮的特性差别很大,因此对磨削的加工质量、生产率和经济性有着重要影响。砂轮的特性主要是由磨料、粒度、结合剂、硬度、组织、形状和尺寸等因素决定。

1. 磨料

磨料是砂轮的主要组成部分,它具有很高的硬度、耐磨性、耐热性和一定的韧性,以承受磨削时的切削热和切削力,同时还应具备锋利的尖角,以利磨削金属。常用的磨料有氧化物系、碳化物系和高硬磨料系三类。氧化物系磨料主要成分是三氧化二铝;碳化物系磨料通常以碳化硅、碳化硼等为机体;高硬磨料系中主要有人造金刚石和立方氮化硼(CBN)。常用磨料代号、特点及应用范围见表 2-10。

表 2-10 常用磨料代号、特性及适用范围

系别	名 称	代号	主要成分	显微硬度 (HV)	颜 色	特 性	适用范围
氧化物系	棕刚玉	A	AL_2O_3 91%~96%	2200~2288	棕褐色	硬度高,韧性好,价格便宜	磨削碳钢、合金钢、可锻铸铁、硬青铜
	白钢玉	WA	AL_2O_3 97%~99%	2200~2300	白色	硬度高于棕刚玉,磨粒锋利,韧性差	磨削淬硬的碳钢、高速钢
碳化物系	黑碳化硅	C	SiC >95%	2840~3320	黑色带光泽	硬度高于钢玉,性脆而锋利,有良好的导热性和导电性	磨削铸铁、黄铜、铝及非金属
	绿碳化硅	GC	SiC >99%	3280~3400	绿色带光泽	硬度和脆性高于黑碳化硅,有良好的导电性和导热性	磨削硬质合金、宝石、陶瓷、光学玻璃、不锈钢

系别	名 称	代号	主要成分	显微硬度（HV）	颜 色	特 性	适用范围
高硬磨料	立方氮化硼	CBN	立方氮化硼	8000～9000	黑色	硬度仅次于金刚石，耐磨性和导电性好，发热量小	磨削硬质合金、不锈钢、高合金钢等难加工材料
	人造金刚石	MBD	碳结晶体	10000	乳白色	硬度极高，韧性很差，价格昂贵	磨削硬质合金、宝石、陶瓷等高硬度材料

2. 粒度

粒度是指磨料颗粒尺寸的大小。粒度分为磨粒和微粉两类。对于颗粒尺寸大于 40 μm 的磨料，称为磨粒。用筛选法分级，粒度号以磨粒通过的筛网上每英寸长度内的孔眼数来表示。如 60♯ 的磨粒表示其大小刚好能通过每英寸长度上有 60 孔眼的筛网。对于颗粒尺寸小于 40 μm 的磨料，称为微粉。用显微测量法分级，用 W 和后面的数字表示粒度号，其 W 后的数值代表微粉的实际尺寸。如 W20 表示微粉的实际尺寸为 20 μm。

图 2-31 砂软的粒度对比

砂轮的粒度对磨削表面的粗糙度和磨削效率影响很大。磨粒粗，磨削深度大，生产率高，但表面粗糙度值大。反之，则磨削深度均匀，表面粗糙度值小。所以粗磨时，一般选粗粒度，精磨时选细粒度。磨软金属时，多选用粗磨粒，磨削脆而硬材料时，则选用较细的磨粒。常用砂轮粒度及应用范围见表 2-11。图 2-31 所示为两种不同粒度砂轮的对比照片。

表 2-11 磨料粒度的选用

粒度号	颗粒尺寸范围/μm	适用范围	粒度号	颗粒尺寸范围/μm	适用范围
12～36	2000～1600 500～400	粗磨、荒磨、切断钢坯、打磨毛刺	W40～W20	40～28 20～14	精磨、超精磨、螺纹磨、珩磨
46～80	400～315 200～160	粗磨、半精磨、精磨	W14～W10	14～10 10～7	精磨、精细磨、超精磨、镜面磨
100～280	165～125 50～40	精磨、成型磨、刀具刃磨、珩磨	W7～W3.5	7～5 3.5～2.5	超精磨、镜面磨、制作研磨剂等

2. 结合剂

结合剂的作用是将磨粒粘合在一起，使砂轮具有一定的强度、气孔、硬度和抗腐蚀、抗潮湿等性能。因此，砂轮的强度、抗冲击性、耐热性及耐腐蚀性，主要取决于结合剂的种类和性质。常用结合剂的种类、性能及适用范围见表 2-12。

表 2 – 12 常用结合剂的种类、性能及适用范围

种 类	代 号	性 能	用 途
陶瓷	V	耐热性、耐腐蚀性好、气孔率大、易保持轮廓、弹性差	应用广泛,适用于 $v < 35$ m/s 的各种成形磨削、磨齿轮、磨螺纹等
树脂	B	强度高、弹性大、耐冲击、坚固性和耐热性差、气孔率小	适用于 $v > 50$ m/s 的高速磨削,可制成薄片砂轮,用于磨槽、切割等
橡胶	R	强度和弹性更高、气孔率小、耐热性差、磨粒易脱落	适用于无心磨的砂轮和导轮、开槽和切割的薄片砂轮、抛光砂轮等
金属	M	韧性和成形性好、强度大、但自锐性差	可制造各种金刚石磨具

4. 硬度

砂轮硬度反映磨粒与结合剂的粘结强度。砂轮硬,磨粒不易脱落;砂轮软,磨粒易于脱落。砂轮的硬度与磨料的硬度是完全不同的两个概念。硬度相同的磨料可以制成硬度不同的砂轮,砂轮的硬度主要决定于结合剂性质、数量和砂轮的制造工艺。例如,结合剂与磨粒粘固程度越高,砂轮硬度越高。

(1) 工件硬度 工件材料较硬,砂轮硬度应选用软一些,以便砂轮磨钝磨粒及时脱落,露出锋利的新磨粒继续正常磨削;工件材料软,因易于磨削,磨粒不易磨钝,砂轮应选硬一些。但对于有色金属、橡胶、树脂等软材料磨削时,由于切屑容易堵塞砂轮,应选用较软砂轮。

(2) 加工接触面 砂轮与工件磨削接触面大时,砂轮硬度应选软些,使磨粒容易脱落,以防止砂轮堵塞。

(3) 砂轮粒度 砂轮粒度号大,砂轮硬度应选软些,以防止砂轮堵塞。

(4) 精磨和成形磨 粗磨时,应选用较软砂轮;而精磨、成型磨削时,应选用硬一些的砂轮,以保持砂轮的必要形状精度,以利于保持砂轮的廓形。

砂轮硬度等级见表 2 – 13。机械加工中常用砂轮硬度等级为 H~N(软 2~中 2)。

表 2 – 13 砂轮的硬度等级及代号

硬度等级	大级	超软		软			中软		中		中硬			硬		超硬
	小级	超软		软1	软2	软3	中软1	中软2	中1	中2	中硬1	中硬2	中硬3	硬1	硬2	超硬
	代 号	D	E	F	G	H	J	K	L	M	N	P	Q	R	S	T	Y

5. 组织

砂轮的组织是指组成砂轮的磨粒、结合剂、气孔三部分体积的比例关系。通常以磨粒所占砂轮体积的百分比来分级。砂轮有 3 种组织状态,如图 2-32 所示:紧密、中等、疏松。相应的砂轮组织号可细分为 0~14 号,共 15 级(见表 2 – 14)。组织号越小,磨粒所占比例越

大,砂轮越紧密;反之,组织号越大,磨粒比例越小,砂轮越疏松。

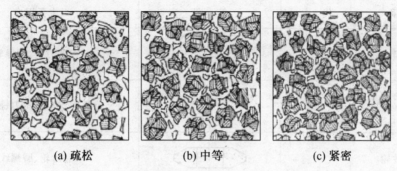

(a) 疏松   (b) 中等   (c) 紧密

图 2-32 砂轮组织对比

砂轮三种组织状态适用范围:

(1) 紧密组织砂轮适于重压下的磨削。

(2) 中等组织砂轮适于一般磨削。

(3) 疏松组织砂轮不易堵塞,适于平面磨、内圆磨等磨削接触面大的工序,以及磨削热敏性强的材料或薄壁工件。

表 2-14 砂轮组织分类

组织号	0	1	2	3	4	5	6	7	8	9	10	11	12	13	14
磨粒率 %	62	60	58	56	54	52	50	48	46	44	42	40	38	36	34
类别	紧密				中等				疏松						
应用	精磨、成型磨				淬火工件、刀具				韧性大和硬度低的金属						

6. 形状与尺寸

砂轮的形状和尺寸是根据磨床类型、加工方法及工件的加工要求来确定的。常用砂轮名称、形状简图、代号和主要用途见表 2-15。

表 2-15 常用砂轮形状、代号和用途

砂轮名称	代 号	简 图	主要用途
平行砂轮	1		磨外圆、磨内圆、磨平面、无心磨、工具磨
薄片砂轮	41		切断、切槽
筒形砂轮	2		端磨平面

砂轮名称	代　号	简　图	主要用途
碗形砂轮	11		刃磨刀具、磨导轨
蝶形1号砂轮	12a		磨铣刀、铰刀、拉刀、磨齿轮
双斜边砂轮	4		磨齿轮、磨螺纹
杯形砂轮	6		磨平面、磨内圆、刃磨刀具

　　砂轮的特性均标记在砂轮的侧面上,其顺序是:形状代号、尺寸、磨料、粒度号、硬度、组织号、结合剂、线速度。例如:外径 300 mm,厚度 50 mm,孔径 75 mm,棕刚玉,粒度 60,硬度 L,5 号组织,陶瓷结合剂,最高工作线速度 35 m/s 的平行砂轮,其标记为:砂轮 1—300 × 50 × 75—A60L5V—35 m/s。

2.7.2　磨屑形成过程

　　磨粒在磨具上排列的间距和高低都是随机分布的,磨粒是一个多面体,其每个棱角都可看作是一个切削刃,顶尖角大致为 90°～120°,尖端是半径为几微米至几十微米的圆弧。经精细修整的磨具,其磨粒表面会形成一些微小的切削刃,称为微刃。磨粒在磨削时有较大的负前角,其平均值为 −60° 左右。

　　磨粒的切削过程可分 3 个阶段,如图 2-33 所示。

　　(1) 滑擦阶段　　磨粒开始挤入工件,滑擦而过,工件表面产生弹性变形而无切屑。

　　(2) 耕犁阶段　　磨粒挤入深度加大,工件产生塑性变形,耕犁成沟槽,磨粒两侧和前端堆高隆起;

　　(3) 切削阶段　　切入深度继续增大,温度达到或超过工件材料的临界温度,部分工件材料明显地沿剪切面滑移而形成磨屑。根据条件不同,磨粒的切削过程的 3 个阶段可以全部存在,也可以部分存在。磨屑的形状有带状、挤裂状和熔融的球状等,可据此分析各主要工艺参数、砂轮特性、冷却润滑条

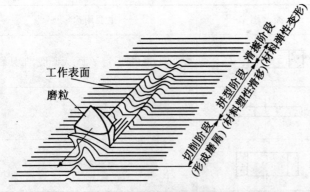

图 2-33　磨粒的切削过程

件和磨料的性能等对磨削过程的影响,从而采取提高磨削表面质量和磨削效率的措施。

磨粒的切削过程也是形成磨屑的过程,图2-33显示了单个磨粒磨削时磨屑形成的三个阶段:

(1)第Ⅰ阶段(弹性变形阶段) 由于磨削深度小,磨粒以大负前角切削,砂轮结合剂及工件、磨床系统的弹性变形,当磨粒开始接触工件时产生退让,磨粒仅在工件表面上滑擦而过,不能切入工件,仅在工件表面产生热应力。

(2)第Ⅱ阶段(塑性变形阶段) 随着磨粒磨削深度的增加,磨粒已能逐渐刻划进入工件,工件表面由弹性变形逐步过渡到塑性变形,使部分材料向磨粒两旁隆起,工件表面出现刻痕(耕犁现象),但磨粒前刀面上没有磨屑流出。此时除磨粒与工件的相互摩擦外,更主要是材料内部发生摩擦。磨削表层不仅有热应力,而且有因弹、塑性变形所产生的应力。

(3)第Ⅲ阶段(形成磨屑阶段) 随着磨粒磨削深度的增加,磨粒已能逐渐刻划进入工件,工件表面由弹性变形逐步过渡到塑性变形,使部分材料向磨粒两旁隆起,工件表面出现刻痕(耕犁现象),但磨粒前刀面上没有磨屑流出。此时除磨粒与工件的相互摩擦外,更主要是材料内部发生摩擦。磨削表层不仅有热应力,而且有因弹、塑性变形所产生的应力。

由于磨粒在砂轮表面上排列的随机性,磨削时,每个磨粒与工件在整个接触过程中,作用情况可分如下三种:

(1)只有弹性变形阶段;

(2)弹性变形阶段＋塑性变形阶段＋弹性变形阶段;

(3)弹性变形阶段＋塑性变形阶段＋切屑形成阶段＋塑性变形阶段＋弹性变形阶段。

2.7.3 砂轮的磨损与耐用度

1. 砂轮磨损的形态

磨削过程中,由于机械、物理和化学作用造成砂轮磨损,切削能力下降。同时砂轮表面上的磨粒形状和分布是随机的,因此可分为3种磨削形式,图2-34显示出以下所述的3种砂轮磨损类型。

(1)磨耗磨损 磨削过程中,由于磨粒与工件表面的滑擦作用,磨粒与磨削区的化学反应以及磨粒的塑性变形作用,使磨粒逐渐变钝,在磨粒上形成磨损小平面。磨耗磨损一般发生在磨粒与工件的接触处。开始时,在磨粒刃尖上出现一磨损的微小平面,当微小平面逐步增大时,磨刃就无法顺利切入工件,而只是在工件表面产生挤压作用,从而使磨削热增加,磨削过程恶化。

磨耗磨损 脱落磨损 磨粒破碎 磨屑粘附 堵塞

图2-34 砂轮磨损形式

造成砂轮磨耗磨损的主要原因是机械磨损和化学磨损。因而造成:① 摩擦热使磨粒表面剥落极微小碎片;② 弱化磨粒;③ 磨粒与被磨材料熔焊,因塑性流动或滞流而加剧磨粒磨损;④ 摩擦热加速化学反应;⑤ 摩擦剪切而使磨粒损耗。

（2）磨粒破碎　　在磨削过程中，若作用在磨粒上的应力超过了磨粒本身的强度时，磨粒上的一部分就会以微小碎片的形式从砂轮上脱落。磨粒破碎发生在一个磨粒的内部。磨粒的热传导系数越小，热膨胀系数越大，则越容易破碎。

（3）脱落磨损　　在磨削过程中，若磨粒与磨粒之间的结合剂发生断裂，则磨粒将从砂轮上脱落下来，而在原位置留下空穴。因此，脱落磨损的难易主要取决于结合剂的强度。磨削时，随着磨削温度的上升，结合剂强度下降，当磨削力超过结合剂强度时，整个磨粒从砂轮上脱落，形成脱落磨损。

另外，磨削时砂轮会发生堵塞粘附现象，即磨粒通过磨削区时，在磨削高温和很大的接触压力作用下，被磨材料会粘附在磨粒上。粘附严重时，粘附物糊在砂轮上，使砂轮失去切削作用。如磨削碳钢时，磨削产生的高温使切屑软化，嵌塞在砂轮的孔隙处，造成砂轮堵塞；磨削钛合金时，切屑与磨粒的亲和力强，从而造成粘附或堵塞。砂轮堵塞后即失去切削能力，磨削力及磨削温度剧增，表面质量显著下降。

2. 砂轮耐用度

砂轮耐用度用砂轮在两次修整之间的实际磨削时间表示。它是砂轮磨削性能的重要指标之一，同时还是影响磨削效率和磨削成本的重要因素。砂轮磨损量是最主要的耐用度判据。当磨损量大至一定程度时，工件将发生颤振，表面粗糙度突然增大，或出现表面烧伤现象。但准确判断比较困难，在实际生产中，外圆磨、内圆磨、平面磨、成形磨的砂轮耐用度的常用合理数值分别为 1200～2400，600，1500，600。

3. 砂轮磨损阶段

按照磨损机理的不同将砂轮磨损过程分为 3 个阶段：

（1）初期阶段的磨损主要是磨粒的破碎。这是由于修整过程中，在修整力的作用下，有些磨粒内部产生内应力及微裂纹，因而使这些受损的磨粒在磨削力的作用下迅速破碎，造成初期磨损加重。

（2）第二阶段的磨损主要是磨耗磨损，有效磨削刃较稳定地进行磨削。

（3）第三阶段的磨损主要是结合剂破碎，造成磨粒大量脱落。

2.7.4　磨削加工的特点

磨削是一种常用的，半精加工和精加工方法，砂轮是磨削的切削工具，磨削的基本特点如下：

（1）磨削可以加工多种材料　　磨削除可以加工铸铁、碳钢、合金钢等一般结构材料外，还能加工一般刀具难以切削的高硬度材料，如淬火钢、硬质合金、陶瓷和玻璃等。但不宜精加工塑性较大的有色金属工件。

（2）磨削加工的精度高，表面粗糙度小　　磨削精度可达 IT5～IT6，表面粗糙度小至 $Ra1.25～0.01\ \mu m$，镜面磨削时可达 $Ra0.04～0.01\ \mu m$。其主要原因是：

① 砂轮表面有极多的切削刃，并且刃口圆弧半径 ρ 小，例如粒度为 46# 的白刚玉磨粒，$\rho=0.006～0.012\ mm$（一般车刀、铣刀的 $\rho=0.012～0.032\ mm$）。磨粒上锋利的切削刃，能

够切下一层很薄的金属,切削厚度可以小到数微米。

②磨床有较高的精度和刚度,并有实现微量进给机构,可以实现微量切削。

③磨削的切削速度高,普通外圆磨削时 $v=35$ m/s,高速磨削 $v>50$ m/s。因此,磨削时有很多切削刃同时参加切削,每个磨刃只切下极细薄的金属,残留面积的高度很小,有利于形成光洁的表面。

(3)磨削的径向磨削力 F_y 大,且作用在工艺系统刚性较差的方向上。因此,在加工刚性较差的工件时(如磨削细长轴),应采取相应的措施,防止因工件变形而影响加工精度。

(4)磨削温度高　　如前所述,磨削产生的切削热多,且 80%～90%传入工件(10%～15%传入砂轮,1%～10%由磨屑带走),加上砂轮的导热性很差,大量的磨削热在磨削区形成瞬时高温,容易造成工件表面烧伤和伪裂纹。因此,磨削时应采用大量的切削液以降低磨削温度。

(5)砂轮有自锐作用　　在磨削过程中,磨粒的破碎产生新的较锋利的棱角,以及由于磨粒的脱落而露出一层新的锋利磨粒,能够部分恢复砂轮的切削能力,这种现象叫做砂轮的自锐作用,也是其他切削刀具所没有的。磨削加工时,常常通过适当选择砂轮硬度等途径,以充分发挥砂轮的自锐作用,来提高磨削的生产效率。必须指出,磨粒随机脱落的不均匀性,会使砂轮失去外形精度;破碎的磨粒和切屑也会造成砂轮堵塞。因此,砂轮磨削一定时间后,仍需进行修整以恢复其切削能力和外形精度。

(6)磨削加工的工艺范围广　　不仅可以加工外圆面、内圆面、平面、成形面、螺纹、齿形等各种表面,还常用于各种刀具的刃磨。

(7)磨削在切削加工中的比重日益增大。

2.7.5　磨削热和磨削温度

磨削过程中所消耗的能量几乎全部转变为磨削热。试验研究表明,根据磨削条件的不同,磨削热约有 60%～85%进入工件,10%～30%进入砂轮,0.5%～30%进入磨屑,另有少部分以传导、对流和辐射形式散出。磨削时每颗磨粒对工件的切削都可以看作是一个瞬时热源,在热源周围形成温度场。磨削区的平均温度瞬时接触点的最高温度可达工件材料熔点温度。磨粒经过磨削区的时间极短一般在 0.01～0.1 ms 以内,在这期间以极大的加热速度使工件表面局部温度迅速上升,形成瞬时热聚集现象会影响工件表层材料的性能和砂轮的磨损。

1. 磨削温度概念

(1)工件平均温度　　指磨削热传入工件而引起的工件温升,它影响工件的形状和尺寸精度。在精密磨削时,为获得高的尺寸精度,要尽可能降低工件的平均温度并防止局部温度不均。

(2)磨粒磨削点温度　　指磨粒切削刃与切屑接触部分的温度,是磨削中温度最高的部位,其值可达 1000℃ 左右,是研究磨削刃的热损伤、砂轮的磨损、破碎和粘附等现象的重要因素。

(3)磨削区温度　　是砂轮与工件接触区的平均温度,一般约有 500～800℃,它与磨削烧伤和磨削裂纹的产生有密切关系。

磨削加工工件表面层的温度分布,是指沿工件表面层深度方向温度的变化,它与加工表面变质层的生成机理、磨削裂纹和工件的使用性能有关。

2. 影响磨削温度的因素

影响磨削温度的因素有磨削用量,砂轮参数等。磨削用量对磨削温度的影响关系如下:

(1) 随着砂轮径向进给量 f_r 的增大,即磨削深度 a_p 的增大,工件表面温度升高。

(2) 随着工件速度 V_w 的增大,工件表面温度可能有所减小。

(3) 随着砂轮速度 V_s 的增大,工件表面温度升高。

所以,要使磨削温度降低,应该采用较小的砂轮速度和磨削深度,并加大工件速度。而砂轮硬度对磨削温度的影响有明显规律,砂轮软,磨削温度低,砂轮硬,磨削温度高。

2.7.6 磨削液

磨削时,在磨削区形成高温,使砂轮磨损,零件表面完整性恶化,零件加工精度不易控制等,因此必须把磨削液注入磨削区,降低磨削温度。磨削液不仅有润滑及冷却作用,而且有洗涤和防锈作用。

1. 磨削液的种类

磨削液分为油性磨削液(非水溶性磨削液)和水溶性磨削液。磨削液分类见表 2 - 16。

表 2 - 16　磨削液分类

种　类		成　　　分
油性磨削液	矿物油	低粘度及中粘度轻质矿物油＋油溶性防锈添加剂＋极性添加剂
	极压油	低粘度及中粘度轻质矿物油＋极压天机剂
水溶性磨削液	乳化液 极压乳化液	(1) 水＋矿物油＋乳化液＋防锈添加剂 (2) 乳化液＋极压添加剂
	化学合成剂	(1) 水＋表面活性剂(非离子型、阴离子型或皂类) (2) 水＋表面活性剂＋防锈添加剂＋极压添加剂
	无机盐磨削液	(1) 水＋无机盐类 (2) 水＋无机盐类＋表面活性剂

油性磨削液的润滑性好,冷却性较差,而水溶性磨削液的润滑性较差,冷却效果好。另外,磨削液中的添加剂包括表面活性剂,极压添加剂和无机盐类。

2. 磨削液的供给方法

通常采用的磨削液供给方法是浇注法。由于液体流速低,压力小,并且砂轮高速回转所形成的回转气流阻碍磨削液注入磨削区内,使冷却效果较差。

为冲破环绕砂轮表面的气流障碍,提高冷却润滑效果,对供液方法做了不少改进,例如采用压力冷却,砂轮内冷却,喷雾冷却,浇注法与超声波并用以及对砂轮作浸渍处理,实现固体润滑等。

1. 金属切削过程的塑性变形分几个变形区,各有何特点?

2. 刀-屑接触区的摩擦有什么特点? 影响前面摩擦的主要因素有哪些?

3. 分析积屑瘤对加工产生的影响。

4. 切屑的形成大致可分为几个阶段? 切屑有几种类型? 如何衡量切屑变形程度?

5. 试述工件材料、刀具前角、切削厚度和切削速度对切屑变形影响的规律。并说明切削中如何利用这些规律来提高生产率。

6. 刀具几何参数对切削力有什么影响?

7. 试分析切削用量对切削温度的影响,并比较它们对切削力的影响有何不同。为什么?

8. 试从工件材料、刀具及切削用量3个方面分析各个因素对切削力的影响。

9. 背吃刀量 a_p 与进给量 f 对切削力的影响有何不同? 为什么?

10. 影响切削热的产生和传出的因素是什么?

11. 在切削加工中如何限制切削热?

12. 刀具磨损有几种方式? 刀具磨损过程大致分为几个阶段?

13. 硬质点磨损、粘结磨损和扩散磨损的本质有何区别? 它们分别发生在什么情况下?

14. 高速钢与硬质合金刀具磨损的主要原因是什么? 有何异同? 为什么?

15. 刀具破损与磨损的原因有何本质上区别? 试分析切断刀破损(打刀)的原因,并提出防止的措施。

16. 在一定的生产条件下,切削速度是不是越高越有利? 刀具寿命是否越大越好? 为什么?

17. 试述选择切削用量的原则。

18. 切削用量的选择方法是什么?

19. 常用切削液有几类? 分别起何作用?

20. 怎样选择切削液?

21. 试述粗加工与精加工时如何选择切削用量。两者有何不同?

22. 已知工件材料为热轧45钢,$\sigma_b = 0.637$ GPa。毛坯直径为 $\phi 50$ mm,装夹在卡盘和顶尖中,装夹长度 $10 = 350$ mm。加工要求:车外圆至 $\phi 44$ mm,表面粗糙度为 $Ra5 \sim 2.5\ \mu m$,加工长度 $l = 300$ mm。C6140型普通车床,YT15机夹外圆车刀,刀杆尺寸为 $16 \times 25\ mm^2$,$\gamma_0 = 15°$,$a_0 = 8°$,$k_r = 75°$,$k'_r = 10°$,$\lambda_s = 6°$,$r_e = 1$ mm,$b_{r1} = 0.3$ mm,$\gamma_{01} = -10°$。试求粗车、半精车削外圆的切削用量。

23. 砂轮特性主要由哪些因素决定? 砂轮硬度是否由磨料硬度决定?

24. 磨料作为砂轮的主要组成部分有几类? 各类的主要成分是什么?

25. 试说明常用砂轮的名称、代号和主要用途。

26. 分析磨粒的切削过程及磨屑的形成过程。

27. 砂轮磨损的形态有几种? 砂轮耐用度如何定义?

第 3 章　毛坯成形方法

3.1　铸　　造

将液态金属浇注到铸型中,待其冷却凝固后,获得一定形状和性能的零件和毛坯的成形方法称为铸造。铸造是生产机器零件、毛坯的主要方法之一,其实质是液态金属逐步冷却凝固而成形。与其他成形方法相比,具有下列特点:

(1) 成形方便,工艺灵活性大　　铸件的轮廓尺寸可由几个毫米到数十米,壁厚由0.0005~1 m;质量可由几克到数万千克。可生产形状简单或十分复杂的零件。对于具有复杂内腔的零件,铸造是最好的成形方法。

(2) 成本低廉,设备简单,周期短　　铸件所用材料价格低廉,并可直接利用废机件和金属废料。一般情况下,铸造生产不需要大型、精密设备。

(3) 材料广泛　　常用的金属材料均可用铸造方法制成铸件,有些材料(如铸铁、青铜)只能用铸造方法来制造零件或毛坯。

(4) 铸件的力学性能较差,质量不够稳定

液态金属在冷却凝固过程中,形成的晶粒较粗大,容易产生气孔、缩孔和裂纹等缺陷。所以铸件的力学性能不如相同材料的锻件好,而且存在生产工序多,铸件质量不稳定,废品率高,工作条件差,劳动强度较高等问题。随着生产技术的不断发展,铸件性能和质量正在进一步提高,劳动条件正逐步改善。

铸造一般按造型方法来分类,习惯上分为砂型铸造和特种铸造。特种铸造主要包括熔模铸造、金属型铸造、离心铸造、压力铸造等。

3.1.1　砂型铸造

砂型铸造就是将液态金属浇入砂型的铸造方法。是目前最常用、最基本的铸造方法,其造型材料来源广泛、价格低廉。所用设备简单,操作方便灵活,不受铸造金属种类、铸件形状和尺寸的限制,并适合于各种生产规模。目前我国砂型铸件约占全部铸件产量的80%以上。

1. 砂型铸造的工艺过程

砂型铸造的工艺过程如图 3-1 所示,用砂型铸造生产套筒铸件的工艺流程如图 3-2 所示,首先,根据零件的形状和尺寸设计并制造出模样和芯盒,配制好型砂和芯砂。然后用型

砂和模样在砂箱中制造砂型,用芯砂在芯盒中制造型芯,并把砂芯装入砂型中,合箱得到完整的铸型。将金属液浇入铸型型腔,冷却凝固后落砂清理,即得所需铸件。

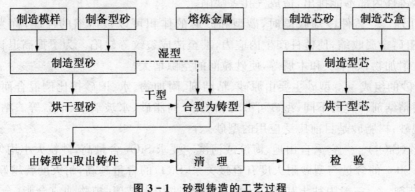

图 3 - 1   砂型铸造的工艺过程

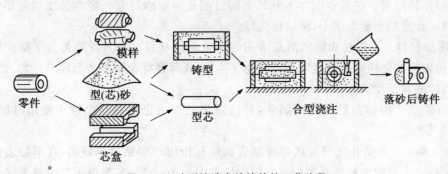

图 3 - 2   砂型铸造套筒铸件的工艺流程

2. 造型材料

造型材料是指用于制造砂型(芯)的材料,主要包括型砂、芯砂和涂料。造型材料质量的优劣,对铸件质量具有决定性的影响。为此,应合理地选用和配制造型材料。

(1) 型砂和芯砂应具备的性能   铸型在浇注凝固过程中要承受液体金属的冲刷、静压力和高温的作用,要排出大量气体,型芯还要受到铸件凝固时的收缩压力等,因而对型砂和芯砂的性能提出下列要求:

① 可塑性   为了在铸型中得到清晰合格的铸件,型砂就必须具有良好的可塑性。砂子本身几乎是不可塑的,粘土却有很好的可塑性,所以型砂中粘土的含量越多,可塑性就越强,一般含水 8% 时,可塑性较好。

② 强度   砂型承受外力作用而不易破坏的能力称为强度。铸型必须具有足够的强度,以便在修整、搬运及液体金属浇注时受冲击和压力作用下,不致变形或毁坏。型砂强度不足会造成塌箱、冲砂和砂眼等缺陷。

③ 耐火度   型砂在高温液体金属注入时不软化,不易熔融烧结以致粘附在铸件表面上的性能,称为耐火度。型砂耐火度不足造成粘砂使切削加工困难,粘砂严重难以清理的铸件可能成为废品。

④ 透气性　　由于型砂内部砂粒之间存在空隙,能够通过气体的能力,称为透气性。当高温液体金属注入铸型后,会产生气体,砂型和型芯中也会产生大量气体。透气性差,部分气体留在铸件内部不能排出,造成气孔等缺陷。

⑤ 退让性　　铸件冷却收缩时,砂型和砂芯的体积可以被压缩的性能,称为退让性。退让性差,阻碍金属收缩,使铸件产生内应力,甚至造成裂纹等缺陷。为了提高退让性,可在型砂中加入附加物,如草灰和木屑等,使砂粒间的空隙增大。

(2) 型砂的组成　　型砂主要由原砂、粘结剂、附加物、水、旧砂按比例混合而成。根据型砂中采用粘结剂种类的不同,型砂可分为粘土砂、树脂砂、水玻璃砂、油砂等。粘土砂是最早使用的型砂;树脂砂是目前广泛应用的型砂。

① 原砂(SiO$_2$)　　它采自山地、海滨或河滨。要求 SiO$_2$ 含量高,砂粒大小均匀,形状以球形为佳。SiO$_2$ 的含量与型砂耐火度有直接关系,SiO$_2$ 的含量越高,耐火度就越好。

② 粘结剂　　一般为粘土和膨润土两种,有时也用水玻璃、植物油或合脂(合成脂肪酸的副产品)作粘结剂。在型砂中加入粘结剂的目的是使型砂具有一定的强度和可塑性。膨润土质点比普通粘土更为细小、粘结性更好。

③ 附加材料　　煤粉和锯木屑是常用的廉价附加材料。加入煤粉是为了防止铸件表面粘砂,因煤粉在浇注时能燃烧发生还原性气体,形成薄膜将金属与铸型隔开。加入锯木屑可改善型砂的容让性。

④ 旧砂　　旧砂是已用过的型砂,经过适当处理后仍可掺在型砂中使用,以便节约新砂。

(3) 涂料　　为防止液态金属与砂型表面相互作用产生粘砂等缺陷,在型腔表面涂覆一薄层涂料。常用的涂料是石墨粉。石墨粉熔点大于 3000℃,在高温下与少量氧气化合而燃烧产生气体,使液态金属与砂型不直接接触。同时,在型砂内须混入一些煤粉,浇注时,煤粉燃烧产生的气层可防止铸件粘砂。

3. 造型方法

用型砂及模样等工艺装备制造铸型的过程称为造型。造型方法可分为手工造型和机器造型两大类。

(1) 手工造型　　手工造型是全部用手工或手动工具紧实型砂的造型方法,操作灵活,无论铸件结构复杂程度、尺寸大小如何,都能适应。因此在单件小批生产中,特别是不能用机器造型的重型复杂铸件,常采用手工造型。手工造型生产率低,铸件表面质量差,要求工人技术水平高,劳动强度大。随着现代化生产的发展,机器造型已代替了大部分的手工造型,机器造型不但生产率高,而且质量稳定,是成批大量生产铸件的主要方法。

手工造型的方法很多:按砂箱特征分有两箱造型、三箱造型等;按模样特征分有整模造型、分模造型、挖砂造型、假箱造型、活块造型和刮板造型等。各种手工造型方法的特点和应用见表 3-1。

表 3-1　各种手工造型方法的特点和适用范围

造型方法名称		主要特点	适用范围	简　图
按模样特征分	整模造型	模样为整体,分型面是平面,铸型型腔全部在一个砂型内,造型简单	最大截面位于一端并且为平面的简单铸件的单件。如:齿轮毛坯、皮带轮等	
	分模造型	模样在最大截面处分开,型腔位于上、下型中,操作较简单	最大截面在中部的铸件,常用于回转体类等铸件如:套类、管类及阀体等	
	挖砂造型	整体模样,分型面为一曲面,需挖去阻碍起模的型砂才能取出模样,对工人的操作技能要求高,生产工具率低	适宜中小型、分型面不平的铸件单件、小批生产。	
	假箱造型	为了克服上述挖砂造型的缺点,在造型前特制一个底胎(假箱),然后在底胎上造下箱。由于底胎不参加浇注,故称假箱。此法比挖砂造型简便,且分型面整齐	用于成批生产需挖砂的铸件	
	活块造型	当铸件上有妨碍起模的小凸台、肋板时,制模时将它们做成活动部分。造型起模时先起出主体模样,然后再从侧面取出活块。造型生产率低,要求工人技术水平高	主要用于带有突出部分难以起模的铸件的单件、小批量生产	
	刮板造型	刮板形状和铸件截面相适应,代替实体模样,可省去制模的工序,大大节约木材,缩短生产周期。但造型生产率低,要求工人技术水平高,铸件尺寸精度差	主要用于等截面或回转体大、中型铸件的单件、小批量生产。如大皮带轮、铸管、弯头等	
	三箱造型	铸件的最大截面位于两端,必须用分开模、三个砂箱造型,模样从中箱两端的两个分型面取出。造型生产率低,且需合适的中箱	主要用于手工造型,单件、小批量生产具有两个分型面的中、小型铸件	

　　(2) 机器造型　　用机器全部完成或至少完成紧砂操作的造型工序称为机器造型。机器造型生产效率高,改善劳动条件,对环境污染小。机器造型铸件的尺寸精度和表面质量高,加工余量小。但设备和工艺装备费用高,生产准备时间较长,适用于中、小型铸件成批或大批量生产。

① 紧砂方法　　目前机器造型绝大部分是以压缩空气为动力来紧实型砂的。机器造型的紧砂方法分压实、震实、抛砂、射砂四种基本形式，其中震压式应用最广。图 3-3 压实紧砂示意图。压实紧砂是利用压头的压力将砂箱内的型砂紧实。它生产率高，但沿砂箱高度方向的紧实度不够均匀，一般越接近模底板，紧实度越差。因此只适用于高度不大的砂箱。图 3-4 震压紧砂示意图。震压紧砂机构工作时，首先将压缩空气自震实进气口引入震实气缸，使震实活塞带动工作台及砂箱上升，震动活塞上升使震实气缸的排气孔露出压气排出，工作台便下落，完成一次振动。如此反复多次，将型砂紧实。这种紧砂方法，使型砂紧实密度均匀。图 3-5 抛砂紧实示意图，它是利用抛砂机头的电动机驱动高速叶片（900～1500 r/min）连续地将传送带送来的型砂在机头内初步紧实，并在离心力的作用下，型砂呈团状被高速（30～60 m/s）抛到砂箱中，使型砂逐层地紧实。同时完成填砂和紧实。生产效率高，型砂紧实密度均匀。抛砂机适应性强，可用于任何批量的大、中型铸型或大型芯的生产。图 3-6 射砂紧实示意图主要用于造芯。

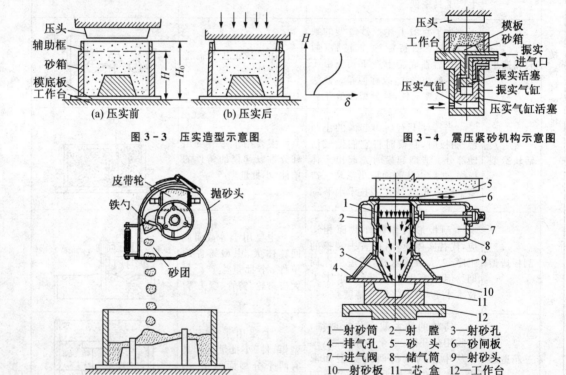

图 3-3　压实造型示意图

图 3-4　震压紧砂机构示意图

图 3-5　抛砂紧实图

图 3-6　射砂机工作原理图

1—射砂筒　2—射腔　3—射砂孔
4—排气孔　5—砂头　6—砂闸板
7—进气阀　8—储气筒　9—射砂头
10—射砂板　11—芯盒　12—工作台

② 起模方法　　型砂紧实以后，就要从型砂中正确地把模样起出，使砂箱内留下完整的型腔。造型机大都装有起模机构，其动力也多半是应用压缩空气，目前应用最广泛的起模机构有顶箱、漏模、翻转三种。

● 顶箱起模　　图 3-7(a)为顶箱起模示意图。型砂紧实后，开动顶箱机构，使四根顶杆自模板四角的孔中上升,而把砂箱顶起。此时固定模型的模板仍留在工作台上,这样就完成起模工序。顶箱起模的造型机构比较简单,但起模时易漏砂,因此只适用于型腔简单且高度较小的铸型。多用于制造上箱,以省去翻箱工序。

● 漏模起模　图 3-7(b)为漏模起模示意图。为避免起模时掉砂,使模型上难以起模的部分从漏板的孔中漏下。即将模型分成两部分,模型本身的平面部分固定在模板上,模型上各凸起部分可向下抽出,在起模时由于模板托住图中 A 处的型砂,因而可避免掉砂。漏模起模机构一般用于形状复杂或高度较大的铸型。

● 翻转起模　图 3-7(c)为翻转起模示意图。型砂紧实后,砂箱夹持器将砂箱夹持在造型机转板上,在翻转气缸推动下,砂箱随同模板、模型一起翻转180°。然后承受台上升,接住砂箱后,夹持器打开,砂箱随承受台下降,与模板脱离而起模。这种起模方法不易掉砂。适用于型腔较深、形状复杂的铸型。由于下箱通常比较复杂些,且本身为了合箱的需要,也需翻转180°,因此翻转起模多用来制造下箱。

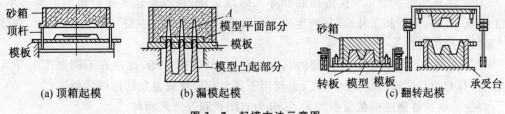

图 3-7　起模方法示意图

4. 浇注系统

浇注系统是为金属液流入型腔而开设于铸型中的一系列通道。其作用是平稳、迅速地注入金属液;阻止熔渣、砂粒等进入型腔;调节铸件各部分温度,补充金属液在冷却和凝固时的体积收缩。

(1) 浇注系统的组成　通常有浇口杯、直浇道、横浇道、内浇道和冒口组成,如图 3-8所示。

① 浇口杯　其作用是容纳注入的金属液并缓解液态金属对砂型的冲击。小型铸件通常为漏斗状(称浇口杯),较大型铸件为盆状(称浇口盆)。

② 直浇道　它是连接外浇口与横浇道的垂直通道。改变直浇道的高度可以改变金属液的静压力大小和改变金属液的流动速度,从而改变液态金属的充型能力。如果直浇道的高度或直径太小,会使铸件产生浇不足的现象。为便于取出直浇道棒,直浇道一般做成上大下小的圆锥形。

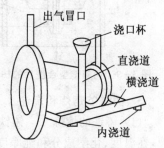

图 3-8　浇注系统的组成

③ 横浇道　它是将直浇道的金属液引入内浇道的水平通道,一般开设在砂型的分型面上,其截面形状一般是高梯形,并位于内浇道的上面。横浇道的主要作用是分配金属液进入内浇道并起挡渣作用。

④ 内浇道　直接与型腔相连,并能调节金属液流入型腔的方向和速度、调节铸件各部分的冷却速度。内浇道的截面形状一般是扁梯形和月牙形,也可为三角形。

⑤ 冒口　常见的缩孔、缩松等缺陷是由于铸件冷却凝固时体积收缩而产生的。为防止缩孔和缩松,往往在铸件的顶部或厚大部位以及最后凝固的部位设置冒口。冒口中的金属液可不断地补充铸件的收缩,使铸件避免出现缩孔、缩松。冒口分为明冒口和暗冒口。冒口的上口露在铸型外的称为明冒口,优点是有利型内气体排出,便于从冒口中补加热金属液,缺点是明冒口消耗金属液多。位于铸型内的冒口称为暗冒口,浇注时看不到金属液冒出,其优点是散热面积小,补缩效率高,利于减小金属液消耗。冒口是多余部分,清理时要切除掉。冒口除了补缩作用外,还有排气和集渣的作用。

(2) 浇注系统的类型　浇注系统按熔融金属导入铸型的位置分为以下 3 种:

① 顶注式浇注系统　从铸型顶部导入熔融金属,特点是补缩作用好、金属液消耗少,但金属液对铸型的冲击大,易产生砂眼等缺陷。适用于形状简单、高度小的铸件。

② 底注式浇注系统　从铸型底部导入熔融金属,特点是金属液对铸型的冲击小,有利于排气、排渣,但不利于补缩,易产生浇不到缺陷。适用于大、中型尺寸、壁部较厚、高度较大、形状复杂的铸件。

③ 阶梯式浇注系统　在铸型的高度方向上,从底部开始,逐层在不同高度上导入熔融金属,具有顶注式和底注式的优点,主要用于高大和形状较复杂的薄壁铸件。

浇注系统按各浇道横截面积的关系,分为封闭式和开放式两种:

① 封闭式浇注系统的直浇道出口横截面积大于横浇道截面积,横浇道出口横截面积又大于内浇道截面积。特点是金属液易于充满各通道,挡渣作用好,但对铸型的冲击力大。一般适用于灰铸铁件。

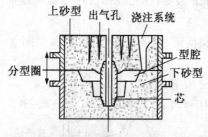

图 3 - 9　两箱造型合型后的铸型结构

② 开放式浇注系统正好相反,金属液能较快地充满铸型,冲击小,但挡渣效果差,一般用于薄壁和尺寸较大的铸件。

将铸型的各组元(上型、下型、芯、浇口杯等)组合成一个完整铸型的过程称为合型。图 3-9 是两箱造型合型后的铸型结构。合型时应检查铸型内腔是否清洁,芯是否完好无损;芯的安放要准确、牢固,防止偏芯;砂箱的定位应当准确,以防错型。

5. 铸铁的熔炼和浇注

(1) 铸铁的熔炼　铸铁熔炼不仅仅是单纯的熔化,还包括冶炼过程,使浇进铸型的铁液,在温度、化学成分和纯净度方面都符合预期要求。

冲天炉熔炼是目前常用且经济的熔炼方法。冲天炉炉料主要有金属料、燃料和熔剂三部分。金属料一般采用高炉生铁、回炉料、废钢和铁合金;燃料采用焦炭;熔剂采用石灰石和萤石,其主要作用是造渣。

电炉熔炼能准确调整铸铁液成分、温度,能保证铸件的质量,适合于过热和精炼,但耗电量大。冲天炉—感应电炉双联熔炼是采用冲天炉熔化铸铁,利用电炉进行过热、保温、储存、精炼,以确保铸铁液的质量。

(2)浇注   浇注是指将熔融金属从浇包中浇入铸型的操作。为保证铸件质量,应对浇注温度和速度加以控制。铸铁的浇注温度为液相线以上 200℃(一般为 1250～1470℃)。若浇注温度过高,金属液吸气多、体收缩大,铸件容易产生气孔、缩孔、粘砂等缺陷;若浇注温度过低,金属液流动性差,铸件易产生浇不到、冷隔等缺陷。浇注速度过快会使铸型中的气体来不及排出而产生气孔,并易造成冲砂;浇注速度过慢,使型腔表面烘烤时间长,导致砂层翘起脱落,易产生夹砂结疤、夹砂等缺陷。

6. 落砂、清理与检验

落砂是指用手工或机械方法使铸件与型(芯)砂分离的操作。落砂应在铸件充分冷却后进行,若落砂过早,铸件的冷速过快,会使灰铸铁表层出现白口组织,导致切削困难;若落砂过晚,由于收缩应力大,会使铸件产生裂纹,且影响生产率,因此浇注后应及时进行落砂。

清理是指对落砂后的铸件清除表面粘砂、型砂、多余金属(包括浇冒口、飞翅和氧化皮)等过程。清理后应对铸件进行检验,并将合格铸件进行去应力退火

3.1.2　金属的铸造性能

铸件的质量与金属的铸造性能密切相关。金属的铸造性能是指金属在铸造过程中表现出来的工艺性能,如流动性、收缩性、吸气性、偏析等。金属的铸造性能好,是指金属熔化时不易氧化,熔液不易吸气,浇注时金属液易充满型腔,凝固时铸件收缩小,且化学成分均匀,冷却时铸件变形和开裂倾向小等。铸造性能差的金属易使铸件产生缺陷,铸造时应采取相应工艺措施。在这里主要介绍一下金属的流动性和收缩性。

1. 金属的流动性

流动性是指熔融金属的流动能力,是金属的固有属性,它只与金属本身的化学成分、温度、杂质量以及物理性质有关。金属液的流动性越好,充型能力越强。决定金属流动性的主要因素有:

(1)金属的种类   金属流动性与金属的熔点、热导率、金属液的粘度等物理性能有关。熔点高,热导率大,散热快,凝固快,流动性差。

(2)金属的化学成分   同种金属中,成分不同的铸造金属具有不同的结晶特点,对流动性的影响也不相同。纯金属和共晶成分的金属是在恒温下结晶的,结晶时从表面向中心逐层凝固,凝固层表面比较光滑,对尚未凝固的金属液的流动阻力小,故流动性好。其他成分的金属,在一定的温度范围内结晶,在结晶区域中,既有形状复杂的枝晶,又有未结晶的液体。复杂的枝晶不仅阻碍熔融金属的流动,而且使金属液的冷却速度加快,所以流动性差。结晶区间越大,流动性越差。

(3)杂质和含气量   熔融金属中出现的固态夹杂物,将使液体的粘度增加,金属的流动性下降。如灰铸铁中锰和硫,多以 MnS(熔点 1650℃)的形式悬浮在铁液中阻碍铁液的流动,使流动性下降。熔融金属中的含气量愈少,金属的流动性愈好。

（4）浇注温度　浇注温度高，在同样冷却条件下，保持液态的时间长，可使液态金属粘度下降，流速加快，还能使铸型温度升高，金属散热速度变慢，从而提高金属液的充型能力。

（5）铸型的结构和铸件结构　铸型表面粗糙、排气不畅、直浇道高度低、内浇道尺寸过小、铸件形状过于复杂、铸件壁过薄等都影响到金属的流动性。

2. 金属的收缩

铸件在凝固和冷却过程中，产生的体积和尺寸的缩减现象称为收缩。收缩是铸造金属本身的物理性质。金属从液态冷却到室温，要经过三个相互联系的收缩阶段：

● 液态收缩　从浇注温度冷却到凝固开始温度之间的收缩，即金属在液态时由于温度降低而发生的体积收缩。

● 凝固收缩　从凝固开始温度冷却到凝固结束温度之间的收缩，即熔融金属在凝固阶段的体积收缩。

● 固态收缩　从凝固结束温度冷却到室温之间的收缩，即金属在固态由于温度降低而发生的体积收缩

金属的液态收缩和凝固收缩，表现为金属体积的缩小，它们是铸件产生缩孔和缩松缺陷的根本原因。固态收缩虽然也引起体积的变化，但在铸件各个方向上都表现出线尺寸的减小，对铸件的形状和尺寸精度影响最大，它是铸件产生内应力、引起变形和开裂的主要原因。

（1）常见的铸造缺陷

① 铸件的缩孔和缩松　铸型内的熔融金属在凝固过程中，由于液态收缩和凝固收缩所缩减的体积得不到补充，在铸件最后凝固的部位形成孔洞。按孔洞的大小和分布可分为缩孔和缩松。

缩孔通常隐藏在铸件上部或最后凝固部位。缩孔容积较大而集中，形状不规则，孔壁粗糙。缩孔的形成过程如图 3－10 所示。

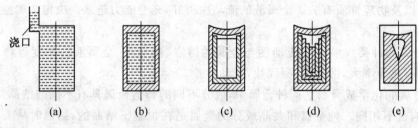

图 3－10　缩孔形成过程示意图

如图 3－10(a)所示，金属液填满铸型后，因铸型吸热，靠近型腔表面的金属很快就冷却到凝固温度，凝固成一层外壳，如图 3－10(b)所示。温度下降，金属由表及里逐层凝固，凝固层加厚，内部的剩余液体因液态收缩和凝固层的凝固收缩，体积下降，液面下降，铸件内部出现空隙，如图 3－10(c)所示。直到内部完全凝固，在铸件上部形成缩孔，如图 3－10(d)所示。已经形成缩孔的铸件继续冷却至室温时，因固态收缩使铸件的外形轮廓尺寸略有缩小，如图3－10(e)所示。纯金属和共晶金属易形成集中缩孔。

缩松是在铸铁断面上出现的细小而分散的孔。如图 3-11(a)金属液充满型腔,向四处散热;图 3-11(b)中铸件结壳后,内部有一个较宽的液、固共存区;图 3-11(c,d)中为继续降温,固体不断长大,互相接触,金属液被固体分割成许多小封闭式液池;图 3-11(e)中封闭区液池凝固收缩时,得不到液体补充而形成许多小而分散的孔洞;图 3-11(f)中为固态收缩。

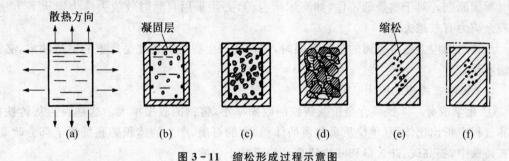

图 3-11 缩松形成过程示意图

缩孔、缩松都会使铸件力学性能下降,缩松还能影响铸件的致密性。因此,缩孔和缩松是铸件的重大缺陷,必须设法防止。防止缩孔、缩松的基本方法是采用定向凝固原则,也就是通过增设冒口、冷铁和补贴等一些工艺措施,使凝固顺序形成向着冒口的方向进行,即离冒口最远的部位先凝固,冒口最后凝固。如图 3-12 所示。按此原则进行凝固可以保证铸件各个部位的凝固收缩都能得到金属液的补充,从而将缩孔转移到冒口中,清理时将冒口切除,获得完整致密的铸件。

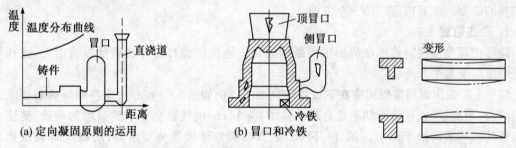

图 3-12 定向凝固原则示意图　　**图 3-13 T 形铸件热应力引起的变形**

② 铸造应力、变形和裂纹　　铸件在冷凝过程中,由于各部分金属冷却速度不同,使得各部位的收缩不一致,又由于铸型和型芯的阻碍作用,使铸件的固态收缩受到制约而产生铸造应力,在应力作用下铸件容易产生变形,甚至开裂。铸造应力按其形成原因的不同,分为收缩应力、热应力和相变应力。

收缩应力是指铸件在固态收缩时,因受铸型、型芯、浇冒口、箱带等外力阻碍而产生的应力。这种应力是暂时的,形成应力的原因一经消除,如落砂清理后,应力便随之消失。

热应力是由于铸件在凝固和冷却过程中,不同部位由于温度差造成不均衡收缩而引起的应力。落砂后热应力仍存在于铸件中,是一种残留应力,如图 3-13 所示。

相变应力是由于铸件内各部分固态相变的先后次序不同,造成各部分体积不均衡变化而引起的应力。

铸造应力对铸件质量危害很大。它使铸件的精度和使用寿命降低。在存放、加工、甚至使用过程中应力重新分布,铸件变形或开裂,同时还降低铸件的耐腐蚀性,因此必须减小和消除它。减少和消除铸造应力的基本方法是采用合理的铸造工艺,使铸件的凝固过程符合同时凝固原则。对于重要的铸件,如车床床身等,必须采用自然时效或去应力退火等方法,将残余应力有效地去除。

当铸造内应力超过金属的强度极限时,铸件便产生裂纹。裂纹是严重的铸造缺陷,必须设法防止。

(2) 影响收缩率的原因

① 化学成分　铁碳合金中灰铸铁的收缩率小,铸钢的收缩率大。这是因为灰铸铁在结晶过程中析出比体积(单位质量物质的体积)大的石墨,产生的体积膨胀抵消了部分收缩。在灰铸铁中,提高碳、硅含量和减少硫含量均可减小收缩。

② 浇注温度　浇注温度越高,液态收缩越大,为减少收缩,浇注温度不宜过高。

③ 铸件结构与铸型材料　型腔形状越复杂,型芯的数量越多,铸型材料的退让性越差,对铸件固态收缩的阻碍越大,产生的铸造收缩应力越大,容易产生裂纹。

3.1.3　铸造工艺设计基础

铸造工艺设计是根据铸件结构特点、技术要求、生产批量、生产条件等,确定铸造方案和工艺参数,绘制图样和标注符号、编制工艺和工艺规程等,是进行生产、管理、铸件验收和经济核算的依据。主要内容包括三个方面。

1. 浇注位置

浇注位置是浇注时铸件在铸型中所处的位置。浇注位置对铸件的质量影响很大,选择时应考虑以下几个原则。

(1) 主要工作面和重要面应在下或置于侧面　例如图 3 - 14(a)中床身的导轨面要求组织致密、耐磨,所以导轨面朝下是合理的。图 3 - 14(b)中气缸套要求质量均匀一致,浇注时应使其圆周表面处于侧壁。图 3 - 14(c)中圆锥齿轮牙齿部分要求高,所以应将其放到下面。

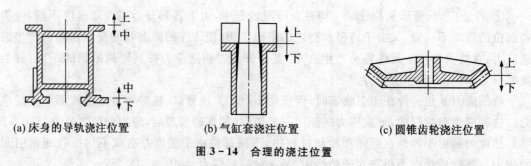

(a)床身的导轨浇注位置　　　(b)气缸套浇注位置　　　(c)圆锥齿轮浇注位置

图 3 - 14　合理的浇注位置

(2) 宽大平面在下　大平面长时间受到金属液的烘烤容易掉砂,在平面上易产生夹砂、砂眼、气孔等缺陷,故铸件的大平面应尽量朝下。如图 3-15 划线平板的平面应朝下。

（3）薄壁面放在下　　铸件薄壁处铸型型腔窄,冷速快,充型能力差,容易出现浇不到和冷隔的缺陷。如图 3-16 所示电机端盖薄壁部位朝下,可避免冷隔、浇不到等缺陷。

（4）厚壁放在上　　将厚大部分放于上部,可使金属液按自下而上的顺序凝固,在最后凝固部分便于采用冒口补缩,以防止缩孔的产生。如将缸头的较厚部位置于顶部,便于设置冒口补缩,如图 3-17。

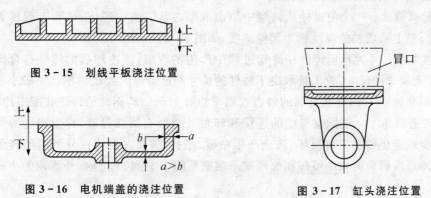

图 3-15　划线平板浇注位置

图 3-16　电机端盖的浇注位置

图 3-17　缸头浇注位置

2. 分型面的确定原则

分型面是铸型组元间的接合面,对铸件质量、制模、制芯、合型等工序的复杂程度影响很大。确定分型面应考虑便于起模、简化铸造工艺、保证铸件质量。

（1）尽可能使铸件全部或主要部分置于同一砂箱中,以避免错型而造成尺寸偏差。

如图 3-18(a)不合理,铸件分别处于两个砂箱中。如图 3-18(b)合理,铸件处于同一砂箱中,既便于合型,又可避免错型。

（2）尽可能使分型面为一平面。如图 3-19(a)若采用俯视图弯曲对称面作为分型面,则需要采用挖砂或假箱造型,使铸造工艺复杂化。如图 3-19(b)起重臂按图中所示分型面为一平面可用分模造型、起模方便。

（3）尽量减少分型面。如图 3-20 中绳轮采用砂芯使三箱造型变成两箱造型简化造型过程,既保证铸件质量,又提高生产率。

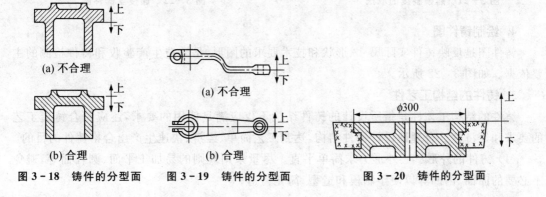

(a) 不合理

(a) 不合理

(b) 合理

(b) 合理

图 3-18　铸件的分型面　　图 3-19　铸件的分型面　　图 3-20　铸件的分型面

3. 工艺参数的选择

(1) 机械加工余量和公差　　加工余量的大小取决于铸件材料、铸造方法、铸件尺寸与形状复杂程度、生产批量、加工面在铸型中的位置及加工面的质量要求。一般灰铸铁件的加工余量小于铸钢件，有色金属件小于灰铸铁件；手工造型、单件小批、形状复杂、大尺寸、位于铸型上部的面及质量要求高的面，加工余量大些；机器造型、大批生产加工余量可小些。铸件的尺寸公差的数值可按标准选择。

(2) 起模斜度　　为使模样从铸型中取出或型芯从芯盒中脱出，平行于起模方向在模样（或芯盒）壁上所增加的斜度称为起模斜度，如图 3-21 所示。

(3) 收缩率　　为补偿铸件在冷却过程中产生的收缩，使冷却后的铸件符合图样的要求，需要放大模样的尺寸，放大量取决于铸件的尺寸和该金属的线收缩率。一般小型灰铸铁件的线收缩率约取 1%；非铁金属的铸造收缩率约取 1.5%；铸钢件的铸造收缩率约取 2%。

(4) 铸造圆角　　模样壁与壁的连接和转角处要做成圆弧过渡，称为铸造圆角。铸造圆角可减少或避免砂型尖角损坏，防止产生粘砂、缩孔、裂纹。但铸件分型面的转角处不能有圆角。铸造内圆角的大小可按相邻两壁平均壁厚的 1/3～1/5 选取，外圆角的半径取内圆角的一半。

(5) 最小铸出孔　　当铸件上的孔和槽尺寸过小、而铸件壁厚较大时孔可不铸出，待机械加工时切出，这样可简化铸造工艺。一般铸铁件，$\phi<30$ mm（单件小批）、$\phi<15$ mm（成批）、$\phi<12$ mm（大量）；铸钢件，$\phi<50$ mm（单件小批）、$\phi<30$ mm（成批）的孔可不铸出。

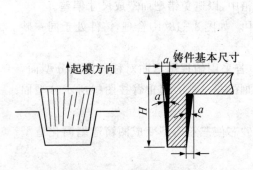

图 3-21　起模斜度的取法

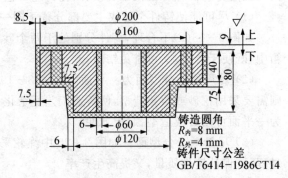

图 3-22　连接盘铸件图

4. 绘制铸件图

铸件图是反映铸件实际尺寸、形状和技术要求的图形，是铸造生产验收和铸件检测的主要依据。如图 3-22 所示。

5. 铸件的结构工艺性

铸件的结构工艺性是指所设计的铸件结构不仅应满足使用的要求，还应符合铸造工艺的要求和经济性。合理地设计铸件结构，达到工艺简单、经济、快速生产出合格铸件的目的。

(1) 铸件的外形　　外形力求简单平直。尽量采用规则的易加工平面、圆柱面等，避免不必要的曲面、内凹等以便于制模和造型，简化铸造；

① 避免或减少活块　　合理设计零件上的凸台、肋板,厚度应适当、分布应合理,以方便起模。

② 尽量减少分型面的数量　　分型面少且为平面可避免多箱造型和不必要的型芯,不仅可简化造型工艺,还能减少错型和偏芯,提高铸件精度,例如图3-24。

(a) 不合理　　(b) 合理

图3-23　避免活块示例

(a) 原设计　　(b) 改进后设计

图3-24　底座铸件减少分型面设计示例

③ 应设计结构斜度　　在垂直于分型面的非加工面应设计适当的结构斜度,以便于起模,避免在起模时损坏型腔,提高铸件精度。一般手工造型木模的结构斜度为1°～3°。铸件垂直壁的高度增加,结构斜度减小;内壁的斜度大于外壁的斜度;木模或手工造型的斜度大于金属模或机器造型,例如图3-25。

④ 铸件的孔和内腔　　尽量少用或不用芯。铸件上的孔和内腔是用型芯来形成的,其数量的增加会使生产周期延长,成本增高,并使合型装配困难,降低铸件的精度,容易引起各种铸造缺陷。图3-26为悬臂支架的设计,图3-26(a)是中空结构,需要用型芯来铸出,改进后图3-26(b)为开式结构,可不用芯子,这样简化了铸造工艺。

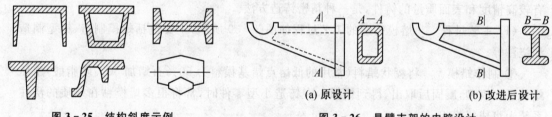

图3-25　结构斜度示例

(a) 原设计　　(b) 改进后设计

图3-26　悬臂支架的内腔设计

⑤ 铸件的壁厚应均匀　　铸件各部分壁厚相差过大,不仅容易在较厚处产生缩孔、缩松缺陷,还会使各部位冷速不均,铸造内应力增大,造成铸件开裂,例如图3-27。

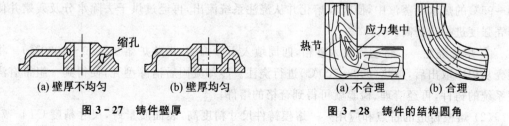

(a) 壁厚不均匀　　(b) 壁厚均匀

图3-27　铸件壁厚

(a) 不合理　　(b) 合理

图3-28　铸件的结构圆角

⑥ 铸件的壁间连接应合理　　转角处应有结构圆角,如图3-28所示。避免交叉和锐

角连接,如图3-29(a)所示应避免壁厚突变。有时铸件的壁厚不可能完全一致,厚壁与薄壁的连接应采用逐渐过渡,以避免因壁厚突变而引起应力集中,例如图3-29(b)所示。

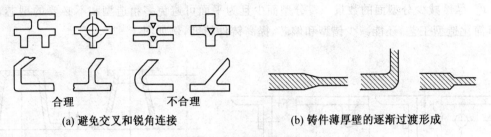

（a）避免交叉和锐角连接   （b）铸件薄厚壁的逐渐过渡形成

图3-29　铸件的壁间连接设计

3.1.4　特种铸造

砂型铸造虽然是铸造生产中最基本的方法,并且有许多优点,但也存在一些难以克服的缺点,如一型一件,生产率低,铸件表面粗糙,加工余量较大,废品率高,工艺过程复杂,劳动条件差等。为克服上述缺点,在生产实践中开发出一些有别于砂型铸造的其他铸造方法,统称特种铸造。其中常用的特种铸造有熔模铸造、金属型铸造、压力铸造、离心铸造。

1. 熔模铸造

熔模铸造是在用易熔材料制成的模样表面涂敷若干层耐火涂料,待其干燥硬化后,将模样熔失而制成整体型壳,将金属液浇入型壳而获得铸件的方法。这种铸造方法能够获得具有较高精度和表面质量的铸件,是一种精密铸造方法。

（1）工艺过程　熔模铸造的工艺过程如图3-30所示,主要包括蜡模制造、铸型制造和浇注等。

① 制作蜡模　将糊状蜡料（常用的低熔点蜡基模料为50%石蜡加50%硬脂酸）用压蜡机压入模型,凝固后取出,得到蜡模。在铸造小型零件时,常将很多蜡模粘在蜡质的浇注系统上组成蜡模组。

② 制作型壳　将蜡模组浸入涂料（石英粉加水玻璃粘结剂）中,取出后在上面撒一层硅砂,再放入硬化剂（如氯化铵溶液）中进行硬化。反复进行挂涂料、撒砂、硬化4~10次,这样就在蜡模组表面形成由多层耐火材料构成的坚硬型壳。然后将带有蜡模组的型壳放入80~95℃的热水或蒸汽中,使蜡模熔化并从浇注系统流出,再经过烘干去除水分及残蜡并使型壳强度进一步提高。

③ 焙烧浇注　将型壳放入砂箱,四周填入干砂捣实,再装炉焙烧（800~1000℃）。将型壳从炉中取出后,趁热（600~700℃）进行浇注。冷却凝固后清除型壳,便得到一组带有浇注系统的铸件,再经清理、检验就可得到合格的熔件。

（2）熔模铸造的特点和应用　熔模铸件尺寸精度高,表面质量好,尺寸精度CT4~7,表面粗糙度$Ra1.6$~$12.5\ \mu\mathrm{m}$;可实现少切削或无切削加工,提高金属材料利用率;可铸出形状复杂的薄壁铸件,最小壁厚可达 0.3 mm,最小铸孔直径达 0.5 mm。熔模铸造的型壳耐火度高,适用于各种金属材料,尤其适用于那些高熔点金属及难切削加工金属的铸造,并且生产批量不受限制。但熔模铸造工序繁杂,生产周期长,铸件尺寸和重量受限制,一般不超过25 kg。熔模铸造主要用于成批生产形状复杂、精度要求高或难以进行切削加工的小型零件。如汽轮机叶片、成形刀具和汽车、拖拉机、机床上的小型零件。

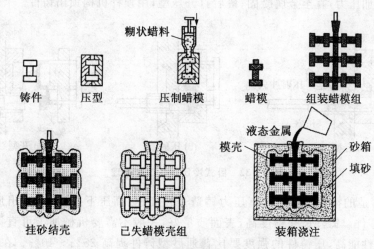

图 3 - 30　熔模铸造工艺过程

2. 金属型铸造

金属型铸造是将液态金属浇入金属铸型,以获得铸件的铸造方法。金属型可重复使用,故又称永久型铸造。

(1) 金属型的结构　　根据铸件的结构特点,金属型可采用多种型式,有整体式、水平分型式、垂直分型式和复合分型式几种,如图 3 - 31 所示。其中垂直分型式由于便于开设内浇道、取出铸件和易实现机械化而应用较多。金属型一般用铸铁或铸钢制造,型腔采用机加工的方法制成。

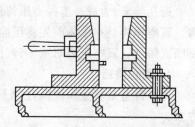

图 3 - 31　垂直分型式金属型结构

(2) 金属型铸造的特点和应用　　金属型"一型多铸",工序简单,易实现机械化和自动化;生产率高,劳动条件好;金属型内腔表面光洁,刚度大,所以铸件精度高,表面质量好,切削加工余量小,节约原材料和加工费用;金属型导热快,铸件冷却速度快,凝固后铸件晶粒细小,从而提高铸件的力学性能。但金属型成本高,制造周期长,铸造工艺要求严格;金属型不透气,而且无退让性,易造成铸件冲不足、开裂或铸铁件白口等缺陷。因此,金属型铸造主要适用于大批量生产形状简单的有色金属铸件。如铝活塞、气缸、缸盖、油泵壳体及铜金属轴瓦、轴套等。

3. 压力铸造

压力铸造是将熔融的金属在高压下快速压入压型,并在压力下凝固,以获得铸件的方法。压力铸造通常在压铸机上完成,压铸机分立式和卧式两种。

(1)压力铸造的工艺过程 图3-32为卧式压铸机工作过程示意图。首先移动动型,使压型闭合;用定量勺将金属液注入压室中;然后使压射头向前推进,将金属液压入压型的型腔中;继续施加压力,直至金属凝固;最后打开压型,用顶杆机构顶出铸件。

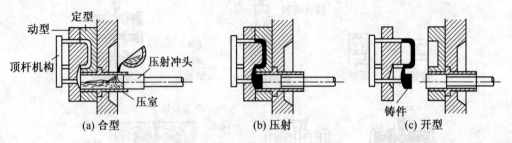

图3-32 卧式冷压铸机工作原理

(2)压力铸造的特点及应用 压力铸造是在高速、高压下成型,可铸出形状复杂、轮廓清晰的薄壁零件。铸件尺寸精度高,表面质量好,一般不需要机械加工可直接使用,而且组织细密,力学性能高,压铸件的强度要比普通砂型铸件提高25%~40%。在压铸机上生产,生产率高,劳动条件好。但是,压铸设备投资大,压型制造成本高,周期长,而且压型工作条件恶劣易损坏。目前主要用于大量生产非铁合金(主要为铝合金、锌合金及镁合金)中小型铸件,如发动机的气缸体、箱体、化油器以及仪表、电器、无线电、日用五金、纺织、医疗器械的中小零件等。

近几年来,为进一步提高压铸件质量,在压铸工艺和设备方面又有新的进展,如真空压铸。真空压铸是在压铸前先将压腔内的空气抽除,使液态金属在具有一定真空度的型腔内凝固成铸件。真空压铸对减小铸件内部的微小气孔,提高质量具有良好的效果。

4. 离心铸造

离心铸造是将金属液浇注到旋转的铸型中,在离心力作用下充型、凝固而获得铸件的方法。

(1)离心铸造的基本方式 离心铸造必须在离心铸造机上进行,可分立式或卧式两类。立式离心铸造机的铸型绕垂直轴旋转,如图3-33(a)所示。当其浇注圆筒形铸件时,熔融金属并不填满型腔,金属液在离心力作用下紧贴型腔外侧,铸件自动形成中空的内腔,其厚度取决于加入的金属量。立式离心铸造主要适用于铸件高度不大的环、套类零件。卧式离心铸造机的铸型绕水平轴旋转,如图3-33(b)所示。由于铸件各部分冷却条件相近,铸出的圆筒形铸件的壁厚沿长度和圆周方向都很均匀。卧式离心铸造主要用于生产长度较大的筒类、管类铸件,如内燃机缸套、铸管、铜管等。

(2)离心铸造的特点和应用 离心铸造不用型芯,不需要浇冒口,工艺简单,生产率和金属利用率高,成本低。在离心力作用下,金属液中的气体和夹杂物因密度小而集中在铸

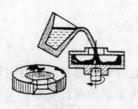
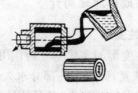

(a) 立式离心铸造　　　　　　　(b) 卧式离心铸造

图 3-33　离心铸造示意图

件内表面,金属液从外向内定向凝固,因此铸件组织致密,无缩孔、缩松、气孔、夹杂等缺陷,力学性能好,且金属液的充型能力好。但利用自由表面所形成的内孔,尺寸误差大,内表面粗糙,易产生偏析。目前主要用于生产空心回转体铸件,如铸铁管、气缸套、活塞环及滑动轴承、双金属轴承、特殊钢的无缝管等。

5. 其他铸造方法

除了以上常见的几种铸造方法,还有往水冷金属型中连续浇注金属,连续凝固成形的铸造方法——连续铸造;采用陶瓷型铸造铸件的方法——陶瓷型铸造;用泡沫塑料制造的模样留在砂型内,在浇注金属时,模样气化消失获得铸件的铸造方法——实型铸造等。

3.2　锻　　压

锻压是对坯料施加外力,使其产生塑性变形,改变形状、尺寸,改善性能,用于制造机器零件、工件或毛坯的成形加工方法,它是锻造与冲压的总称。锻压加工具有以下特点:

(1) 改善金属组织,提高金属的力学性能　　金属经过锻压可使金属毛坯的晶粒变得细小,可以使原组织中的气孔、微裂纹、缩松压合,提高组织的致密度;锻压还可形成并能控制金属的纤维方向,使其合理分布,提高零件的力学性能。

(2) 适用范围广,生产效率高

(3) 节省材料,减少切削加工工时　　锻压件的强度等力学性能高于铸件,可以相对地减少零件的截面尺寸,减轻零件的重量。此外,一些锻压加工的新工艺(如精密模锻)可以生产出尺寸精度和表面粗糙度接近或达到成品零件的要求,只需少量或不经切削加工就可得到成品零件,即做到少切削或无切削。

与铸造锻压相比难以获得形状较为复杂的零件。因此,锻态金属和铸态金属相比,其性能得到了极大的改善。很多承受重载荷、受力复杂的机器零件或毛坯都使用锻件,如机床的主轴和齿轮、内燃机的连杆、起重机的吊钩等。冲压是指板料在冲压设备及模具作用下,通过塑性变形产生分离或变形而获得制件的加工方法。冲压通常在再结晶温度以下完成变形的,因而也称为冷冲压。冲压件具有刚性好、结构轻、精度高、外形美观、互换性好等优点。因此广泛应用于汽车、拖拉机外壳、电器、仪表及日用品生产。

3.2.1 金属塑性成形原理简介

1. 金属的塑性变形

（1）金属塑性变形的实质　　当作用在金属上的外力超过屈服点时，外力取消后，金属的变形不能完全恢复，而产生一部分永久变形，称为金属的塑性变形。

① 单晶体的塑性变形　　单晶体的塑性变形主要是以滑移的方式进行的，即晶体的一部分沿着一定的晶面和晶向相对于另一部分发生滑动。当原子滑移到新的平衡位置时，晶体就产生了微量的塑性变形。许多晶面滑移的总和，就产生了宏观的塑性变形，如图 3 - 34 所示。

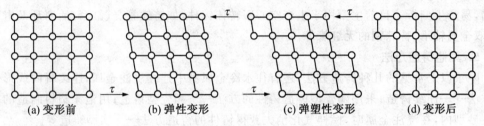

(a) 变形前　　　　(b) 弹性变形　　　　(c) 弹塑性变形　　　　(d) 变形后

图 3 - 34　切应力作用下的晶体变形示意图

实际上滑移是借助位错的移动来实现的，位错的原子面受到前后两边原子的排斥，处于不稳定的平衡位置，只需加上很小的力就能打破力的平衡，使位错前进一个原子间距。在切应力作用下，大量位错移出晶体表面，就产生了宏观的塑性变形，如图 3 - 35 所示。

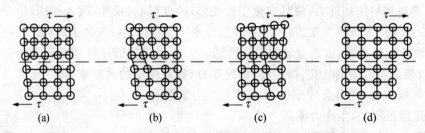

(a)　　　　　　(b)　　　　　　(c)　　　　　　(d)

图 3 - 35　通过位错运动产生滑移的示意图

② 多晶体的塑性变形　　常用金属材料都是多晶体。多晶体中各相邻晶粒的位向不同，并且各晶粒之间有晶界。由于多晶体中各个晶粒的位向不同，在外力的作用下，有的晶粒处于有利于滑移的位置，有的晶粒处于不利于滑移的位置。当处于有利于滑移位置的晶粒要进行滑移时，必然受到周围位向不同的其他晶粒的约束，使滑移的阻力增加，从而提高了塑性变形的抗力。

（2）塑性变形对金属组织和性能的影响

① 组织变化　　金属在常温下塑性变形时，晶粒的形状会沿变形方向被拉长或压扁，晶粒内部及晶间会产生碎晶粒。随着变形量逐渐增加，各晶粒将会被拉成细条状，晶界变得模糊不清。金属中的塑性夹杂物也会沿着变形方向被拉长，形成纤维组织。这种组织使金

属在不同方向上表现出不同的性能。

② 冷变形强化　　冷变形时,随着变形程度的增加,金属材料的强度和硬度都有提高,但塑性有所下降,这种现象称为冷变形强化或加工硬化。金属的变形量越大,强化效果越显著。

③ 可产生残余应力　　由于金属的塑性变形是不均匀的,在变形后变形体内会有残余应力存在。导致工件的形状和尺寸的变化,还会降低工件的承载能力。因此,对精密零件在冷塑性变形加工后,需进行去应力退火以提高尺寸稳定性。

(3) 冷变形金属在加热时组织和性能的转变　　冷变形金属当加热到一定温度时,由于原子的活动能力加强,会发生组织和性能的变化,使金属恢复到稳定状态。

① 回复　　加热温度较低时,冷变形后的金属处于回复阶段,此时的强度、硬度略有下降,塑性稍有升高,残余应力明显降低。使金属得到回复的温度称为回复温度,用 $T_{回}$ 表示。纯金属的回复温度可用下式表示:

$$T_{回} \approx (0.25 \sim 0.30) T_{熔},$$

式中 $T_{回}$ 为纯金属的绝对回复温度(K), $T_{熔}$ 为纯金属的绝对熔化温度(K)。

生产中常利用回复现象对冷变形强化后的工件进行低温去应力退火,以消除应力、稳定组织,保留冷变形强化的性能。

② 再结晶　　加热温度较高时,冷变形后的晶粒重新生核、结晶,形成新的无畸变的等轴晶,这一过程称为再结晶。冷变形后的金属经过再结晶后,消除了晶格畸变、冷变形强化和残余应力,使金属的组织和性能恢复到变形前的状态。开始产生再结晶的最低温度称为再结晶温度,用 $T_{再}$ 表示。纯金属的再结晶温度可用下式表示:

$$T_{再} \approx 0.40 T_{熔},$$

式中 $T_{再}$ 为纯金属的绝对再结晶温度(K), $T_{熔}$ 为纯金属的绝对熔化温度(K)。

当加热温度超过再结晶温度过多时,晶粒会聚集长大,力学性能随之变差。因此,冷变形零件的再结晶退火温度不宜过高。

(4) 冷变形和热变形　　冷、热变形的界限是再结晶温度,在再结晶温度以下的变形是冷变形,此时的变形只有加工硬化现象无再结晶现象,因此随着变形的进行,变形抗力增高、塑性降低,最终将导致金属破裂。热变形是再结晶温度以上的变形,在热变形过程中既产生加工硬化,又有再结晶现象,且加工硬化现象被随之而来的再结晶所消除,热变形后的组织是再结晶后的组织,具有良好的塑性,较低的变形抗力。因此,金属的锻压加工主要采用热变形来进行。热变形对金属组织和性能的影响如下。

① 改变金属的组织和性能　　锻压加工所用的原始坯料多为铸锭,通过热变形可消除铸态组织中的部分偏析,使粗大的柱状晶粒通过变形和再结晶获得细小的等轴晶,使金属中的气孔、缩松等缺陷被焊合,提高材料的致密度;可将高合金工具钢铸态组织中的大块碳化物打碎,使其均匀分布。所以热变形后金属的力学性能大大提高,强度比原来提高 1.5 至两倍以上,塑性和韧性提高得更多。

② 使金属性能各向异性　　铸锭中的杂质多分布在晶界上,金属变形时晶粒沿变形方向伸长,而脆性杂质被打碎,顺着主要伸长方向呈碎粒状或链状分布;塑性杂质随着金属变形,沿主要伸长方向呈带状分布。这种具有方向性的组织称为锻造流线,也称纤维组织,这种组织使金属的性能各相异性,即平行流线方向(纵向)的抗拉强度、塑性和韧性比垂直流线方向(横向)的好。

（5）金属的锻压性能　　金属的锻压性能是指金属锻压变形难易程度的一种工艺性能,常用塑性和变形抗力两个指标来综合衡量。塑性越好、变形抗力越小,金属的锻压性能就越好。反之,锻压性能就越差。影响金属锻压性能的因素是金属的本质和变形条件。

① 化学成分的影响　　一般纯金属的锻压性能比合金好;在碳素钢中,含碳量越多,锻压性能越差;在合金钢中,合金元素的种类和含量越多,锻压性能越差。

② 金属组织的影响　　一般固溶体的锻压性能好,金属化合物的锻压性能差;合金中的单相组织比多相组织锻压性能好。晶粒细小而均匀的组织比铸锭中的柱状晶组织和粗晶粒组织的锻压性能好。

③ 变形温度的影响　　随变形温度的升高,变形抗力下降,塑性增加,金属的锻压性能得到改善,但温度过高会引起过热或过烧。因此,热变形加工需选择一个合适的锻压温度范围。

④ 变形速度的影响　　一般情况下,随着变形速度的增加,金属的回复和再结晶不能及时克服冷变形强化现象,使塑性下降,变形抗力增加,锻压性能变差。因此,对塑性差的金属和大型锻件,宜采用较小的变形速度。

2. 金属锻造的加热和冷却

（1）坯料的加热　　加热的目的是为了提高坯料的塑性、降低变形抗力,改善锻压性能。加热时,应保证坯料均匀热透,尽量减少氧化、脱碳,降低燃料消耗,尽量缩短加热时间。

① 始锻温度　　开始锻造时坯料的温度即始锻温度。为使坯料有最佳的锻压性能,在不出现过热和过烧的前提下,应尽量提高始锻温度,减少加热次数。碳钢的始锻温度比固相线低 200℃左右。

② 终锻温度　　坯料停止锻造的温度即终锻温度,应高于再结晶温度,以保证在停锻前坯料有足够的塑性,锻后能获得细小的再结晶组织。但终锻温度过高,易形成粗大晶粒,降低力学性能;终锻温度过低,锻压性能变差。碳钢的终锻温度在 800℃左右。

（2）锻件的冷却　　冷却是锻造工艺过程中不可缺少的工序,锻后冷却不当,会使锻件发生翘曲变形、硬度过高、甚至产生裂纹等缺陷。锻造生产中常见的冷却方法有以下三种。

① 空冷　　空冷是将热态锻件放在静止空气中冷却。空冷速度较快,多用于低碳钢、中碳钢和低合金结构钢中的中小型锻件。

② 坑冷或灰砂冷　　坑冷是将热态锻件埋在地坑或铁箱中缓慢冷却的方法。灰砂冷是将热态锻件埋入炉渣、灰或砂中缓慢冷却的方法。这两种冷却方法均比空冷慢,主要用于

中、高碳结构钢、碳素工具钢和中碳低合金结构钢的中型锻件的冷却。

③ 炉冷　　炉冷是将锻后的锻件放入炉中缓慢冷却的方法。这种方法冷却速度最慢，生产效率最低，常用于合金钢大型锻件、高合金钢重要锻件的冷却。

3.2.2　锻造

对金属坯料(不含板材)施加外力，使其产生塑性变形、改变尺寸、形状，改善性能，用以制造机械零件、工件、工具或毛坯的成形加工方法，锻造按成形方法可分为自由锻、模锻等。

1. 自由锻

自由锻是利用冲击力或压力使金属在上、下两个抵铁间产生变形，从而获得所需形状及尺寸锻件的一种加工方法。金属坯料在抵铁间受力变形时，可向各个方向变形，不受限制。所以称为自由锻。

(1) 自由锻的分类、特点及应用　　自由锻分为手工锻和机器锻两种。前者适用于小件生产或维修工作；后者是自由锻的基本方法，工厂主要采用的生产方式。自由锻的设备和工具简单，适应性强、灵活性大，成本低，可锻造小至几克大至数百吨的锻件。但锻件的尺寸精度低、材料的利用率低，劳动强度大、条件差、生产率低、要求工人的技术水平较高，主要适用于单件、小批和大型锻件的生产。

(2) 自由锻设备　　自由锻设备按对金属的作用力性质分为自由锻锤(冲击力作用)和压力机(静压力作用)两类设备。其中，自由锻锤设备有空气锤和蒸汽-空气锤；压力机有水压机、油压机等。

① 空气锤　　空气锤是一种利用电力直接驱动的锻造设备，在空气锤上既可自由锻，也可胎膜锻。

空气锤有两个汽缸，即工作汽缸和压缩汽缸。压缩汽缸内的活塞由电动机通过减速机构、曲柄、连杆带动，作上下往复运动。其汽缸里的压缩空气经过上下旋阀交替进入工作汽缸的上部和下部空间，使工作汽缸内的活塞连同锤杆和上砧铁一起作上下运动，对放在下砧铁上的金属坯料进行打击。空气锤可根据锻造工作的需要，作连续打击、上砧铁上悬、下压和单次打击等动作。空气锤具有价格低，工作行程短，打击速度快，结构简单，操作方便等优点，广泛地应用于小型锻件的锻造。

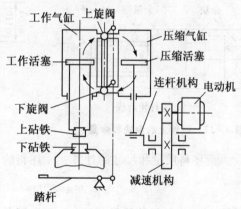

图 3-36　空气锤结构简图

② 水压机　　水压机以静压力作用在坯料上，工作震动小，易将坯料锻透，坯料变形速度慢，有利于金属的再结晶，提高锻件的塑性，可获得大量变形等优点。但存在结构笨重，辅助装置庞大，造价高等缺点。水压机主要适用于大型锻件和高合金钢锻件的锻造，其规格用产生的最大静压力表示，一般为 5～125 MN，可锻钢锭的质量为 1～300 t。

③ 蒸汽-空气自由锻锤　　蒸汽-空气自由锻锤是以蒸汽或压缩空气为工作介质,驱动锤头上下运动而进行工作的,常用的吨位为 1～5 t,使用于锻造中型或大型的锻件。

（3）自由锻工序　　自由锻工序分为基本工序、辅助工序和精整工序。基本工序包括镦粗、拔长、冲孔、弯曲、切割等;辅助工序包括压钳口、倒棱、压肩等;精整工序是对已成形的锻件表面进行平整,清除毛刺、校直弯曲、修整鼓形等。

（4）自由锻工艺规程的制定　　工艺规程是指导生产的基本技术文件。自由锻的工艺规程主要有以下内容。

① 绘制锻件图　　锻件图是以零件图为基础并考虑锻造余块、机械加工余量、锻件公差等因素绘制而成的图样,是锻造加工的依据。绘制锻件图应注意以下内容:

● 机械加工余量　　由于自由锻的精度和表面质量难以达到要求,一般均需进一步切削加工。凡表面需要加工的部分,在锻件上留一层作机械加工用的金属部分,称为机械加工余量,如图 3 - 37 所示。

● 锻件公差　　锻件公差是锻件的实际尺寸与基本尺寸之间所允许的偏差。锻件的基本尺寸是零件的基本尺寸加上机械加工余量。锻件公差值的大小可根据锻件形状、尺寸、生产批量、精度要求等查阅相关手册,一般取加工余量的 1/4～1/3。

● 余块　　余块是为了简化锻件形状,便于锻造而附上去的一部分金属,如图3-37所示。

● 锻件图的绘制规则　　锻件图的外形用粗实线绘制,零件的轮廓形状用双点画线绘制。锻件的基本尺寸和公差标注在尺寸线上,零件的基本尺寸标注在尺寸线下方并加括号,如图 3-38 所示。

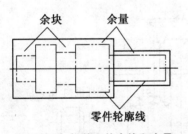

图 3 - 37　锻件上的余块和余量

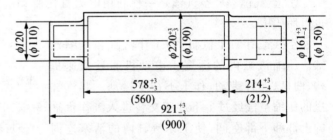

图 3 - 38　轴的锻件图

② 坯料质量和尺寸的计算　　坯料的质量可按下式计算:

$$m_{坯料} = m_{锻件} + m_{烧损} + m_{切头} + m_{芯料}。$$

式中,$m_{坯料}$ 为坯料的质量(kg),$m_{锻件}$ 为锻件的质量(kg),可由 $m_{锻件} = V_{锻件}\rho$ 算出,$V_{锻件}$ 为体积,ρ 是金属的密度,$m_{烧损}$ 为坯料在加热和锻造过程中损耗的质量(kg)。第一次加热时可取锻件质量的 2%,以后需要再加热时,每火次按锻件质量的 1.5% 计算,$m_{切头}$ 为锻造过程中被切去的多余金属质量(kg),$m_{芯料}$ 为冲孔时芯料的质量(kg)。

根据上述的计算式和坯料的密度,计算出坯料的体积:

$$V_{坯料} = m_{坯料}/\rho,$$

式中 ρ 为金属的密度,对钢铁材料 $\rho=7.85\ \mathrm{g/cm^3}$。

根据计算式 $L_{坯料}=V_{坯料}/A_{坯料}$ 计算出坯料的长度或高度,最后根据国家标准选用标准值。

确定坯料尺寸时,应考虑到坯料在锻造过程中必须的变形程度即锻造比 Y(坯料横截面面积 A_O 与锻件横截面面积 $A_{锻件}$ 之比)的问题,锻造比一般不小于 $2.5\sim3$。

③ 选择锻造工序　锻造工序的选择应根据锻件的形状、尺寸和技术要求,结合已有的设备、生产批量、工具、工人的技术水平等因素综合考虑。如:

● 圆截面轴类,如传动轴、齿轮轴等。锻造工艺方案为:(a) 拔长;(b) 镦粗－拔长;(c) 局部镦粗－拔长。

● 空心类,如空心轴、法兰、圆环、套筒、齿圈等。锻造工艺方案:(a) 镦粗－冲孔;(b) 镦粗－冲孔－扩孔;(c) 镦粗－冲孔－芯轴上拔长。

● 饼块类,如齿轮、圆盘叶轮、模块轴头等,锻造工艺方案:镦粗或局部镦粗。

④ 选择锻造设备　锻造设备应根据锻件材料,坯料的形状、尺寸、重量,锻的基本工序、设备的锻造能力等因素进行选择。对中小型锻件,一般选用锻锤;对大型锻件,则用压力机。

⑤ 选择坯料加热、锻件冷却和热处理方法　按照要求制定坯料的加热、锻件的冷却和热处理方法。齿轮坯锻造工艺卡片如表 3－2 所示。

表 3－2　齿轮坯锻造工艺卡片

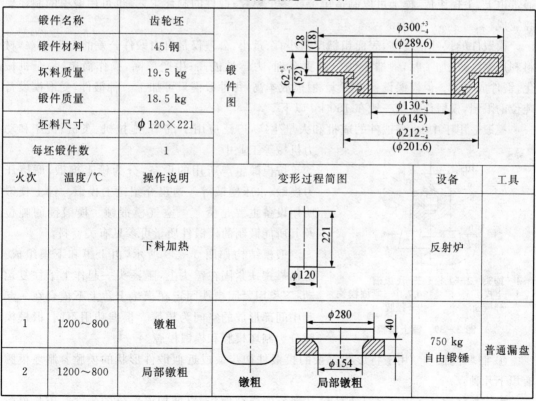

火次	温度/℃	操作说明	变形过程简图	设备	工具
		下料加热		反射炉	
1	1200～800	镦粗		750 kg 自由锻锤	普通漏盘
2	1200～800	局部镦粗			

锻件名称	齿轮坯
锻件材料	45 钢
坯料质量	19.5 kg
锻件质量	18.5 kg
坯料尺寸	$\phi 120\times221$
每坯锻件数	1

火次	温度/℃	操作说明	变形过程简图	设备	工具
3	1200～800	冲孔	冲孔　　　扩孔	750 kg 自由锻锤	冲头
4	1200～800	扩孔			
5	1100～800	修整	ϕ212　ϕ130　ϕ300 62 28 修整	750 kg 自由锻锤	

2. 模锻和胎模锻

(1) 模锻　　利用模具使坯料变形而获得锻件的锻造方法,称为模锻。模锻与自由锻相比有明显的不同,与胎模锻也有很大差别。模锻所用的锻模,固定在专用的模锻设备上,通常由上、下模组成,模上可以制造单个或多个模膛;锻件的制坯工艺,也可用锻模的制坯模膛完成。

模锻件的尺寸精度高,表面粗糙度值小;余量小,公差仅是自由锻件公差的1/3～1/4,材料利用率高;机加工时,锻造流线分布更合理,力学性能高;生产率高,操作简单,易于机械化,锻件成本低。但模锻设备投资大,锻模成本高,每种锻模只可加工一种锻件;受锻模设备吨位的限制,模锻件质量一般在 150 kg 以下。

模锻适用于中、小型锻件的成批和大量生产,广泛应用于汽车、拖拉机、飞机、机床和动力机械等工业中。

按模锻生产所用的设备,分为锤上模锻、摩擦压力模锻、水压模锻等。这里介绍锤上模锻。锤上模锻所用设备主要是蒸气—空气模锻锤。模锻锤的吨位及其所能锻制的模锻件质量可参见有关资料。

锻模结构如图 3－39 所示,由上模和下模组成。上模靠楔铁紧固在锤头上,随锤头一起作上下往复运动;下模用紧固楔铁固定在模垫上。上下模合在一起其中间部形成的空间为模膛。根据功用不同,锻模模膛分为制坯模膛和模锻模膛。

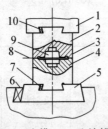

1—锤头　2—上模　3—飞边槽
4—下模　5—模垫　6,7,10—紧固楔铁
8—分模面　　9—模膛
图 3－39　锤上锻模

① 制坯模膛　　用于将形状复杂的模锻件初步锻成近似锻件形状的模膛。制坯模膛有以下几种:

● 拔长模膛　　用它来减小坯料其部分的横截面积,以增加该部分的长度。拔长模膛

有开式和闭式两种,如图2-40所示,一般设在锻模的边缘。操作时一边送进坯料,一边翻转。

● 滚压模膛   用它来减小坯料某部分的横截面积,以增大另一部分的横截面积,主要是使金属按模锻件的形状来分布。滚压模膛有开式和闭式两种,如图3-41所示,操作时需不断翻转坯料。

● 弯曲模膛   如图3-42(a)所示,用于使坯料弯曲。

● 切断模膛   如图3-42(b)所示,它是在上模与下模的角部组成一对刀口,用来切断金属。

此外,还有成形模膛、镦粗台、击扁面等制坯模膛。

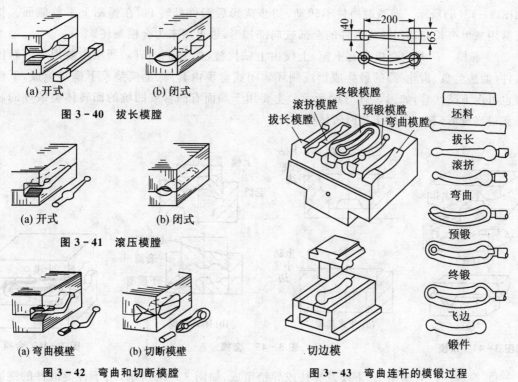

(a) 开式   (b) 闭式

图3-40   拔长模膛

(a) 开式   (b) 闭式

图3-41   滚压模膛

(a) 弯曲模膛   (b) 切断模膛

图3-42   弯曲和切断模膛

图3-43   弯曲连杆的模锻过程

② 模锻模膛   用于模锻件成形的模膛,可分为预锻模膛和终锻模膛。

● 预锻模膛   锻坯最终成形前获得接近终锻形状的模膛。它可提高终锻模膛的寿命,其结构比终锻模膛高度略大,宽度略小,容积大,模锻斜度大,圆角半径大,无飞边槽。对形状复杂的锻件,大批量生产时常采用预锻模膛预锻。

● 终锻模膛   模锻时最后成形用的模膛。它的形状应与锻件形状相同。沿模膛四周有飞边槽,使上、下模合拢时能容纳多余的金属,飞边槽靠近模膛处较浅,可增加金属外流阻力,促使金属充满模膛。根据模锻件的复杂程度不同,锻模又分单膛锻模和多膛锻模。单膛锻模是在一副锻模上只有终锻模膛。多膛锻模是在一副锻模上具有两个以上模膛的锻模,如弯曲连杆模锻件的锻模即为多膛锻模,如图3-43所示。

（2）胎模锻　　在自由锻设备上使用可移动模具生产模锻件的锻造方法，称为胎模锻。胎模锻一般用自由锻方法制坯，在胎模中最后成形。胎模不固定在锤头或砧座上，需要时放在下砧铁上。

胎模锻与自由锻相比，具有生产率高、锻件尺寸精度高、表面粗糙度值小、余块少、节约金属、降低锻件成本等优点。与模锻件相比，具有胎模制造简单，不需贵重的模锻设备，成本低，使用方便等优点。但胎模锻尺寸精度和生产率不如锤上模锻高，工人劳动强度较大，胎模寿命短。胎模锻适于中、小批量生产，在缺少模锻设备的中、小型工厂应用广泛。常用的胎模按其结构分有以下三种：

① 扣模，如图 3－44（a）所示扣模由上、下扣组成或只有下扣，上扣由上砧代替，如图 3－43(b)所示。锻造时锻件不转动，初步成形后锻件翻转 90°在锤砧上平整侧面。扣模常用来生产长杆非回转体锻件的全部或局部扣形，也可用来为合模制坯。

② 套模　　开式套模只有下模，上模由上砧代替，如图 3－45（a）所示主要用于回转体锻件（如法兰盘、齿轮等）的最终成形或制坯。闭式套模由套筒、上模垫及下模垫组成，下模垫也可由下砧代替，如图 3－45(b)所示。主要用于端面有凸台或凹坑的回转体类锻件的制坯和最终成形，有时也用于非回转体类锻件。

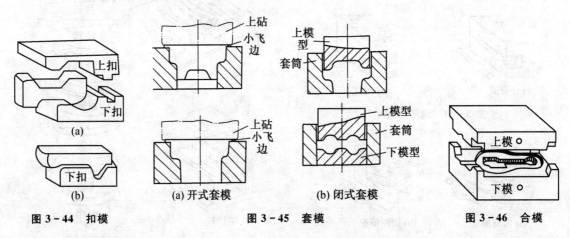

图 3－44　扣模　　　　　　　　　　　图 3－45　套模　　　　　　　　　　图 3－46　合模

③ 合模　　合模由上、下模及导柱或导销组成，如图 3－46 所示，用于各类锻件的终锻成形，尤其是非回转体类复杂形状的锻件（如连杆、叉形件等）。图 3－47 为法兰盘胎模锻过程。

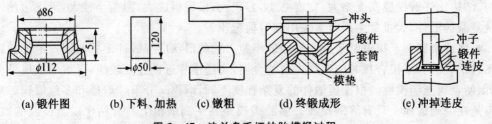

(a) 锻件图　　　(b) 下料、加热　　　(c) 镦粗　　　(d) 终锻成形　　　(e) 冲掉连皮

图 3－47　法兰盘毛坯的胎模锻过程

3.2.3 板料冲压

利用冲模使板料产生分离或变形以获得零件的加工方法,称为板料冲压。板料冲压一般在室温下进行,故称为冷冲压;只有当板料厚度超过 8 mm 时,采用热冲压。板料冲压具有下列特点:

① 可冲压形状复杂的零件,废料较少。

② 冲压件有较高的尺寸精度和表面质量,互换性好。

③ 冲压件的重量轻、强度和刚度好,有利于减轻结构重量。

④ 冲压操作简单,工艺过程便于实现机械化自动化,生产率高,成本低。

但冲模制造复杂,模具材料及制作成本高。冲压只有大批量生产时才能充分显示其优越性。

板料冲压所用的原材料要求在室温下有良好的塑性和较低的变形抗力。常用的金属材料是低碳钢,塑性较好的金属钢,铜、铝、镁及其金属等金属板料、带料。板料冲压广泛应用于汽车、拖拉机、农业机械、航空、电器、仪表以及日用品等工业部门。

冲压生产中常用的设备有剪床和冲床。剪床用来把板料剪成一定宽度的条料,以供下一步的冲压工序用。冲床用来实现冲压工序,制成所需形状和尺寸的成品零件。

1. 冲压的基本工序

冲压的基本工序分为分离工序和变形工序两大类。

(1) 分离工序　　剪切是使板料按不封闭轮廓分离的工序,其任务是将板料切成具有一定宽度的坯料。冲裁是使坯料按封闭轮廓分离的工序称为冲裁,它是落料和冲孔的总称。落料是利用冲裁取得一定外形的制件或毛坯的冲压方法,冲落部分为成品,周边为废料。冲孔是将冲压坯内的材料以封闭的轮廓分离开来,得到带孔制件的一种冲压方法,冲落部分为废料,周边为成品。

① 冲裁的分离过程间隙正常、刃口锋利情况下,冲裁分离过程可分为 3 个阶段,如图 3-48所示。

● 弹性变形阶段　　变形区内部材料应力小于屈服应力。

● 塑性变形阶段　　变形区内部材料应力大于屈服应力。凸、凹模间隙存在,变形复杂,并非纯塑性剪切变形,还伴随有弯曲、拉伸,凸、凹模有压缩等变形。

● 剪裂分离阶段　　变形区内部材料应力大于强度极限。

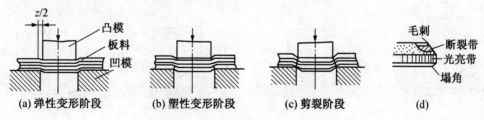

图 3-48　金属板料的冲裁过程

② 冲裁的工艺参数

● 凹凸模间隙　　凹凸模间隙 Z 对冲裁件质量、冲裁力大小、模具寿命等有很大影响。间隙大小可参阅有关资料。一般低碳钢、铝金属、铜合金，取 $Z=(0.06\sim0.1)\delta$。

● 凹凸模刃口尺寸的确定　　落料时凹模刃口尺寸等于落料件尺寸，凸模尺寸为凹模尺寸减去 Z；冲孔时凸模尺寸等于孔尺寸，凹模尺寸为凸模尺寸加上 Z。

● 冲裁力计算　　冲裁力是确定设备吨位和检测模具强度的重要依据。平刃冲模的冲裁力可按下式计算：

$$F=K\,L\delta\tau\times10^{-3},$$

式中 F 为冲裁力(kN)，L 为冲裁件周边长度(mm)，K 为系数，一般取 1.3，δ 为板料厚度(mm)，τ 为材料的抗剪切强度(MPa)，为便于估算，可取 $\tau=0.8\sigma_b$。

● 冲裁件的排样　　落料件的排样有两种类型：无搭边排样和有搭边排样。无搭边排样材料利用率高，但毛刺不在同一个平面内，而且尺寸不易精确。有搭边排样在各种落料件之间均留有一定尺寸的搭边。其优点是毛刺小，而且在同一个平面内，冲裁件尺寸准确，质量较高，但材料消耗多，如图 3-49 所示。

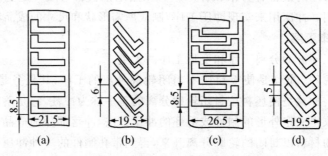

图 3-49　不同排样方式材料消耗对比

（2）变形工序　　使坯料的一部分相对于另一部分产生位移而不破裂的工序，包括弯曲、拉深、翻边等。

① 弯曲　　将板料、型材或管材在弯矩作用下弯成一定角度的工序，如图 3-50 所示。

● 弯曲过程　　V 型件的弯曲，是板料弯曲中最基本的一种，其弯曲过程如图 3-50 所示。

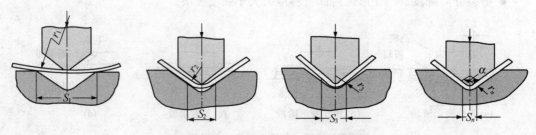

图 3-50　弯曲过程中金属变形简图

● 弯裂及最小弯曲半径　　弯曲时，材料内侧受压缩，外侧受拉伸，为防止裂纹，应选用塑性好的材料，限制最小弯曲半径 $r_{min}=(0.25\sim1)\delta$；使弯曲方向与坯料流线方向一致；防止坯料表面的划伤，以免产生应力集中。

● 弯曲时的回弹　　在材料弯曲变形结束，工件不受外力作用时，由于弹性恢复，使弯曲件的角度和弯曲半径与模具的尺寸和形状不一致，这种现象称为回弹。在设计弯曲模时，应使模具的弯曲角 α_p 比弯曲件弯曲角 α 小一个回弹角 $\Delta\alpha$（$\Delta\alpha=\alpha-\alpha p$），回弹角一般小于 $10°$。影响回弹的因素有板料性质、相对弯曲半径 r/t（t 为板厚）和模具结构等。

② 拉深（拉延）是指变形区在拉、压应力作用下，使坯料成为空心件而厚度基本不变的加工方法，如图 3-51 所示。

● 拉深过程示意图　　圆筒形件的拉深过程如图 3-51 所示。直径为 D、厚度为 t 的圆形毛坯经拉深模拉深，得到了具有内径为 d、高度为 h 的开口圆筒形工件。

● 拉深工艺措施　　拉伸时，工件容易被拉穿和起皱。为防止坯料被拉穿，应采取的工艺措施：

（a）凸模与凹模边缘均做成圆角度　　圆角半径 $r_凸\leqslant r_凹$，$r_凹=(5\sim15)\delta$。

（b）合理的凹凸模间隙 Z　　$Z=(1.1\sim1.5)\delta$。

（c）合理的拉深系数 m　　拉深变形后制件的直径与其坯料直径之比（d/D）称为拉深系数，拉深系数越小，变形越大，拉深应力也越大，一般取 $m_{min}=0.55\sim0.8$。当拉深件的深度较大时，可多次拉深。为防止坯料起皱，可采用设置压边圈的方法。

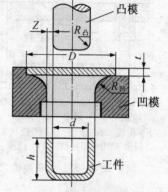

图 3-51　圆筒形件的拉深过程

（d）润滑　　为降低拉深件壁部拉应力，减少模具的磨损，拉深前要在坯料上涂润滑剂。

（3）翻边　　在板料或半成品上，使材料沿其内孔或外缘的一定曲线翻成竖立边缘的变形工序，如图 3-52 所示。翻边时塑性变形过大，易出现边缘破裂，翻边时的塑性变形程度用翻边系数 K_0 来衡量：

$$K_0=d_0/d,$$

式中，d_0 为翻边前的孔径尺寸，d 为翻边后的内孔尺寸。为避免翻边孔破裂，一般 $0.65\leqslant K_0\leqslant0.72$，同时，凸模的圆角半径 $r_凸=\delta$。若零件所需凸缘的高度较大，翻边时极易破裂，可采用先拉深后冲孔，再翻边的工艺。

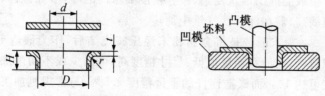

1- 坯料　2- 翻边　3- 凸模　4- 凹模

图 3-52　翻边简图

2. 冲模

冲模可分为简单冲模、连续冲模和复合冲模三类。

（1）简单冲模　在压力机一次行程中只完成一道工序的模具，称为简单冲模。有落料模、冲孔模、弯曲模。如图 3-53。这种模具结构简单，容易制造，成本低。但生产率低，适用于小批量生产。

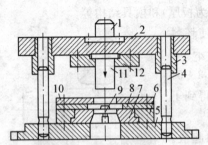

1-模柄　2-上模板　3-导模　4-导柱
5-下模板　6-压板　7-凹模　8-导料板
9-挡料板　10-卸料板　11-凸模　12-压板

图 3-53　简单冲模

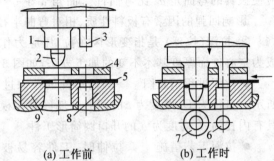

(a) 工作前　　(b) 工作时

1-落料坯模　2-导正销　3-冲孔凸模　4-卸料板
5-坯料　6-废料　7-成品　8-冲孔凹模　9-落料凹模

图 3-54　连续冲模

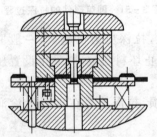

图 3-55　落料与冲孔复合模

（2）连续冲模　在压力机一次行程中，在模具不同部位同时完成数道冲压工艺的模具，称为连续冲模。如图 3-54。连续模生产率高，易于实现自动化。但要求定位精度高，结构复杂，难制造，成本较高，适用于大批量生产精度要求不高的中、小型零件。

（3）复合冲模　在压力机一次行程中，在模具的同一位置上，完成两道以上冲压工序的模具，称为复合模。如图 3-55 所示。复合模生产率高，零件加工精度高，平整性好。但制造复杂，成本高，适用于大批量生产。

3.2.4　锻压新工艺和新技术简介

1. 锻压新工艺

（1）精密模锻　精密模锻是提高锻件精度和表面质量的一种先进工艺。其锻件的精度可达 ±0.2 mm，表面粗糙度可达 Ra 6.3 mm，实现了少、无切削加工；纤维流线分布合理，力学性能好。精密模锻能锻出形状复杂、尺寸精度要求高的零件，如锥齿轮、叶片等，但对坯料的要求比普通模锻高，需在保护性气氛中加热。

（2）粉末锻造　粉末锻造是将金属粉末经压实烧结后，作为锻造毛坯的一种锻造方法。其锻件的组织致密，表面粗糙度值低、尺寸精度高，可以少或不切削加工。例如，粉末锻造连杆的重量精度可达 1%，而锻造连杆的重量精度 2.5%，与常规机加工连杆相比，批量生产可节约加工费 35%。

（3）超塑性成形　　超塑性可以理解为金属材料具有超常的均匀塑性变形能力,其伸长率可达到百分之几百、甚至百分之几千。超塑性成形是利用某些金属在特定条件（一定的温度、变形速度和组织条件）下所具有的超塑性来进行塑性加工的方法。这种成形技术是近20年来蓬勃发展的材料加工新技术,利用这一成形技术可以成形各种形状复杂、用其他方法难以成形的零件,且加工精度高,可实现少无切削加工,已广泛用于航空航天领域,如航空发动机的钛合金叶片等锻件。

（4）高速锤锻造　　高速锤锻造是靠高压气体突然释放的能量驱动上、下锤头高速运动,悬空对击,使金属塑性成形的锻压方法。这一技术适用于一些高强度、低塑性、难成形金属的锻造,多用于叶片、齿轮等零件的精锻和挤压。

（5）高能形成　　高能成形是通过适当的方法获得高能量（如化学能、冲击能、电能等）,使坯料在极短时间内快速成形的加工方法。常见的有爆炸成形、电磁成形、电液成形等。

2. 锻压新技术

（1）采用冶炼新技术,提高大锻件用钢锭的质量　　近年来涌现的冶炼新技术（如真空精炼、电渣重炼、钢包精炼等）使钢锭质量大大提高,有利于改善大锻件的内部质量。

（2）采用了少无氧化和快速加热技术　　炉膛内具有惰性保护气氛的无氧化加热炉,可避免坯料在加热过程中出现氧化、脱碳的缺陷。运用煤气快速加热喷嘴和对流传热,提高传热效率,坯料升温快,这一技术主要适用于加热 ϕ 100 mm 以下的棒料。

（3）计算机技术在锻造生产上的应用　　将计算机辅助设计和辅助制造技术用于模锻生产上,已取得明显的经济效益。主要是通过人机对话,对模锻工艺过程进行模拟,可使人们预知金属的流动、应变、应力、温度分布、模具受力、可能的缺陷及失效形式。一部分软件甚至可以预知产品的显微结构、性能以及弹性恢复和残余应力,这对于优化工艺参数和模具结构提供了一个极为有力的工具,对缩短产品研制周期,降低研制成本、获得最佳模锻工艺方案有十分重要的意义。据日本效率协会调查统计,设计工时可削减88%,设计期限缩短60%,质量提高39.3%,成本降低18.9%。

（4）突出发展精密净形成形,发展少无切削技术　　金属材料的净形和近净形成形是一种先进的制造技术,零件成形后,仅需少量加工或不再加工,就可用作机械构件的成形技术。具有节省材料、节省工时、提高生产率、降低成本、提高零件性能和质量的优点,在制造业尤其是汽车制造中不仅得到广泛应用。例如热精锻的齿轮精度已达 IT7～IT9,离合器齿面及伞齿轮齿面均可锻后直接装配而无须机械加工;冷精锻的尺寸精度可达 0.02～0.05 mm。

（5）复合技术　　所谓复合技术就是借鉴别的成形工艺的特点来完善和提高本工艺的作用。如,先铸后锻工艺为铸锻复合工艺;先冲后锻工艺为冲锻复合工艺;先热后冷锻工艺为冷热复合锻造工艺;先轧后锻工艺。这些工艺的发展,必将产生新的工艺和新的设备与技术。

（6）液压成形技术　　利用流体介质来代替模具传递力以实现金属塑性加工称为液压成形。可简化模具结构,缩短产品的生产周期,而且可以制造出其他方法所不能制造的复杂工件。这对提高汽车性能,减少零件数量和减少汽车自重有十分重要的意义。

（7）激光成形技术　　激光成形是依靠激光使板材局部快速加热及冷却，在热应力作用下，金属产生微小变形；反复加热选择的部位，就可获得所需的形状。这种技术的关键所在是其精度与形状的控制，包括几何形状的三维检测计算机模拟及生成数控指令。

3.3　焊　接

焊接是一种永久性连接金属材料的工艺方法，在现代工业生产中占有十分重要的地位。焊接过程的实质是利用加热或加压等手段，借助于金属原子的结合与扩散作用，使分离的金属材料牢固地连接起来。焊接方法的种类很多，按焊接过程的特点可分为三类。

（1）熔化焊　　将焊件两部分的结合处加热到熔化状态并形成共同的熔池，一般还要同时熔入填充金属，待熔池冷却结晶后形成牢固的接头，就将焊件的两部分焊接成为一个整体。常用的熔焊有电弧焊、气焊、电渣焊、电子束焊、激光焊和等离子弧焊等。

（2）压力焊　　将焊件两部分的接合表面迅速加热到高度塑性状态或表面局部熔化状态，同时施加压力，使接头表面紧密接触，并产生一定的塑性变形。通过原子的扩散和再结晶，将焊件的两部分焊接起来。常用的压焊有电阻焊、摩擦焊、扩散焊、爆炸焊、冷压焊和超声波焊等。

（3）钎焊　　在焊件两部分的接头之间，熔入低熔点的钎料，通过原子的熔解和扩散，钎料凝固后就把焊件的两部分焊接在一起。常用的钎焊有锡焊、铜焊等。

焊接与铆接等其他加工方法相比，具有减轻结构重量，节省材料；生产效率高，易实现机械化和自动化；接头密封性好，力学性能高；工作过程中无噪音等优点。其不足之处是会引起焊接接头组织、性能的变化，同时焊件还会产生较大的应力和变形。焊接主要用于制造各种金属构件，如建筑结构、船体、车辆、锅炉及各种压力容器。此外，焊接也常用于制造机械零件，如重型机械的机架、底座、箱体、轴、齿轮等。

3.3.1　手工电弧焊

手工电弧焊是目前最常用的焊接方法。如图 3-56 为手工电弧焊过程示意图。它依靠焊条与工件之间所产生的高温电弧，使工件接头处的表层金属迅速熔化，同时焊条的端部也陆续熔化，填入接头空隙，共同组成熔池。药皮也在高温下分解并熔化，产生大量保护性气体，保护熔池免受空气的侵害。药皮熔化后还可以形成一层焊渣覆盖在熔池上面，也起到保护作用。当焊条向前运动时，旧熔池的金属随即凝固，同时又形成新的熔池。这样就构成了连续的焊缝，把工件的两部分焊接成一体。因为手工电弧焊的操作机动灵活，所以能在任何场合和空间焊接各种形式的接头。

图 3-56　手工电弧焊过程示意图

1. 焊接电弧

由焊接电源供给的具有一定电压的两电极间或电极与母材间,通过气体介质产生的强烈而持久的放电现象称为焊接电弧

（1）引弧　　电弧焊时,引燃焊接电弧的过程称为引弧。引弧开始时,先使焊条与焊件瞬时接触,因电路短路而产生高热,使接触处金属很快熔化并产生金属蒸气。当焊条迅速提起,离开焊件 2～4 mm 时,焊条与焊件间充满了高温的气体和气态的金属,由于质点热运动的相互碰撞及焊接电压的作用使气体电离而导电,在焊条与焊件间形成电弧。

焊接电弧由阴极区、弧柱和阳极区组成,如图 3-57 所示。阳极区产生的热量约占电弧总热量的 42％,温度较高;阴极区产生的热量占电弧总热量的 38％左右,温度较低。

1- 阴极区 2-弧柱 3-阳极区

图 3-57　焊接电弧的组成

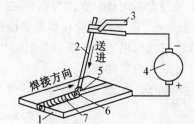

1- 焊件 2- 焊条 3- 焊钳 4- 电焊机
5- 焊接电弧 6- 溶池 7- 焊缝

图 3-58　焊条电弧焊焊接过程

（2）正接与反接　　由于焊接电弧发出的热量在阳极区和阴极区有差异,在使用直流电焊接时就有两种不同的接法：正接和反接。

焊件接电源正极、电极（焊条）接电源负极的接线法称为正接,如图 3-58 所示。正接多用于熔点较高的钢材和厚板料的焊接。焊件接电源负极、电极（焊条）接电源正极的接线法称为反接。反接多用于铸铁、有色金属及其合金或薄钢板的焊接。

当使用交流电焊接时,由于极性是交替变化的,因此,阴极区与阳极区（瞬时）上的热量分布和温度基本相等,没有正接与反接之分。

2. 焊条电弧焊设备

焊条电弧焊的主要设备是电焊机,实际上是一种弧焊电源。按产生的电流种类不同,分为直流弧焊机和交流弧焊机。

（1）直流弧焊机　　直流弧焊机分焊接发电机和弧焊整流器两种。

① 焊接发电机　　焊接发电机由交流电动机和直流电焊发电机组成。采用焊接发电机焊接时电弧稳定,能适应各种焊条,但结构较复杂,噪音大,成本高。主要适用于小电流焊接,在用低氢型焊条焊接合金结构钢和有色金属时,需选用直流电焊机。

② 弧焊整流器　　弧焊整流器是一种将交流电通过整流转换为直流电的直流弧焊机。与焊接发电机相比,弧焊整流器没有旋转部分,结构简单,维修容易,噪音小,使用已趋普遍。

（2）交流弧焊机　　交流电焊机又称弧焊变压器,它实际上是一种特殊的降压变压器。它将 220 V 或 380 V 的电压降到 60～80 V（即焊机的空载电压）,以满足引弧的需要。焊接时,电

压会自动下降到电弧正常工作时所需的工作电压 20～30 V。交流电焊机结构简单,制造方便,价格便宜,节省电能,使用可靠,维修方便,但电弧不太稳定。是常用的焊条电弧焊设备。

3. 电焊条

(1) 焊条的组成 手工电弧焊焊条由焊条芯和药皮(涂料)两部分组成,焊条芯起导电和填充焊缝金属的作用,药皮则用于保护焊接顺利进行并使焊缝得到一定的化学成分和机械性能。下面主要介绍焊接结构钢的焊条。

① 焊条芯(焊丝) 焊芯是焊条中被药皮包覆的金属芯,主要作用是导电,产生电弧,提供焊接电源,并作为焊缝的填充金属,与熔化的母材一起形成焊缝。焊芯的化学成分和杂质直接影响到焊缝的质量。因此,焊芯都是专门冶炼的,碳、硅含量较低,硫、磷含量极少。焊芯通常采用专用钢丝。直径为 3.2～5.0 mm 的焊芯应用最广。

② 药皮 药皮是压涂在焊芯表面的涂料层,由矿石粉和铁合金粉等原料按一定比例配制而成。它的作用是使电弧容易引燃并且稳定燃烧,保护熔池内金属不被氧化,保证焊缝金属具有良好的力学性能

(2) 焊条的分类、型号和牌号 焊条按用途不同共分 9 类,见表 3-3。

表 3-3 焊条用途分类

分 类	特性或用途	型号举例
碳钢焊条	熔敷金属,在自然气候下具有一定力学性能数	E4301
低合金钢焊条	熔敷金属在自然气候环境中具有较强的力学性能	E501 - A
不锈钢焊条	熔敷金属具有不同程度的抗腐蚀能力和一定力学性能	E308 - 15
堆焊焊条	熔敷金属具有一定程度的耐不同类型磨损或腐蚀等性能	EDRcW - 15
铸铁烛条	专门用作焊补或焊接铸铁	EZCQ
镍及镍合金焊条	用作镍及镍合金的焊补、焊接、堆焊;焊补铸铁等	ENiCrFe - 1 - 15
铜及铜合金焊条	用作铜及铜合金的焊补、焊接、焊补铸铁等	ECuSi - A
铝及铝合金焊条	用作铝及铝合金的焊接、焊补或堆焊	TA_2M_n

按焊条药皮熔化后的特性分两类,见表 3-4。

表 3-4 焊条按熔渣特性分类

分类	熔渣主要成份	焊接特性	型号举例	应 用
酸性焊条	SiO_2 等酸性氧化物及在焊接时易放出氧的物质,药皮里造气剂为有机物,焊接时产生保护气体	焊缝冲击韧度差,合金元素烧损多,电弧稳定,易脱渣,金属飞溅少	E4303	适合于焊接低碳钢和不重要的结构件
碱性焊条	$CaCO_3$ 等碱性氧化物,并含有较多的铁合金作为脱氧剂和合金剂	合金化效果好,抗裂性能好,直流反接,电弧稳定性差,飞溅大,脱渣性差	E5015	主要用于焊接重要的结构件,如压力容器等

碳钢焊条和低合金钢焊条型号用 E 加四位数字表示：E 表示焊条，前两位数字表示熔敷金属抗拉强度的最小值，第三位数字表示焊接位置，"0"，"1"表示全位置焊接（平、立、仰、横），"2"表示平焊及平角焊，"4"表示向下立焊，第三位和第四位数字组合表示焊接电流种类及药皮类型。例如：

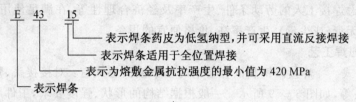

焊条牌号一般用相应的大写拼音字母（或汉字）和三位数字表示，例如结422、结507等。拼音字母（或汉字）表示焊条类别，"结"表示结构钢焊条；前两位数字表示焊缝金属抗拉强度的最小（MPa），第三位数字表示药皮类型和电源种类。

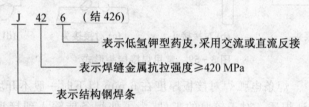

结构钢焊条牌号中数字的意义见表 3-5。

表 3-5   结构焊条牌号中数字的含义

牌号中第一第二位数字	焊缝金属抗拉强度等级/MPa	牌号中第三位数字	药皮类型	焊接电源种类
42	420	0	不属已规定类型	不规定
50	490	1	氧化钛型	交流或直流反接
55	540	2	氧化钛钙型	交流或直流反接
60	590	3	钛铁矿型	交流或直流反接
70	690	4	氧化铁型	交流或直流反接
75	740	6	低氢钾型	交流或直流反接
80	780	7	低氢钠型	直流反接

（3）焊条的选用   焊条的选择应在保证焊接质量的前提下，尽可能地提高劳动生产率和降低产品成本。一般应从以下几个方面考虑：

① 根据被焊结构的化学成分和性能要求选择相应的焊条种类。如对于低、中碳钢和普通低合金钢的焊接，一般按母材的强度等级选择相应强度等级的焊条；对于耐热钢和不锈钢的焊接选用与工件化学成分相同或相近的焊条等。

② 对承受动载荷、冲击载荷或形状复杂，厚度、刚度大的焊件时，应选用碱性焊条；若被焊件在腐蚀性介质中工作，应选用不锈钢焊条。

③ 根据焊件的工作条件和结构特点选用焊条。如对于立焊、仰焊时可选用全位置焊接的焊条;对于焊接部位无法清理干净时,应选用酸性焊条等。

④ 在酸性焊条和碱性焊条都能满足要求的情况下,应尽量选用酸性焊条;需提高焊缝质量,应选用碱性焊条。

此外,应考虑焊接工人的劳动条件、生产率及经济合理性等,在满足使用性能要求的前提下,尽量选用无毒(或少毒)、生产率高、价格便宜的焊条。

4. 焊条电弧焊工艺

(1) 接头形式　　焊接碳钢和低合金钢的基本接头形式有:对接接头、角接接头、T 形接头和搭接接头等,如图 3-59 所示。一般根据结构的形状、强度要求,工件厚度,焊接材料消耗量及其焊接工艺等来选择接头形式。

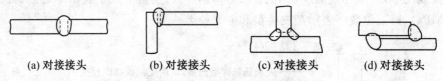

(a) 对接接头　　　(b) 对接接头　　　(c) 对接接头　　　(d) 对接接头

图 3-59　常用焊接接头形式

(2) 坡口形式　　焊条电弧焊对接板厚度在 6 mm 以下时一般不开坡口,只需在接口处留有一定间隙,以保证焊透。对于较厚的工件,为了使焊条能深入到接头底部起弧,保证焊透,焊前应把接头处加工成所需要的几何形状,成为坡口。常用的坡口形式如图 3-60 所示。一般采用I形坡口直接对接,Y 形坡口通常只需单面施焊,但焊后变形较大,焊条消耗量大。

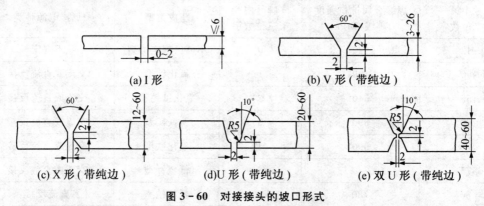

(a) I 形　　　　　　　　(b) V 形 (带纯边)

(c) X 形 (带纯边)　　　(d) U 形 (带纯边)　　　(e) 双 U 形 (带纯边)

图 3-60　对接接头的坡口形式

(3) 焊缝的空间位置　　焊接时,根据焊缝在空间所处的位置不同,可分为平焊、立焊、横焊和仰焊四种,如图 3-61 所示。

平焊时,操作方便,易保证焊接质量,生产率高,一般情况下尽可能采用平焊。

(4) 焊接应力与变形　　焊接应力是指在焊接过程中被焊工件内产生的应力。焊接变形是指焊接过程中被焊工件所产生的变形其基本形式如图 3-62 所示。焊接应力和变形,会对焊接结构的制造和使用带来不利影响。如降低结构的承载能力,甚至导致结构开裂;影响结构的加工精度和尺寸稳定性等。因此,在焊接过程中,必须设法减小或消除焊接应力与变形。

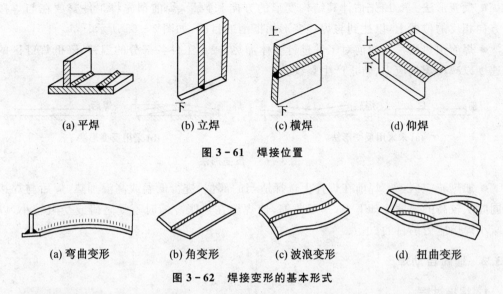

(a) 平焊　　　(b) 立焊　　　(c) 横焊　　　(d) 仰焊

图 3-61　焊接位置

(a) 弯曲变形　　(b) 角变形　　(c) 波浪变形　　(d) 扭曲变形

图 3-62　焊接变形的基本形式

① 焊接应力与变形产生的原因　　焊接过程中工件局部的不均匀加热和冷却是产生焊接应力与变形的根本原因。在焊接结构中,焊接应力与变形既同时存在,又相互制约。如在焊接过程中采用焊接夹具施焊,虽然焊接变形得到控制,但焊接应力却增大了;要使焊接应力减小,应允许被焊工件有适当的变形。一般,当焊接结构刚度较小或被焊工件材料塑性较大时,焊接变形较大,焊接应力较小;相反,焊接变形较小,焊接应力较大。

② 减小焊接应力与变形的措施

● 选择合理的焊接工艺参数　　根据焊接结构的具体情况,尽可能采用直径较小的焊条和较小的焊接电流,或采用较大的焊接速度,以减小被焊工件的受热范围,从而减小焊接应力。

● 选择合理的焊接顺序　　采用合理的焊接顺序,尽量使焊缝纵向、横向都能自由收缩,利于减少焊接应力与变形。一把先焊收缩量大的焊缝。各种不同的焊接顺序如图 3-63 所示。

● 刚性固定法　　焊前将被焊工件固定在夹具上或经定位点焊来限制其变形,如图 3-64 所示。这种方法是通过强制手段来减少焊接变形,会产生较大的焊接残余应力,故只适用于塑性较好的低碳钢结构。

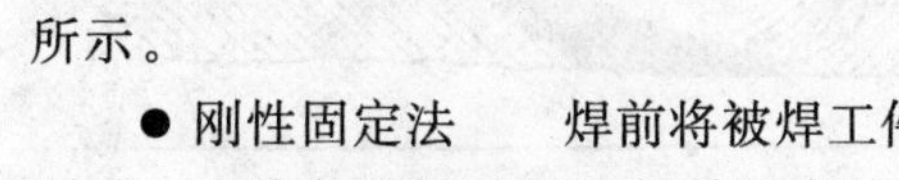

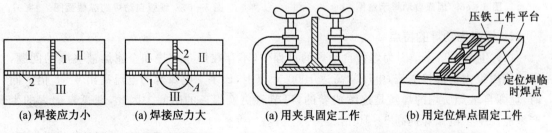

(a) 焊接应力小　　(a) 焊接应力大　　(a) 用夹具固定工作　　(b) 用定位焊点固定工件

图 3-63　焊接顺序对焊接应力的影响　　**图 3-64　刚性固定法焊接工件**

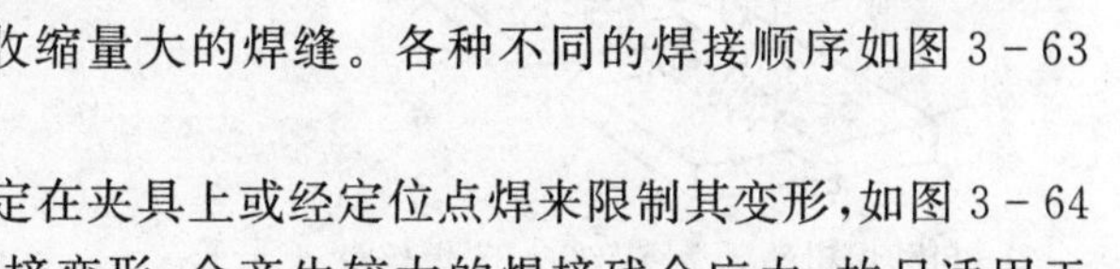

● 反变形法　　预先估计其结构变形的方向和数量，焊前预先将工件安放在与焊接变形方向相反的位置上，以达到与焊接变形相抵消的目的，如图 3-65 所示。

● 焊前预热法　　焊前对工件进行整体加热，减小工件各部分的温差，降低焊缝区的冷却速度以减小焊接应力、防止产生裂纹。

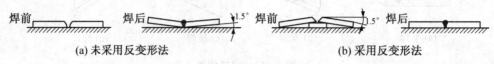

(a) 未采用反变形法　　　　　　　　　　　　　(b) 采用反变形法

图 3-65　反变形法

● 加热减应区　　焊前在焊件上选择适当的部位，进行低温或高温加热，焊后与焊接部位同时从较高的温度冷却下来，一起收缩，使焊缝在热胀冷缩时不受阻碍或受阻较小，以达到减小焊接应力的目的。

3.3.2　埋弧自动焊

1. 焊接过程

埋弧焊是指电弧在焊剂层下燃烧进行焊接的方法，如图 3-66 所示。埋弧自动焊的焊缝形成过程如图 3-67 所示。用电弧作热源，将焊剂（代替焊条药皮）作成颗粒状堆积在焊道上，将光焊丝插入焊剂内引弧。电弧熔化焊丝、焊剂和工件形成熔池，熔融金属沉在熔池下部，经冷却结晶形成焊缝。熔化的焊剂呈熔渣浮在熔池上面保护熔池，冷却凝固后形成渣壳，未熔化焊剂经回收处理后再使用。

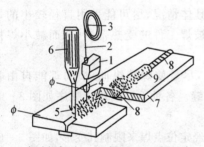

1- 自动焊机头；2- 焊丝；3- 焊丝盘；
4- 导电嘴；5- 焊剂；6- 焊剂漏斗；
7- 工件；8- 焊缝；9- 渣壳

图 3-66　埋弧自动焊示意图

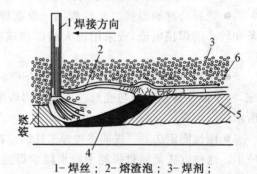

1- 焊丝；2- 熔渣泡；3- 焊剂；
4- 金属熔池；5- 焊缝；6- 渣壳

图 3-67　埋弧自动焊的纵截面图

2. 埋弧自动焊的特点

（1）生产率高　　因为埋弧自动焊的过程中，不存在焊条发热和金属熔液飞溅的问题，所以能用很大的焊接电流，电压常高达 1000 V 以上，比手工电弧焊的电流高出 6～8 倍。同时，埋弧自动焊所用的焊丝是连续成卷的，可节省更换焊条的时间。因此，埋弧自动焊的生产率能比手工电弧焊提高 5～10 倍。

（2）节省金属材料　　埋弧自动焊的电弧热量集中，焊件接头的熔深较大，厚度为 20～

25 mm 以下的工件,可以不开口就进行焊接。由于没有焊条头的浪费,飞溅损失也很小,因此可节省大量焊丝金属。

（3）焊接质量高　　焊剂对金属熔液保护得比较严密,空气较难侵入,而且熔池保持液态的时间较长,冶金过程进行得较为完善,气体和渣滓也容易浮出。又因焊接规范能自动控制,所以焊接质量稳定,焊缝成形美观。

（4）劳动条件好　　因为没有弧光,所以焊工不必带防护服装和面罩,焊接烟雾也较少。

但是,埋弧自动焊的应用范围有一定的限制。因为设备费用较贵,准备工作费时,所以只适用于批量生产长焊缝的焊件。不能焊接薄的工件,以免烧穿。适合于焊接的钢板厚度为 6～60 mm。只能进行平焊,而且不能焊接任意弯曲的焊缝。但是可以焊接直径 500 mm 以上的环焊缝。

3.3.3　气体保护焊

1. 氩弧焊

氩弧焊是以氩气作为保护气体的电弧焊。按所用电极的不同,可分为熔化极氩弧焊和不熔化极氩弧焊两种,如图 3-68 所示。

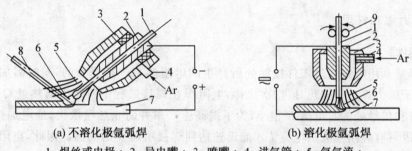

(a) 不溶化极氩弧焊　　　　　　　　(b) 溶化极氩弧焊

1- 焊丝或电极；2- 导电嘴；3- 喷嘴；4- 进气管；5- 氩气流；
6- 电弧；7- 工件；8- 填充焊丝；9- 送丝辊轮

图 3-68　氩弧焊示意图

（1）不熔化极氩弧焊　　不熔化极氩弧焊以高熔点的钨棒为电极。焊接时,钨棒并不熔化,只起产生电弧的作用。因为钨棒所能通过的电流密度有限,所以只适用于焊接厚度为 6 mm 以下的薄件。

（2）熔化极氩弧焊　　熔化极氩弧焊是以连续送进的金属焊丝为电极,因为可以用较大的焊接电流,适用于焊接厚度为 25 mm 以下的焊件。自动的熔化极氩弧焊操作与埋弧自动焊相似,不同的是熔化极氩弧焊不用焊剂,焊接过程中没有冶金反应,氩气只起保护作用。因此,焊前必须把焊件的接头表面清理干净,否则某些杂质和氧化物会残留在焊逢内。

（3）氩弧焊的生产特点

① 氩气是惰性气体,在焊接过程中对金属熔液的保护作用非常良好。特别适宜于容易氧化和吸收氢的合金钢、有色金属等。

② 电弧在气流压缩下燃烧,热量集中,因此焊接速度较快,热影响区较小,焊后工件的变形也较小。

③ 用气流保护,可在各种空间位置进行焊接,而且可以看见电弧,便于操作。

④ 没有熔渣,焊缝中一般不会产生夹渣。这对于保护金属的焊接质量,十分重要。

⑤ 在氩气的笼罩下,电弧稳定,金属熔液很少飞溅,焊缝成形好。

由此可见,氩弧焊的焊接质量较高,并能焊接各种金属。但因氩气的价格很贵,所以目前主要应用于铝、镁、钛及其合金的焊接,有时也用于合金钢的焊接。

2. 二氧化碳气体保护焊

二氧化碳气体保护焊是以 CO_2 作为保护气体,具有一定的氧化作用,因此二氧化碳气体保护焊不适用于焊接容易氧化的有色金属。CO_2 的氧化作用使焊丝熔滴飞溅较为严重,因此焊缝成形不够光滑,但是能有效地防止氢侵入熔池。由于焊丝中含锰量较高,除硫作用良好,所以焊缝开裂的倾向较小。

此外,二氧化碳保护焊具有上述自动焊的一些共同特点,如生产率较高、热影响区和焊接变形较小、明弧操作等。较突出的优点是 CO_2 价廉易得,焊接成本最低,只相当于埋弧自动焊或手工电弧焊的 40% 左右。因此广泛应用于焊接 30 mm 以下厚度的各种低碳钢和低合金结构工件。

3.3.4 压力焊和钎焊

1. 电阻焊

电阻焊是利用电流通过工件接触处所产生的电阻热来进行焊接的,同时需加适当的压力,因此属于压力焊。根据焦耳-楞次定律,电阻焊在焊接过程中所产生的热量 $Q = I^2 R t$,由于工件本身和接触处的总电阻 R 很小,为了提高生产率并防止热量散失,通电加热的时间 t 也极短,所以只有应用强大的电流 I 才能迅速达到焊接所需的高温。因此,电阻焊需要应用大功率的焊机,通过交流变压器来提供低电压强电流的电源,焊接电流高达 $5\sim10$ kA。通电的时间则由精确的电气设备自动控制。

电阻焊的主要优点是生产率高、焊接变形较小、劳动条件好,而且操作简易和便于实行机械化和自动化。但设备费用高、耗电量大、接头型式和工件厚度受到限制。因此,电阻焊主要应用于大批量生产棒料的对接和薄板的搭接。电阻焊分点焊、缝焊和对焊三种形式。

(1) 点焊 点焊如图 3-69 所示,是用柱状电极加压通电,把搭叠好的工件逐点焊合的方法。点焊的操作过程是:施压—通电—断电—松开,这样就完成一个点焊。先施压,后通电,是为了避免电极与工件之间产生电火花烧坏电极和工件。先断电,后松开,是为了使焊点在压力下结晶,以免焊点缩松。对于收缩性较大的材料,例如焊接较厚的铝合金板材,在停电之后还要适当增加压力,以获得组织致密的焊点。焊完一点后,把工件向前移动一定距离,再焊第二点。点焊的质量主要与焊接电流、通电时间、电极压力和工件表面的清洁程度等因素有关。焊接电流太小、通电时间太短、电极压力不足、特别是接头表面没有清理干净,都有可能焊接不牢。焊接电流过大、通电时间过长,都会使焊点熔化过大;在过大的电极压力下,会把工件外表面压陷,图3-70(a,b)中所示工件未焊牢;图3-70(d,e)所示工件报废。

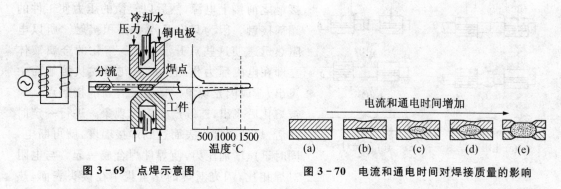

图3-69 点焊示意图

图3-70 电流和通电时间对焊接质量的影响

点焊主要用于厚度为4 mm以下的薄板搭接,这在板金加工中最为常见。图3-71为几种典型的点焊接头形式。

(2)缝焊 缝焊如图3-72所示,电极是一对旋转的圆盘。叠合的工件在圆盘间通电,并随圆盘的转动而送进,于是就能得到连续的焊缝,把工件焊合。焊缝的焊接过程与点焊相同。但由于很大的电流通过已经焊合的部分,所以焊接相同的工件时,所需要的电流约为点焊的1.5～2倍,为了节省电能,并使工件和焊接设备有冷却时间,因此焊缝都采用连续送进和间断通电的操作方法。虽然间断通电,但焊缝还是连续的,因为焊点相互重叠50%以上。缝焊密封性好,主要用于3 mm以下要求密封性的容器和管道的焊接。

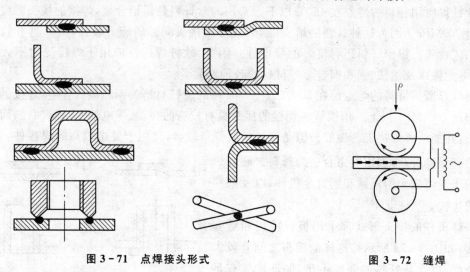

图3-71 点焊接头形式

图3-72 缝焊

(3)对焊 对焊如图3-73所示,工件夹持在焊钳中,进行通电加热和施加压力,就能把工件焊合。

① 电阻对焊 电阻对焊的操作是先施加压力,使工件接头紧密接触。然后通电,利用电阻热使工件接触面上的金属迅速升温到高度塑性状态;接着断电,同时增大压力,在塑

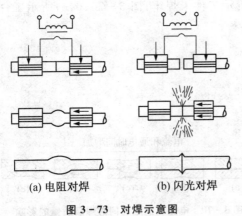

(a) 电阻对焊　　　(b) 闪光对焊

图 3-73　对焊示意图

性变形中使焊件焊合成一起。

② 闪光对焊　　闪光对焊的操作是在没有接触之前接上电源,然后以轻微的压力使工件的端部接触。因为只有几点小面积接触。所以电阻热迅速使这些点升温熔化。熔化的金属液体立即在电磁斥力作用下以火花形式从接触面中飞出,造成闪光现象。接着又有新的接触点金属被熔化后飞出,连续产生闪光现象。进行一定时间后,焊件的接头表面达到焊接温度,就可断电,同时迅速增加压力,使焊件焊合成一起。与电阻对焊相比,闪光对焊的热量集中在接头表面,热影响区较小,而且接头表面的氧化皮等杂物能被闪光作用清除干净,因此焊接质量较高。闪光对焊所需的电流强度约为电阻对焊的 1/5～1/2,消耗的电能也较少。因此电阻对焊只适宜于直径小于 20 mm 的棒料对接,闪光对焊则能焊接各种大小截面的工件。

对焊能方便地焊接轴类、管子、钢筋等各种断面的棒料和金属丝,并能焊接某些异种金属,例如把高速钢的刀头焊接在中碳钢的刀柄上。

2. 钎焊

钎焊是用钎料熔入接头之间来连结工件的焊接方法。钎料是熔点比工件低的合金。按所用钎料的熔点不同,可把钎焊分为软钎焊和硬钎焊两类。

软钎焊所用钎料的熔点在 450℃ 以下。常用的软钎料是锡铅合金,焊接的接头强度一般不超过 70 MPa。因为这种钎料的熔点低,熔液渗入接头间隙的能力较强,所以具有较好的焊接工艺性能。锡铅钎料还有良好的导电性。因此,软钎焊广泛应用于焊接受力不大的仪表、导电元件以及钢铁、铜和铜合金等材料的各种制品。

硬钎焊所用钎料的熔点都在 500℃ 以上。常用的硬钎料是黄铜和银铜合金,焊接的接头强度都在 200 MPa 以上。用银钎料焊接的接头具有较高的强度、导电性和耐腐蚀性,而且熔点较低,并能改善焊接工艺性能。但是银钎料的价格较贵,只用于要求较高的焊接件。钎焊耐热的高强度合金,须用镍铬合金为钎料。硬钎焊都应用于受力较大的钢铁和铜合金机件,以及某些工具的焊接。

钎焊机件的接头形式都采用板料搭接和管套件镶接,如图 3-74 所示。这样的接头之间有较大的结合面,以弥补钎料的强度不足,保证接头有足够的承载能力。接头之间还应有良好的配合,控制适当大小的间隙。一般钎焊的接头间隙约为 0.05～0.2 mm。

焊接前应把表面的污物清除,钎焊过程中还要

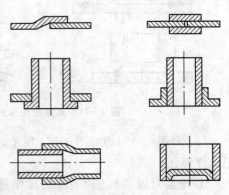

图 3-74　钎焊接头形式

应用溶剂清除被焊金属表面的氧化膜,保证焊接质量。

钎料的强度较低,所以接头的承载能力有限,而且耐热能力较差。一般钎料都是有色金属及其合金,价格较贵。因此,钎焊不适用于一般钢结构和一重载机件的焊接,主要应用于焊接精密仪表、电气零部件、异种金属焊件,以及制造某些复杂的薄板构件,如蜂窝构件、夹层构件、板式换热器等。

3.3.5　焊接新技术简介

随着科学技术的发展,焊接技术也得到了快速发展,特别是原子能、航空、航天等技术的发展,出现了新材料、新结构,需要更高质量更高效率的焊接方法;同时,在常用焊接方法的基础上作改进,以满足一般材料焊接的更高要求。

1. 激光焊

激光焊是利用聚焦的激光束作为能源轰击工件所产生的热量进行熔焊的方法。激光是物质粒子受激辐射产生的,它与普通光不同,具有亮度高、方向性好和单色性好的特点。激光被聚焦后在极短时间(以毫秒计)内,光能转变为热能,温度可达万度以上,可以用来焊接和切割,是一种理想的热源。激光焊如图 3-75 所示,激光束 3 由激光器 1 产生;通过光学系统 4 聚焦成焦点,其能量进一步集中,当射到工件 6 的焊缝处,光能转化为热能,实现焊接。

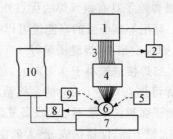

1- 激光器；2,8- 信号器；3- 激光素；
4- 光学系统；5- 辅助能源；6- 工件；
7- 工作台；9- 观测瞄准器；10- 程控设备

图 3-75　激光焊示意图

激光焊显著的优点是能量密度大,热影响区小,焊接变形小,不需要气体保护成真空环境便可获得优良的焊接接头。激光可以反射、透射,能在空间传播相当远距离而衰减很小,可进行远距离或一些难于接近部位的焊接。

激光焊可以焊接一般焊接方法难以焊接的材料,如高熔点金属等,甚至可用于非金属材料的焊接,如陶瓷、有机玻璃等。还可实现异种材料的焊接,如钢和铝、铝和铜、不锈钢和铜等。但激光焊的设备较复杂,目前大功率的激光设备尚未完全投入使用,所以它主要用于电子仪表工业和航空工业、原子核反应堆等领域,如集成电路外引线的焊接,集成电路块、密封性微型继电器、石英晶体等器件外壳和航空仪表零件的焊接等。

2. 等离子弧焊

等离子弧是一种热能非常集中的压缩电弧,其弧柱中心温度高达约 240273～50273℃,等离子弧焊实质上是一种电弧具有压缩效应的钨极氩气保护焊。

一般的焊接电弧因为未受到外界约束,故称为自由电弧,自由电弧区内的电流密度近乎常数,因此,自由电弧的弧柱中心温度约 6273～8273℃。利用某种装置使自由电弧的弧柱受到压缩,使弧柱中气体完全电离,则可产生温度更高、能量更加集中的电弧,即等离子弧。

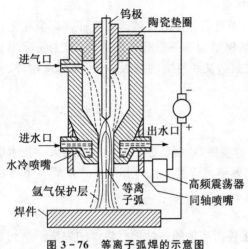

图 3-76 等离子弧焊的示意图

图 3-76 是等离子弧焊的示意图。在钨极和焊件之间加一较高电压,经高频振荡使气体电离形成电弧,电弧经过具有细孔道的水冷喷嘴时,弧柱被强迫缩小,即产生电弧"机械压缩效应"。电弧同时又被进入的冷工作气流和冷却水壁所包围,弧柱外围受到强烈的冷却,使电子和离子向高温和高电离度的弧柱中心集中,使电弧进一步产生"热压缩效应"。弧柱中定向运动的带电粒子流产生的磁场间电磁力使电子和离子互相吸引,互相靠近,弧柱进一步压缩,产生"电磁压缩效应"。自由电弧经上述三种压缩效应的作用后形成等离子弧,等离子弧焊电极一般为钨极,保护气体为氩气。

等离子弧焊除了具有氩弧焊的优点外,还具有自己的特点:

(1)利用等离子弧的高能量可以一次焊透厚度为 10~12 mm 的焊件,焊接速度快,热影响区小,焊接变形小,焊缝质量好。

(2)当焊接电流小于 0.1 A 时,等离子弧仍能保持稳定燃烧,并保持其方向性,所以等离子弧焊可焊 0.01~1 mm 的金属箔和薄板等。

等离子弧焊的主要不足是设备复杂、昂贵、气体消耗大,只适于室内焊接。目前,等离子弧焊在化工、原子能、仪器仪表、航天航空等工业部门中广泛应用。主要用于焊接高熔点、易氧化、热敏感性强的材料,如钼、钨、钛、铬及其合金和不锈钢等,也可焊接一般钢材或有色金属。

3. 扩散焊

在真空或保护气氛中,在一定温度和压力下保持较长时间,使焊件接触面之间的原子相互扩散而形成接头的压焊方法称扩散焊,也称真空扩散焊。

图 3-77 是管子与衬套进行扩散焊的示意图。事先将焊接表面(管子内表面和衬套外表面)进行清理、装配,管子两端用封头封固,然后放入真空室内。利用高频感应加热焊件,同时向封闭的管子内通入高压的惰性气体。在设定温度、压力下,保持较长时间。焊接初期,接触表面产生微小的塑性变形,使管子与衬套紧密接触。因接触表面的原子处于高度激活状态,很快通过扩散形成金属键,并经过回复和再结晶使结合界面推移,最后经长时间保温,原子进一步扩散,界面消失,实现固态焊接。

扩散焊焊接应力及变形小,接头化学成分、组织性能与母材相同或接近,接头强度高。

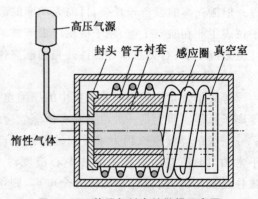

图 3-77 管子与衬套扩散焊示意图

焊接范围很广：各种难熔的金属及合金，如高温合金、复合材料；物理性能差异很大的异种材料，如金属与陶瓷；厚度差别很大的焊件等。

扩散焊的主要不足是单件生产率较低，焊前对焊件表面的加工清理和装配精度要求十分严格，除了加热系统、加压系统外，还要有抽真空系统。目前扩散焊主要用于焊接熔焊、钎焊难以满足质量要求的精密、复杂的小型焊件。例如，在航天工业中，用扩散焊制成的钛制品可以代替多种制品、火箭发动机喷嘴耐热合金与陶瓷的焊接等。

习　题

1. 缩孔和缩松是怎样形成的？防止的措施有哪些？

2. 造型材料的性能要求主要有哪些？说出与型砂的性能有关的 4 种以上铸造缺陷。

3. 浇注系统的作用是什么？由哪几部分组成？

4. 金属型铸造和砂型铸造相比，在生产方法、造型工艺和铸件结构方面有何特点？适用何种铸件？为什么金属型未能取代砂型铸造？

5. 下列铸件大批量生产时采用什么铸造方法为宜？

铝合金、缝纫机头、汽轮机叶片、发动机钢背铜套、车床床身

6. 下列铸件宜选用哪类合金？说明理由。

车床床身、摩托车发动机、柴油机曲轴、自来水龙头、气缸盖、轴承衬套

7. 题 7 图所示铸件在单件生产条件下应采用什么造型方法？试确定其浇注位置与分型面的最佳方案，试绘制铸造工艺图。

8. 题 8 图所示各零件分型面有几种方案？哪种方案较合理？为什么？

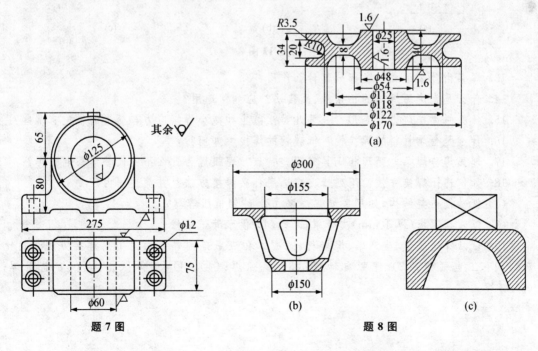

题 7 图　　　　　题 8 图

9. 何谓金属的可锻性？影响金属可锻性的因素有哪些？

10. 指出自由锻的特点和应用。自由锻有哪些基本工序？

11. 绘制题 11 图所示零件的自由锻件图时应考虑的因素有哪些？并写出自由锻工序的先后顺序。

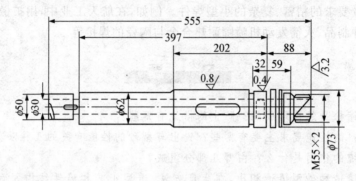

题 11 图

12. 题 12 图所示各零件,材料为 45 钢,分别在单件、小批量生产条件下,可选择哪些毛坯加工方法？并请制订工艺规程。

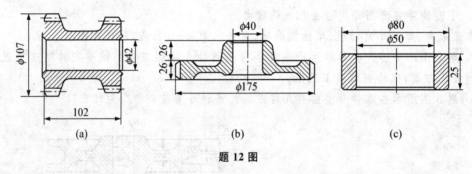

(a)　　　　　　　　　(b)　　　　　　　　　(c)

题 12 图

13. 焊条由什么组成？各部分起什么作用？

14. 什么是直流弧焊机的正接法、反接法？应如何选用？

15. 什么叫焊接应力与变形？分哪几类？防止和减小焊接应力与变形的措施有哪些？

16. 什么是金属材料的焊接性？低碳钢的焊接性如何？

17. 埋弧焊与焊条电弧焊相比具有哪些特点？埋弧焊为什么不能代替焊条电弧焊？

18. 如何选择焊接方法？下列情况应选用什么焊接方法？并简述理由。

(1) 低碳钢桁架结构,如厂房屋架;　　(2) 纯铝低压容器;

(3) 低碳钢薄板(厚 1 mm)皮带罩;　　(4) 供水管道维修。

19. 试从焊接质量、生产率、焊接材料、成本和应用范围等方面对下列焊接方法进行比较(1) 手工电弧焊;(2) 埋弧自动焊;(3) 氩弧焊;(4) CO_2 气体保护焊;(5) 电阻焊;(6) 钎焊。

第4章 工艺规程设计

4.1 基本概念及定义

在掌握了金属切削的基本规律及刀具几何参数、切削用量和机床的合理选择等基本知识后,面临的一个新问题就是要熟悉和掌握机械加工工艺的基本知识。

以前学习的机床和刀具等工艺装备及相关切削参数的选择都是从具体工艺要求出发的。实际上不同的零件和不同的生产规模,就有不同的加工工艺。同一个零件的同一加工内容和同样的加工批量,也可以有不同的加工工艺,从而会选择不同的设备、工装和切削参数,在生产效率和加工成本方面产生不同的结果。为此,本章将介绍机械加工工艺规程的基本知识,阐述制订机械加工工艺规程的基本原理和主要问题。

4.1.1 生产过程与工艺过程

1. 生产过程

生产过程是指产品由原材料到成品之间的各个相互联系的劳动过程的总和,包括原材料的运输和保管、生产准备工作、毛坯制造、零件加工、部件和产品的装配、检验试车和机器的油漆包装等。

为了降低生产成本,一台机器的生产,往往由许多工厂联合起来完成。由若干个工厂共同完成一台机器的生产过程,除了较经济之外,还有利于零、部件的标准化和组织专业化生产。例如一个汽车制造厂就要利用许多其他工厂的成品(玻璃、电气设备、轮胎、仪表等)来完成整个汽车的生产过程。其他如机床制造厂、轮船制造厂等都是如此。这时,某工厂所用的原材料、半成品或部件,却是另一工厂的成品。工厂的生产过程,又可按车间分为若干车间的生产过程。某一车间所用的原材料(半成品),可能是另一车间的成品,而它的成品,又可能是某一车间的半成品。

2. 生产系统

(1) 系统的概念 任何事物都是由数个相互作用和相互依赖的部分组成,是并具有特定功能的有机整体,这个整体就是系统。在同一个系统中,至少要由两个要素组合而成,而且这些要素相互联系和相互作用并有其整体的目的性,还具有适应其所处环境变化的能力。也就是说,要成为系统,必须具备集合性、相关性、目的性和环境适应性等四个属性。

(2) 机械加工工艺系统 一般把机械加工中由机床、刀具、夹具和工件组成的相互作用、相互依赖,并具有特定功能的有机整体,称为机械加工工艺系统,简称为工艺系统。机械加工工艺系统的整体目标是在特定的生产条件下,适应环境要求,在保证机械加工工序质量和产量的前提下,采用合理的工艺过程,并尽量降低工序成本。因此必须从系统这个整体出发,去分析和研究各种有关问题,才能实现系统的最佳工艺方案。

随着计算机和自动控制、检测等技术引入机械加工领域,出现了数字控制和适应控制等新型的控制系统。要实现系统最佳化,除了要考虑物质流,即考虑毛坯的各工序加工、存储和检测的物质流动过程外,还需要充分重视合理编制包括工艺文件、数据程序和适应控制模型等控制物质系统工作的信息流,如图4-1所示为机械加工工艺系统图。

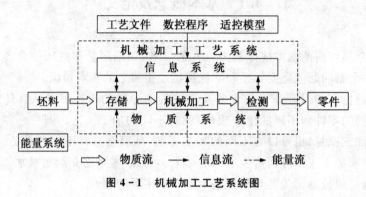

图4-1 机械加工工艺系统图

(3)机械制造系统 如果进一步以整个机械加工车间为更高一级的系统来考虑,则该系统的整体目的就是使该车间能最有效地完成全部零件的机械加工任务。在机械加工过程中,将毛坯、刀具、夹具、量具和其他辅助物料作为原材料输入机械制造系统,经过存储、运输、加工、检验等环节,最后作为机械加工后的成品输出,形成物质流。由加工任务、加工顺序、加工方法、物质流要求等确定的计划、调度、管理等属于信息流。机械制造系统中能量的消耗及其流程为能量流,如图4-2所示。

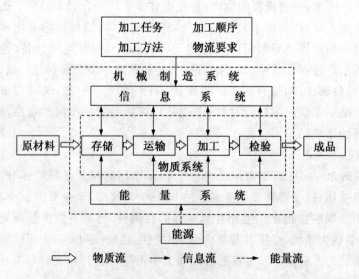

图4-2 机械制造系统图

（4）生产系统　　如果以整个机械制造工厂为整体，为了实现最有效的经营管理，以获得最高的经济效益，则不仅要把原材料、毛坯制造、机械加工、热处理、装配、涂装、试车、包装、运输和保管等物质范畴的因素作为要素来考虑，而且还须把技术情报、经营管理、劳动力调配、资源和能源利用、环境保护、市场动态、经济政策、社会问题和国际因素等信息作为影响系统效果更为重要的要素来考虑。由此可见，生产系统是包括制造系统的更高一级的系统。而制造系统则是生产系统的子系统中比较重要的部分之一。

工厂是社会生产的基层单位，在社会主义市场经济体制下，工厂应根据市场供销情况以及自身的生产条件，决定自己生产的产品类型和产量，制定生产计划，进行产品设计、制造和装配，最后输出产品。所有这些生产活动的总和，用系统的观点来看，就是一个具有输入和输出的生产系统。图 4 - 3 为生产系统框图。

整个生产过程分为三个阶段，首先是决策阶段，工厂领导层根据市场需求或国家下达的任务，以及工厂自身的条件，经过充分的调查研究和反复论证后，确定产品的类型、产量和生产方式；其次为产品设计和开发阶段，根据已确定的产品类型、数量和生产方式，参考数据库中有关的信息资料，进行产品设计、新产品开发和工艺准备等工作；最后是产品制造阶段，即原材料变为产品的过程。

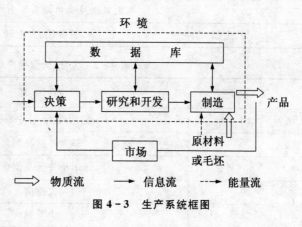

图 4 - 3　生产系统框图

3. 工艺过程

在各车间的生产过程中，不仅包括直接改变工件形状、尺寸、位置和性质等的主要过程，还包括运输、保管、磨刀、设备维修等辅助过程。

在生产过程中，我们把用机械加工方法（主要是切削加工方法）按一定顺序逐渐改变毛坯的形状、尺寸、位置和性质，使其成为合格零件所进行的全部过程称之为机械加工工艺过程，简称工艺过程。工艺过程又可以具体分为锻造、冲压、焊接、机械加工、热处理、电镀、装配等工艺过程。

零件依次通过的全部加工过程称为工艺路线或工艺流程，工艺路线是制定工艺过程和进行车间分工的重要依据。

4.1.2　工艺过程的组成

要制订工艺过程，就要了解工艺过程的组成。

（1）工序　　一个或一组工人在一个工作地点，对一个或同时对几个工件连续完成的那一部分工艺过程称为工序。工序是组成工艺过程的基本单元。当加工对象（工件）更换时，或设备和工作地点改变时，或完成工艺工件的连续性有改变时，则形成另一道工序。这里的连续性是指工序内的工作须连续完成。

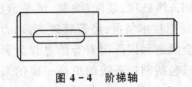

图 4-4 阶梯轴

例如,图4-4所示的阶梯轴,如果各个表面都需要进行机械加工,则根据其产量和生产车间的不同,应采用不同的方案来加工。属于单件、小批量生产时可按表4-1方案来加工;如果属于大批、大量生产,则应改用表4-2方案加工。

表4-1 单件、小批生产的工艺过程

工 序	内 容	设 备
10	车端面,打中心孔,调头车另一端面,打中心孔	车 床
20	车大外圆及到角调头车小外圆及到角	车 床
30	铣键槽、去毛刺	铣 床

表4-2 大批、大量生产的工艺过程

工 序	内 容	设 备
10	铣两端面,打中心孔	专用铣床
20	车大外圆及倒角	车 床
30	车小外圆及倒角	车 床
40	铣键槽	键槽铣床
50	去毛刺	钳工台

(2) 工步与复合工步　在加工表面、切削刀具和切削用量(仅指转速和进给量)都不变的情况下,所连续完成的那部分工艺过程,称为一个工步。图4-5所示为底座零件的孔加工工序,它由钻、扩、锪3个工步组成。

对于转塔自动车床的加工工序来说,转塔每转换一个位置,切削刀具、加工表面及车床的转速和进给量一般都发生改变,这样就构成了不同的工步,如图4-6所示。

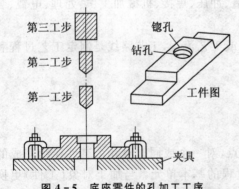

图4-5 底座零件的孔加工工序

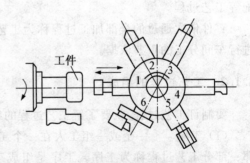

图4-6 转塔自动车床的不同工步

有时为了提高生产效率,经常把几个待加工表面用几把刀具同时进行加工,这可看作为一个工步,并称为复合工步,如图4-7所示。

(3)走刀 有些工步,由于余量较大或其他原因,需要同一切削用量(仅指转速和进给量)下对同一表面进行多次切削,这样刀具对工件的每一次切削就称为一次走刀,如图4-8所示。

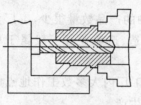

图4-7 复合工步

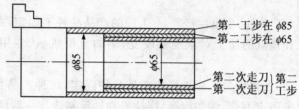

第一工步在φ85
第二工步在φ65
第二次走刀 第二
第一次走刀 工步

图4-8 以棒料制造阶梯轴

(4)安装 为完成一道工序的加工,在加工前对工件进行定位、夹紧和调整作业称为安装。在一道工序内,可能只需进行一次安装(如表4-2中工序20);也可能进行多次安装(如表4-1中工序10)。加工中应尽量减少安装次数,因为这不仅可以减少辅助时间,而且可以减少因安装误差而导致的加工误差。

(5)工位 为了完成一定的工序内容,一次装夹工件后,工件与夹具或设备的可动部分一起相对于刀具或设备的固定部分所占据的每一个位置称为工位。采用多工位夹具、回转工作台或在多轴机床上加工时,工件在机床上一次安装后,就要经过多工位加工。采用多工位加工可以减少工件的安装次数,从而缩短了工时,提高了工作效率。多工位、多刀或多面加工,使工件几个表面同时进行加工,也可看成一个工步,即复合工步,如图4-9所示。

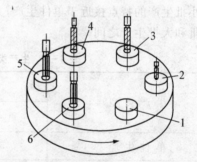

1- 装卸工位;2- 预钻孔工位;3- 钻孔工位;
4- 扩孔工位;5- 粗铰工位;6- 精铰工位

图4-9 多工位加工

4.1.3 生产类型及其工艺特性

1. 生产纲领

产品的年生产纲领是指企业在计划期内应当生产的产品产量和进度计划。零件的生产纲领要计入备品和废品的数量,因此对一个工厂来说,产品的产量和零件产量是不一样的。由于同一产品中,相同零件的数量可能不止一件,所以在成批生产产品的工厂中,也可能有大批大量生产零件的车间。某零件年生产纲领 N 的计算按下列公式:

$$N=Q\times n(1+\alpha)(1+\beta)。 \tag{4-1}$$

式中,Q 是产品的年产量(台/年),n 是每台产品中该零件的数量(件/台),α 是零件的备品百分率,β 是零件的废品百分率。备品率的多少要根据用户和修理单位的需要考虑。一般由调查及检验确定,可在 0~100％ 内变化。零件平均废品率根据生产条件不同各工厂不一样。生产条件稳定,产品定型,如汽车、机床等产品生产废品率一般为 0.5％~1％;当生产条件不稳定,新产品试制,废品率可高达 50％。

2. 生产类型

根据产品的大小、特征、生产纲领、批量及其投入生产的连续性,可分为三种不同的生产类型。

(1)单件、小批生产　工厂的产品品种不固定,每一品种的产品数量很少,工厂大多数工作地点的加工对象经常改变,例如重型机械、专用设备制造、造船业等一般属于单件生产。

(2)大量生产　工厂的产品品种固定,每种产品数量大,工厂内大多数工作地点的加工对象固定不变,例如汽车、拖拉机和轴承制造等一般属于大量生产。

(3)成批生产　工厂的产品品种基本固定,但数量少,品种较多,需要周期地轮换生产,工厂内大多数工作地点的加工对象是周期性的变换,例如通用机床、电机制造一般属于成批生产。

生产类型决定于生产纲领,但也和产品的大小和复杂程度有关。生产类型与生产纲领的关系可以参照表 4-3。可以看出,成批生产可以根据批量大小分为小批、中批和大批生产。小批生产的特点接近于单件生产;大批生产的特点接近于大量生产;中批生产的特点介于小批和大批生产之间。

表 4-3　生产类型与生产纲领(年产量)的关系

生 产 类 型		同类零件的年产量/件		
		重 型 零 件	中 型 零 件	小 型 零 件
单件生产		5 以下	10 以下	100 以下
成批生产	小　批	5~100	10~200	100~500
	中　批	100~300	200~500	500~5000
	大　批	300~1000	500~5000	5000~50000
大 量 生 产		1000 以上	5000 以上	50000 以上

所采用的生产类型不同,产品的制造工艺、工装设备、技术措施、经济效果等也不同。其工艺特征见表 4-4。机械制造技术就是根据不同生产类型的要求和被加工零件的结构及技术要求选择合理的加工方法、确定合理的加工工艺,以保证加工质量、提高生产率、降低加工成本的一门综合技术学科。

表 4 - 4   各种生产类型的工艺特征

项目	生产类型		
	单件、小批生产	中批生产	大量、大批生产
加工对象	不固定、经常换	周期性地变换	固定不变
机床设备和布置	采用通用设备，按机群式布置	采用通用和专用设备，按工艺路线成流水线布置或机群式布置	广泛采用专用设备，全按流水线布置，广泛采用自动线
夹具	非必要时不采用专用夹具	广泛使用专用夹具	广泛使用高效能的专用夹具
刀具和量具	通用刀具和量具	广泛使用专用刀具、量具	广泛使用高效率专用刀具、量具
毛坯情况	用木模手工造型、自由端，精度低	金属模、模锻，精度中等	金属模机器造型、精密铸造、模锻，精度高
安装方法	广泛采用划线找正等方法	保持一部分划线找正，广泛使用夹具	不需划线找正，一律用夹具
尺寸获得方法	试切法	调整法	用调整法、自动化加工
零件互换性	广泛使用配刮	一般不用配刮	全部互换，可进行调整
工艺文件形式	过程卡片	工序卡片	操作卡及调整卡
操作工人平均技术水平	较高	中等	较低
生产率	较低	中等	较高
成本	较高	中等	较低

4.1.4 机械加工工艺规程

1. 机械加工工艺规程

规定零件制造工艺过程和操作方法等的工艺文件称为机械加工工艺规程，简称工艺规程。它是在具体的生产条件下，以最合理或较合理的工艺过程和操作方法，并按规定的形式写成工艺文件，经审批后用来指导生产的。工艺规程是所有有关的生产人员都要严格执行、认真贯彻的纪律性文件，一般应包括零件的加工工艺路线、各工序的具体加工内容、切削用量、工序工时以及所采用的设备和工艺装备等。工艺规程有以下几方面作用。

（1）工艺规程是指导生产的主要技术文件　　合理的工艺规程是在总结广大工人和技术人员实践经验的基础上，依据工艺理论和必要的工艺实验而制订的。按照工艺规程组织生产，可以保证产品的质量和较高的生产效率与经济效益。因此，在生产中一般应严格地执行既定的工艺规程。实践证明，不按照科学的工艺进行生产，往往会引起产品质量的严重下降,生产效率的显著降低,甚至使生产陷入混乱的状态。

但是工艺规程也不应是固定不变的,工作人员应不断总结工人的革新创新,及时地吸取国内外先进技术,对现行工艺不断地予以改进和完善,以便更好地指导生产。

(2) 工艺规程是组织生产和管理工作的基本依据　由工艺规程所涉及的内容可以看出,在生产管理中,产品投产前原材料及毛坯的供应、通用工艺装备的准备、机床负荷的调整、专用工艺装备的设计和制造、作业计划的编排、劳动力的组织,以及生产成本的核算等,都是以工艺规程作为基本依据的。

(3) 工艺规程是新建或扩建工厂或车间的基本资料　在新建、扩建工厂或车间时,只有根据工艺规程和生产纲领才能正确地确定生产所需的机床和其他设备的种类、规格和数量,确定车间的面积、机床的布置、生产工人的工种、等级和数量以及辅助部门的安排等。

2. 机械加工工艺规程的格式

将工艺规程的内容,填入一定格式的卡片,即成为生产准备和施工所依据的工艺文件。各种工艺文件的格式如下。

(1) 机械工艺过程卡片　这种卡片简称过程卡或路线卡,如表 4-5 所示,它是以工序为单位简要说明产品或零部件的加工过程的一种工艺卡片。过程卡是制订其他工艺文件的基础,也是生产技术准备、编制作业计划和组织生产的依据。这种卡片内容简单,各工序的说明不够具体,仅列出了零件加工所经过的工艺路线和工艺方案,故主要用于单件和小批生产的生产管理。

表 4-5　机械加工工艺过程卡片

(工厂名)	机械加工工艺过程卡片	产品名称及型号		零件名称		零件图号			
		材料	名称	毛坯	种类	件质量/kg	毛重		第　页
			牌号		尺寸		净重		共　页
			性能	每料件数		每台件数		每批件数	
工序号	工序内容			加工车间	设备名称及编号	工艺装备名称及编号			技术等级	时间定额/min
						夹具	刀具	量具		单件	时间—终结
更改内容										
编制		抄写		校对		审核			批准	

（2）机械加工工艺卡片　　工艺卡片是以工序为单位详细说明整个工艺过程的工艺文件。其内涵介于工艺过程卡片和工序卡片之间。它是用来指导工人生产和帮助车间管理人员和技术人员掌握整个零件加工过程的一种主要技术文件，广泛用于成批生产的零件和小批生产中的重要零件。工艺卡片的内容包括零件的材料、质量、毛坯的制造方法、各个工序的具体内容及加工后要达到的精度和表面粗糙度等，其格式见表 4 - 6。

表 4 - 6　机械加工工艺卡片

（工厂名）	机械加工工艺卡片	产品名称及型号			零件名称			零件图号			
		材料	名称		毛坯	种类		件质量 /kg	毛重		第　页
			牌号			尺寸			净重		共　页
			性能		每料件数			每台件数		每批件数	

工序	安装	工步	工序内容	同时加工零件数	切削用量				设备名称及编号	工艺装备名称及编号			技术等级	时间定额/min	
					背吃刀量 /mm	切削速度 /(m·min)	切削速度/((r/min)或双行程数/min	进给量/(mm·min)或(mm/min)		夹具	刀具	量具		单件	时间—终结（m/r）

更改内容															

编制		抄写		校对		审核		批准	

（3）机械加工工序卡片　　这种卡片则更加详细地说明零件的各个工序应如何进行加工。在机械加工工序卡片上要画出工序简图，注明该工序的加工表面及应达到的尺寸和公差、关键的装夹方式、刀具的类型和位置、进刀方向和切削用量等，见表 4 - 7。该卡片多用于大批大量或成批生产中比较重要的零件。

表 4-7　机械加工工序卡

(工厂名)	机械加工工序卡片	产品名称及型号	零件名称	零件图号	工序名称	工序号	第　页
							共　页

		车间	工段	材料名称	材料牌号	力学性能
		同时加工件数	每料件数	技术等级	单件时间/min	准备—终结时间/min
(画工序简图处)		设备名称	设备编号	夹具名称	夹具编号	工作液

更改内容

工步号	工步内容	计算数据/min			走刀次数	切削用量				工时定额/mm			刀具量具及辅助工具			
		直径或长度	进给长度	单边余量		背吃刀量/min	进给量/(min·r)或(mm/min)	切削速度/(r·min)或双行程数/min	切削速度/(m/min)	基本时间	辅助时间	服工务工作时地间点	工步号	名称	规格	编号	数量

编制		抄写		校对		审核		批准	

4.2　零件的工艺性分析

在制订零件的机械加工工艺规程之前,应对零件的工艺性进行分析。这主要包括以下两个方面内容。

4.2.1　零件的技术性分析

制订工艺规程时,首先应分析零件图及该零件所在部件的装配图。了解该零件在部件中的作用及零件的技术要求,找出其主要的技术关键,以便在拟定工艺规程时采取适当的措施加以保证。具体内容包括：

(1) 审查零件图的视图、尺寸、公差和技术条件等是否完整。

(2) 审查各项技术要求是否合理　过高的精度要求、过小的表面粗糙度要求会使工艺过程复杂、加工困难、成本提高。

(3) 审查零件材料及热处理选用是否合适　在满足零件功能的前提下应选用廉价材料。材料选择还应立足国内，不要轻易选用贵重及紧缺的材料。若选用不当，不仅无法满足产品的技术要求或造成浪费，而且可能会使整个工艺过程无法进行。零件的热处理要求与所选用的零件材料有直接的关系，应按所选材料审查其热处理要求是否合理。

4.2.2　零件的结构工艺性分析

对零件进行工艺分析的一个主要内容就是研究、审查机器和零件的结构工艺性。

所谓零件的结构工艺性是指所设计的零件在满足使用要求的前提下，其制造的可行性和经济性。在进行零件结构的设计时应考虑到加工的装夹、对刀、测量、切削效率等。零件结构工艺性的好坏是相对的，要根据具体的生产类型和生产条件来分析。结构工艺性好可以方便制造，降低制造成本；但是不好的结构工艺性会使加工困难，浪费材料，浪费工时，甚至无法加工。表 4-8 列出了零件机械加工工艺性对比的一些实例。

表 4-8　零件机械加工结构工艺性的对比

序　号	A 结构 结构工艺性差	B 结构 结构工艺性好	说　　明
1			B 结构留有退刀槽，便于进行加工，并能减少刀具和砂轮的磨损
2			B 结构采用相同的槽宽，可减少刀具种类和换刀时间
3			由于 B 结构的键槽的方位相同，就可在一次安装中进行加工，提高了生产率
4			A 结构不便引进刀具，难以实现孔的加工

序　号	A 结构结构工艺性差	B 结构结构工艺性好	说　明
5			B 结构可避免钻头钻入和钻出时因工件表面倾斜而造成引偏或断损
6			B 结构节省材料,减少了质量,还避免了深孔加工
7			B 结构可减少深孔加工
8			B 结构可减少底面的加工劳动量,且有利于减少平面误差,提高接触刚度。

　　为了改善零件机械加工的工艺性,在结构设计时应注意以下几点:

　　(1) 要保证加工的可能性和方便性,加工表面应有利于刀具的进入和退出;

　　(2) 在保证零件使用性能的条件下,零件的尺寸精度、形位精度和表面粗糙度的要求应经济合理,应尽量减轻重量,减少加工表面面积,并尽量减少内表面加工;

　　(3) 有相互位置要求的各个表面,应尽量在一次装夹中加工完;

　　(4) 加工表面形状应尽量简单,并尽可能布置在同一表面或同一轴线上,以减少刀具调整与走刀次数,提高加工效率;

　　(5) 零件的结构要素应尽量统一,尺寸要规格化、标准化,尽量使用标准刀具和通用量具,减少换刀次数;

　　(6) 零件的结构应便于工件装夹,减少装夹次数,有利于增强刀具与工件的刚度。

　　如发现零件结构有明显的不合理之处,应与有关人员一起分析,按规定手续对图样进行必要的修改及补充。

4.3 毛坯的选择

在制订机械加工工艺规程时,毛坯选择得是否正确,不仅直接影响毛坯的制造工艺及费用,而且对零件的机械加工工艺、设备、工具以及工时的消耗都有很大影响。毛坯的形状和尺寸越接近成品零件,机械加工的劳动量就越少,但毛坯制造的成本可能越高。由于原材料消耗的减少,会抵消或部分抵消毛坯成本的增加。所以,应根据生产纲领、零件的材料、形状、尺寸、精度、表面质量及具体的生产条件等作综合考虑,以选择毛坯。在毛坯选择时,也要充分注意到采用新工艺、新技术、新材料的可能性,以提高产品质量、生产率和降低生产成本。

4.3.1 毛坯的种类

机械加工中常用的毛坯有铸件、锻件、型材、粉末冶金件、冲压件、冷或热压制件、焊接件等。这些毛坯件的分类、制造工艺、特点和应用,在金属工艺学中有详细介绍。为便于拟订机械加工工艺规程时进行毛坯类型的选择,将各种毛坯的主要技术特征列于表4-9中,以供参考。

4.3.2 毛坯的形状与尺寸的确定

现代机械制造发展的趋势之一是精化毛坯,使其形状和尺寸尽量与零件接近,从而进行少屑加工甚至无屑加工。但由于毛坯制造技术和设备投资经济性方面的原因,以及机电产品性能对零件加工精度和表面质量的要求日益提高,目前毛坯的很多表面仍留有一定的加工余量,以便通过机械加工来达到零件的质量要求。毛坯制造尺寸和零件尺寸的差值称为毛坯加工余量,毛坯制造尺寸的公差称为毛坯公差,二者都与毛坯的制造方法有关,生产中可参阅有关的工艺手册来选取。

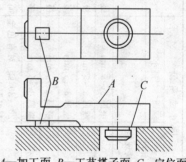

A—加工面 B—工艺搭子面 C—定位面

图4-10 具有工艺搭子的毛坯

有些零件为加工时安装方便,常在其毛坯上做出工艺搭子,如图4-10所示,零件加工完后一般应将其去除。

4.3.3 选择毛坯时应考虑的因素

为了合理地选择毛坯,通常需要从下面几个方面来综合考虑。

(1) 零件的生产纲领的大小 生产纲领的大小在很大程度上决定了采用某种毛坯制造方法的经济性。当生产批量较大时,应选用精度和生产率都较高的毛坯制造方法,其设备

表 4 - 9　各种主要制坯方法的特性比较

类别	制坯方法 种别	尺寸或质量 最大	尺寸或质量 最小	形状复杂程度	毛坯精度/mm	表面质量	材料	生产方式
利用型材	1. 棒料分割	随棒料规格	—	简单	0.5~0.6(视尺寸和割法)	粗	各种棒料	单件、中批、大量
铸造	2. 手工造型,砂型铸造	100 t	壁厚 3~5 mm	极复杂	1~10(视尺寸)	极粗	铁碳合金·有色金属和合金	单件、小批
	3. 机械造型,砂型铸造	250 kg	壁厚 3~5 mm	极复杂	1~2	粗	铁碳合金·有色金属和合金	大批、大量
	4. 刮板造型,砂型铸造	100 t	壁厚 3~5 mm	多半为旋转体	4~15(视尺寸)	极粗	铁碳合金·有色金属和合金	单件、小批
	5. 组芯铸造	2 t	壁厚 3~5 mm	极复杂	1~10(视尺寸)	粗	铁碳合金·有色金属和合金	单件、中批、大量
	6. 离心铸造	200 kg	壁厚 3~5 mm	多半为旋转体	1~8(视尺寸)	光	铁碳合金·有色金属和合金	大批、大量
	7. 金属型铸造	100 kg	20~30 kg,对有色金属壁厚 1.5 mm	简单和中等(视铸件能否从铸型中取出)	0.1~0.5	光	铁碳合金·有色金属和合金	大批、大量
	8. 精密铸造	5 kg	壁厚 0.8 mm	极复杂	0.05~0.15	极光	特别适用于难切削的材料	单件、小批
	9. 压力铸造	10~16 kg	壁厚:对锌为 0.5 mm,对其他合金为 1.0 mm	只受铸型能否制造的限制	0.05~0.2,在分型方向更小一些	极光	锌、铝、镁、铜、锡和铝的合金	大批、大量
锻压	10. 自由锻造	200 t	—	简单	1.5~25	极粗	碳钢·合金钢和合金	单件、小批
	11. 锤模锻	100 kg	壁厚 2.5 mm	受模具能否制造的限制	0.4~3.0,在垂直分模线方向更小一些	粗	碳钢·合金钢和合金	中批、大量
	12. 平锻机模锻	100 kg	壁厚 2.5 mm	受模具能否制造的限制	0.4~3.0,在垂直分模线方向更小一些	粗	碳钢·合金钢和合金	大批、大量
	13. 挤压	直径约200 mm	对铝合金壁厚 1.5 mm	简单	0.2~0.5	光	碳钢·合金钢和合金	大批、大量
	14. 辊锻	50 kg	对铝合金壁厚 1.5 mm	简单	0.4~2.5	粗	碳钢·合金钢和合金	大批、大量
	15. 曲柄压机模锻	100 kg	壁厚 1.5 mm	受模具能否制造的限制	0.4~1.8	光	碳钢·合金钢和合金	大批、大量
	16. 冷挤精压	100 kg	壁厚 1.5 mm	受模具能否制造的限制	0.05~0.10	极光	碳钢·合金钢和合金	大批、大量
冷压	17. 冷镦	直径 25 mm	直径 3.0 mm	简单	0.1~0.25	极光	碳钢·合金钢和合金	大批、大量
	18. 板料冲裁	厚度 25 mm	厚度 0.1 mm	复杂	0.05~0.5	光	钢和其他塑性材料	大批、大量
压制	19. 塑料压制	壁厚 8 mm	壁厚 0.8 mm	受压型能否制造的限制	0.05~0.25	极光	各纤维状和粉状填充剂的塑料	大批、大量
	20. 粉末金属和石墨压制	横截面面积 100 cm²	壁厚 2.0 mm	简单,受模形状及在凸模行程方向上压力的限制	在凸模行程方向:0.1~0.25,在与此垂直方向:0.25	极光	各种金属和石墨	大批、大量

和工装方面的较大投资可通过材料消耗的减少和机械加工费用的降低而取得回报。而当零件的生产批量较小时,应选择设备和工装投资都较小的毛坯制造方法,如自由锻造和砂型铸造等。

(2) 毛坯材料及其工艺特性　　在选择毛坯制造方法时,首先要考虑材料的工艺特性,如可铸性、可锻性、可焊性等。例如铸铁和青铜不能锻造,对这类材料只能选择铸件。但是材料的工艺特性不是绝对的,它随着工艺技术水平的提高而不断变化。例如,高速钢和合金工具钢很早以前由于其可铸性很差,一般均以锻件作为复杂刀具的毛坯。而现在由于精密铸造水平的提高,即使像齿轮滚刀这样复杂的刀具,也可用高速钢熔模铸造的毛坯,可以不经切削而直接刃磨出有关的几何表面。重要的钢质零件为使其具有良好的力学性能,不论其结构复杂或简单,均应选用锻件为毛坯,而不宜直接选用轧制型材。

(3) 零件的形状　　零件的形状和尺寸往往也是决定毛坯制造方法的重要因素。例如,形状复杂的毛坯,一般不采用金属型铸造;尺寸较大的毛坯,往往不能采用模锻、压铸和精铸,通常重量在 100 kg 以上较大的毛坯常采用砂型铸造,自由锻造和焊接等方法。对于重量在 1500 kg 以上的大锻件,需要水压机造型成坯,成本较高。但某些外形特殊的小零件,由于机械加工困难,往往采用较精密的毛坯制造方法,如压铸和熔模铸造等,最大限度减少机械加工余量。

(4) 现有生产条件　　选择毛坯时,不应脱离本厂的生产设备条件和工艺水平,但又要结合产品的发展,积极创造条件,采用先进的毛坯制造方法,提高毛坯精度,实现少无切削加工,是毛坯生产的一个重要发展方向。

4.4　定位基准的选择

定位基准的选择是制订工艺规程的一个重要问题,它直接影响到工序的数目,夹具结构的复杂程度及零件精度是否易于保证,一般应对几种定位方案进行比较。

4.4.1　基准的概念及分类

基准是用来确定生产对象上几何要素之间的几何关系所依据的那些点、线、面。根据其功能的不同,可分为设计基准和工艺基准两大类。

1. 设计基准

在零件图上用于确定其他点、线、面所依据的基准,称为设计基准。如图 4 - 11 所示的柴油机机体,平面 N 和孔 I 的位置是根据平面 M 决定的,所以平面 M 是平面 N 及孔 I 的设计基准。孔 II、III 的位置是由孔 I 的轴线决定的,故孔 I 的轴线是孔 II、III 的设计基准。

2. 工艺基准

零件在加工、测量、装配等工艺过程中所使用的基准统称为工艺基准。工艺基准可分为装配基准、测量基准、工序基准和定位基准。

（1）装配基准　　在零件或部件装配时用以确定它在部件或机器中相对位置的基准。如图 4-12 所示的轴套内孔即为其装配基准。

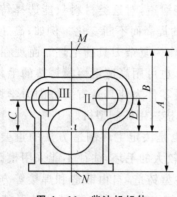

图 4-11　柴油机机体

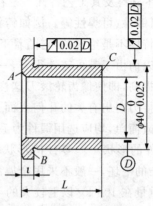

图 4-12　轴套零件

（2）测量基准　　用以测量工件已加工表面的尺寸及各表面之间位置精度的基准。如图 4-12 所示的轴套中，内孔是检验表面 B 端面跳动和 $\phi 40_{-0.025}^{0}$ mm 外圆径向跳动的测量基准；而表面 A 是检验长度尺寸 L 和 l 的测量基准。

（3）工序基准　　在工序图上用来确定本工序所加工表面加工后的尺寸、形状、位置的基准。所标注的加工面位置尺寸称为工序基准。工序基准也可以看作工序图中的设计基准。图 4-13 所示为钻孔工序的工序图，其中(a)，(b)分别表示两种不同的工序基准和相应的工序尺寸。

（4）定位基准　　用以确定工件在机床上或夹具中正确位置所依据的基准。如轴类零件的顶尖孔就是车、磨工序的定位基准。如图 4-14 所示的齿轮加工中，从图(a)可看出，在加工齿轮端面 E 及内孔 F 的第一道工序中，是以毛坯外圆面 A 及端面 B 确定工件在夹具中的位置的，故 A、B 面就是该工序的定位基准。图(b)是加工齿轮端面 B 及外圆 A 的工序，用 E、F 面确定工件的位置，故 E 和 F 就是该工序的定位基准。由于工序尺寸方向的不同，作为定位基准的表面也会不同。

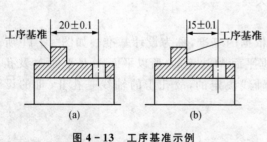

图 4-13　工序基准示例

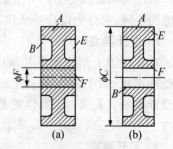

图 4-14　齿轮的加工

作为基准的点、线、面有时在工件上并不一定实际存在,在定位时通过有关具体表面起定位作用的,这些表面称为定位基面。所以选择定位基准,实际上即选择恰当的定位基面。

4.4.2 粗基准的选择

定位基准一般分为粗基准和精基准。在工件机械加工的第一道工序中,只能用毛坯上未经加工的表面作定位基准,这种定位基准称为粗基准。而在随后的工序中用已加工过的表面来作定位的基准则为精基准。选择粗基准的原则是要保证用粗基准定位所加工出的精基准有较高的精度;粗基准应能够保证加工面和非加工面之间的位置要求及合理分配加工面的余量。粗基准可以按照下列原则进行选择:

(1) 若工件中有不加工表面,则选取该不加工表面为粗基准;若不加工表面较多,则应选取其中与加工表面相互位置精度要求较高的表面作为粗基准。这样可使加工表面与不加工表面有较正确的相对位置。此外,还可能在一次安装中将大部分加工表面加工出来。如图 4-15 所示的毛坯,在铸造时内孔 2 与外圆 1 有偏心,因此在加工时,若用不需加工的外圆 1 作为粗基准加工内孔 2,则内孔 2 加工后与外圆是同轴的,即加工后的壁厚均匀,但此时内孔 2 的加工余量不均匀,如图 4-15(a)所示;若选内孔 2 作为粗基准,则内孔 2 的加工余量均匀,但它加工后与外圆 1 不同轴,加工后该零件的壁厚不均匀,如图 4-15(b)所示。

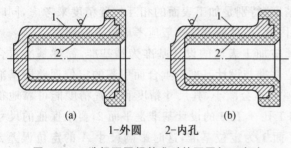

1—外圆　2—内孔

图 4-15 选择不同粗基准时的不同加工方法

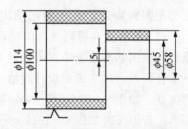

图 4-16 阶梯轴粗基准的错误选择

(2) 若工件所有表面都需加工,在选择粗基准时,应考虑合理分配各加工表面的加法余量。一般按下列原则选取:

① 余量足够原则　应以余量最小的表面作为粗基准,以保证各表面都有足够的加工余量。如图 4-16 所示的锻轴毛坯大小端外圆的偏心达 5 mm,若以大端外圆为粗基准,则小端外圆可能无法加工出来,所以应选加工余量较小的小端外圆作粗基准。

② 余量均匀原则　应选择零件上重要表面作粗基准。图 4-17 所示为床身导轨加工,先以导轨面 A 作为粗基准来加工床脚的底面 B,如图 4-17(a)所示;然后再以底面 B 作为精基准来加工导轨面 A,如图 4-17(b)所示,这样才能保证床身的重要表面——导轨面加工时所切去的金属层尽可能薄且均匀,以便保留组织紧密、耐磨的金属表层。

③ 切除总余量最小原则　应选择零件上那些平整的、足够大的表面作粗基准,以使零件上总的金属切削量减少。例如上例中以导轨面作粗基准就符合此原则。

(3) 选择毛坯上平整光滑的表面作为粗基准,以便使定位准确,夹紧可靠。

（4）粗基准应尽量避免重复使用，原则上只能使用一次。因为粗基准未经加工，表面较为粗糙，在第二次安装时，其在机床上（或夹具中）的实际位置与第一次安装时可能不一样。如图 4-18 所示阶梯轴，若在加工 A 面和 C 面时均用未经加工的 B 表面定位，对工件调头的前后两次装夹中，加工中的 A 面和 C 面的同轴度误差难以控制。

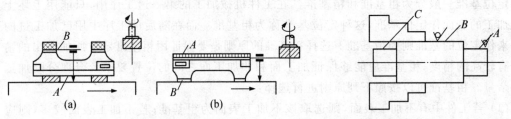

图 4-17　床身加工　　　　图 4-18　重复使用粗基准引起同轴度误差

对粗基准不重复使用这一原则，在应用时不要绝对化。若毛坯制造精度较高，而工件加工精度要求不高，则粗基准也可重复使用。对较复杂的大型零件，从兼顾各方面的要求出发，可采用划线的方法来选择粗基准以合理地分配余量。

4.4.3　精基准的选择

精基准的选择应从保证零件的加工精度，特别是加工表面的相互位置精度来考虑，同时也要照顾到装夹方便，夹具的结构简单。因此，选择精基准一般应考虑以下原则：

（1）基准重合原则　　应尽可能选择被加工表面的设计基准为精基准，简称基准重合原则。采用基准重合原则可以避免由定位基准与设计基准不重合而引起的定位误差即基准不重合误差。加工表面设计时给定的公差值不会减小，其尺寸精度和位置精度能可靠地得到保证。如图 4-19(a)所示，在零件上加工孔 3，孔 3 的设计基准是平面 2，要求保证的尺寸是 A。若加工时如图 4-19(b)所示，以平面 1 为定位基准，这时影响尺寸 A 的定位误差 Δ 就是尺寸 B 的加工误差，设尺寸 B 的最大加工误差为它的公差值 T，则 $\Delta = T$。如果按图 4-19(c)所示，用平面 2 定位，遵循基准重合原则就不会产生定位误差。

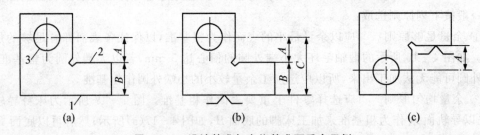

图 4-19　设计基准与定位基准不重合示例

（2）基准统一原则　　同一零件的多道工序尽可能选择同一个定位基准，称为基准统一原则。这样可保证各加工表面的相互位置精度，避免或减少因基准转换而引起的误差，并且简化了夹具的设计和制造工作，降低了成本，缩短了生产准备周期。如轴类零件加工，采用两中心孔作统一的定位基准加工各阶外圆表面，可保证各阶外圆表面之间较小的同轴度误差;齿轮的齿坯及齿形加工多采用齿轮的内孔和其轴线垂直的一端面作为定位基准;机床主轴箱的箱体多采用底面和导向面为统一的定位基准加工各轴孔、端面和侧面;一般箱形零件常采用一个大平面和两个距离较远的孔为统一的精基准。

应当指出,基准重合和基准统一原则是选择精基准的两个重要原则,但是有时两者会相互矛盾。遇到这样的情况,一般这样处理:对尺寸精度较高的加工表面应服从基准重合原则,以免使工序尺寸的实际公差减小,给加工带来困难。此外,一般主要考虑基准统一原则。

(3) 自为基准原则　　某些精加工或光整加工工序要求余量小而均匀,加工时就以加工表面本身为精基准,这称为自为基准原则。该加工表面与其他表面之间的相互位置精度则由先行工序保证。图 4-20 所示在导轨磨床上磨削床身导轨。工件安装后用百分表对其导轨表面找正,此时的床身底面仅起支承作用。此外,研磨、铰孔等都是自为基准的例子。

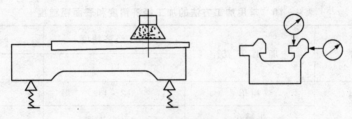

图 4-20　床身导轨面自为基准定位

(4) 互为基准原则　　当两个表面的相互位置精度要求很高,而表面自身的尺寸和形状精度又很高时,常采用互为基准反复加工的办法来达到位置精度要求,这称为互为基准原则。例如精密齿轮高频淬火后,在其后的磨齿加工中,常采用先以齿面为基准磨内孔,再以内孔定位磨齿面,如此反复加工以保证齿面与内孔的位置精度。又如车床主轴前后支承轴颈与前锥孔有严格的同轴度要求,为了达到这一要求,生产中常以主轴颈表面和锥孔表面互为基准反复加工,最后以前后支承轴颈定位精磨前锥孔。

(5) 所选精基准应能保证工件定位准确稳定,装夹方便可靠,夹具结构简单适用,定位基准应有足够大的接触及分布面积。接触面积大则能够承受较大的切削力,分布面积大则定位稳定可靠。

4.5　工艺路线的规定

所谓机械加工工艺路线是指主要用机械加工的方法将毛坯制成所需零件的整个加工路线。制订工艺规程的重要内容之一是拟定工艺路线。制订工艺路线的主要内容,除选择定位基准外,还应包括表面加工方法的选择、安排工序的先后顺序、确定工序的集中与分散程度以及加工阶段的划分等。

4.5.1 加工方法的选择

达到同样质量的加工方法有多种,在选择时一般要考虑下列因素。

(1) 各种加工方法所能达到的经济精度和表面粗糙度　　任何一种加工方法能获得的加工精度和表面粗糙度都有一个相当大的范围,而高精度的获得一般是以高成本为代价的。不适当的高精度要求会导致加工成本急剧上升。我们所要求的是在正常加工条件下(采用符合质量标准的设备、工艺装备和标准技术登记的工人,不延长加工时间)所能保证的加工精度和表面粗糙度,这称为经济加工精度,简称经济精度。通常它的范围是比较窄的。例如,公差为 IT7 和表面粗糙度 $Ra0.4\ \mu m$ 以上外圆表面,精车可以达到,但采用磨削更为经济,而表面粗糙度 $Ra1.6\ \mu m$ 的外圆,则多采用车加工而不采用磨削加工,因为这时车削是经济的。表 4-10 介绍了各种加工方法的加工经济精度和表面粗糙度,在选择零件表面的加工方法时可参考此表。

表 4-10　常用加工方法的加工经济精度和表面粗糙度

加 工 表 面	加 工 方 法	加工经济精度	表面粗糙度
		IT	$Ra/\mu m$
外圆柱面的端面	粗车	12～11	25～12.5
	半精车	10～9	6.3～3.2
	精车	8～7	1.6～0.8
	金刚石车	6～5	0.8～0.2
	粗磨	8～7	0.8～0.4
	精磨	6～5	0.4～0.2
	研磨	5～3	0.1～0.008
	超精加工	5	0.1～0.01
	抛光	—	0.1～0.012
圆柱孔	钻	12～11	25～12.5
	扩	10～9	6.3～3.2
	粗铰	8～7	1.6～0.8
	精铰	7～6	0.8～0.4
	粗拉	8～7	1.6～0.8
	精拉	7～6	0.8～0.4
	粗镗	12～11	25～12.5
	半精镗	10～9	6.3～3.2

加 工 表 面	加 工 方 法	加工经济精度 IT	表面粗糙度 $Ra/\mu m$
圆柱孔	精镗	8～7	1.6～0.8
	粗磨	8～7	1.6～0.8
	精磨	7～6	0.4～0.2
	珩磨	6～4	0.8～0.05
	研磨	6～4	0.1～0.008
平面	粗铣(或粗刨)	13～11	25～12.5
	半精铣(或半精刨)	10～9	6.3～3.2
	精铣(或精刨)	8～7	1.6～0.8
	宽刀精刨	6	0.8～0.4
	粗拉	11～10	6.3～3.2
	精拉	9～6	1.6～0.4
	粗磨	8～7	1.6～0.4
	精磨	6～5	0.4～0.2
	研磨	5～3	0.1～0.008
	刮研	5	0.8～0.4

(2) 工件材料的性质　　加工方法的选择,常受工件材料性质的限制。例如淬火钢淬火后应采用磨削加工;而有色金属磨削困难,常采用金刚镗或高速精密车削来进行加工。

(3) 工件的结构形状和尺寸　　以内圆表面加工为例,回转体零件上较大直径的孔可采用车削或磨削;箱体上 IT7 级的孔常用镗削或铰削,孔径较小时宜采用铰削,孔径较大或长度较短的孔宜选镗削。

(4) 生产率和经济性的要求　　大批量生产时,应采用高效率的先进工艺,如拉削内孔及平面等。或从根本上改变毛坯的制造方法,如粉末冶金、精密铸造等,可大大减少机械加工的工作量。但在生产纲领不大的情况下,应采用一般的加工方法,如镗孔或钻、扩、铰孔及铣、刨平面等。

4.5.2　加工阶段的划分

工件的加工质量要求较高时,都应划分阶段。一般可划分为粗加工、半精加工和精加工三个阶段。加工精度和表面质量要求特别高时,还可增设光整加工和超精加工阶段。

(1) 粗加工阶段　　此阶段的主要任务是以高生产率去除被加工表面多余的金属,所能达到的加工精度和表面质量都比较低。

（2）半精加工阶段　　此阶段的任务是减小粗加工后留下的误差和表面缺陷层,使被加工表面达到一定的精度,并为主要表面的精加工做好准备,同时完成一些次要表面的最后工序(扩孔、攻螺纹、铣键槽等)。

（3）精加工阶段　　在精加工阶段应确保零件尺寸、形状和位置精度达到或基本达到(精密件)图纸规定的精度要求以及表面粗糙度要求。因此,此阶段的主要目标是全面保证加工质量。

（4）光整阶段　　对于零件上精度和表面粗糙度要求很高(IT6级以上,表面粗糙度为 $Ra\,0.2\,\mu m$ 以下)的表面,应安排光整加工阶段。其主要任务是减小表面粗糙度或进一步提高尺寸精度,一般不用于纠正形状误差和位置误差。

（5）超精密加工阶段　　超精密加工是指加工精度高于 $0.1\,\mu m$,加工表面粗糙度小于 $0.01\,\mu m$ 的加工技术。这样划分加工阶段的原因是:

（1）可保证加工质量　　粗加工时切削余量大,切削用量、切削热及功率都较大,因而工艺系统受力变形、热变形及工件内应力变形都较大,导致工件加工精度低和加工表面粗糙。为此要通过后续阶段,以较小的加工余量和切削用量来逐步消除或减少已产生的误差,减小表面粗糙度。同时,各加工阶段之间的时间间隔可起自然时效的作用,有利于使工件消除内应力并充分变形,以便在后续工序中加以修正。

（2）可合理使用机床设备　　粗加工时余量大,切削用量大,故应在功率大、刚性好、效率高而精度一般的机床上进行,以充分发挥机床的潜力。精加工对加工质量要求高,故应在较为精密的机床上进行,对机床来说,也可延长其使用寿命。

（3）便于安排热处理工序　　热处理工序将加工过程自然地划分为前后阶段。热处理工序前安排粗加工,有助于消除粗加工时产生的内应力;热处理工序后安排精加工,可修正热处理过程中产生的变形。

（4）有利于及早发现毛坯的缺陷　　粗加工时发现了毛坯的缺陷,如铸件的砂眼、气孔、余量不足等,可及时报废或修补,以免继续盲目加工而造成成本浪费。

上述加工阶段的划分不是绝对的,当加工质量要求不高、工件刚性足够、毛坯质量高、加工余量小时,可以不划分加工阶段,例如在组合机床或自动机上加工的零件不必过细地划分加工阶段。有些重型零件,由于安装运输费时又困难,常在一次安装下完成全部组加工和精加工。为减少夹紧力的影响,并使工件消除内应力及发生相应的变形,在粗加工后可松开夹紧,再用较小的力重新夹紧,然后进行精加工。

工件的定位基准,在半精加工甚至粗加工就应加工得很精确,如轴类零件的顶尖孔、齿轮的基准端面和孔等。而有些诸如钻小孔、倒角等粗加工工序,又常安排在精加工阶段来完成。

4.5.3　工序的集中与分散

确定了加工方法和划分加工阶段之后,零件加工的各个工步也就确定了。如何把这些工步组成工序呢? 也就是要进一步考虑:这些工步是分散成各个单独工序,分别在不同的机床设备上进行呢？还是把某些工步集中在一个工序中在一台设备上进行呢？

在选定了零件上各个表面的加工方法和划分了加工阶段以后,在具体实现这些加工时,可以采用两种不同的原则:一是工序集中的原则,即使每个工序中包括尽可能多的加工内容,因而使工序的总数减少;另一是工序分散的原则,其含义则与之相反。

工序集中的特点是:

(1) 可减少工件的装夹次数。这不仅保证了各个表面间的相互位置精度,还减少了辅助时间及夹具的数量。

(2) 便于采用高效的专用设备和工艺装备,生产效率高。

(3) 工序数目少,可减少机床数量,相应地减少了工人人数及生产所需的面积,并可简化生产组织与计划安排。

(4) 专用设备和工艺装备比较复杂,因此生产准备周期较长,调整和维修也较麻烦,产品交换困难。

工序分散的特点是:

(1) 由于每台机床完成比较少的加工内容,所以机床、工具、夹具结构简单,调整方便,对工人的技术水平要求低。

(2) 便于选择更合理的切削用量。

(3) 生产适应强,转换产品较容易。

(4) 所需设备及工人人数多,生产周期长,生产所需面积大,运输量也较大。

按照何种原则确定工序数量,应根据生产纲领、机床设备及零件本身的结构和技术要求等作全面的考虑。由于工序集中和工序分散各有特点,所以生产上都有应用。大批量生产时,若使用多刀多轴的自动或半自动高效机床、数控机床、加工中心,可按工序集中原则生产;若按传统的流水线、自动线生产,多采用工序分散的组织形式。单件小批生产则一般在通用机床上按工序集中原则组织生产。

4.5.4　工序顺序的安排

复杂工件的机械加工工艺路线中要经过切削加工、热处理和辅助工序,如何将这些工序安排成一个合理的加工顺序,生产中已总结出一些指导性的原则,现分析如下:

(1) 工序顺序的安排原则

① 基准先行　作为加工其他表面的精基准一般应安排在工艺过程一开始就进行加工。例如箱体类零件一般是以主要孔为粗基准来加工平面,再以平面为精基准来加工孔系;轴零件一般是以外圆为粗基准来加工中心孔,再以中心孔为精基准来加工外圆、端面等。

② 先面后孔　箱体、支架等类零件上有较大的平面可作定位基准时,应先加工这些平面以作精基准。供加工孔和其他表面时使用,这样可以保证定位稳定。此外,在加工过的平面上钻孔不易产生孔轴线的偏斜和较易保证孔距尺寸。

③ 先主后次　零件的主要加工表面(一般是指设计基准面、主要工作面、装配基面等)应先加工,而次要表面(指键槽、螺孔等)可在主要表面加工到一定精度之后、最终精度加

工之前进行。

④ 先粗后精　一个零件的切削加工过程，总是先进行粗加工，再进行半精加工，最后是精加工和光整加工。这有利于加工误差和表面缺陷层的逐步消除，从而逐步提高零件的加工精度与表面质量。

⑤ 配套加工　有些表面的最后精加工安排在部装或总装过程中进行，以保证较高的配合精度。例如连杆大头孔就要在连杆盖和连杆体装配好后再精镗和研磨；车床主轴上联结三爪自定心卡盘的法兰，其止口及平面需待法兰安装在该车床主轴上后再进行作后的精加工。

(2) 热处理工序的安排　热处理工序在工艺路线中的位置，主要取决于工件的材料及热处理的目的和种类。热处理一般分为：

① 预备热处理　预备热处理的目的是改善切削性能，为最终热处理作好准备和消除内应力，如正火、退火和时效处理等。它应安排在粗加工前后和需要消除内应力处。放在粗加工前，可改善切削性能，并可减少车间之间的运输工作量；放在粗加工后，有利于粗加工内应力的消除。调质处理能得到组织均匀细致的回火索氏体，有时也作为预备热处理，常安排在粗加工后。

② 消除残余应力处理　常用的有人工时效、退火等。一般安排在粗、精加工之间进行。为避免过多的运转工作量，对精度要求不太高的零件，一般将消除残余应力的人工时效和退火安排在毛坯进入机械加工车间前进行。对精度要求较高的复杂铸件，在加工过程中通常安排两次时效处理：铸造——粗加工——时效——半精加工——时效——精加工。对于高精度的零件，如精密丝杆、精密主轴等，应安排多次消除残余应力的热处理。

③ 最终热处理　最终热处理的目的是提高力学性能，如调质、淬火、渗碳淬火、液体碳氮共渗和渗氮等，都属于最终热处理，应安排在精加工前后。变形较大的热处理，如渗碳淬火应安排的精加工磨削前进行，以便在精加工磨削时纠正热处理的变形，调质也应安排在精加工前进行。变形较小的热处理如渗氮等，应安排在精加工后进行。

(3) 辅助工序的安排　辅助工序的种类很多，包括检验、去毛刺、清洗、防锈、去磁、倒棱边及平衡等。辅助工序也是工艺规程的重要组成部分。

检验工序对保证质量、防止产生废品起到重要作用。除了工序中自检外，还需要在下列情况下单独安排检验工序：

① 粗加工全部结束以后，精加工开始以前；

② 零件从一个车间转到另一车间前后；

③ 重要工序之后；

④ 零件全部加工结束之后。

切削加工之后应安排去毛刺处理。未去净的毛刺将影响装夹精度、测量精度、装配精度以及工人安全。工件在进入装配前，一般应安排清洗。例如，研磨、珩磨后没清洗过的工件会带入残存的砂粒，加剧工件在使用中的磨损；用磁力夹紧的工件没有安排去磁工序，会使带有磁性的工件进入装配线，影响装配质量。

4.6 工序内容的拟定

4.6.1 加工余量的确定

1. 加工余量的概念

加工余量是指加工过程中，所切去的金属层厚度。余量有工序余量和加工余量（毛坯余量）之分。工序余量是相邻两工序的工序尺寸之差；加工余量是毛坯尺寸与零件图样的设计尺寸之差。两者之间的关系为：

$$Z_总 = Z_1 + Z_2 + \cdots + Z_n = \sum_{i=1}^{n} Z_i, \tag{4-2}$$

式中 $Z_总$ 为加工总余量，Z_1 为工序余量，n 为加工数目。

由于工序尺寸有公差，故实际切除的余量大小不等，加工余量有基本余量、最小加工余量和最大加工余量之分。工序尺寸的公差一般按"入体原则"标注。此外，工序加工余量还有单边余量和双边余量之分。

（1）单边余量　零件非对称结构的非对称表面，其加工余量一般为单边余量。平面加工的余量是非对称的，故属于单边余量。工序的基本余量为前后工序的基本尺寸之差。如图 4-21 所示，其加工余量为

$$Z_i = l_{i-1} - l_i, \tag{4-3}$$

式中 Z 为本道工序的工序余量，l_{i-1} 为上道工序的基本尺寸，l_i 为本道工序的基本尺寸。

如图 4-21 中存在尺寸公差，则上道工序的最小尺寸与本道工序的最大尺寸之差为本道工序的最小余量 Z_{imin}；上道工序最大尺寸与本道工序的最小尺寸之差为本道工序的最大余量 Z_{imax}。

（2）双边余量　零件对称结构的对称表面（如回转体内、外圆柱面），其加工余量为双边余量，如图 4-22 所示。

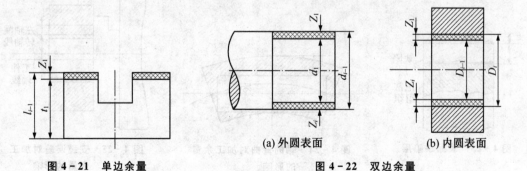

(a) 外圆表面　　(b) 内圆表面

图 4-21　单边余量　　　　　**图 4-22　双边余量**

对于外圆表面 $\qquad 2Z_I = d_{i-1} - d_i,$ $\qquad\qquad$ (4-4)

对于内圆表面 $\qquad 2Z_i = D_i - D_{i-1}.$ $\qquad\qquad$ (4-5)

式中，Z 为本道工序的工序余量，d_{i-1}，D_{i-1} 为上道工序的基本尺寸，d_i，D_i 为本道工序的基本尺寸。工序尺寸的公差与单边余量一样，一般按"入体原则"标注，对被包容表面（轴）来说，其基本尺寸即为最大工序尺寸；对包容面（孔）而言，其基本尺寸则为最小工序尺寸。而毛坯尺寸的公差，一般采用双向标注。

2. 影响加工余量的因素

加工余量的大小对工件的加工质量和生产效率有较大的影响。余量过大，会浪费工时，增加刀具、金属材料及电力的消耗；余量过小，既不能消除上道工序留下的各种缺陷和误差，又不能补偿本道工序的装夹误差，造成废品。因此应合理地确定加工余量。确定加工余量的基本原则是在保证加工质量的前提下，越小越好。影响加工余量的因素有以下几种。

（1）表面粗糙度 Ra 和缺陷层 D_a。 为了使工件的加工质量逐步提高，一般每道工序都应切削到待加工表面以下的正常金属组织，即本道工序必须把上道工序留下的表面粗糙度 Ra 和缺陷层 D_a 全部切除，如图 4-23 所示。

（2）上道工序的尺寸公差 T_a。 在加工表面上存在各种形状误差和尺寸误差，这些误差的大小一般包含在上道工序的尺寸误差 T_a 内。因此应将 T_a 计入加工余量。

（3）工件各表面相互位置的空间偏差 ρ_a。 空间偏差是指不包括在尺寸公差范围内的形状误差及位置误差，如直线度、同轴度、平行度、轴线与端面的垂直度误差等。上工序形成的这类误差应在本工序内予以修正。如图 4-24 所示，由于上工序轴线有直线度误差 δ，则本工序的加工余量需相应增加 2δ。

（4）工序加工时的安装误差 ε_b。 装夹误差包括工件的定位和夹紧误差及夹具在机床上的定位误差，这些误差会使工件在加工时的正确位置发生偏移，所以加工余量的确定还须考虑装夹误差的影响。如图 4-25 所示三爪自定心卡盘夹持工件外圆精车内孔时，由于三爪自定心卡盘定心不准，使工件轴线偏离主轴旋转轴线 e 值，造成孔的精车余量不均匀，为确保上工序各项误差和缺陷的切除，孔的直径余量应增加 $2e$。

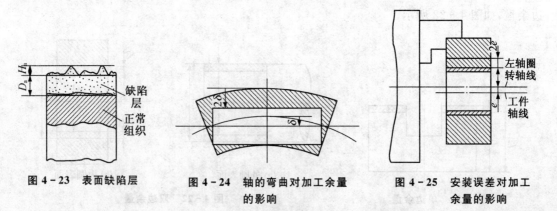

图 4-23 表面缺陷层 　　图 4-24 轴的弯曲对加工余量　　图 4-25 安装误差对加工
　　　　　　　　　　　　　　　的影响　　　　　　　　　　　余量的影响

ρ_a 和 ε_b 都具有方向性，因此，他们的合成应为向量和。

综上所述，可得出加工余量的计算式：

对单边余量 $\qquad Z = T_a + Ra + D_a + |\rho_a + \varepsilon_b|$, $\qquad (4-6)$

对双边余量 $\qquad 2Z = 2T_a + 2(Ra + D_a) + 2|\rho_a + \varepsilon_b|$。 $\qquad (4-7)$

在应用上述公式时，要根据具体的工序要求进行修正。例如，在无心磨床上加工小轴或用拉刀、浮动镗刀、浮动铰刀加工孔时，都是采用自为基准原则，不计装夹误差 ε_b。形位误差 ρ_a 中仅剩形状误差，不计位置误差，此时计算加工余量的公式为：

$$2Z_b = T_a + 2(Ra + D_a) + 2\rho_a。 \qquad (4-8)$$

孔的光整加工，如研磨、珩磨、超精磨和抛光等，若主要是为了减小表面粗糙度值时，则公式为

$$2Z_b = 2Ra。 \qquad (4-9)$$

若还需提高尺寸和形状精度时，则公式为

$$2Z_b = T_a + 2Ra + 2\rho_a。 \qquad (4-10)$$

3. 确定加工余量的方法

（1）经验估计法　　此法是根据工艺人员的实际经验确定加工余量。为了防止因余量不够而产生废品，所估计的加工余量一般偏大。此法常用于单件小批生产。

（2）查表法　　此法是以工厂生产实践和试验研究积累的有关加工余量的资料数据为基础，先制成表格，再汇集成手册。确定加工余量时，查阅这些手册，再结合工厂的实际情况进行适当修改后确定。目前，这种方法应用比较广泛。

（3）分析计算法　　此法是根据一定的试验资料和计算公式，对影响加工余量的各项因素进行综合分析和计算来确定加工余量的方法。这种方法确定的加工余量最经济合理，但必须有比较全面和可靠的试验资料。目前，只在材料十分贵重，以及军工生产或少数大量生产的工厂中采用。

在确定加工余量时，要分别确定加工余量和工序余量。加工总余量的大小与所选择的毛坯制造精度有关。用查表法确定工序余量时，粗加工工序余量不能用查表法得到，而是由总余量减去其他各工序余量之和而得。

4.6.2　工序尺寸与公差的确定

工序尺寸及公差的确定涉及工艺基准与设计基准是否重合的问题，如果工艺基准与设计基准不重合，必须用工艺尺寸链计算才能确定工艺尺寸（见 4.8 节）。如果工艺尺寸与设计基准重合，可用下面过程确定工艺尺寸：

① 确定各加工工序的加工余量；

② 从终加工工序开始，即从设计尺寸开始，到第一道加工工序，逐次加上每道加工工序余量，可分别得到各工序基本尺寸（包括毛坯尺寸）；

③ 除终加工工序以外，其他各加工工序按各自所采用加工方法的加工经济精度确定工序尺寸公差（终加工工序的公差按设计要求确定）；

④ 填写工序尺寸并按"入体原则"（即外表面注成上偏差为零，内表面注成下偏差为零）标注工序尺寸公差。

例如：某轴直径为 $\phi50$ mm，其尺寸精度为 IT5 级，表面粗糙度要求 Ra 为 0.04 μm，并要求高频淬火，毛坯为锻件。其工艺路线为：粗车——半精车——高频淬火——粗磨——精磨——研磨。根据有关手册查出各工序间余量和所能达到的加工经济精度，计算各工序基本尺寸和偏差，然后填写工序尺寸，见表 4-11。

表 4-11　工序尺寸及偏差

工序名称	工序余量/ mm	工序公差	工序基本尺寸/ mm	工序尺寸及偏差/ mm
研磨	0.01	IT5(h5)	50	$\phi\,50^{\ 0}_{-0.01}$
精磨	0.1	IT6(h6)	50＋0.01＝50.01	$\phi\,50.01^{\ 0}_{-0.019}$
粗磨	0.3	IT8(h8)	50.01＋0.1＝50.11	$\phi\,50.11^{\ 0}_{-0.046}$
半精车	1.1	IT10(h10)	50.11＋0.3＝50.41	$\phi\,50.41^{\ 0}_{-0.12}$
粗车	4.49	IT12(h12)	50.41＋1.1＝51.51	$\phi\,51.51^{\ 0}_{-0.19}$
锻造	—	±2	51.51＋4.49＝56	$\phi\,56\pm2$

4.6.3　机床及工艺设备的选择

1. 机床的选择

在选择机床时应遵循下列原则：

① 机床的主要规格尺寸应与工件的外廓尺寸和加工表面的有关尺寸相适应；

② 机床的精度要与工序要求的加工精度相适应；

③ 机床的生产率应与零件的生产纲领相适应；

④ 尽量利用现有的机床设备。

若需改装旧机床或设计专用机床，应提出任务书，说明与工序内容有关的参数、生产纲领、保证产品质量的技术条件及机床的总体布置等。

2. 工艺装备的选择

工艺装备主要包括夹具、刀具、量具和辅助工具，其选择是否合理，直接影响工件的加工质量、生产率和加工经济性。

（1）夹具的选择　　单件小批生产时，优先考虑采用作为机床附件的各种通用夹具，如卡盘、回转工作台、平口钳等，也可采用组合夹具；大批大量生产时，应根据工序要求设计专用高效夹具；多品种的中批生产可采用可调夹具或成组夹具。

（2）刀具的选择　　在选择刀具时主要考虑加工内容、工件材料、加工精度、表面粗糙度、生产率、经济性及所选用的机床的性能等因素。一般应优先采用标准刀具，必要时也可采用各种高生产率的复合刀具及专用刀具,此外,应结合实际情况,尽可能选用各种先进刀具,如可转位刀具、整体硬质合金刀具、陶瓷刀具、群钻等。

(3) 量具的选择　　主要根据生产类型及加工精度加以选择。单件小批生产采用通用量具;大批大量生产时采用极限量规及高生产率的检规。此外,对用于连接机床与刀具的辅具,如刀柄、接杆、夹头等,在选择时也应予以足够的重视。由于数控机床与加工中心的应用日益广泛,辅具的重要性更为明显。若选择不当,对加工精度、生产率、经济性都会产生消极影响。其具体的选择要根据工序内容、刀具和机床结构等因素而定,并且尽量选择标准辅具。

4.7　工艺过程的技术经济分析

工艺规程的制订,既应保证产品的质量,又要采取措施提高劳动生产率和降低产品成本,即必须做到优质、高产、低消耗。制订机械加工工艺规程时,在保证质量的前提下,往往会出现几种工艺方案,而这些方案的生产率和成本则会有所不同。为了选取最佳方案,就需进行技术经济分析。

4.7.1　时间定额

时间定额是指在一定的生产条件下,规定生产一件产品或完成一道工序所需消耗的时间。时间定额不仅是衡量劳动生产率的指标,也是安排生产计划,计算生产成本的重要依据,还是新建或扩建工厂(或车间)时计算设备和工人人数的依据。制定时间定额应根据本企业的生产技术条件,使大多数工人都能达到,部分先进工人可以超过,少数工人经过努力可以达到或接近的平均先进水平。合理的时间定额能调动工人的积极性,促进工人技术水平的提高,从而不断提高劳动生产率。随着企业生产技术条件的不断改善,时间定额定期修订,以保持定额的平均先进水平。

完成一个零件的一道工序所需的时间称为单件时间 T_p,它由下列部分组成:

(1) 基本时间 T_b　　直接用于改变生产对象的尺寸、形状、相对位置、表面状态或材料性质等工艺过程所消耗的时间,称为基本时间。对切削加工而言,就是切除余量所花费的时间(包括刀具的切入、切出时间),可计算得出。

(2) 辅助时间 T_a　　为实现工艺过程必须进行的各种辅助动作所消耗的时间,称为辅助时间。如装卸工件、开(停)机床、测量工件尺寸、进退刀具等。基本时间与辅助时间之和称为作业时间,用 T 表示。

(3) 布置工作地时间 T_s　　为使加工正常进行,工人照管工作地点所消耗时间(如收拾工具、清理切屑、润滑机床等),称为布置工作地时间,一般按作业时间的 2‰～7‰ 来计算。

(4) 休息和生理需要时间 T_r　　工人在工作班内为恢复体力和满足生理上的需要所消耗的时间,一般按作业时间的 2‰～4‰ 来计算。

以上四部分时间的总和称为单件时间 T_p，即

$$T_p = T_b + T_a + T_s + T_r = T_B + T_s + T_r。 \qquad (4-11)$$

（5）准备和终结时间 T_e　　准备时间是工人为了生产一批产品或零、部件，进行准备和结束工作所消耗的时间。例如，在单件或成批生产中，每当开始加工一批工件时，工人需要熟悉工艺文件、领取毛坯、材料、工艺装备、安装刀具和夹具、调整机床和其他工艺装备等所消耗的时间。T_e 即不是直接消耗在每个工件上，也不是消耗在一个工作班内的时间，而是消耗在一批工件上的时间。设每批工件数为 n 件，则分摊到每个工件上的准备和终结时间为 T_e/n，将这部分时间加到单件时间上去，即为成批生产的单件计算时间 T_c，即

$$T_c = T_p + T_e/n = T_b + T_a + T_s + T_r + T_e/n。 \qquad (4-12)$$

大量生产中，由于 n 的数值很大，$T_e/n \approx 0$，可忽略不计：

$$T_c = T_p = T_b + T_a + T_s + T_r。 \qquad (4-13)$$

4.7.2　生产率与经济性

在制定工艺规程的时候，必须妥善处理生产率与经济性的问题。提高劳动生产率涉及产品设计、制造工艺、生产组织及管理等多方面的因素。这里仅就与机械加工有关的，通常用以提高生产率的几种主要途径作简单介绍。

1. 缩短单件时间

缩短单件时间，主要是压缩占单件时间比重较大的那部分时间。不同的生产类型，占比重较大的时间项目也有所不同。在单件小批生产中辅助时间占较大比重；而在大批大量生产中，基本时间所占比重较大。下面简要分析缩短单件时间的几种途径。

（1）缩短基本时间　　基本时间 T_b 可按有关公式计算。以外圆车削为例：

$$T_b = \frac{\pi D L Z}{1000 v_c f a_p}, \qquad (4-14)$$

式中 D 为切削直径（mm），L 为切削行程长度（mm），Z 为工序余量（mm），v_c 为切削速度（min/min），f 为进给量（mm/r），a_p 为背吃刀量（mm）。上式说明，增大切削用量、进给量及背吃刀量，减少切削行程长度都可以缩短基本时间。

① 提高切削用量　　增大切削速度、进给量和背吃刀量都能缩短基本时间，从而减少单件时间，这是机械加工中广泛采用的提高劳动生产率的有效方法之一。

由于毛坯的日益精化，致使加工余量逐渐减小，故难以通过提高背吃刀量来提高生产率。切削速度的提高主要受到刀具材料和机床性能的制约。但是，近年来由于切削用陶瓷和各种超硬刀具材料以及刀具表面涂层技术的迅猛发展，机床性能尤其是动态和热态性能的显著改善，使切削速度获得大幅度提高。目前硬质合金车刀的切削速度可达 $100 \sim 300$ m/min，陶瓷刀具的切削速度可达 $100 \sim 400$ m/min，有的甚至达到 750 m/min。近年来出现聚晶金刚石和聚晶立方氮化硼新型刀具材料其切削速度高达 $600 \sim 1200$ m/min。

在磨削加工方面，高速磨削、强力磨削、砂带磨削的研究成果，使生产率有了大幅度提

高。高速磨削的砂轮速度已高达 80～125 m/s(普通磨削的砂轮速度仅为 30～35 m/s);缓进给强力磨削的磨削深度达 6～12 mm;砂带磨削同铣削加工相比,切除同样加工余量的加工时间仅为铣削加工的 1/10。

② 减少工作行程   在切削加工过程中可采用多刀切削、多件加工、工步合并等措施来减少工作行程,如图 4-26 所示。

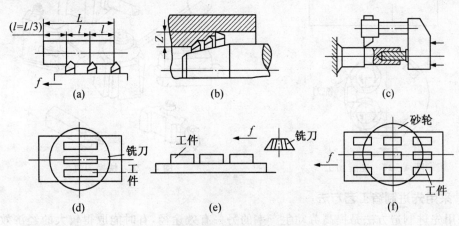

图 4-26   减少切削行程长度的方法

(2) 缩短辅助时间   随着基本时间的减少,辅助时间在单件时间中所占比重越来越大。这时应采取措施缩短辅助时间。

① 采用先进夹具   在大批大量生产中,采用气动、液动、电磁等高效夹具,中、小批量采用成组工艺、成组夹具、组合夹具都能减少找正和装卸工件时间。

② 采用连续加工方法   辅助时间与基本时间重合或大部分重合。如图 4-27 所示,在双轴立式铣床上采用连续加工方式进行粗铣和精铣。在装卸区及时装卸工件,在加工区不停地进行加工。连续加工不需间隙转位,更不需停机,生产率很高。

③ 采用在线检测的方法进行检测   采用在线检测的方法控制加工过程中的尺寸,使测量时间与基本时间重合。在线检测装置发展为自动测量系统,该系统不仅能在加工过程中测量并能显示实际尺寸,而且能用测量结果控制机床的自动循环,使辅助时间大大缩短。

(3) 缩短布置工作地时间   减少布置工作地时间,可在减少更换刀具和调整刀具的时间方面采取措施。例如,提高刀具或砂轮的耐用度;采用刀具尺寸的线外预调和各种快速换刀、自动换刀装置如图 4-28 所示,都能有效缩短换刀时间。

(4) 缩短准备与终结时间   缩短准备与终结时间的主要方法是扩大零件的批量和减少调整机床、刀具和夹具的时间。在中、小批生产中,产品经常更换,批量小,使准备与终结时间在单件计算时间中占有较大的比重。同时,批量小又限制了高效设备和高效装备的应用,因此,扩大批量是缩短准备与终结时间的有效途径。目前,采用成组技术、扩大相似批量以及零、部件通用化、标准化、系列化是扩大批量最有效的方法。

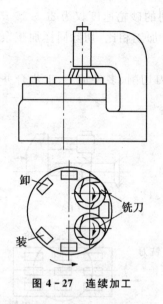
图 4 - 27　连续加工

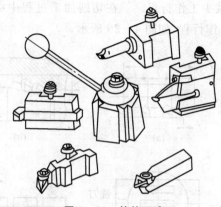
图 4 - 28　快换刀夹

2. 采用先进制造工艺方法

采用先进制造方法是提高劳动生产率的另一有效途径,有时能取得较大的经济效果,常有以下几种方法:

① 采用先进的毛坯制造新工艺　精铸、精锻、粉末冶金、冷挤压、热挤压和快速成型等新工艺,不仅能提高生产率,而且工件的表面质量也能得到明显改善。

② 采用特种加工方法　对一些特殊性能材料和一些复杂型面,采用特种加工能极大提高生产率。

③ 采用少无切削工艺　目前常用的少无切削工艺有冷轧、辊锻、冷挤等。这些方法在提高生产率的同时还能使工件的加工精度和表面质量也得到提高。

④ 采用高效加工方法　在大批大量生产中用拉削、滚压加工代替铣削、铰削和磨削;成批生产中用精刨、精磨或金刚镗代替刮研等都可提高生产率。

3. 进行高效、自动化加工

随着机械制造中属于大批大量产品种种类的减少,多品种中、小批量生产将是机械加工工业的主流。成组技术、计算机辅助工艺规程、数控加工、柔性制造系统与计算机集成制造系统等现代制造技术,不仅适应了多品种中、小批量生产的特点,又能大大提高生产率,是机械制造业的发展趋势。

4.7.3　工艺过程的技术经济分析

对某一零件加工时,通常可有几种不同的工艺方案。这些方案虽然都能满足该零件的技术要求,但是经济性却不同。为选出技术上较先进、经济上又较合理的工艺方案,就要在给定的条件下从技术和经济两方面进行分析、比较、评价。工艺过程的技术经济分析方法有两种:一是对不同的工艺过程进行工艺成本的分析和评价;二是按某种相对技术经济指标进行宏观比较。

1. 工艺成本的分析和评比

零件的实际生产成本是制造零件所需的一切费用的总和。工艺成本是指生产成本中与工艺过程有关的那一部分成本，占生产成本的 $70\% \sim 75\%$，如毛坯或原材料费用、生产工人的工资、机床电费（设备的使用费）、折旧费和维修费、工艺装备的折旧费和修理费以及车间和工厂的管理费用等。与工艺过程无关的那部分成本，如行政后勤人员的工资、厂房折旧费和维修费、照明取暖费等在不同方案的分析和评比中均是相等的，因而可以略去。

工艺成本按照与年产量的关系，分为可变费用 V 和不变费用 S 两部分。可变费用 V 是与年产量直接有关，随年产量的增减而成比例变动的费用。它包括材料或毛坯费、操作人员的工资、机床电费、通用机床的折旧费和维修费，以及通用工装（夹具、刀具和辅具等）的折旧费和维修费。可变用的单位是元/件。不变费用 S 是与年产量无直接关系，不随年产量的增减而变化的费用。它包括调整工人的工资、专用机床的折旧费和维修费以及专用工装的折旧费和维修费等。不变费用的单位是元/年。

由以上分析可知，零件全年工艺成本 E 及单位工艺成本 E 可分别用式表示：

$$E = VN + S, \tag{4-15}$$

$$E_d = V + \frac{S}{N}, \tag{4-16}$$

式中 E 为零件全年工艺成本（元/年），E_d 单件工艺成本（元/年），N 为生产纲领（件/年），S 为全年的不变费用（元）。以上两式也可用于计算单个工序的成本。

图 4-29 表示全年工艺成本 E 与年产量 N 的关系。由图可知，E 与 N 是线性关系，即全年工艺成本与年产量成正比；直线的斜率为零件的可变费用 V，直线的起点为零件的不变费用 S。图 4-30 表示单件工艺成本 E_d 与年产量 N 的关系。由图可知，E_d 与 N 呈双曲线关系，当 N 增大时，E 逐渐减小，极限值接近于可变费用 V。

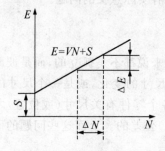

图 4-29　全年工艺成本与年产量的关系

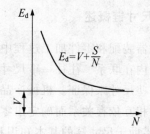

图 4-30　单件工艺成本与年产量的关系

对不同方案的工艺过程进行评比时，常用零件的全年工艺成本进行比较，这是因为全年工艺成本与年产量成线性关系，容易比较。设两种不同工艺方案分别为 1 和 2，它们的全年工艺成本分别为：

$$E_1 = V_1 N + S_1, \quad E_2 = V_2 N + S_2。$$

两种方案评比时，往往是一种方案的可变费用较大的话，另一种方案的不变费用就会较大。如果某方案的可变费用与不可变费用都较大，那么该方案在经济上是不可取的。

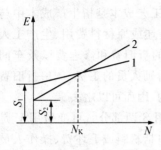

图 4 - 31　两种方案全年工艺成本的评比

如图 4 - 31 所示，在同一坐标图上，分别画出方案 1 和方案 2 的全年工艺成本与年产量的关系。由图可知，两条直线相交与 $N=N_K$ 处，该年产量 N_K 称为临界年产量，此时，两种工艺方案的全年工艺成本相等。由 $V_1 N_K + S_1 = V_2 N_K + S_2$ 可得

$$N_K = \frac{S_1 - S_2}{V_2 - V_1} \text{。} \tag{4-17}$$

当 $N < N_K$ 时，宜采用方案 2；当 $N > N_K$ 时，宜采用方案 1。用工艺成本评比的方法比较科学，因而对关键零件或关键工序的评比常用工艺成本进行评比。

2. 相对技术经济指标的评比

当对工艺过程的不同方案进行宏观比较时，常用相对技术经济指标进行评比。技术经济指标反映工艺过程中劳动的消耗、设备的特征和利用程度、工艺装备需要量以及各种材料和电力的消耗等情况。常用的技术经济指标有：每个生产工人的平均年产量（件/人），每台机床的平均年产量（件/台），每平方米生产面积的平均年产量（件/m^2），以及设备利用率、材料利用率和工艺装备系数等。利用这些指标能概略和方便地进行技术经济评比。

4.8　工艺尺寸链

机械制造的精度，主要决定于尺寸和装配精度。在机械制造过程中，运用尺寸链原理去解决并保证产品的设计与加工要求，合理地设计机械加工工艺和装配工艺规程，以保证加工精度和装配精度、提高生产率、降低成本，是极其重要而有实际意义的问题。

4.8.1　尺寸链概述

在机器装配和零件加工过程中所涉及的尺寸，一般来说都不是孤立的，而是彼此之间有着一定的内在联系。往往一个尺寸的变化会引起其他尺寸的变化，或是一个尺寸的获得要靠其他一些尺寸来保证。机械产品设计时，就是通过各个零件有关尺寸（或位置）之间的相互联系和相互依存关系而确定出零件上的尺寸（或位置）公差的。上面这些问题的研究和解决，需要借助于尺寸链的基本知识和计算方法来。

1. 尺寸链的定义与基本术语

在零件的加工过程和机器的装配过程中，经常会遇到一些相互联系的尺寸组合，这些相互联系且按一定顺序排列的封闭尺寸组称为尺寸链，如图 4 - 32 所示。

从尺寸链的定义和示例中可知，无论何种尺寸链，都是由一组有关尺寸首尾相接所形成的尺寸封闭图，且其中任何一尺寸的变化都会导致其尺寸的变化。

(1) 尺寸链的主要特点

① 尺寸链的封闭性　　即由一系列相互关联的尺寸排列成为封闭的形式。

② 尺寸链的制约性　　即某一尺寸的变化将影响其他尺寸的变化。

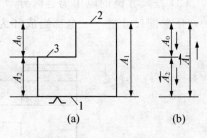

图 4-32　加工尺寸链示例

(2) 尺寸链的组成

① 环　　列入尺寸链中的每一尺寸简称为尺寸链中的环,如图 4-32 中的 A_0,A_1,A_2 等。环可分为封闭环和组成环。

② 封闭环　　尺寸链中在装配过程或加工过程中最后形成的一环。如图 4-32(a)中,以加工好的平面 1 定位加工平面 2,获得了尺寸 A_1,即环 A_1;然后同样以平面 1 定位加工平面 3,获得了尺寸 A_2,即环 A_2;最后自然形成了 A_0,所以环 A_0 是封闭环。可见,在加工完成前封闭环是不存在的。一个尺寸链中只能有一个封闭环。

③ 组成环　　尺寸链中对封闭环有影响的全部环都称为组成环,如图 4-32 中的 A_1,A_2。按组成环对封闭环的影响性质,又分为增环和减环。

④ 增环　　在其他组成环不变的条件下,若某一组成环的尺寸增大,封闭环的尺寸也随之增大;若该环尺寸减小,封闭环的尺寸也随之减小,则该组成环成为增环,如图 4-32 中的 A_1。

⑤ 减环　　在其他组成环不变的条件下,若某一组成环的尺寸增大,封闭环的尺寸也随之减小;若该环尺寸减小,封闭环的尺寸也随之增大,则该组成环成为减环,如图 4-32 中的 A_2。

对环数较多的尺寸链,若用定义来逐个判别各环的增减性很费时并且易搞错。为能迅速判别增减环,可在绘制尺寸链图时,用首尾相接的单向箭头顺序表示各环,其中,与封闭环箭头方向相同者为减环,与封闭环箭头相反者为增环。

2. 尺寸链的分类

(1) 按环的几何特征区分

① 长度尺寸链　　全部环为长度尺寸的尺寸链,如图 4-32(b)所示。

② 角度尺寸链　　全部环为角度尺寸的尺寸链,如图 4-33 所示。

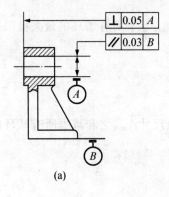
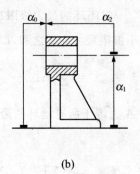
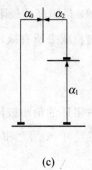

图 4-33　角度尺寸链

（2）按尺寸链的应用场合区分

① 装配尺寸链　　全部组成环为不同零件设计尺寸所形成的尺寸链,如图4-34所示。

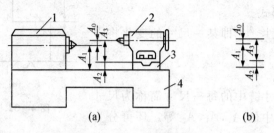

图4-34　装配尺寸链示例

② 工艺尺寸链　　全部组成环为同一零件工艺尺寸所形成的尺寸链,如图4-32所示。

（3）按空间位置区分

① 直线尺寸链　　全部组成环平行于封闭环的尺寸链。如图4-32所示就是直线尺寸链。

② 平面尺寸链　　全部组成环位于一个或几个平行平面内,但某些组成环不平行于封闭环的尺寸链。

③ 空间尺寸链　　组成环位于几个不平行平面内的尺寸链。

4.8.2　尺寸链的计算方法

在尺寸链的计算中,关键要正确找出封闭环。在工艺尺寸链中,一般是以设计尺寸,也可以加工余量作为封闭环。尺寸链的计算方法有极值法和概率法两种。

1. 极值法

（1）封闭环的基本尺寸　　封闭环的基本尺寸 A_0 等于增环的基本尺寸 $\overrightarrow{A_i}$ 之和减去减环的基本尺寸 $\overleftarrow{A_i}$ 之和,即

$$A_0 = \sum_{i=1}^{m} \overrightarrow{A_i} - \sum_{i=m+1}^{n-1} \overleftarrow{A_i}, \tag{4-18}$$

式中,m 为增环的环数,n 为减环的环数。

（2）封闭环的极限尺寸　　封闭环的最大极限尺寸 $A_{0\max}$ 等于所有增环的最大极限尺寸 $\overrightarrow{A_{i\max}}$ 之和减去所有减环的最小极限尺寸 $\overleftarrow{A_{i\min}}$ 之和,即

$$A_{0\max} = \sum_{i=1}^{m} \overrightarrow{A_{i\max}} - \sum_{i=m+1}^{n-1} \overleftarrow{A_{i\min}}。 \tag{4-19}$$

封闭环的最小极限尺寸 $A_{0\min}$ 等于所有增环的最小极限尺寸 $\overrightarrow{A_{i\min}}$ 之和减去所有减环的最大极限尺寸 $\overleftarrow{A_{i\max}}$ 之和,即

$$A_{0\min} = \sum_{i=1}^{m} \overrightarrow{A_{i\min}} - \sum_{i=m+1}^{n-1} \overleftarrow{A_{i\max}}。 \tag{4-20}$$

（3）各环上、下偏差之间的关系　封闭环的上偏差 ESA_0 等于所有增环的上偏差 $ES\overrightarrow{A_i}$ 之和减去所有减环的下偏差 $EI\overleftarrow{A_i}$ 之和，即

$$ESA_0 = \sum_{i=1}^{m} ES\overrightarrow{A_i} - \sum_{i=m+1}^{n-1} EI\overleftarrow{A_i}。 \qquad (4-21)$$

封闭环的下偏差 EIA_0 等于所有增环的下偏差 $\overrightarrow{EIA_i}$ 之和减去所有减环的上偏差 $ES\overleftarrow{A_i}$ 之和，即

$$EIA_0 = \sum_{i=1}^{m} EI\overrightarrow{A_i} - \sum_{i=m+1}^{n-1} ES\overleftarrow{A_i}。 \qquad (4-22)$$

（4）封闭环的公差　封闭环的公差 TA_0 等于各组成环的公差 TA_i 之和，即

$$TA_0 = \sum_{i=1}^{m} T\overrightarrow{A_i} - \sum_{i=m+1}^{n-1} T\overleftarrow{A_i} = \sum_{i=1}^{n-1} TA_i。 \qquad (4-23)$$

由（4-23）式可知，封闭环的公差比任何一个组成环的公差都大。若要减小封闭环的公差，即提高加工精度，而又不增加加工难度，即不减小组成环的公差，那就要尽量减少尺寸链中组成环的环数，这就是尺寸链最短原则。

（5）组成环的平均公差　组成环的平均公差等于封闭环的公差除以组成环的数目所得的商，即

$$T_{av} = \frac{TA_0}{n-1}。 \qquad (4-24)$$

将（4-18）式、（4-20）式、（4-22）式和（4-23）式改写成表 4-12 所示的竖式表，计算时较为简单。纵向各列中，最后一行以上各行相加的和；横向各行中，第 Ⅳ 列为第 Ⅱ 列与第 Ⅲ 之差；而最后一列和最后一行则是进行综合验算的依据。

表 4-12　计算封闭环的竖式表

列　号	Ⅰ	Ⅱ	Ⅲ	Ⅳ
名　称	基本尺寸	上偏差	下偏差	公差
代号　环的名称	A	ES	EI	T
增环	$\sum\limits_{i=1}^{m} \overrightarrow{A_i}$	$\sum\limits_{i=1}^{m} ES\overrightarrow{A_i}$	$\sum\limits_{i=1}^{m} EI\overrightarrow{A_i}$	$\sum\limits_{i=1}^{m} T\overrightarrow{A_i}$
减环	$-\sum\limits_{i=m+1}^{n-1} \overleftarrow{A_i}$	$-\sum\limits_{i=m+1}^{n-1} EI\overleftarrow{A_i}$	$-\sum\limits_{i=m+1}^{n-1} ES\overleftarrow{A_i}$	$\sum\limits_{i=m+1}^{n-1} T\overleftarrow{A_i}$
封闭环	A_0	ESA_0	EIA_0	TA_0

注意： 将减环的有关的数据填入和算出的结果移出该表时，其基本尺寸前应加"－"号；其上、下偏差对调位置后在变号（"＋"变"－"，"－"变"＋"）。对增环、封闭环无此要求。

极值法解算尺寸链的特点是简便、可靠。但在封闭环公差较小,组成环数目较多时,由(4-24)式可知,分摊到各组成环的公差过小,使加工困难,制造成本增加。而实际生产中各组成环都处于极限尺寸的概率很小,故极值法主要用于组成环的环数很少,或组成环数虽多,但封闭环的公差较大的场合。

2. 概率法

在大批大量生产中,采用调整法加工时,一个尺寸链中各尺寸都可看成独立的随机变量,而且实践证明,各尺寸处于公差带中间,即符合正态分布。

(1) 封闭环的公差 若各组成环的误差都按正态分布,则其封闭环的误差也是正态分布。则封闭环的公差为

$$TA_0 = \sqrt{\sum_{i=1}^{n-1} T_i^2 A_i} \text{。} \qquad (4-25)$$

假设各组成环的公差相等,且等于 T_{av},则可以从上式得出各组成环的平均公差

$$T_{av} = \frac{TA_0}{\sqrt{n-1}} = \frac{\sqrt{n-1}}{n-1} TA_0 \text{。} \qquad (4-26)$$

(2) 各组成环的中间偏差 当各组成环的尺寸呈正态分布,且分布中心与公差带中心重合时,各环的平均偏差等于中间偏差

$$\Delta_i = \frac{ESA_i + EIA_i}{2}, \qquad (4-27)$$

式中 Δ_i 为组成环和封闭环的中间偏差。

(3) 封闭环的中间偏差

$$\Delta_0 = \sum_{i=1}^{m} \overrightarrow{\Delta_i} - \sum_{i=m+1}^{n-1} \overleftarrow{\Delta_i}, \qquad (4-28)$$

式中 Δ_0 为组成环和封闭环的中间偏差。

(4) 用中间偏差、公差表示极限偏差

组成环的极限偏差:

$$ESA_i = \Delta_i + \frac{TA_i}{2}, \qquad (4-29)$$

$$EIA_i = \Delta_i - \frac{TA_i}{2} \text{。} \qquad (4-30)$$

封闭环的极限偏差:

$$ESA_0 = \Delta_0 + \frac{TA_0}{2}, \qquad (4-31)$$

$$EIA_0 = \Delta_0 - \frac{TA_0}{2} \text{。} \qquad (4-32)$$

4.8.3　工艺尺寸链的应用

限于篇幅,这里只介绍在工艺尺寸链中应用较多的极值解法,有关概率解法的应用在下一节里再详细介绍。

1. 基准不重合时的尺寸换算

(1) 定位基准与设计基准不重合时的尺寸换算

例4-1　图4-35所示为一设计图样的简图,图(b)为相应的零件尺寸链。A,B两平面已在上一工序中加工好。且保证了工序尺寸为$50^{0}_{-0.16}$ mm 的要求。本工序中采用B面定位加工C面,调整机床时需按尺寸A_2进行,如图4-35(c)所示。C面的设计基准是A面,与其定位基准B面不重合,故需进行尺寸换算。

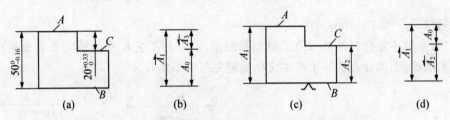

图4-35　定位基准与设计基准不重合时的尺寸换算

① 确定封闭环　　设计尺寸$20^{+0.33}_{0}$ mm 是本工序加工后间接保证的,故封闭环为A_0。

② 查明组成环　　根据组成环的定义,尺寸A_1和A_2均对封闭环产生影响,故A_1和A_2为该尺寸链的组成环。

③ 绘制尺寸链图及判定增、减环　　工艺尺寸链如图4-35(d)所示,其中A_1为增环,A_2为减环。

④ 计算工序尺寸及其偏差　　由$A_0 = \overrightarrow{A_1} - \overleftarrow{A_2}$得
$$\overleftarrow{A_2} = \overrightarrow{A_1} - A_0 = 50 - 20 = 30 \text{ (mm)}。$$

由$EIA_0 = EI\overrightarrow{A_1} - ES\overleftarrow{A_2}$得
$$ES\overleftarrow{A_2} = EI\overrightarrow{A_1} - EIA_0 = -0.16 - 0 = -0.16 \text{ (mm)}。$$

由$ESA_0 = ES\overrightarrow{A_1} - EI\overleftarrow{A_2}$得
$$EI\overleftarrow{A_2} = ES\overrightarrow{A_1} - ESA_0 = 0 - 0.33 = -0.33 \text{ (mm)}。$$

所求工序尺寸$A_2 = 20^{-0.16}_{-0.33}$ mm。

⑤ 验算　　根据题意及尺寸链可知$T\overrightarrow{A_1} = 0.16$ mm,$TA_0 = 0.33$ mm,由计算知$T\overleftarrow{A_2} = 0.17$ mm。

因$TA_0 = T\overrightarrow{A_1} + T\overleftarrow{A_2}$,故计算正确。

(2) 测量基准与设计基准不重合时的尺寸换算

例4-2　如图4-36所示零件,C面的设计基准是B面,设计尺寸A_0。在加工完成后,为方便测量,以 A 面为测量基准,测量尺寸为 A。建立尺寸链如图 4-36(b),其中 A_0 是封闭环,A 是增环,A 是减环。

图中 $A_0=30_{-0.2}^0$ mm,$A_1=10_{-0.1}^0$ mm 由 $A_0=\overrightarrow{A_2}-\overleftarrow{A_1}$ 得

$$\overrightarrow{A_2}=A_0+\overleftarrow{A_1}=30+10=40\ (\text{mm})。$$

由 $ESA_0=ES\overrightarrow{A_2}-EI\overleftarrow{A_1}$ 得

$$ES\overrightarrow{A_2}=EIA_0+EI\overleftarrow{A_1}=0+(-0.1)=-0.1\ (\text{mm})。$$

由 $EIA_0=EI\overrightarrow{A_2}-ES\overleftarrow{A_1}$ 得

$$EI\overrightarrow{A_2}=EIA_0+ES\overleftarrow{A_1}=-0.2+0=-0.2\ (\text{mm})。$$

最后得 $A_2=40_{-0.2}^{-0.1}$ mm。

显然,基准不重合时虽然方便了加工和测量,同时使工艺尺寸的精度要求也提高了,增加了加工的难度,因此在实际生产中应尽量避免基准不重合。

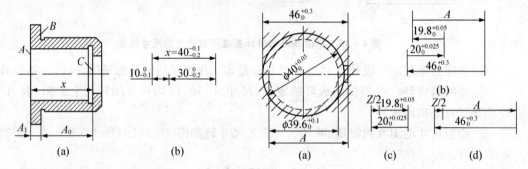

图 4-36　测量基准与设计基准不重合时的尺寸换算　　　图 4-37　孔及键槽加工的尺寸链

2. 工序基准有加工余量时,工艺尺寸链的建立和解算

例 4-3　　如图 4-37 所示为孔及键槽加工时的尺寸计算示意图。有关孔及键槽的加工顺序如下：

(1) 镗孔至 $\phi 39.6_0^{+0.1}$ mm;

(2) 插键槽,工序尺寸为 A;

(3) 热处理;

(4) 磨孔至 $\phi 40_0^{+0.05}$ mm,同时保证 $46_0^{+0.3}$ mm。试确定中间工序尺寸 A 及其公差。

键槽尺寸 $46_0^{+0.3}$ 是间接获得尺寸,为封闭环。而 $\phi 39.6_0^{+0.1}$ mm 和 $\phi 40_0^{+0.05}$ mm 及工序尺寸 A 是直接获得尺寸,为组成环。尺寸链如图 4-37 所示,其中 $\phi 40$ mm 和 A 尺寸是增环,$\phi 39.6$ mm 是减环。

由 $A_0=46$ mm$=20$ mm$+\overrightarrow{A}-19.8$ mm 得

$$\overrightarrow{A}=45.8\ \text{mm}。$$

由 $ESA_0 = 0.3\ \text{mm} = 0.025\ \text{mm} + ES\overrightarrow{A} - 0$ 得

$$ES\overrightarrow{A} = 0.275\ \text{mm}。$$

由 $EIA_0 = 0 = 0 + EI\overrightarrow{A} - 0.05\ \text{mm}$ 得

$$EI\overrightarrow{A} = 0.05\ \text{mm}。$$

故插键槽的工序尺寸 A 及其偏差为 $A = 45.8^{+0.275}_{0}\ \text{mm}$。若按"入体原则"标注,则为 $A = 45.85^{+0.225}_{0}\ \text{mm}$。

3. 保证渗碳或渗氮层深度时,工艺尺寸链的建立和解算

例 4 - 4　图 4 - 38 所示为某轴颈衬套,内孔 $\phi 145^{+0.04}_{0}\ \text{mm}$ 的表面需经渗氮处理,渗氮层深度要求为 $0.3 \sim 0.5\ \text{mm}$(即单边 $0.3^{+0.2}_{0}\ \text{mm}$,双边 $0.6^{+0.4}_{0}\ \text{mm}$)。

其加工顺序是:

(1) 初磨孔至 $\phi 144.76^{+0.04}_{0}\ \text{mm}$,$Ra0.8\ \mu\text{m}$。

(2) 渗氮,渗氮的深度为 $t\ \text{mm}$。

(3) 终磨孔至 $\phi 145^{+0.04}_{0}\ \text{mm}$,$Ra0.8\ \mu\text{m}$,并保证渗氮层深度 $0.3 \sim 0.5\ \text{mm}$,试求终磨前渗氮层深度 t 及其公差。

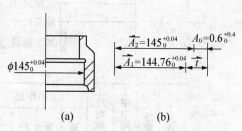

由图 4 - 38(b)可知,工序尺寸 A_1,A_2,t 是组成环,而渗氮层 $0.6^{+0.4}_{0}\ \text{mm}$ 是加工间接保证的设计尺寸,是封闭环,求解 t 的步骤如下。

图 4 - 38　保证渗氮深度的尺寸计算

由 $A_0 = \overrightarrow{A_1} + \overrightarrow{t} - \overleftarrow{A_2}$ 得

$$t = 0.6 + 145 - 144.76 = 0.84\ (\text{mm})。$$

由 $ESA_0 = ES\overrightarrow{A_1} + ES\overrightarrow{t} - EI\overleftarrow{A_2}$ 得

$$ES\overrightarrow{t} = 0.4 + 0 - 0.04 = 0.36\ (\text{mm})。$$

由 $EIA_0 = EI\overrightarrow{A_1} + EI\overrightarrow{t} - EI\overleftarrow{A_2}$ 得

$$EI\overrightarrow{t} = 0 + 0.04 - 0 = 0.04\ (\text{mm})。$$

$$t = 0.84^{+0.36}_{+0.04}\ \text{mm} = 0.88^{+0.32}_{0}\ \text{mm},\ t/2 = 0.44^{+0.16}_{0}\ \text{mm}。$$

即渗氮工序的渗氮层深度为 $0.44 \sim 0.6\ \text{mm}$。

4. 图表跟踪法

当零件的加工工序和同一方向的尺寸都比较多,工序中工艺基准与设计基准又不重合,且需多次转换工艺基准时,工序尺寸及其公差的换算会很复杂。此时不仅组成尺寸链的各环有时不易分清,难以方便地建立工艺尺寸链,而且在计算过程中容易出错。如果采用图表跟踪法,就可以直观、简便地建立起尺寸链,且便于计算机进行辅助计算。

下面以某轴套端面加工时轴向工序尺寸及公差为例,对图表跟踪法作具体介绍。

（1）图表的绘制　　　其格式如图 4-39 所示。绘制步骤如下：

① 在图表上方画出工件简图，标出有关设计尺寸，从有关表面向下引出表面线；

② 按加工顺序，在图表自上而下地填写各工序的加工内容；

③ 用查表法或经验比较法将确定的工序基本余量填入表中；

④ 为计算方便，将有关的设计尺寸改写为平均尺寸和对称偏差的形式在图表的下方标出。

⑤ 按图 4-39 所规定的符号，标出定位基面、工序基准、加工表面、结果尺寸及加工余量。加工余量画在待加工表面竖线的"体外"一侧；与确定工序尺寸无关的粗加工余量可标

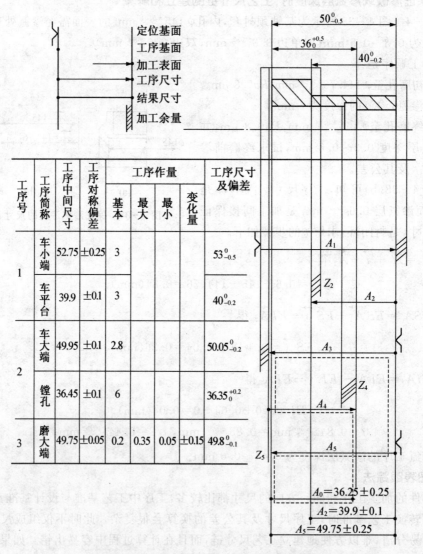

工序号	工序简称	工序中间尺寸	工序对称偏差	工序作量				工序尺寸及偏差
				基本	最大	最小	变化量	
1	车小端	52.75	±0.25	3				$53_{-0.5}^{0}$
	车平台	39.9	±0.1	3				$40_{-0.2}^{0}$
2	车大端	49.95	±0.1	2.8				$50.05_{-0.2}^{0}$
	镗孔	36.45	±0.1	6				$36.35_{0}^{+0.2}$
3	磨大端	49.75	±0.05	0.2	0.35	0.05	±0.15	$49.8_{-0.1}^{0}$

图 4-39　工艺尺寸链的跟踪图表

可不标;同一工序内的所有工序尺寸按加工时或尺寸调整时先后次序列出。

(2) 列出尺寸链　　一般来说,设计尺寸和除靠火花磨削余量外的工序余量是工艺尺寸链的封闭环,而工序尺寸则是组成环。组成环的查找方法是:从封闭环的两端,沿相应表面线同时向上(或向下)追踪,当遇到尺寸箭头时,说明此表面是在该工序加工而得,从而可判定该工序尺寸即为一组成环。此时,应沿箭头拐入追踪至工序基准,然后再沿该工序基准的相应表面线按上述方法继续向上(或向下)追踪,直到两条追踪线汇合封闭为止。图 4-39 中虚线就是以结果尺寸 A_0 为封闭环向上追踪所找到的一个工艺尺寸链。同时,可分别列出各个结果尺寸链和加工余量为封闭环的尺寸链,如图 4-40 所示。

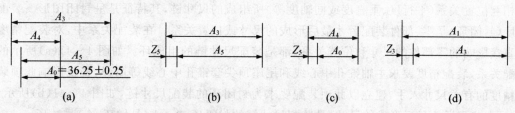

图 4-40　用跟踪法列出的尺寸链

(3) 工序尺寸及其公差的计算　　由图 4-40 可看出,尺寸 A_3,A_4,A_5 是公共环,需要先通过图(b)和(c)求出 A_3 和 A_4。然后再解图(a)尺寸链。由图 4-39 知 $A_5=49.75$ mm 和 $A_0=36.25$ mm 是设计尺寸。确定各工序的基本尺寸 A_3,A_4:

$$A_3=A_5+Z_5=49.75+0.2=49.95(\text{mm}),A_4=A_0+Z_5=36.25+0.2=36.45(\text{mm})。$$

确定各工序尺寸的公差。将封闭环 A_0 的公差 TA_0 按等公差原则,并考虑加工方法的经济精度及加工的难易程度分配给工序尺寸 A_3,A_4,A_5,即

$$TA_3=\pm0.10\text{ mm},TA_4=\pm0.10\text{ mm},TA_5=\pm0.05\text{ mm},$$

所以得

$$A_3=49.95\pm0.10\text{ mm},A_4=36.45\pm0.10\text{ mm},A_5=49.75\pm0.05\text{ mm}。$$

解图(d)所示的尺寸链可知 $A_1=A_3+Z_3=49.95+2.8=52.75(\text{mm})$。

按粗车的经济精度取 $TA_1=\pm0.25\text{ mm}$,则 $A_1=52.75\pm0.25\text{ mm}$。

由图 4-39 知 $A_2=39.9\pm0.10\text{ mm}$。

按图 4-40(b)所列的尺寸链验算余量,即

$$Z_{5max}=A_{3max}-A_{5min}=50.05-49.7=0.35(\text{mm}),$$
$$Z_{5min}=A_{3min}-A_{5max}=49.85-49.8=0.05(\text{mm})。$$

所以,$Z_5=0.05\sim0.35\text{ mm}$,满足磨削余量要求。

将各工序尺寸按"入体原则"标注,即

$$A_1=53_{-0.5}^{0}\text{ mm},A_2=40_{-0.2}^{0}\text{ mm},A_3=50_{-0.2}^{0}\text{ mm},A_4=36.35_{-0}^{+0.2}\text{ mm},A_5=49.8_{-0.1}^{0}\text{ mm}。$$

(由于公差分配的变化,不可按原图尺寸标注)

最后,将上述计算过程的有关数据及计算结果填入跟追图表中。

4.9 装配工艺尺寸链

4.9.1 装配尺寸链

1. 装配尺寸链的组成和查找

装配尺寸链是产品或部件在装配过程中,由相关零件的有关尺寸(表面或轴线间距离)或相互位置关系(平行度、垂直度或同轴度等)所组成的尺寸链,其特征是呈封闭图形。装配精度(封闭环)是零、部件装配后才最后形成的尺寸或位置关系。在装配关系中,对装配精度有直接影响的零部件的尺寸和位置关系,都是装配尺寸链的组成环。如图4-41(a)所示的装配关系,装配精度要求主轴锥孔中心线和尾座顶尖套锥孔中心线等高,从查找影响此项装配精度的有关尺寸入手,建立以此项装配要求为封闭环的装配尺寸链,如图4-41(b)所示。A_0是在装配后才最后形成的尺寸,是装配尺寸链的封闭环,A_2,A_3是增环,A_1是减环。

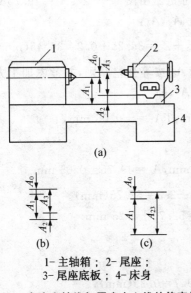

1- 主轴箱; 2- 尾座;
3- 尾座底板; 4- 床身

图4-41 车床主轴线与尾座中心线的等高性要求

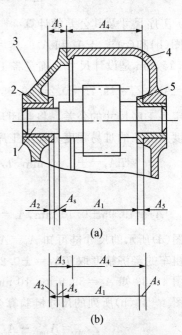

图4-42 齿轮轴装配示意图

2. 装配尺寸链的建立方法

装配尺寸链的建立是在装配图的基础上,根据装配精度要求,找出与此项精度有关的零件及相应的有关尺寸,并画出尺寸链图。如图4-42所示为某减速器的齿轮轴组件装配示意图。齿轮轴1在两个滑动轴承2和5中转动,装配时要求齿轮轴与滑动轴承间的轴向间隙为0.2～0.7 mm,试建立轴向间隙为装配精度的尺寸链。

建立装配尺寸链的步骤如下：

① 确定封闭环　装配尺寸链的封闭环是装配精度 $A_0 = 0.2 \sim 0.7$ mm。

② 查找组成环　组成环的查找分两步，首先找出对装配精度有影响的相关零件，然后再在相关零件上找出相关尺寸。

③ 查找相关零件　以封闭环两端的那两个零件为起点，以相邻零件装配基准间的联系为线索，分别由近及远地找出装配关系中影响装配精度的零件，直至找到同一个基准零件或同一个基准表面为止。

其间经过的所有零件都是相关零件。本例中封闭环 A_0 两端的零件分别是齿轮轴 1 和左滑动轴承 2。左端：与左端滑动轴承 2 的装配基准相联系的是左箱体 3；右端：与齿轮轴 1 的装配基准相联系的是右滑动轴承 5，与右滑动轴承 5 的装配基准相联系的是右箱体 4，最后左、右箱体在其装配基准"止口"处封闭。这样齿轮轴 1、左轴承 2、左箱体 3、右箱体 4 和右轴承 5 都是相关零件。

④ 确定相关零件上的相关尺寸　每个相关零件上只能选一个长度尺寸作为相关尺寸。即选择相关零件上装配基准间的联系尺寸作为相关尺寸。本例中的尺寸 A_1, A_2, A_3，A_4 和 A_5 都是相关尺寸，它们就是以 A_0 为封闭环的装配尺寸链中的组成环。

⑤ 画出尺寸链，确定增、减环　将封闭环和所找到的组成环画成如图 4 - 42(b)所示的尺寸链图。利用画箭头的方法可判断 A_3 和 A_4 是增环，A_1, A_4 和 A_5 是减环。

3. 装配尺寸链的组成原则

（1）封闭原则　组成环由封闭环两端开始，到基准件后形成封闭的尺寸组。

（2）环数最少原则　装配尺寸链以零件或部件的装配基准为联系确定相关零件，以相关零件上装配基准间的尺寸为相关尺寸，由相关尺寸作为组成环即可满足环数最少原则。这时每个相关零部件上只有一个组成环。

（3）精确原则　当装配精度要求较高时，组成环中除长度尺寸环外，还会有形位公差环和配合间隙环。

4.9.2　装配方法的选择

生产中利用装配尺寸链来达到装配精度的工艺方法有互换法、选择法、修配法和调整法等四种。具体选择哪种方法来装配，应根据产品的性能要求、结构特点和生产型式、生产条件等来选择。这四种方法既是机器和部件的装配方法，也是装配尺寸链的解算方法。

1. 互换装配法

机器或部件的所有合格零件，在装配时不经任何选择、调整和修配，装入后就可以使全部或绝大部分的装配对象达到规定的装配精度和技术要求的装配方法称为互换法。根据零件的互换程度不同，互换法又可分为完全互换法和大数互换法(不完全互换法)。

（1）完全互换法　合格的零件在进入装配时，不经任何选择、调整和修配就可以使装配对象全部达到装配精度的装配方法，称为完全互换法。其实质是用控制零件加工误差来保证装配精度。完全互换装配法是用极值法来解装配尺寸链的，因而极值法计算工艺尺链的公式,在这里也可使用。计算时在已知封闭环(装配精度)的公差,分配有关零件(各组成环)公差时,可按"等公差"原则先确定组成环的平均公差 T_{av},即

$$T_{av}=\frac{T_0}{n-1}。 \tag{4-33}$$

然后根据各组成环尺寸大小和加工的难易程度,对各组成环的平均公差在平均公差值的基础上作适当调整。

例 4-5   如图 4-43 所示为车床主轴部件的局部装配图,要求装配后保证轴向间隙 $A_0=0.1\sim0.35$ mm。已知各组成环的基本尺寸为:$A_1=43$ mm,$A_2=5$ mm,$A_3=30$ mm,$A_4=3^{0}_{-0.04}$ mm,$A_5=5$ mm,A_4 为标准件的尺寸,试按极值法求出各组成环的公差及上、下偏差。

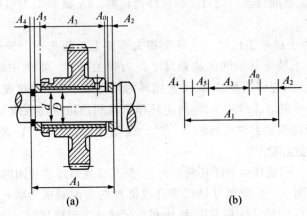

图 4-43   车床主轴双联齿轮装配图链

解:(1)画出装配尺寸链,如图 4-43(b)所示,检验各环尺寸   尺寸链中的组成环为增环 $\overrightarrow{A_1}$,减环 $\overleftarrow{A_2}$,$\overleftarrow{A_3}$,$\overleftarrow{A_4}$,$\overleftarrow{A_5}$,封闭环 A_0 的基本尺寸为:

$$A_0=\overrightarrow{A_1}-(\overleftarrow{A_2}+\overleftarrow{A_3}+\overleftarrow{A_4}+\overleftarrow{A_5})=43-(5+30+3+5)=0 \text{ (mm)}。$$

由此可知,各组成环的基本尺寸的已定数值正确。

(2)确定各组成环的公差   首先计算各组成环的平均公差

$$T_{av}=\frac{T_0}{n-1}=\frac{0.35-0.1}{6-1}=0.05 \text{ (mm)}。$$

现参考 T_{avL} 来确定各组成环的公差:$\overrightarrow{A_1}$ 和 $\overleftarrow{A_3}$ 尺寸大小和加工难易程度大体相当,故取 $TA_1=TA_3=0.06$ mm;$\overleftarrow{A_2}$ 和 $\overleftarrow{A_5}$ 尺寸大小和加工难易程度相当,故取 $TA_2=TA_5=0.045$ mm;A_4 为标准件,其公差为已定值 $TA_4=0.04$ mm。

$$\sum T_i=0.06+0.045+0.06+0.045+0.04=0.25 \text{ (mm)}=TA_0。$$

从计算可知,各组成环公差之和未超过封闭环公差。封闭环可写成 $A_0=0^{+0.35}_{+0.10}$ mm。协

调环的公差 TA_3 也可以先不给定,而是通过公式 $\sum T \leqslant TA_0$ 算出。

(3)确定各组成环的公差带位置　　将 A_3 作为协调环,其余组成环的公差均按"入体原则"分布,即 $A_1 = 43^{+0.06}_0$ mm, $A_2 = 5^0_{-0.045}$ mm, $A_4 = 3^0_{-0.04}$ mm, $A_5 = 5^0_{-0.045}$ mm。协调环 A_3 的上下偏差计算如下:

$$ESA_0 = \sum_{i=1}^{m} ES \overrightarrow{A_i} - \sum_{i=m+1}^{n-1} EI \overleftarrow{A_i} + 0.35 = 0.06 - (-0.045 + EIA_3 - 0.045 - 0.04),$$

$$EIA_3 = -0.16 \text{ mm}, ESA_3 = TA_3 + EIA_3 = 0.06 + (-0.16) = -0.10 \text{ (mm)},$$

所以 $A_3 = 30^{-0.10}_{-0.16}$ mm。

全部计算结果为:

$$A_1 = 43^{+0.06}_0 \text{ mm}, A_2 = 5^0_{-0.045} \text{ mm}, A_3 = 30^{-0.10}_{-0.16} \text{ mm}, A_4 = 3^0_{-0.04} \text{ mm}, A_5 = 5^0_{-0.045} \text{ mm}。$$

(2)大数互换法　　完全互换法的装配过程虽然简单,但它是根据增、减环同时出现极值情况下建立封闭环与组成环的关系式,由于组成环分得的制造公差过小常使零件加工过程产生困难。根据数理统计规律可知,首先,在一个稳定的工艺系统中进行大批大量加工时,零件尺寸出现极值的可能性很小;其次,在装配时,各零件的尺寸同时为极大、极小的"极值组合"的可能性更小,实际上可以忽略不计。所以完全互换法以提高零件加工精度为代价来换取完全互换装配显然是不经济的。

大数互换(不完全互换法)装配法的实质是将组成环的制造公差适当放大,使零件容易加工,这会使极少数产品的装配精度超出规定要求。所以需在装配时,采取适当的工艺措施,以排除个别产品因超出公差而产生废品的可能性。大数互换法用于封闭环精度要求较高而组成环又较多的场合。

例 4-6　已知条件与例 4-5 相同,试用大数互换法确定各组成环的公差及上、下偏差。

解:解题步骤跟极值法相同,首先建立装配尺寸链;然后计算组成环的平均公差 T_{av},以 T_{av} 做参考,根据各组成环基本尺寸的大小和加工难易程度确定各组成环的公差及其分布。

(1)计算出组成环的平均公差

$$T_{av} = \frac{TA_0}{\sqrt{n-1}} = \frac{0.25}{\sqrt{6-1}} \approx 0.112 \text{ (mm)}。$$

根据组成环公差的上述确定原则,确定 $TA_1 = 0.15$ mm, $TA_2 = TA_5 = 0.10$ mm, A_4 为标准件,其公差为定值 $TA_4 = 0.04$ mm。将 A_3 作为协调环,其公差 TA_3 为

$$TA_3 = \sqrt{TA_0^2 - \sum_{i=1}^{n-2} TA_i^2} = \sqrt{0.25^2 - (0.15^2 + 0.10^2 + 0.10^2 + 0.04^{2)}} \approx 0.13 \text{ (mm)}。$$

最后确定各组成环公差的位置。除协调环 A_3 外,其他组成环按"入体原则"分布,即 $A_1 = 43^{+0.15}_0$ mm, $A_2 = A_5 = 5^0_{-0.10}$ mm, $A_4 = 3^0_{-0.04}$ mm。

(2)计算协调环 A_3 的上下偏差　　各组成环相应的中间偏差为: $\Delta_1 = 0.075$ mm,

$\Delta_2 = \Delta_5 = -0.05$ mm，$\Delta_4 = -0.02$ mm；封闭环的中间偏差 $\Delta_0 = 0.225$ mm。

计算协调环的中间偏差 Δ_3。

$$\Delta_0 = \overrightarrow{\Delta_1} - (\overleftarrow{\Delta_2} + \overleftarrow{\Delta_3} + \overleftarrow{\Delta_4} + \overleftarrow{\Delta_5}), 0.225 = 0.075 - (-0.05 + \Delta_3 - 0.02 - 0.05),$$

$$\Delta_3 = -0.03 \text{ mm},$$

$$ESA_3 = \Delta_3 + \frac{TA_3}{2} = -0.03 + \frac{0.13}{2} = +0.035 \text{ (mm)},$$

$$EIA_3 = \Delta_3 - \frac{TA_3}{2} = -0.03 - \frac{0.13}{2} = -0.095 \text{ (mm)}.$$

所以 $A_3 = 30^{+0.035}_{-0.095}$ mm。

2. 分组装配法

在大批大量生产中，当装配精度要求特别高，同时又不便于采用调整装置的部件，若用互换装配法装配，组成环的制造公差过小，加工困难很不经济，此时可以采用分组装配法装配。分组法装配是将各组成环公差增大若干倍（一般为 2～4 倍），使组成环零件可以按经济精度进行加工，然后再将各组成环按实际尺寸大小分为若干组，各对应组进行装配，同组零件具有互换性，并保证全部装配对象达到规定的装配精度。该方法通常采用极值法计算。

与分组法有着选配共性的装配方法还有直接选配法和复合选配法。前者是由装配工人从许多待装配的零件中，凭检验挑选合格的零件通过试凑进行装配的方法。这种方法的优点是简单，不需将零件事先分组，但装配中工人挑选零件需要较长时间，劳动量大，而且装配质量在很大程度上取决于工人的技术水平，因此不宜用于节拍要求较严的大批大量生产中。这种装配方法没有互换性。复合选配法是上述两种方法的综合，即将零件预先测量分组，装配时再在各对应组内凭工人经验直接选配。这一方法的特点是配合件公差可以不等，装配质量高，且装配速度快，能满足一定的生产节拍要求。

在汽车发动机中，活塞销和活塞销孔的配合要求很高的，图 4-44(a)所示为某厂汽车发

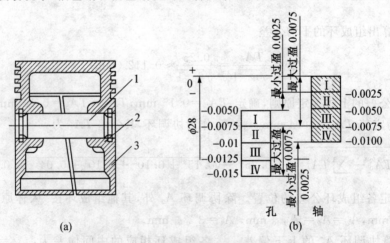

(a)　　　　　　　(b)

图 4-44　活塞销与活塞的装配关系

动机活塞 1 与活塞控的装配关系,销子和销孔的基本尺寸为 $\phi 28$,在冷态装配时要有 $0.0025 \sim 0.0075$ mm 的过盈量。若按完全互换法装配,须封闭环公差 $T_0 = 0.0075 - 0.0025 = 0.0050$ (mm)均等地分配给活塞销 $d(d = \phi 28^{0}_{-0.0025}$ mm)与活塞销孔 $D(D = \phi 28^{-0.0050}_{-0.0075}$ mm),制造这样精确的销孔和销子是很困难的,也是不经济的。生产上常采用将销孔与销轴的制造公差放大,而在装配时用分组法装配来保证上述装配精度要求,方法如下。

将活塞和活塞销孔的制造公差同向放大 4 倍,让 $d = \phi 28^{0}_{-0.010}$ mm,$D = \phi 28^{-0.005}_{-0.015}$ mm;然后在加工好的一批工件中,用精密量具测量,将销孔孔径 D 与销子直径 d 按尺寸从大到小分成 4 组,分别涂上不同颜色的标记;装配时让具有相同颜色标记的销子与销孔相配,即让大销子配大销孔,小销子配小销孔,保证达到上述装配精度要求。图 4-44(b)给出了活塞销和活塞销孔的分组公差带位置,具体分组情况可见表 4-13。

表 4-13 活塞销与活塞销孔直径分组

组别	标志颜色	活塞销孔直径 $d = \phi 28$ mm	活塞销孔直径 $D = \phi 28$ mm	配合情况	
				最小过盈	最大过盈
I	红	$\phi 28^{0}_{-0.0025}$	$\phi 28^{-0.0050}_{-0.0075}$		
II	白	$\phi 28^{-0.0025}_{-0.0050}$	$\phi 28^{-0.0075}_{-0.0100}$		
III	黄	$\phi 28^{-0.0050}_{-0.0075}$	$\phi 28^{-0.0100}_{-0.0125}$	0.0025	0.0075
IV	绿	$\phi 28^{-0.0075}_{-0.0100}$	$\phi 28^{-0.0125}_{-0.0150}$		

采用分组法装配时须注意如下事项:

(1)要保证分组后各组的配合精度和配合性质符合原设计要求,原来规定的形位公差不能扩大,表面粗糙度值不能因公差增大而增大;配合件的公差应当相等;公差增大的方向要同向;增大的倍数要等于以后分组数,放大倍数应为整数倍。

(2)零件分组后,各组内相配合零件的数量要相等,相配件的尺寸分布应相同,以形成配套。按照一般正态分布规律,零件分组后可以相互配套,不会产生各对应配合组内相配零件数量不等的情况。但是如果受某些因素的影响,则将造成加工尺寸非正态分布,如图 4-45 所示,从而造成各组尺寸分布不对应,使得各对应组相配零件数不等而不能配套。

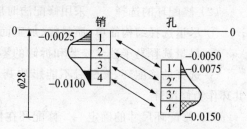

图 4-45 活塞销和活塞销孔的各组数量不等

(3)分组数不宜太多。尺寸公差只要增大到经济精度即可,否则会增加分组、测量、储存、保管等的工作量、造成组织工作复杂和混乱,增加生产费用。

分组装配法适用于大批大量生产中封闭环公差要求很严的场合,且组成环的环数不宜太多,一般相关零件只有 2~3 个。因其生产组织复杂,应用范围受到一定限制。此种方法常用于汽车、拖拉机制造及轴承制造业等大批大量生产中。

3. 修配装配法

当尺寸链的环数较多,而封闭环的精度要求较高时,若用互换法来装配,则势必使组成环的公差很小,由此增加了机械加工的难度并影响经济性。如生产批量不大,这时可采用修配装配法来装配,即各组成环均按经济精度制造,而对其中某一环(称补偿环或修配环)预留一定的修配量,在装配时用钳工或机械加工的方法将修配量去除,使装配对象达到设计要求的装配精度。用修配法进行装配,装配工作复杂,劳动量大,产品装配以后,先要测量产品的装配精度,如果不合格,就要拆开产品,对某一零件进行修整,然后重新装配,进行检验,直到满足规定的要求为止。

修配法通常采用极值法计算尺寸链,以决定修配环的尺寸。所选择的修配环应是容易进行装配加工并且对其他尺寸链没有影响的零件。

(1) 修配方法

① 单件修配法　　上述修配法定义中的"补偿环"若为一个零件上的尺寸,则该修配方法称为单件修配法。它在修配法中应用最广,如车床尾架底板的修配、平键连接中的平键或键槽的修配就是常见的单件修配法。

② 合并加工修配法　　若补偿环是由多个零件构成的尺寸,则该装配方法称为合并加工修配法。该方法是将两个或多个零件合并在一起进行加工修配,合并加工所得尺寸作为一个补偿环,并视作"一个零件"参与总装,从而减少组成环的环数。合并加工修配法在装配时不能进行互换,相配零件要打上号码以便对号装配,此方法多用于单件及小批量生产。

③ 自身加工修配法　　利用机床本身具有的切削能力,在装配过程中,将预留在待修配零件表面上的修配量(加工余量)去除,使装配对象达到设计要求的装配精度,就是自身加工修配法。修配法的主要优点是即可放宽零件的制造公差,又可获得较高的装配精度。缺点是增加了一道修配工序,对工人的技术水平要求较高,且不适宜组织流水线生产。

(2) 修配环的选择　　采用修配法时应正确选择修配环,选择时应遵循以下原则:

① 尽量选择结构简单、质量轻、加工面积小和易于加工的零件。

② 尽量选择易于独立安装和拆卸的零件。

③ 选择的修配环,修配后不能影响其他装配精度。因此,不能选择并联尺寸链中的公共环作为修配环。

(3) 修配环尺寸的确定　　修配环在修配时对封闭环尺寸变化的影响分两种情况:一种是使封闭环尺寸变小,另一种是使封闭环尺寸变大。因此用修配法解尺寸链时,应根据具体情况分别进行。

① 修配环被修配时,封闭环尺寸变小的情况(越修越小)　　由于各组成环均按经济精度制造,加工难度降低,从而导致封闭环实际误差值 δ 大于封闭环规定的公差值 T_0,即 $\delta_0 > T_0$,如图 $4-46$ 所示,为此,要通过修配法使 $\delta \leqslant T$。但是,修配环现处于"越修越小"的状态,所以封闭环实际尺寸最小值 A'_{0min} 不能小于封闭环最小尺寸 A_{0min}。因此,δ_0 与 T_0 之间的相对位置应如图 $4-46(a)$ 所示,即 $A'_{0min} = A_{0min}$。

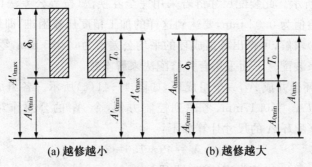

(a) 越修越小	(b) 越修越大

图 4 - 46 修配环调节作用示意图

用极值法解算时,可用下式计算封闭环实际尺寸的最小值 A'_{0min} 和公差增大后的各组成环之间的关系:

$$A'_{0min} = A_{0min} = \sum_{i=1}^{m} \overrightarrow{A}_{imin} - \sum_{i=m+1}^{n-1} \overleftarrow{A}_{imax} 。 \tag{4-34}$$

上式只有修配环为未知数,可以利用它求出修配环的一个极限尺寸(修配环为增环时可求出最小尺寸,为减环时可求出最大尺寸)。修配环的公差也可按经济加工精度给出,求出一个极限尺寸后,修配环的另一个极限尺寸也可以确定。

② 修配环被修配时,封闭环尺寸变大的情况(越修越大) 修配前 δ_0 相对于 T_0 的位置如图 4 - 46(b)所示,即 $A'_{0max} = A_{0max}$。修配环的一个极限尺寸可按下式计算:

$$A'_{0max} = A_{0max} = \sum_{i=1}^{m} \overrightarrow{A}_{imax} - \sum_{i=m+1}^{n-1} \overleftarrow{A}_{imin} 。 \tag{4-35}$$

修配环的另一个极限尺寸,在公差按经济精度给定后也随之确定。

例 4 - 7 已知条件与例 4 - 5 相同,试用修配法求出各组成环的公差及上下偏差。

解:在建立了装配尺寸链以后,则要确定修配环。按修配环的选取原则,现选 A_5 为修配环。然后按经济加工精度给各组成环定出公差及上下偏差:$A_1 = 43_0^{+0.20}$ mm,$A_2 = 5_{-0.10}^0$ mm,$A_3 = 30_{-0.16}^{-0.10}$ mm,$A_3 = 30_{-0.20}^0$ mm,$A_4 = 3_{-0.05}^0$ mm。修配环 A_5 的公差定为 $TA_5 = 0.10$ mm,但上下偏差则应通过(4-35)式求出(因为修配环"越修越大"),其 δ_0 与 T_0 的位置关系如图 4 - 41(b)所示。

$$ESA_0 = \sum_{i=1}^{m} ES\overrightarrow{A}_i - \sum_{i=m+1}^{n-1} EI\overleftarrow{A}_i, 0.35 = 0.20 - (-0.10 - 0.20 - 0.05 + EIA_5),$$

$$EIA_5 = +0.20 \text{ mm}, ESA_5 = EIA_5 + TA = 0.20 + 0.10 = 0.30 \text{ (mm)},$$

所以 $A_5 = 5_{+0.20}^{+0.30}$ mm,$\delta_0 = \sum_{i=1}^{n-1} TA_i = 0.20 + 0.10 + 0.20 + 0.05 + 0.10 = 0.65$ (mm)。

最大修配量 $\delta_{c\,max} = 0.65 - 0.25 = 0.40$ (mm),

最小修配量 $\delta_{c\,min} = 0$。

例 4 - 8 在图 4 - 41 所示的装配尺寸链中,设各组成环的基本尺寸为 $A_1 = 205$ mm,$A_2 = 49$ mm,$A_3 = 156$ mm,封闭环 $A = 0$,其公差按车床精度标准 $TA_0 = 0.06$ mm。其尺寸

链图如图 4 - 41(b)所示。此装配尺寸链若采用完全互换法(按等公差法计算)求解,可得出各组成环的平均公差值为 0.02 mm,要达到这样的加工精度比较困难;即使采用大数互换法(也按等公差法计算)求解,可得出各组成环的平均公差值为 0.035 mm,零件加工仍然困难,故一般采用修配法来装配。下面采用合并修配法来解本题。

将 A_2 和 A_3 两环合并成 A_{23} 一个组成环,如图 4 - 41(c)所示。各组成环均按经济公差制造,确定 $TA_1 = TA_{23} = 0.1$ mm,考虑到控制方便,令 A_1 的公差作对称分布,即 $A_1 = 205 \pm 0.05$ mm,则修配环 A 的尺寸计算如下:

(1) 基本尺寸 $\qquad A_{23} = A_2 + A_3 = 49 + 156 = 205$ mm。

(2) 修配环公差 TA_{23} 已按设定给出,即 $TA_{23} = 0.1$ mm。

(3) 修配环最小尺寸 A_{23min},A_{23} 为增环,且此种情况为"越修越小",已知 $A_{0min} = 0$,故

$$A_{0min} = A_{23min} - A_{1max}, 0 = A_{23min} - 205.05 \text{ mm}, A_{23min} = 205.05 \text{ mm}。$$

(4) 修配环最大尺寸 $\quad A_{23max} = A_{23min} + TA_{23} = 205.05 + 0.1 = 0.14$ (mm)。

(5) 修配量 $\qquad \delta_c = \delta_0 - T_0 = 0.2 - 0.06 = 0.14$ (mm)。

考虑到车床总装时,尾座底板与床身配合的导轨接触面需刮研以保证有足够的接触点,故必须留有一定的刮研量。取最小刮研量为 0.15 mm,这时修配环的基本尺寸还应增加一个刮研量,故合并加工后的尺寸为 $A_{23} = 205^{+0.15}_{+0.05} + 0.15 = 205^{+0.30}_{+0.20}$ (mm)。

4. 调整装配法

对于精度要求高且组成环数又较多的产品或部件,在不能用互换法进行装配时,除了用分组互换和修配法外,还可用调整法来保证装配精度。调整法也是按经济加工精度确定零件的公差。由于每一个组成环的公差扩大,结果使一部分装配件超差。为了保证装配精度,可通过改变一个零件的位置或选择一个适当尺寸的调整件或通过调整有关零件的相互位置来补偿这些影响。

调整装配法与修配法的区别是,调整装配法不是靠去除金属,而是靠改变补偿件的位置或更换补偿件的方法来保证装配精度。根据调整方法的不同,调整装配法可分为可动调整法、固定调整法和误差抵消调整法三种。

(1) 可动调整法 在装配尺寸链中,选定某个零件为调整环,根据封闭环的精度要求,采用改变调整环的位置,即移动、旋转或移动旋转同时进行,以达到装配精度,这种方法称为可动调整法。该方法在调整过程中不须拆卸零件,比较方便。

例如图 4 - 47 所示为丝杠螺母副调整间隙的机构,当发现丝杠螺母副间隙不合适时,可转动中间的调节螺钉,通过楔块的上下移动来改变轴向间隙的大小。图 4 - 48 所示的结构是靠转动中间螺钉来调整轴承外圈相对于内圈的位置以取得合适的间隙或过盈的,调整合适后,用螺母锁紧,保证轴承既有足够的刚性又不至于过分发热。可动调整不但调整方便,能获得比较高的精度,而且可以补偿由于磨损和变形等所引起的误差,使设备恢复原有精度。所以在一些传动机构或易磨损机构中,常用可动调整法。但是,可动调整法中因可动调整件的出现,削弱了机构的刚性,因而在刚性要求较高或机构比较紧凑,无法安排可动调整件时,就必须采用其他的调整法。

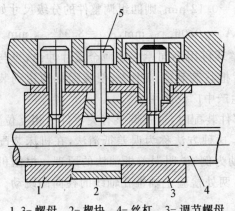 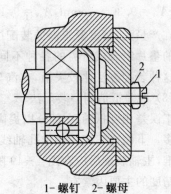

1,3－螺母　2－楔块　4－丝杠　3－调节螺母　　　　　　1－螺钉　2－螺母

图4-47　丝杠螺母副轴向间隙的调整　　　　　　　**图4-48　轴承间隙的调整**

(2) 固定调整法　在装配尺寸链中,选择某一组成环为调节环(补偿环),该环是按一定尺寸间隔分级制造的一套专用零件(如垫片、垫圈或轴套等)。产品装配时,根据各组成环所形成累积误差的大小,通过更换调节件来实现改变调节环实际尺寸的方法,以保证装配精度,这种方法即固定调整法。

例4-9　图4-43(a)所示双联齿轮装配后要求轴向间隙 $A_0 = 0^{+0.20}_{+0.05}$ mm,已知 $A_1 = 115$ mm, $A_2 = 8.5$ mm, $A_3 = 95$ mm, $A_4 = 2.5$ mm, $A_5 = 9$ mm,现采用固定调整法装配,试确定各组成环的尺寸偏差,并求调整件的分组数及尺寸系列。

解:(1) 建立装配尺寸链,如图4-43(b)所示。

(2) 选择调整环　选择加工比较容易,装卸比较方便的组成环 A_5 作调整环。

(3) 确定组成环公差　按加工经济精度确定各组成环公差并确定极限偏差 $A_1 = 115$ mm, $A_2 = 8.5$ mm, $A_3 = 95^{0}_{-0.1}$ mm, $A_4 = 2.5^{0}_{-0.12}$ mm,并设 $T_5 = 0.03$ mm。

(4) 去顶调整范围 δ　在未装入调整环 A_5 之前,先实测齿轮端面轴向间隙的大小。然后再选一个合适的调整环 A_5 装入该空隙中,要求达到装配要求。所测空隙 A_0 的变动范围就是我们所要求的、取的调整范围 δ。从尺寸链图中可以看出,有 A_1, A_2, A_3, A_4 四个环节造成的装配误差累积值为:

$$\delta_s = 0.15 + 0.1 + 0.1 + 0.12 = 0.47 \text{ (mm)}.$$

(5) 确定调整环的分组数 i　取封闭环公差与调整环公差之差 $T_0 - T_5$,作为调整环尺寸分组间隔 Δ,则:

$$i = \frac{\delta_s}{\Delta} = \frac{\delta_s}{T_0 - T_5} = \frac{0.47}{0.15 - 0.03} \approx 3.9.$$

分组数不能为小数,取 $Z = 4$,调整环分组数不宜过多,否则组织生产繁琐,一般 i 取 3~4 为宜。

(6) 确定调整环 A_5 的尺寸系列　假定调整件最大尺寸级别为 A_{51},则

$$A_{51\min} = A_{1\max} - (A_{2\min} + A_{3\min} + A_{4\min}) - A_{0\max} = 9.32 \text{ (mm)}.$$

因 T_5 为 0.03 mm，调整件级差为 $T_0 - T_5 = 0.12$ mm，则四组调整件的分级尺寸如下：

$A_{51} = 9.30_{-0.03}^{0}$ mm，$A_{52} = 9.18_{-0.03}^{0}$ mm，$A_{53} = 9.06_{-0.03}^{0}$ mm，$A_{54} = 8.94_{-0.03}^{0}$ mm。

在产量大，精度要求高的装配中，固定调整环可用不同厚度的薄金属片冲出，再与一定厚度的垫片组合成所需的各种不同尺寸，然后把它装到空隙中去，使装配结构达到装配要求。这种装配方法比较灵活，在汽车、拖拉机生产中广泛应用。

（3）误差抵消调整装配法　　在产品或部件装配时，通过调整有关零件的相互位置，使其加工误差相互抵消一部分以提高装配精度，这种方法称为误差抵消法，在机床装配时应用较多。下面以车床主轴锥孔轴线的径向跳动为例，说明误差抵消法的原理。根据机床精度标准，主轴装配后应在图 $4-49$ 随时的 A，B 两处检验主轴锥孔轴线的径向圆跳动。影响此项精度的主要因素有：

① 后轴承内环孔轴线对外环内滚道轴线的偏心量 e_1；

② 前轴承内环孔轴线对外环内滚道轴线的偏心量 e_2；

③ 主轴锥孔轴线 $\overline{CC}$ 对其轴颈轴线 $\overline{SS}$ 的偏心量 e_s；

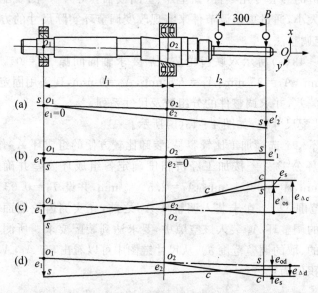

图 $4-49$　主轴锥孔轴线径向的圆跳动的误差抵消调整法

在图 $4-49$ 中的五种情况下，可以得出 e_1，e_2 和 e_s 对 B 处径向圆跳动影响的几条规律：

① 对比图 $4-49$(a) 和图 $4-49$(b) 可知，前轴承的偏心误差比后轴承的偏心误差对 B 处径向圆跳动的影响大。所以，机床设计时应选用前轴承的精度等级高于后轴承的精度等级。

② 对比图 $4-49$(c) 和图 $4-49$(d) 可知，前后轴承的偏心量同向时比前后轴承的偏心量异向时对 B 处的径向跳动的影响小。所以，调整时应 e_1 和 e_2 同向。

③ 对比图 $4-49$(d) 和图 $4-49$(e) 可知，主轴锥孔轴线对其轴颈轴线的偏心量 e_s 和前后轴承偏心量 e_1 和 e_2 引起的主轴偏心量 e' 异向时比同向时对 B 处的径向圆跳动的影响小。所以调整时应使 e_s 和 e' 异向。

实际生产中,可事先测出 e_1,e_2 和 e_s 的方向和大小,装配时根据上述 2 和 3 两条规律仔细调整三个公差环,就能抵消加工误差,提高装配精度。误差抵消调整法,可在不提高组成环的加工精度条件下,提高装配精度。但由于需要先测出补偿环的误差方向和大小,装配时需技术等级高的工人,因而增加了装配时和装配前的工作量,并给装配组织工作带来一定的麻烦。误差抵消调整法多用于单件小批生产、封闭环要求较严的多环装配尺寸链中。

4.9.3 装配工艺规程

将合理的装配工艺过程和操作方法,按一定的格式编写而成的书面文件就是装配工艺规程。装配工艺规程不仅是指导装配作业的主要技术文件,而且是制定装配生产计划和技术的准备,以及设计或改建装配车间的重要依据。在装配工艺规程中,应规定产品及其部件的装配顺序、装配方法、装配的技术要求及检验方法,装配所需的设备和工具以及装配的时间定额等。

1. 制订装配工艺规程的基本原则及原始资料

(1)制订装配工艺规程时,应满足下列基本原则:

① 保证产品的装配质量,尽力延长产品的使用寿命;

② 尽力缩短生产周期,力争提高生产率;

③ 合理安排装配顺序和工序,尽量减少钳工装配的工作量。装配工作中的钳工劳动量是很大的,在机器和仪器制造中,分别占劳动量 20% 和 50% 以上。所以减少手工劳动量,降低工人的劳动强度,改善装配工作条件,使装配实现机械化与自动化是一个急需解决的问题。

④ 尽量减少装配工作所付出的成本在产品成本中所占的比例;

⑤ 装配工艺规程应做到正确、完整、协调、规范   作为一种重要的技术文件不仅不允许出现错误,而且应该配套齐全。例如在编制出全套的装配工艺规程卡片、装配工序卡片,还应该有与之配套的装配系统图、装配工艺流程图、装配工艺流程表、工艺文件更改通知等一系列工艺文件。

⑥ 在了解本企业现有的生产条件下,尽可能采用先进的技术;

⑦ 工艺规程中使用的术语、符号、代号、计量单位、文件格式等,要符合相应标准的规定,并尽量与国际接轨;

⑧ 制订装配工艺规程时要充分考虑到安全和防污的问题。

(2)制订装配工艺规程的原始资料。在制订装配工艺规程之前,为使该规程能够顺利进行,必须具备下列原始资料:

① 产品的装配图样及验收技术文件:产品的装配图样应包括总装配图样和部件装配图样,并能清楚地表示出零部件的相互连接情况及其联系尺寸,装配精度和其他技术要求,零件的明细表等。为了在装配时对某些零件进行补充机械加工和核算装配尺寸链,有时还需要某些零件图样。

验收技术条件主要规定了产品主要技术性能的检验、试验工作的内容及方法,这是制定装配工艺规程的主要依据之一。

② 产品的生产纲领:生产纲领决定了生产类型,不同的生产类型使装配的组织形式、装配

方法、工艺规程的划分、设备及工艺装备专业化或通用化水平、手工操作量的比例、对工人技术水平的要求和工艺文件的格式等均有不同。各种生产类型下的装配工作的特点见表 4 - 14。

表 4 - 14　各种生产类型的装配工作特点

生产类型 装配工作特点	大批大量生产	成批生产	单件小批生产
装配工作特点	产品固定,生产内容长期重复,生产周期一般较短	产品在系列化范围内变动,分批交替投产或多品种同时投产,生产内容在一定时期内重复	产品经常变换,不定期重复生产,生产周期一般较长
组织形式	多采用流水装配线:有连续移动,间歇移动及可变节奏移动等方式,还可采用自动装配机或自动装配线	笨重且批不大的产品多采用固定流水装配;批量较大时采用流水装配;多品种同时投产时用多品种可变节奏流水装配	多采用固定装配或固定式流水装配进行总装
装配工艺方法	按互换法装配,允许有少量简单的调整,精密偶件成对供应或分组供应装配,无任何修配工作	主要采用互换法,但灵活运用其他保证装配精度的方法,如调整法、修配法、合并加工法以节约加工费用	以修配法及调整法为主,互换件比例较小
工艺过程	工艺过程划分很细,力求达到高度的均衡性	工艺过程的划分须适合于批量的大小,尽量使生产均衡	一般不订详细的工艺文件。工序可适当调整,工艺也可灵活掌握
工艺装备	专业化程度高,宜采用专用高效工艺装备,易于实现机械化自动化	通用设备较多,但也采用一定数量的专用工、夹、量具,以保证装配质量和提高工效	一般为通用设备及通用工夹量具
手工操作要求	手工操作比重小,熟练程度容易提高,便于培养新工人	手工操作比重较大,技术水平要求较高	手工操作比重大,要求工人有高的技术水平和多方面的工艺知识
应用实例	汽车、拖拉机、内燃机、滚动轴承、手表、缝纫机、电气开关等行业	机床、机车车辆、中小型锅炉、矿山采掘机械等行业	重型机床、重型机械、汽轮机、大型内燃机、大型锅炉等行业

③ 生产条件:生产条件包括现有装配设备、工艺装备、装配车间面积、工人技术水平、机械加工条件及各种工艺资料和标准等。设计者熟悉和掌握了它们,才能切合实际地制订出合理的装配工艺规程。

2. 制订装配工艺规程的步骤、方法及内容

(1) 熟悉产品的图样及验收技术条件　制订装配工艺规程时,要通过对产品的总装配图、部件装配图、零件图及技术要求的研究,深入地了解产品及其各部分的具体结构、产品及各部件的装配技术要求、设计人员所需保证产品装配精度的方法，以及产品的检查验收的内容和方法；审查产品的结构工艺性；研究设计人员所确定的装配方法，进行必要的装配尺寸链分析和计算。

产品结构的装配工艺性是指在一定的是生产条件下产品结构符合装配工艺上的要求。产品结构的装配工艺性主要有以下几个方面的要求：

① 整个产品能被分解为若干独立的装配单元   若产品被分成若干个独立单元，就可以组织装配工作的平行作业、流水作业，使装配工作专业化，有利于装配质量的提高，缩短整个装配工作的周期，提高劳动生产率。装配单元是指机器中能进行独立装配的部分，它可以是零件、部件，也可以是象连杆盖和连杆体组成的套件。

② 方便于装配   零件和部件的结构应能顺利地装配出机器。图4-50所示是轴依次装配结构的影响，图中是将一个已装有两个单列深沟球轴承的轴装入箱体内。其中图(a)为两轴承同时进入箱体孔，这样在装配时不易对准。若将左右两轴承之间的距离在原有基础上扩大3～5 mm，如图(b)所示，则安装时右轴承将先进入箱壁孔中，然后再对准左轴承就会方便许多。为使整个轴组件能从箱体左端进入，设计时还应使右轴承外径及齿轮外径均小于左箱体壁孔径。

图4-51所示为一配合精度要求较高的定位销。图(a)由于在基体上未开气孔，故压入时空气无法排出，可能造成定位销压不进去。图(b)和图(c)的结构则可将定位销顺利压入。若基体不便钻排气孔时，也可考虑在定位销上钻排气孔。

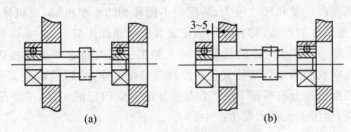

(a)   (b)

图4-50 零件相互位置对装配的影响

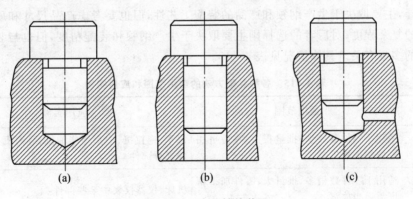

(a)   (b)   (c)

图4-51 定位销的装配

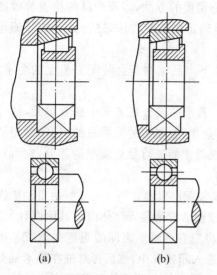

③ 要考虑装配后返工、修理和拆卸的方便

装配时要考虑到如发生装配不当需进行返工,以及今后修理和更换配件时,应便于拆卸。如图 4 - 52 所示,图(a)是在结构设计时,使箱体的孔径等于轴承外环的内径,不便直接拆卸;图(b)是使箱体的孔径大于轴承外环的内径,方便了便直接拆卸。二者相比,第一种更为合理。

④ 尽量减少装配过程中的机械加工和钳工的修配工作量。

(2) 确定装配的组织形式　　产品装配工艺方案的制订与装配的组织形式有关。如装配工序划分的集中或分散程度;产品装配的运送方式,以及工作地的组织等均与装配的组织形式有关。装配的组织形式要根据生产纲领及产品结构特点来确定。下面介绍各种装配组织形式的特点及应用:

图 4 - 52　轴承的结构应考虑拆卸方便

① 固定式装配　　固定式装配是将产品或部件的全部装配工作安排在一个固定的工作地上进行装配,装配过程中产品位置不变,装配所需要的零部件都汇集在工作地点。固定式装配的特点是装配周期长,装配面积利用率低,且需要技术水平高的工人。在单件或中、小批生产中,对那些因质量和尺寸较大,装配时不便移动的重型机械,或机体刚性较差,装配时移动会影响装配精度的产品,均宜采用固定式装配的组织形式。

② 移动式装配　　移动式装配是装配工人和工作地点固定不变而将产品或部件置于装配线上,通过连续或间隔地移动使其顺次经过各装配工作地,以完成全部装配工作。采用移动式装配时,装配过程分得很细,每个工人重复地完成固定的工序,广泛采用专用的设备及工具,生产率高,多用于大批大量生产中。

(3) 装配方法的选择　　这里所指的装配方法包含两个方面,一是指手工装配还是机械装配;另一是指保证装配精度的工艺方法和装配尺寸链的计算方法,如互换分组法等。对前者的选择,主要取决于生产纲领和产品的装配工艺性,但也要考虑产品尺寸和质量的大小以及结构的复杂程度;对后者的选择则主要取决于生产纲领和装配精度,但也与装配尺寸链中的环数的多少有关。具体情况见表 4 - 15。

表 4 - 15　各种装配方法的适用范围和应用实例

装配方法	适用范围	应用实例
完全互换法	适用于零件数较少、批量很大、零件可用经济精度加工时	汽车、拖拉机、中小型柴油机、缝纫机及小型电机的部分部件
不完全互换法	适用于零件数稍多、批量大、零件加工精度需适当放宽	机床、仪器仪表中某些部件

装配方法	适用范围	应用实例
分组法	适用于成批或大量生产中,装配精度很高,零件数很少,有不便采用调整装置时	中小型柴油机的活塞与缸套、活塞与活塞销、滚动轴承的内外圈与磙子
修配法	单件小批生产中,装配精度要求高且零件数较多的场合	车床尾座垫板、滚齿机分度蜗轮与工作台装配后精加工齿形、平面磨床砂轮(架)对工作台面自磨
调整法	除必须采用分组法选配的精密配件外,调整法可用语各种装配场合	机床导轨的楔形镶条,内燃机气门间隙的调整螺钉滚动轴承调整间隙的间隔套、垫圈、锥齿轮调整间隙的垫片

（4）划分装配单元,确定装配顺序　　将产品划分为可进行独立装配的单元是制订装配工艺规程中最重要的一个步骤,对于大批大量生产结构复杂的产品尤其重要,只有划分好装配单元,才能合理安排装配顺序和划分装配工序,组织平行流水作业。产品或机器是由零件、合件、组件和部件等装配单元组成。零件是组成机器的基本单元,它是由整块金属或其他材料组成。零件一般都预先装成合件、组件和部件后,在安装到机器上。合件是由若干个零件永久连接（铆和焊）而成,或连接后再经加工而成,如装配式齿轮,发动机连杆小头孔压入衬套后再精镗。组件是指一个或几个合件与零件的组合,没有显著完整的功用,如主轴箱中轴与其上的齿轮、套、垫片、键和轴承的组合件。部件是若干组件、合件及零件的组合体,并在机器中能完成一定的完整的功用,如车床的主轴箱、进给箱等。机器是有上述各装配单元结合而成的整体,具有独立的、完整的功能。

无论哪一级的装配单元都要选定某一零件或比它低一级的单元作为装配基准件。装配基准件通常应为产品的基体或主干零部件。基准件应有较大的体积和质量,有足够的支承面,以满足陆续装入零件或部件时的作业要求和稳定性要求。如床身零件是床身组件的装配基准零件;床身组件是床身部件的装配基准组件;床身部件是机床产品的装配基准部件。

划分好装配单元,并确定装配基准件后,就可安排装配顺序。确定装配顺序的要求是保证装配精度,以及使装配连接、调整、校正和检验工作能顺利进行,前面工序不妨碍后面工序进行,后面工序不应损坏前面工序的质量。一般装配顺序的安排是:

① 预处理工序先行,如零件的倒角,去毛刺与飞边、清洗、防锈和防腐处理、油漆和干燥等。

② 先基准件、重大件的装配,以便保证装配过程的稳定性。

③ 先复杂件、精密件和难装配件的装配,以保证装配顺利进行。

④ 先进行易破坏以后装配质量的工作,如冲击性质的装配、压力装配和加热装配。

⑤ 集中安排使用相同设备及工艺装备的装配和有共同特殊装配环境的装配。

⑥ 处于基准件同一方位的装配尽可能集中进行。

⑦ 电线、油气管路的安装应与相应工序同时进行。

⑧ 易燃、易爆、易碎、有毒物质或零、部件的安装,尽可能放在最后,以减少安全防护工

作量,保证装配工作顺利完成。

为了清晰表示装配顺序,常用装配单元系统图来表示。如图4-53所示是部件的装配系统图;图4-54所示是产品的装配系统图。

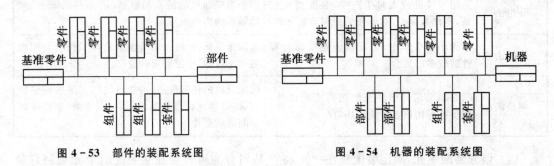

图4-53　部件的装配系统图　　　　图4-54　机器的装配系统图

装配单元系统图的画法是:首先画一条横线,横线左端画出基准件的长方格,横线右端箭头指向装配单元的长方格。然后按装配顺序由左向右依次装入基准件的零件、合件、组件和部件引入。表示零件的长方格画在横线上方;表示合件、组件和部件的长方格画在横线下方。每一长方格内,上方注明装配单元名称,左下方填写装配单元的编号,右下方填写装配单元的件数。

在装配单元系统图上加注所需的工艺说明(如焊接、配钻、配刮、冷压、热压、攻螺纹、铰孔及检验等),就形成装配工艺系统图,如图4-55所示。此图较全面地反映了装配单元的划分、装配顺序和装配工艺方法,它是装配工艺规程制订中的主要文件之一,也是划分装配工序的依据。

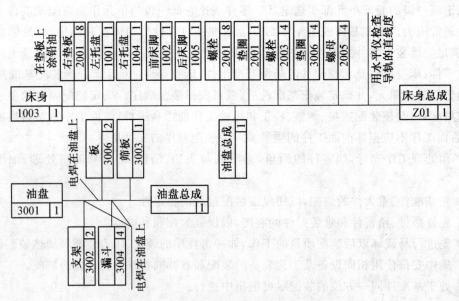

图4-55　床身部件装配工艺系统图

　机械制造技术与项目训练

（5）划分装配工序　　装配顺序确定后，就可将装配工艺过程划分为若干工序，其主要工作如下：

① 确定工序集中与分散的程度；

② 划分装配工序，确定工序内容；

③ 确定各工序所需的设备和工具；

④ 制定各工序装配操作规范，如过盈配合的人力、变温装配的装配温度等；

⑤ 制定各工序装配质量要求与检测方法；

⑥ 确定工序时间定额，平衡各工序节拍。

装配工艺过程是由个别的站、工序、工步和操作所组成的。站是装配工艺过程的一部分，是指在一个装配地点，有一个（或一组）工人所完成的那部分装配工作，每一个站可以包括一个工序，也可以包括多个工序。工序是站的一部分，包括在产品任何一部分上所完成组装的一切连续工作。工步是工序的一部分，在每个工步中，所使用的工具及组合件不变。但根据生产规模的不同，每个工步还可以按技术条件分得更加详细一些。操作是指在工步进行过程中（或工步的准备工作中）所做的各个简单的动作。

在安排工序时，必须注意下面几个问题：

① 前一工序不能影响后一工序的进行；

② 在完成某些重要的工序或易出废品的工序之后，均应安排检查工序；

③ 在采用流水式装配时，每一工序所需要的时间应该等于装配节拍（或为装配节拍的整数倍）。

划分装配工序应按装配单元系统图来进行，首先由套件和组件装配开始，然后是部件以至产品的总装配。装配工艺流程图可以在该过程中一并拟制，与此同时还应考虑到该车间的运输、停放、储存等问题。

（6）制订装配工艺卡片　　在单件小批生产时，通常不制订工艺卡片。工人按装配图和装配工艺系统图进行装配。成批生产时，应根据装配工艺系统图分别制订总装和部装的装配工艺卡片。卡片的每一工序内应简单地说明工序的工作内容，所需设备和夹具的名称及编号、工人技术等级、时间定额等，大批大量生产时，应为每一工序单独制订工序卡片，详细说明该工序的工艺内容。工序卡片能直接指导工人进行装配。

除了装配工艺过程卡片及装配工序卡片以外，还应有装配检验卡片及试验卡片，有些产品还应附有测试报告、修正（校正）曲线等。

（7）制定产品检测与试验规范　　产品装配完毕，应按产品技术性能和验收技术条件制定检测与试验规范。它包括：

① 检测和试验的项目及检验质量指标；

② 检测和试验的方法、条件与环境要求；

③ 检测和试验所需工装的选择与设计；

④ 质量问题的分析方法及处理措施。

习　题

1. 什么是生产过程、工艺过程和工艺规程？工艺规程在生产中起何作用？

2. 什么是工序、安装、工位、工步和走刀？

3. 机械加工工艺过程卡和工序卡的区别是什么？简述它们的应用场合。

4. 简述机械加工工艺规程的设计原则、步骤和内容。

5. 试分析题5图所示零件有哪些结构工艺性问题并提出正确的改进意见。

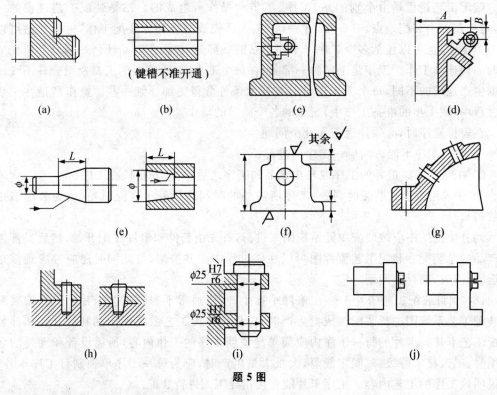

（键槽不准开通）

(a)　　　　　　(b)　　　　　　(c)　　　　　　(d)

(e)　　　　　　(f)　　　　　　(g)

(h)　　　　　　(i)　　　　　　(j)

题 5 图

6. 装配精度一般包括哪些内容？装配精度与零件的加工精度有何区别？它们之间又有何关系？试举例说明。

7. 装配尺寸链是如何构成的？装配尺寸链封闭环是如何确定的？它与工艺尺寸链的封闭环有何区别？

8. 保证装配精度的装配方法有哪几种？各适用于什么装配场合？

9. 何谓劳动生产率？提高机械加工劳动生产率的工艺措施有哪些？

10. 何谓生产成本与工艺成本？两者有何区别？比较不同工艺方案的经济性时，需要考虑哪些因素？

11. 试分别拟订题11图所示四种零件的机械加工工艺路线，内容有：工序名称、工序简图、工序内容等。生产类型为成批生产。

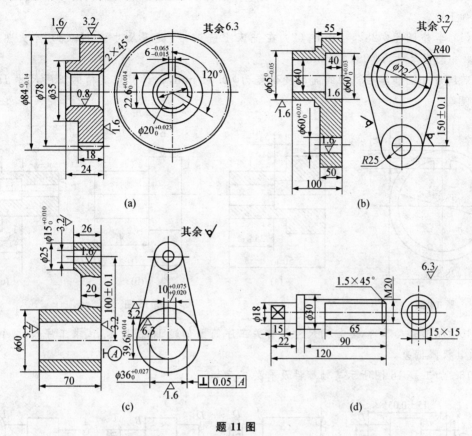

(a)

(b)

(c)

(d)

题 11 图

12. 如题 12 图所示零件加工时，图样要求保证尺寸 6 ± 0.1 mm，但这一尺寸不便测量，只好通过度量 L 来见解保证。试求工序尺寸 L 及其偏差。

13. 有一小轴，毛坯为热轧棒料，大量生产的工艺路线为粗车——半精车——淬火——粗磨——精磨，外圆设计尺寸为 $\phi 30_{-0.013}^{0}$ mm，已知各工序的加工余量和经济精度，试确定歌工序尺寸及偏差。

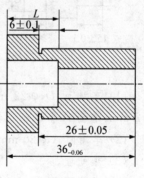

题 12 图

工序名称	工序余量/mm	工序公差	工序尺寸及偏差/mm
精磨	0.1	IT6(h6)	
粗磨	0.4	IT8(h8)	
半精车	1.1	IT10(h10)	
粗车	2.4	IT12(h12)	
毛坯尺寸	4(总余量)	±2	

14. 加工题 14 图所示轴颈时,设计要求分别为 $\phi 28^{+0.024}_{+0.008}$ mm 和 $t=4^{+0.16}_{0}$ mm,有关工艺过程如下:

(1) 车外圆至 $\phi 28^{0}_{-0.10}$ mm;(2) 在铣床上铣键槽,键深尺寸为 H;(3) 淬火热处理;(4) 磨外圆至尺寸为 $\phi 28^{+0.024}_{+0.008}$ mm。

若磨后外圆和车后外圆的同轴度误差为 $\phi 0.04$ mm,试计算铣键槽的工序尺寸 H 及其极限偏差。

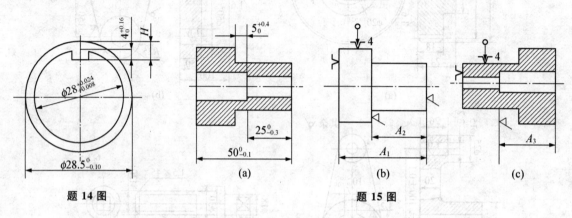

题 14 图   题 15 图

15. 加工套类零件,其轴向尺寸及有关工序简图如题 15 图所示,试求工序尺寸 A_1,A_2,A_3 及其极限偏差。

16. 加工题 16 图所示某轴零件及有关工序如下:

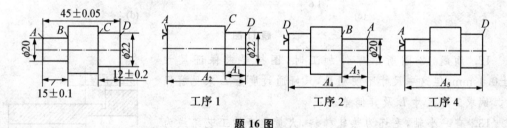

题 16 图

(1) 车端面 D,$\phi 22$ mm 外圆及台肩 C,端面 D 留磨量 0.2 mm;端面 A 留车削余量 1 mm 得工序尺寸 A_1,A_2。

(2) 车端面 A,$\phi 20$ mm 外圆及台肩 B 得工序尺寸 A_3,A_4。

(3) 热处理。

(4) 磨端面 D 得工序尺寸 A_5。

试求各工序尺寸 A_1,A_2,A_3,A_4,A_5 及其极限偏差。

17. 保证如题 17 图所示主轴部件,为保证弹性挡圈能顺利装入,要求保证轴向间隙 A_0 为 $0.05\sim0.42$ mm。已知 $A_1=32.5$ mm,$A_2=35$ mm,$A_3=2.5$ mm。试计算并确定各组成零件尺寸的上下偏差。

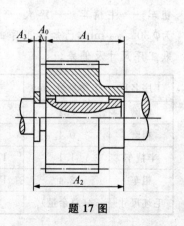

题 17 图

18. 题 18 图所示为车床溜板与床身装配图,为保证溜板在床身上准确移动,压板与床身下导轨面间配合间隙为 0.1～0.3 mm。试用修配法确定各零件有关尺寸及公差和极限偏差。

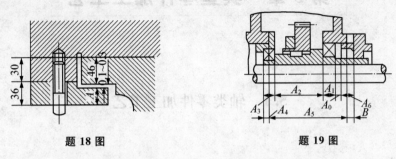

题 18 图　　　　　　　　　　　　　题 19 图

19. 题 19 图所示传动装置,要求轴承端面与端盖之间留有 $A_0 = 0.3 \sim 0.5$ mm 的间隙;已知 $A_1 = 42^0_{-0.25}$ mm (标准件), $A_2 = 158^0_{-0.08}$ mm, $A_3 = 40^0_{-0.25}$ mm (标准件), $A_4 = 23^{+0.045}_0$ mm, $A_5 = 250^{+0.09}_0$ mm, $A_6 = 38^{+0.05}_0$ mm, $B = 5^0_{-0.10}$ mm;如采用固定调整装配法装配,试确定固定调整环 B 的分组数和调整环 B 的尺寸系列。

第 5 章　典型零件加工工艺

5.1　轴类零件加工工艺

5.1.1　概述

1. 轴类零件的功用与结构特点

轴类零件是机器中最常见的一类零件。它主要起支承传动件和传递转矩的作用。轴是旋转体零件,主要由内外圆柱面、内外圆锥面、螺纹、花键及横向孔等组成。轴类零件根据其结构的不同可分为光轴、空心轴、半轴、阶梯轴、花键轴、十字轴、偏心轴、曲轴及凸轮轴等,如图 5-1 所示。

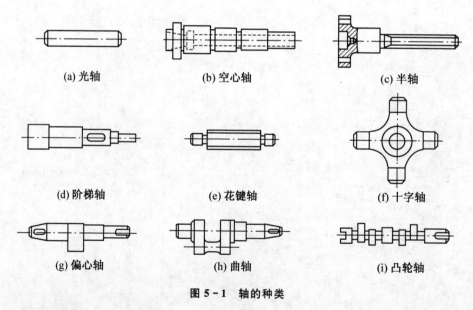

(a) 光轴　　　　　　(b) 空心轴　　　　　　(c) 半轴

(d) 阶梯轴　　　　　(e) 花键轴　　　　　(f) 十字轴

(g) 偏心轴　　　　　(h) 曲轴　　　　　(i) 凸轮轴

图 5-1　轴的种类

2. 轴类零件的主要技术要求

（1）尺寸精度和几何形状精度　　轴的轴颈是轴类零件的重要表面,它的质量好坏直接影响轴工作时的回转精度。轴颈的直径精度根据使用要求通常为 IT6,有时可达 IT5。轴颈的几何形状精度（圆度、圆柱度）应限制在直径公差之内。精度要求高的轴则应在图上专门标注形状公差。

(2) 位置精度　　配合轴颈(装配传动件的轴颈)相对支承轴颈(装配轴承的轴颈)的同轴度以及轴颈与支承端面的垂直度通常要求较高。普通精度轴的配合轴颈相对支承轴颈的径向圆跳动一般为 0.01～0.03 mm,精度高的轴为 0.001～0.005 mm。端面圆跳动为0.005～0.01 mm。

(3) 表面粗糙度　　轴类零件的各加工表面均有表面粗糙度的要求。一般来说,支承轴颈的表面粗糙度值要求最小,为 $Ra\ 0.63～0.16\ \mu m$。配合轴颈的表面粗糙度值次之,为 $Ra\ 2.5～0.63\ \mu m$。图 5-2 为某车床主轴简图,图上注明了主要技术要求。

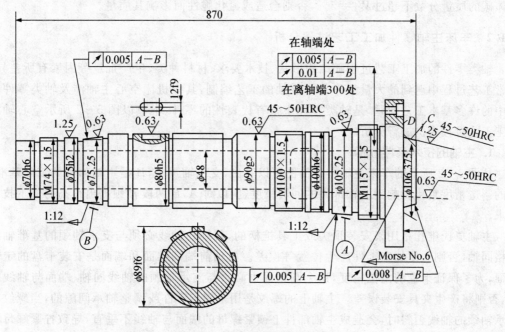

图 5-2　某车床主轴零件简图

3. 轴类零件的材料、毛坯及热处理

(1) 轴类零件的材料　　轴类零件材料常用 45 钢;对于中等精度而转速较高的轴,可选用 40Cr 等合金结构钢;精度较高的轴,可选用轴承钢 GCr15 和弹簧钢 65Mn 等;对形状复杂的轴,可选用球墨铸铁;对于高转速、重载荷条件下工作的轴,选用 20CrMnTi,20Mn2B,20Cr 等低碳合金钢或 38CrMoAl 氮化钢。

(2) 轴类零件的毛坯　　轴类零件最常用的毛坯是圆棒料和锻件;有些大型轴或结构复杂的轴采用铸件。毛坯经过加热锻造后,可使金属内部纤维组织沿表面均匀分布,从而获得较高的抗拉、抗弯及抗扭强度,故一般比较重要的轴,多采用锻件。依据生产批量的大小,毛坯的锻造方式分为自由锻造和模锻两种。

(3) 轴类零件的热处理　　轴类零件的使用性能除与所选钢材种类有关外,还与所采用的热处理有关。锻造毛坯在加工前,均需安排正火或退火处理(含碳量大于 $W_c=0.7\%$ 的碳钢和合金钢），以使钢材内部晶粒细化，消除锻造应力，降低材料硬度，改善切削加工性能。

为了获得较好的综合力学性能，轴类零件常要求调质处理。毛坯余量大时，调质安排在粗车之后、半精车之前，以便消除粗车时产生的残余应力；毛坯余量小时，调质可安排在粗车之前进行。表面淬火一般安排在精加工之前，这样可纠正因淬火引起的局部变形。对精度要求高的轴，在局部淬火后或粗磨之后，还需进行低温时效处理（在 160℃ 油中进行长时间的低温时效），以保证尺寸的稳定。

对于氮化钢（如 38GrMoAl），需在渗氮之前进行调质和低温时效处理。对调质的质量要求也很严格，不仅要求调质后索氏体组织要均匀细化，而且要求离表面 8～10 mm 层内铁素体碳的质量分数不超过 $W_C = 5\%$，否则会造成氮化脆性而影响其质量。

5.1.2 车床主轴零件加工工艺过程分析

轴类零件的加工工艺过程随结构形状、技术要求、材料种类、生产批量等因素有所差异。日常工艺过程中遇到的大量工作是一般轴的工艺编制，其中机床空心主轴涉及轴类零件加工中的许多基本工艺问题，是轴类零件中很有代表性的零件，本节以图 5-2 所示空心轴的加工工艺过程为例进行分析。

1. 主轴的技术条件分析

从图 5-2 所示的车床主轴零件简图可以看出，支承轴颈 A, B 是主轴部件的装配基准，它的制造精度直接影响到主轴部件的回转精度，所以对 A, B 两段轴颈提出很高的加工技术要求。

主轴莫氏锥孔是用来安装顶尖或工具锥柄的，其锥孔轴线必须与支承轴颈的基准轴线严格同轴，否则会使加工工件产生位置等误差。主轴前端圆锥面和端面是安装卡盘的定位表面，为了保证卡盘的定位精度，这个圆锥面也必须与支承轴颈的轴线同轴、端面与轴线垂直，否则将产生夹具安装误差。主轴上的螺纹是用来固定零件或调整轴承间隙的，当螺纹与支承轴颈的轴线歪斜时，会造成主轴部件上锁紧螺母的端面与轴线不垂直，导致拧紧螺母时使被压紧的轴承环倾斜，严重时还会引起主轴弯曲变形，因此这些次要表面也有相应的加工精度要求。

2. 车床主轴的加工工艺过程

经过对主轴的结构特点与技术要求的分析后，可根据生产批量、设备条件等因素，考虑主轴的工艺过程。表 5-1 简介了图 5-2 车床主轴大批量生产的工艺过程。

表 5-1 主轴加工工艺过程

序号	工序名称	工序简图	加工设备
1	备料		
2	锻造		立式精锻机
3	热处理	正火	

序号	工序名称	工序简图	加工设备
4	锯头		
5	铣端面、钻中心孔		专用机床
6	荒车	车各外圆面	卧式车床
7	热处理	调质 220～245 HBS	
8	车大端各部		卧式车床 CA6140
9	仿形车 小端各部		仿形车床 CE7120
10	钻深孔		深孔钻床
11	车小端内锥孔 （配 1：20 钻堵）		卧式车床 CA6140

序号	工序名称	工序简图	加工设备
12	车大端锥孔（配莫氏 6 号锥堵）；车外短锥及端面		卧式车床CA6140
13	钻大端端面各孔		Z55 钻床
14	热处理（调频）	感应加热表面淬火ϕ90g6、短锥及莫氏 6 号锥孔	
15	精车各外圆并车槽		数控车床CSK6163

序号	工序名称	工序简图	加工设备
16	粗磨外圆二段		万能外圆磨床 M1432B
17	粗磨莫氏锥孔		内圆磨床 M2120
18	粗精铣花键		花键铣床 YB6016
19	铣键槽		铣床 X52

序号	工序名称	工序简图	加工设备
20	车大端内侧面及三段螺纹（配螺母）		卧式车床 CA6140
21	粗精磨各外圆及 E、F 两端面		万能外圆磨床 M1432B
22	粗精磨圆锥面		专用组合磨床
23	精磨莫氏6号内锥孔		主轴锥孔磨床
24	检查	按图样技术要求项目检查	

3. 车床主轴加工工艺过程分析

从上述主轴加工工艺过程可以看出,在拟定主轴零件加工工艺过程时,应考虑下列一些共性问题。

(1) 定位基准的选择与转换　　轴类零件的定位基准,最常用的是两中心孔。采用两中心孔作为统一的定位基准加工各外圆表面,不但能在一次装夹中加工出多处外圆和端面,而且可确保各外圆轴线间的同轴度以及端面与轴线的垂直度要求,符合基准统一原则。因此,只要有可能,就应尽量采用中心孔定位。对于空心主轴零件,在加工过程中,作为定位基准的中心孔因钻出通孔而消失,为了在通孔加工之后还能使用中心孔作定位基准,一般都采用带有中心孔的锥堵或锥套心轴,如图 5－3 所示。

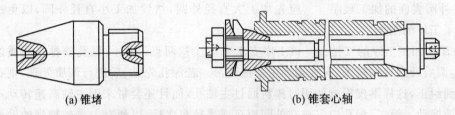

(a) 锥堵　　　　　　　　　　　　　(b) 锥套心轴

图 5－3　锥堵与锥套心轴

采用锥堵应注意以下问题:锥堵应具有较高的精度。锥堵的中心孔既是锥堵本身制造的定位基准,又是磨削主轴的精基准,所以必须保证锥堵上的锥面与中心孔轴线有较高的同轴度;在使用锥堵过程中,应尽量减少锥堵的装拆次数,因为工件锥孔与锥堵上的锥角不可能完全一致,重新拆装会引起安装误差,所以对中小批生产来说,锥堵安装后一般不中途更换。但对有些精密主轴,外圆和锥孔要反复多次互为基准进行磨削加工。在这种情况下,重新镶配锥堵时需按外圆进行找正和修磨锥堵上的中心孔。另外,热处理时还会发生中心通孔内气体膨胀而将锥堵推出,因此须注意在锥堵上钻一轴向透气孔,以便气体受热膨胀时逸出。

为了保证锥孔轴线和支承轴颈(装配基准)轴线的同轴,磨主轴锥孔时,选择主轴的装配基准——前后支承轴颈作为定位基准,这样符合基准重合原则,使锥孔的径向圆跳动易于控制。还有一种情况,在外圆表面粗加工时,为了提高零件的装夹刚度,常采用一夹一顶方式,即主轴的一头外圆用卡盘夹紧,另一头使用尾座顶尖顶住中心孔。

从表 5－1 所示主轴加工工艺过程中来看,定位基准的使用与转换大体如下:工艺过程一开始,以外圆为粗基准铣端面、钻中心孔,为粗车外圆准备好定位基准;车大端各部外圆,采用中心孔作为统一基准,并且又为深孔加工准备好定位基准;车小端各部,则使用已车过的一端外圆和另一端中心孔作为定位基准(一夹一顶方式);钻深孔采用前后两挡外圆作为定位基准(一夹一托方式);之后,先加工好前后锥孔,以便安装锥堵,为精加工外圆准备好定位基准;精车和磨削各挡外圆,均统一采用两中心孔作为定位基准;终磨锥之前,必须磨好轴颈表面,以便使用支承轴颈作为定位基准,使主轴装配基准与加工基准一致,消除基准不重合引起的定位误差,获得锥孔加工的精度。

（2）工序顺序的安排

① 加工阶段划分　　由于主轴是多阶梯带通孔的零件，切除大量的金属后会引起残余应力重新分布而变形，因此在安排工序时，应将粗、精加工分开，先完成各表面的粗加工，再完成各表面的半精加工与精加工，主要表面的精加工放在最后进行。

对主轴加工阶段的划分大体如下：荒加工阶段为准备毛坯；正火后，粗加工阶段为车端面和钻中心孔、粗车外圆；调质处理后，半精加工阶段是半精车外圆、端面、锥孔；表面淬火后，精加工阶段是主要表面的精加工，包括粗、精磨各级外圆、精磨支承轴颈、锥孔。各阶段的划分大致以热处理为界。整个主轴加工的工艺过程，就是以主要表面（特别是支承轴颈）的粗加工、半精加工和精加工为主线，穿插其他表面的加工工序而组成。

② 外圆表面的加工顺序　　应先加工大直径外圆，然后加工小直径外圆，以免一开始就降低了工件的刚度。

③ 深孔加工工序的安排　　该工序安排时应注意两点：第一，钻孔安排在调质之后进行，因为调质处理变形较大，深孔会产生弯曲变形。若深孔先钻、后进行调质处理，则孔的弯曲得不到纠正，这样不仅影响使用时棒料通过主轴孔，而且还会带来因主轴高速转动不平衡而引起的振动。第二，深孔应安排在外圆粗车或半精车之后，以便有一个较精确的轴颈作定位基准（搭中心架用），保证孔与外圆轴线的同轴度，使主轴壁厚均匀。如果仅从定位基准考虑，希望始终用中心孔定位，避免使用锥堵，而将深孔加工安排到最后工序。然而，由于深孔加工毕竟是粗加工、发热量大，会破坏外圆加工表面的精度，故该方案不可取。

④ 次要表面加工的安排　　主轴上的花键、键槽、螺纹、横向小孔等次要表面的加工，通常均安排在外圆精车、粗磨之后或精磨外圆之前进行。这是因为如果在精车前就铣出键槽，精车时因断续切削而产生振动，既影响加工质量，又容易损坏刀具；另一方面，也难以控制键槽的深度尺寸。但是这些加工也不宜放在主要表面精磨之后，以免破坏主要表面已获得的精度。主轴上的螺纹有较高的要求，应注意安排在最终热处理（局部淬火）之后，以克服淬火后产生的变形，而且车螺纹使用的定位基准与精磨外圆使用的基准应当相同，否则也达不到较高的同轴度要求。

5.1.3　轴类零件加工中几个主要问题

1. 中心孔的加工

中心孔是主轴加工全过程中使用的定位基准，其质量对加工精度有着重大的影响。成批生产均用铣端面钻中心孔机床来加工中心孔。精密主轴的中心孔加工尤为重要。而且要多次修研，其修研方法有：

（1）用油石或橡胶砂轮修研　　将圆柱形的油石或橡胶砂轮夹在车床卡盘上，用金刚石笔将其修整成60°圆锥体，把工件顶在油石和车床后顶尖之间，并加入少量的润滑油（柴油或轻机油），然后高速开动车床使油石转动进行修研，手持工件断续转动。

（2）用铸铁顶尖修研　　此法与上述方法相似，不同的是用铸铁顶尖代替油石顶尖，顶尖转速略低一些，研磨时应加研磨剂。

（3）用硬质合金顶尖修研   该法生产率高，但质量稍差，多用于普通轴中心孔修研，或作为精密轴中心孔的粗研。

（4）用中心孔磨床磨削中心孔   该机床加工精度高，表面粗糙度达 $Ra\,0.32\,\mu m$，圆度达 $0.8\,\mu m$。

2. 外圆的加工

外圆车削是粗加工和半精加工外圆表面应用最广泛的加工方法。成批生产时采用转塔车床、数控车床；大批量生产时，采用多刀半自动车床、液压仿形半自动车床等。

磨削是外圆表面主要的精加工方法，适于加工精度高、表面粗糙度值较小的外圆表面，特别适用于加工淬火钢等高硬度材料。当生产批量较大时，常采用组合磨削、成形砂轮磨削及无心磨削等高效磨削方法。

3. 主轴锥孔的磨削

主轴锥孔对主轴支承轴颈的径向圆跳动，是一项重要的精度指标，因此锥孔加工是关键工序。主轴锥孔磨削通常均采用专用夹具。

如图 5-4 所示，夹具由底座、支架及浮动夹头 3 部分组成。支架固定在底座上，支承前后各有一个 V 形块，其上镶有硬质合金（提高耐磨性），工件放在 V 形块上。工件中心与磨头中心必须等高，否则会出现双曲线误差，影响其接触精度。后端的浮动夹头锥柄装在磨床主轴锥孔内，工件尾部插入弹性套内，用弹簧将夹头外壳连同主轴向左拉，通过钢球压向带有硬质合金的锥柄端面，限制工件轴向窜动。这种磨削方式，可使主轴锥孔磨削精度不受内圆磨床头架主轴回转误差的影响。

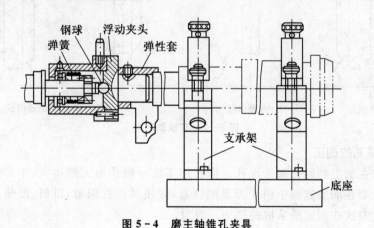

图 5-4   磨主轴锥孔夹具

4. 花键加工

花键是轴类零件上的典型表面，它与单键比较，具有定心精度高，导向性能好、传递转矩大，易于互换等优点。现将轴类零件花键加工方法简介如下：

（1）在单件小批生产中，轴上花键通常在卧式通用铣床上加工，工件装夹在分度头上，用三面刃铣刀进行切削。这种方法加工质量较差，且生产率也低。如产量较大，则可采用花键滚刀在花键铣床上用展成法加工，如图 5-5 所示（图中花键滚刀为示意图）。其加工质量与生产率均比用三面刃铣刀高。为了提高花键轴加工的质量和生产率,还可采用双飞刀高速铣花键,铣削时,飞刀高速回转,花键轴只作轴向移动。如图 5-6 所示。

(2) 以大径定心的花键轴,通常只磨削大径,键侧及内径铣出后一般不再磨削,若因淬火而变形过大,则也要对键侧面进行磨削加工。

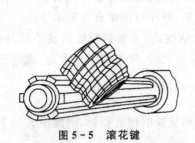

图 5-5　滚花键　　　　　　　图 5-6　飞刀铣削花键

小径定心的花键,其小径和键侧均需磨削。小批生产可采用工具磨床或平面磨床,借用分度头分度,按图 5-7(a,b)分两次磨削。这种方法砂轮修整简单,调整方便,尺寸 B 必需控制准确。大量生产时,使用花键磨床或专用机床,利用高精度等分板分度,一次安装将花键轴磨完,如图 5-7(c,d)所示。图 5-7(c)砂轮修整简单,调整方便,只要控制尺寸 A 及圆弧面。图 5-7(d)要控制尺寸 C,修整砂轮比较麻烦。

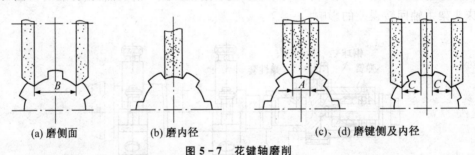

(a) 磨侧面　　　　　(b) 磨内径　　　　　(c)、(d) 磨键侧及内径

图 5-7　花键轴磨削

5. 主轴深孔的加工

卧式车床主轴上的通孔属于深孔。深孔加工比一般孔加工难度大,生产效率低。深孔加工的难度主要在加工过程中由于刀具刚性差,致使其位置偏斜,排屑、散热和冷却润滑条件都很差。针对这些问题所采取的措施一般为:

(1) 工件作回转运动,钻头作进给运动,使钻头具有自动定心能力。

(2) 采用切削性能优良的深孔钻系统,例如新出现的双进液器深孔钻。

(3) 在钻削深孔前,先加工出一个直径相同(ϕ 52 mm)的导向孔,该孔要求有较高的加工精度,至少不低于 $m7$,其深度为$(0.1 \sim 1.5)d$(d 为钻头直径)。

导向孔的加工可在卧式车床 CW6163 上完成。深孔钻削为大批量生产,可在深孔钻床上进行;若为单件小批生产,则仍然选用卧式车床。

5.2 箱体类零件加工工艺

5.2.1 概述

箱体类零件是箱体内零部件装配时的基础零件,它的功用是容纳和支承其内的所有零部件,并保证它们相互间的正确位置,使彼此之间能协调地运转和工作。因而,箱体类零件的精度对箱体内零部件的装配精度有决定性影响。它的质量将直接影响着整机的使用性能、工作精度和寿命。

1. 箱体零件的功用与结构特点

由于功用不同,箱体零件结构形状往往有较大差别。但各种箱体零件在结构上仍有一些共同点,如:其外表面主要由平面构成,结构形状都比较复杂,内部有腔型,箱壁较薄且壁厚不均匀;在箱壁上既有许多精度较高的轴承孔和基准平面需要加工,也有许多精度较低的紧固孔和一些次要平面需要加工。一般说来,箱体零件需要加工的部位较多,且加工难度也较大,因此,精度要求较高的孔、孔系和基准平面构成了箱体类零件的主要加工表面。

(1) 平面 平面是箱体、机座、机床床身和工作台类零件的主要表面。根据其作用不同平面可分为以下几种:

① 非接合平面 这种平面不与任何零件相配合,一般无加工精度要求,只有当表面为了增加抗腐蚀和美观时才进行加工,属于低精度平面。

② 接合平面 这种平面多数用于零部件的连接面,如车床的主轴箱、进给箱与床身的连接平面,一般对精度和表面质量的要求均较高。

③ 导向平面 如各类机床的导轨面,这种平面的精度和表面质量要求极高。

④ 精密工具和量具的工作表面 这种平面如钳工的平台、平尺的测量面和计量用量块的测量平面等。这种平面要求精度和表面质量均很高。

(2) 孔系 孔和孔系是由轴承支承孔和许多相关孔组成。由于它们加工精度要求高、加工难度大,是机械加工中的关键。

2. 箱体零件的技术要求

为了保证箱体零件的装配精度,达到机器设备对它的要求,对箱体零件的主要技术要求有以下几个方面:

(1) 孔系的技术要求

① 支承孔的尺寸精度、几何形状精度和表面粗糙度 轴承支承孔应有较高的尺寸精度、几何形状精度和较严格的表面粗糙度要求。否则,将影响轴承外圆与箱体上孔的配合精度,使轴的旋转精度降低;若是主轴支承孔,还会进一步影响机床的加工精度。一般机床的主轴箱,主轴支承孔精度为 IT6,表面粗糙度值 Ra 为 $1.6 \sim 0.8\ \mu m$,其他支承孔精度为 IT7~IT6,表面粗糙度值 Ra 为 $3.2 \sim 1.6\ \mu m$。几何形状精度一般应在孔的公差范围内,要求高的应不超过孔公差的 1/3。

② 支承孔之间的孔距尺寸精度及相互位置精度要求　　在箱体上有齿轮啮合关系的支承孔之间,应有一定的孔距尺寸精度及平行度要求,否则会影响齿轮的啮合精度,工作时会产生噪声和振动,并影响齿轮的寿命。该精度主要取决于传动齿轮副的中心距允差与啮合齿轮精度。一般箱体的中心距允差为±0.025～0.06 mm,轴心线平行度允差在全长取 0.03～0.1 mm。

箱体上同轴线孔应有一定的同轴度要求。同轴线孔的同轴度超差,不仅会给箱体中轴的装配带来困难,且使轴的运转情况恶化,轴承磨损加剧,温度升高,影响机器设备的精度和正常运转。一般同轴线的孔的同轴度不应超过最小孔径公差之半。

(2) 主要平面的形状精度、相互位置精度和表面质量

① 形状精度是指平面度、直线度等。

② 位置精度是指平面之间或平面对轴线间的平行度、垂直度和倾斜度等。

③ 表面质量是指表面粗糙度、表层硬度、残余应力和显微组织等。

箱体的主要平面就是装配基面或加工中的定位基面,它们直接影响箱体与机器总装时的相对位置及接触刚性,影响箱体加工中的定位精度,因而有较高的平面和表面粗糙度要求。如一般机床箱体装配基面和定位基面的平面度允差为 0.03～0.1 mm 范围内,表面粗糙度值 Ra 为 3.2～1.6 μm。其他平面也有相应的精度要求,如一般平面间的平行度允差约在 0.05～0.2 mm/全长范围内;平面间的垂直度约为 0.1 mm/300 mm 左右。

(3) 支承孔与主要平面的尺寸精度及相互位置精度　　箱体上各支承孔对装配基面在水平面内有偏斜,则加工时工件会产生锥度,主轴孔中心线对端面的垂直度超差,装配后将引起机床两端的跳动等。

3. 箱体零件的材料与毛坯

箱体毛坯制造方法有两种,一种是采用铸造,另一种是采用焊接。金属切削机床的箱体,由于形状较为复杂,而铸铁具有成形容易、可加工性良好、并且吸振性好、成本低等优点,所以一般都采用铸铁;动力机械中的某些箱体及减速器壳体等,除要求结构紧凑、形状复杂外,还要求体积小、质量轻等特点,所以可采用铝合金压铸,压力铸造毛坯,因其制造质量好、不易产生缩孔和缩松而应用十分广泛;对于承受重载和冲击的工程机械、锻压机床的一些箱体,可采用铸钢或钢板焊接;某些简易箱体为了缩短毛坯制造周期,也常常采用钢板焊接而成,但焊接件的残余应力较难消除干净。

箱体铸铁材料采用最多的是各种牌号的灰铸铁,如 HT200,HT250,HT300 等。一些要求较高的箱体,如镗床的主轴箱、坐标镗床的箱体,可采用耐磨合金铸铁(又称密烘铸铁,例如 MTCrMoCu - 300),高磷铸铁(如 MTP - 250),以提高铸件质量。

毛坯的加工余量与生产批量、毛坯尺寸、结构、精度和铸造方法等因素有关。

5.2.2　普通车床主轴箱加工工艺过程分析

1. 箱体零件机械加工工艺过程

箱体零件的结构复杂,要加工的部位多,依批量大小和各厂家的实际条件,其加工方法是不同的。表 5 - 2 为某车床主轴箱(图 5 - 8)小批生产的工艺过程,表 5 - 3 为该车床主轴

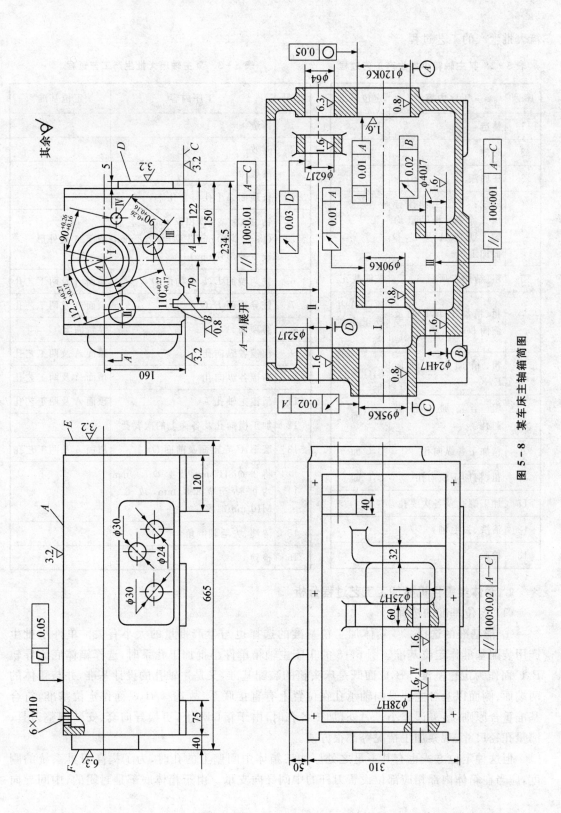

图 5-8　某车床主轴箱简图

箱大批生产的工艺过程。

<table>
<tr><td colspan="3">表 5 - 2　某主轴箱小批生产工艺过程</td></tr>
<tr><td>序号</td><td>工序内容</td><td>定位基准</td></tr>
<tr><td>1</td><td>铸造</td><td></td></tr>
<tr><td>2</td><td>时效</td><td></td></tr>
<tr><td>3</td><td>漆底漆</td><td></td></tr>
<tr><td>4</td><td>划线：考虑主轴孔有加工余量，并尽量均匀。划 C,A 及 E,D 面加工线</td><td></td></tr>
<tr><td>5</td><td>粗、精加工顶面 A</td><td>按线找正</td></tr>
<tr><td>6</td><td>粗、精加工 B,C 面及侧面 D</td><td>顶面 A 并校正主轴线</td></tr>
<tr><td>7</td><td>粗、精加工两端面 E,F</td><td>B,C 面</td></tr>
<tr><td>8</td><td>粗、半精加工各纵向孔</td><td>B,C 面</td></tr>
<tr><td>9</td><td>精加工各纵向孔</td><td>B,C 面</td></tr>
<tr><td>10</td><td>粗、精加工横向孔</td><td>B,C 面</td></tr>
<tr><td>11</td><td>加工螺孔及各次要孔</td><td></td></tr>
<tr><td>12</td><td>清洗、去毛刺</td><td></td></tr>
<tr><td>13</td><td>检验</td><td></td></tr>
</table>

<table>
<tr><td colspan="3">表 5 - 3　某主轴箱大批生产工艺过程</td></tr>
<tr><td>序号</td><td>工序内容</td><td>定位基准</td></tr>
<tr><td>1</td><td>铸造</td><td></td></tr>
<tr><td>2</td><td>时效</td><td></td></tr>
<tr><td>3</td><td>漆底漆</td><td></td></tr>
<tr><td>4</td><td>铣顶面 A I 孔与 II 孔</td><td></td></tr>
<tr><td>5</td><td>钻、扩、铰 2 -ϕ 8H7 mm 工艺孔（将 6 - M10 mm 先钻至 ϕ 7.8 mm，铰 2 -ϕ 8H7 mm）</td><td>顶面 A 及外形</td></tr>
<tr><td>6</td><td>铣两端面 E,F 及前面 D</td><td>顶面 A 及两工艺孔</td></tr>
<tr><td>7</td><td>铣导轨面 B,C</td><td>顶面 A 及两工艺孔</td></tr>
<tr><td>8</td><td>磨顶面 A</td><td>导轨面 B,C</td></tr>
<tr><td>9</td><td>粗镗各纵向孔</td><td>顶面 A 及两工艺孔</td></tr>
<tr><td>10</td><td>精镗各纵向孔</td><td>顶面 A 及两工艺孔</td></tr>
<tr><td>11</td><td>精镗主轴孔 I</td><td>顶面 A 及两工艺孔</td></tr>
<tr><td>12</td><td>加工横向孔及各面上的次要孔</td><td></td></tr>
<tr><td>13</td><td>磨 B,C 导轨面及前面 D</td><td>顶面 A 及两工艺孔</td></tr>
<tr><td>14</td><td>将 2 -ϕ 8H7 mm 及 4 -ϕ 7.8 mm 均扩钻至 ϕ 8.5 mm，攻 6 - M10 mm 螺纹</td><td></td></tr>
<tr><td>15</td><td>清洗、去毛刺倒角</td><td></td></tr>
<tr><td>16</td><td>检验</td><td></td></tr>
</table>

2. 箱体类零件机械加工工艺过程分析

（1）定位基准的选择

① 精基准的选择　　箱体加工精基准的选择也与生产批量的大小有关。单件小批生产用装配基准作定位基准。图 5 - 8 的车床主轴箱单件小批加工孔系时，选择箱体底面导轨 B,C 面作为定位基准。B,C 面既是床头箱的装配基准，又是主轴孔的设计基准，并与箱体的两端面、侧面以及各主要纵向轴承孔在位置上有直接联系，故选择 B,C 面作定位基准，符合基准重合原则，装夹误差小。另外，加工各孔时，由于箱口朝上，更换导向套、安装调整刀具、测量孔径尺寸、观察加工情况等都很方便。

但这种定位方式也有其不足之处。加工箱体中间壁上的孔时，为了提高刀具系统的刚度，应当在箱体内部相应部位设置刀杆的中间导向支承。由于箱体底部是封闭的，中间导向支承只能用如图 5-9 所示的吊架从箱体顶面的开口处伸入箱体内,每加工一次需装卸一次。吊架与镗模之间虽有定位销定位,但吊架刚性差,经常装卸也容易产生误差,且使加工的辅助时间增加。因此,这种定位方式只适用于单件小批生产。

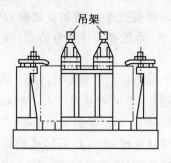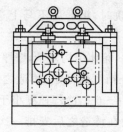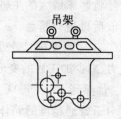

图 5-9　吊架式镗模夹具

　　批量大时采用顶面及两个销孔(一面两孔)作定位基面,如图 5-10 所示。这种定位方式,加工时箱体口朝下,中间导向支承架可以紧固在夹具体上,提高了夹具刚度,有利于保证各支承孔加工的位置精度,而且工件装卸方便,减少了辅助时间,提高了生产效率。

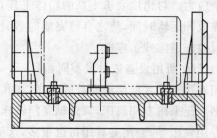

图 5-10　用箱体顶面及两销定位的镗模

　　由于主轴箱顶面不是设计基准,采用这种定位方式定位基准与设计基准不重合,出现基准不重合误差。为了保证加工要求,应进行工艺尺寸的换算。另外,由于箱体口朝下,加工时不便于观察各表面加工的情况,不能及时发现毛坯是否有砂眼、气孔等缺陷,而且加工中不便于测量和调刀。因此,用箱体顶面及两定位销孔作精基面加工时,必须采用定径刀具(如扩孔钻和铰刀等)。

　　② 粗基准的选择　　虽然箱体零件一般都选择重要孔(如主轴孔)为粗基准,但随着生产类型不同,实现以主轴孔为粗基准的工件装夹方式是不同的。中小批量生产时,由于毛坯精度较低,一般采用划线找正。大批量生产时,毛坯精度较高,可直接以主轴孔在夹具上定位,采用专用夹具装夹,此类专用夹具可参阅机床夹具图册。

　　(2) 加工顺序的安排和设备的选择

　　① 加工顺序为先面后孔　　箱体类零件的加工顺序为先加工面,以加工好的平面定位再来加工孔。因为箱体孔的精度要求较高,加工难度大,先以孔为粗基准加工好平面,再以平面为精基准加工孔,这样既能为孔的加工提供稳定可靠的精基准,同时可以使孔的加工余量较为均匀。由于箱体上的孔均布在箱体各平面上,先加工好平面,钻孔时钻头不易引偏,扩孔或铰孔时刀具不易崩刃。图 5-8 中车床主轴箱大批生产时,先将顶面 A 磨好后才加工孔系(表 5-3)。

　　② 加工阶段粗、精分开　　箱体的结构复杂、壁厚不均匀、刚性不好,而加工精度要求又高,因此,箱体重要的加工表面都要划分粗、精两个加工阶段。

对于单件小批生产的箱体或大型箱体的加工,如果从工序上也安排粗、精分开,则机床、夹具数量要增加,工件转运也费时费力,所以实际生产中并不这样做,而是将粗、精加工在一道工序内完成。但是从工步上讲,粗、精还是可以分开的。方法是粗加工后将工件松开一点,然后再用较小的力夹紧工件,使工件因夹紧力而产生的弹性变形在精加工之前得以恢复。导轨磨床磨大的主轴箱导轨时,粗磨后不马上进行精磨,而是等工件充分冷却,残余应力释放后再进行精磨。

③ 工序间安排时效处理　箱体结构复杂,壁厚不均匀,铸造残余应力较大。为了消除残余应力、减少加工后的变形、保证精度的稳定,铸造之后要安排人工时效处理。人工时效的规范为:加热到 500~550℃,保温 4~6 h,冷却速度小于或等于 30℃/h,出炉温度低于 200℃。

对于普通精度的箱体,一般在铸造之后安排一次人工时效处理;对一些高精度的箱体或形状特别复杂的箱体,在粗加工之后还要安排一次人工时效处理,以消除粗加工所造成的残余应力。对精度要求不高的箱体毛坯,有时不安排时效处理,而是利用粗、精加工工序间的停放和运输时间,使之自然完成时效处理。箱体人工时效,除用加温方法外,也可采用振动时效来消除残余应力。

④ 所用设备依批量不同而异　单件小批生产一般都在通用机床上进行;除个别必须用专用夹具才能保证质量的工序(如孔系加工)外,一般不用专用夹具;而大批量箱体的加工则广泛采用专用机床,如多轴龙门铣床、组合磨床等,各主要孔的加工采用多工位组合机床、专用镗床等,专用夹具用得也很多,这就大大地提高了生产率。

(3) 主要表面加工方法的选择　箱体的主要加工表面有平面和轴承支承孔。箱体平面的粗加工和半精加工,主要采用刨削和铣削,也可采用车削。刨削的刀具结构简单,机床调整方便,但在加工较大的平面时,生产效率低,适于单件小批生产。铣削的生产率一般比刨削高,在成批和大量生产中,多采用铣削。当生产批量较大时,还可采用各种专用的组合铣床对箱体各平面进行多刀、多面同时铣削;尺寸较大的箱体,也可在多轴龙门铣床上进行组合铣削,如图 5-11(a)所示,有效地提高了箱体平面加工的生产率。箱体平面的精加工,单件小批生产时,除一些高精度的箱体仍需采用手工刮研外,一般多以精刨代替传统的手工刮研;当生产批量大而精度又较高时,多采用磨削。为了提高生产效率和平面间的相互位置精度,可采用专用磨床进行组合磨削,如图 5-11(b)所示。

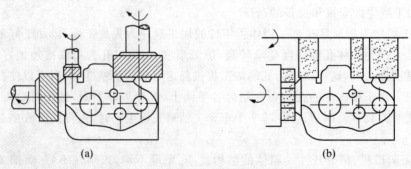

(a)　　　　　　　　　　(b)

图 5-11　箱体平面的组合铣削与磨削

箱体上精度 IT7 的轴承支承孔，一般需要经过 3～4 次加工。可采用镗（扩）——粗铰——精铰或镗（扩）——半精镗——精镗的工艺方案进行加工（若未铸出预孔应先钻孔）。以上两种工艺方案都能使孔的加工精度达到 IT7，表面粗糙度为 Ra 值 2.5～0.63 μm。前者用于加工直径较小的孔，后者用于加工直径较大的孔。当孔的精度超过 IT6、表面粗糙度 Ra 值小于 0.63 μm 时，还应增加一道最后的精加工或精密加工工序，常用的方法有精细镗、滚压、珩磨等；单件小批生产时，也可采用浮动铰孔。

5.2.3　箱体类零件的孔系加工

箱体上一系列有相互位置精度要求的轴承支承孔称为孔系。它包括平行孔系和交叉孔系，如图 5-12 所示。孔系的相互位置精度有：各平行孔轴线之间的平行度、孔轴线与基面之间的平行度、孔距精度、各同轴孔的同轴度、各交叉孔的垂直度等要求。保证孔系加工精度是箱体零件加工的关键。一般应根据不同的生产类型和孔系精度要求采用不同的加工方法。

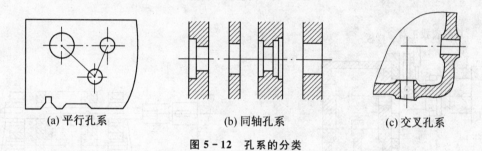

(a) 平行孔系　　　　　(b) 同轴孔系　　　　　(c) 交叉孔系

图 5-12　孔系的分类

1. 平行孔系加工

平行孔系的主要技术要求为各平行孔中心线之间及孔中心线与基准面之间的距离尺寸精度和相互位置精度。生产中常采用以下几种方法保证孔系的位置精度。

（1）用找正法加工孔系　　找正法的实质是在通用机床上（如铣床、普通镗床），依据操作者的技术，并借助一些辅助装置去找正每一个被加工孔的正确位置。根据找正的手段不同，找正法又可分为划线找正法、量块心轴找正法、样板找正法等。

① 划线找正法　　加工前先在毛坯上按图纸要求划好各孔位置轮廓线，加工时按划线一一找正进行加工。这种方法所能达到的孔距一般为 ±0.5 mm 左右。此法操作设备简单，但操作难度大，生产效率低，同时，加工精度受操作者技术水平和采用的方法影响较大，故适于单件小批生产。

② 量块心轴找正法　　如图 5-13 所示，将精密心轴分别插入机床主轴孔和已加工孔中，然后用一定尺寸的块规组合来找正心轴的位置。找正时，在量块心轴之间要用厚薄规测定间隙，以免量块与心轴直接接触而产生变形。此法可达到较高的孔距精度（±0.3 mm），但只适用于单件小批生产。

③ 样板找正法　　如图 5-14 所示，将工件上的孔系复制在 10～20 mm 厚的钢板制成的样板上，样板上孔系的孔距精度较工件孔系的孔距精度较高（一般为 ±0.01～0.03 mm），

孔径较工件的孔径大,以便镗杆通过;孔的直径精度不需要严格要求,但几何形状精度和表面粗糙度要求较高,以便找正。使用时,将样板装于被加工孔的箱体端面上(或固定于机床工作台上),利用装在机床主轴上的百分表找正器,按样板上的孔逐个找正机床主轴的位置进行加工。该方法加工孔系不易出差错,找正迅速,孔距精度可达±0.05 mm,工艺装备也不太复杂,常用于加工大型箱体的孔系。

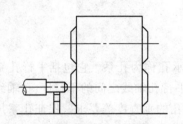
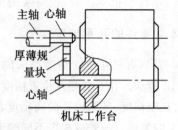

图 5 - 13　用量块心轴找正

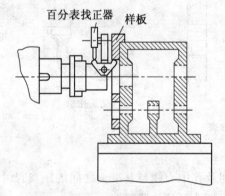

图 5 - 14　样板找正法

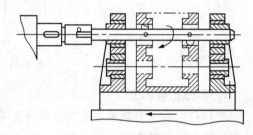

图 5 - 15　用镗模加工孔系

(2) 用镗模加工孔系　　如图 5 - 15 所示,工件装夹在镗模上,镗杆被支承在镗模的导套里,由导套引导镗杆在工件上正确位置镗孔。镗杆与机床主轴多采用浮动连接,机床精度对孔系加工精度影响较小,孔距精度主要取决于镗模,因而可以在精度较低的机床上加工出精度较高的孔系。同时,镗杆刚度大大地提高,有利于采用多刀同时切削;定位夹紧迅速,不需找正,生产效率高。因此不仅在中批生产中普遍采用镗模技术加工孔系,就是在小批生产中,对一些结构复杂、加工量大的箱体孔系,采用镗模加工也是合算的。

另外,由于镗模上自身的制造误差和导套与镗杆的配合间隙对孔系加工精度有一定影响,所以,该方法不可能达到很高的加工精度。一般孔径尺寸精度为 IT7 左右,表面粗糙度值 Ra 为 $1.6 \sim 0.8$ μm;孔与孔的同轴度和平行度,当从一头开始加工,可达 $0.02 \sim 0.03$ mm,从两头加工可达 $0.04 \sim 0.05$ mm;孔距精度一般为±0.05 mm 左右。由于镗模的尺寸庞大笨重,大型箱体零件制造中使用带来了困难,故很少采用。

用镗模加工孔系,既可以在通用机床上加工,也可以在专用机床或组合机床上加工。

(3) 用坐标法加工孔系　　坐标法镗孔是在普通卧式镗床、坐标镗床或数控镗铣床等设备上,借助于精密测量装置,调整机床主轴与工件间在水平和垂直方向的相对位置,来保证孔心距精度的一种镗孔方法。采用坐标法加工孔系时,要特别注意选择基准孔和镗孔顺序,否则,坐标尺寸累积误差会影响孔距精度。基准孔应尽量选择本身尺寸精度高、表面粗糙度值小的孔(一般为主轴孔),这样在加工过程中,便于校验其坐标尺寸。孔心距精度要求较高的两孔应连在一起加工;加工时,应尽量使工作台朝同一方向移动,因为工作台多次往复,其间隙会产生误差,影响坐标精度。

现在国内外许多机床厂,已经直接用坐标镗床或加工中心机床来加工一般机床箱体,可以加快生产周期,适应机械行业多品种小批量生产的需要。

2. 同轴孔系加工

在中批以上生产中,一般采用镗模加工同轴孔系,其同轴度由镗模保证;采用精密刚性主轴组合机床从两头同时加工同轴线的各孔时,其同轴度则由机床保证,可达 0.01 mm。单件小批生产时,在通用机床上加工,且一般不使用镗模,保证同轴线孔的同轴度有下列方法:

(1)利用已加工孔作支承导向　　如图 5-16 所示,当箱体前壁上的孔加工完后,在该孔内装一导套,支承和引导镗杆加工后壁上的孔,以保证两孔的同轴度要求,适于加工箱体壁相距较近的同轴线孔。

(2)利用镗床后立柱上的导向套支承镗杆　　采用这种方法,镗杆是两端支承,刚性好,但立柱导套的位置调整麻烦、费时,往往需要用心轴块规找正,且需要用较长的镗杆,多用于大型箱体的同轴孔系加工。

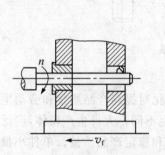

图 5-16　利用已加工孔导向

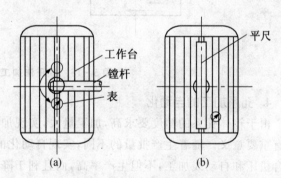

图 5-17　掉头镗的调整方法

(3)采用掉头镗法　　当箱体箱壁相距较远时,宜采用掉头镗法,即在工件的一次安装中,当箱体一端的孔加工后,将工作台回转 $180°$,再加工箱体另一端的同轴线孔。掉头镗不用夹具和长刀杆,准备周期短;镗杆悬伸长度短,刚度好;但需要调整工作台的回转误差和掉头后主轴应处于正确位置,比较麻烦,又费时。掉头镗的调整方法如下:

① 校正工作台回转轴线与机床主轴轴线相交,定好坐标原点。其方法如图 5-17(a)所示。将百分表固定在工作台,回转工作台 $180°$,分别测量主轴两侧,使其误差小于 0.01 mm,记下此时工作台在 x 轴上的坐标值作为原点。

② 调整工作台的回转定位误差,保证工作台精确地回转 $180°$。其方法如图 5-17(b)所示,先使工作台紧靠在回转定位机构上,在台面上放一平尺,通过装在镗杆上的百分表找正

平尺一侧面后将其固定,再回转工作台180°,测量平尺的另一侧面,调整回转定位机构,使其回转定位误差小于 0.02 mm/1000 mm。

③ 当完成上述调整准备工作后,就可以进行加工。先将工件正确地安装在工作台面上,用坐标法加工好工件一端的孔,各孔到坐标原点的坐标值应与掉头前相应的同轴线孔到坐标原点的坐标值大小相等,方向相反,其误差小于 0.01 mm,可以得到较高的同轴度。

3. 交叉孔系加工

交叉孔系的主要技术条件为控制各孔的垂直度。在普通镗床上主要靠机床工作台上的90°对准装置。因为它是挡块装置,故结构简单,但对准精度低。每次对准,需要凭经验保证挡块接触松紧程度一致,否则不能保证对准精度。所以,有时采用光学瞄准装置。当普通镗床的工作台 90°对准装置精度很低时,可用心棒与百分表找正法进行。即在加工好的孔中插入心棒,然后将工作台转 90°,摇工作台用百分表找正,如图 5－18 所示。箱体上如果有交叉孔存在,则应将精度要求高或表面要求较精细的孔全部加工好,然后再加工另外与之相交叉的孔。

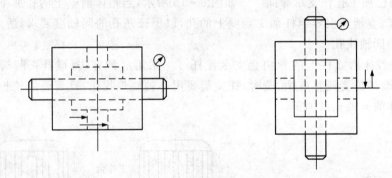

图 5－18　找正法加工交叉孔系

4. 孔系加工的自动化

由于箱体孔系的精度要求高,加工量大,实现加工自动化对提高产品质量和劳动生产率都有重要意义。随着生产批量的不同,实现自动化的途径也不同。大批生产箱体,广泛使用组合机床和自动线加工,不但生产率高,而且利于降低成本和稳定产品质量。单件小批生产箱体,大多数采用万能机床,产品的加工质量主要取决于机床操作者的技术熟练程度。但加工具有较多加工表面的复杂箱体时,如果仍用万能机床加工,则工序分散,占用设备多,要求有技术熟练的操作者,生产周期长,生产效率低,成本高。为了解决这个问题,可以采用适于单件小批生产的自动化多工序数控机床。这样,可用最少的加工装夹次数,由机床的数控系统自动地更换刀具,连续地对工件的各个加工表面自动地完成铣、钻、扩、镗(铰)及攻螺纹等工序。所以对于单件小批、多品种的箱体孔系加工,这是一种较为理想的设备。

5.2.4　箱体类的零件检验

1. 箱体的主要检验项目

通常箱体类零件的主要检验项目包括:

① 各加工表面的表面粗糙度及外观　　表面粗糙度检验通常用目测或样板比较法，只有当 Ra 值很小时才考虑使用光学量仪。外观检查只需根据工艺规程检查完工情况及加工表面有无缺陷即可。

② 孔与平面尺寸精度及几何形状精度　　孔的尺寸精度一般用塞规检验。在需确定误差数值或单件小批生产时可用内径千分尺或内径千分表检验；若精度要求很高可用气动量仪检验。平面的直线度可用平尺和厚薄规或水平仪与桥板检验；平面的平面度可用自准直仪或水平仪与桥板检验，也可用涂色检验。

③ 孔距精度。

④ 孔系相互位置精度　　包括各孔同轴度、轴线间平行度与垂直度、孔轴线与平面的平行度及垂直度等。

2. 箱体类零件孔系相互位置精度及孔距精度的检验

（1）同轴度检验　　一般工厂常用检验棒检验同轴度，若检验棒能自由通过同轴线上的孔，则孔的同轴度在允差之内。当孔系同轴度要求不高（允差较大）时，可用图 5-19 所示方法；若孔系同轴度允差很小时可改用专用检验棒。图 5-20 所示方法可测定孔同轴度误差具体数值。

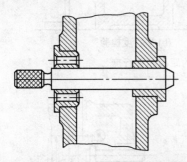
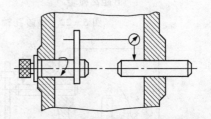

图 5-19　用通用检验棒与检验套检验同轴度　　图 5-20　用检验棒及百分表检验同轴度偏差

（2）孔间距和孔轴线平行度检验　　如图 5-21 所示，根据孔距精度的高低，可分别使用游标卡尺或千分尺。测量出图示 a_1 和 a_2 或 b_1 和 b_2 的大小即可得出孔距 A 和平行度的实际值。使用游标卡尺时也可不用心轴和衬套，直接量出两孔母线间的最小距离。孔距精度和平行度要求严格时，也可用块规测量。为提高测量效率，可使用图中 K 向视图所示的装置，其结构与原理类似于内径千分尺。

（3）孔轴线对基准平面的距离和平行度检验　　检验方法如图 5-22 所示。

（4）两孔轴线垂直度检验　　可用图 5-23(a)或(b)的方法，基准轴线和被测轴线均用心轴模拟。

（5）孔轴线与端面垂直度检验　　在被测孔内装模拟心轴，并在其一端装上千分表，使表的测头垂直于端面并与端面接触，将心轴旋转一周即可测出孔与端面的垂直度误差，如图 5-24(a)所示。将带有检验圆盘的心轴插入孔内，用着色法检验圆盘与端面的接触情况，或用厚薄规检查圆盘与端面的间隙 Δ，也可确定孔轴线与端面的垂直度误差，如图 5-24(b)所示。

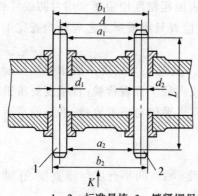
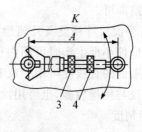

1，2—标准量棒 3—锁紧螺母 4—调整螺钉(与量脚固连为一体)

图 5 - 21　检验孔间距和孔轴线的平行度

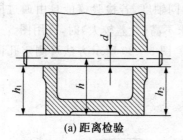
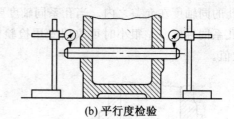

(a) 距离检验 　　　　　　　　　(b) 平行度检验

图 5 - 22　检验孔轴线对基准平面的距离和平行度

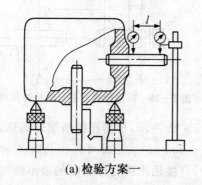
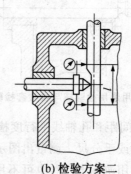

(a) 检验方案一 　　　　　　　　(b) 检验方案二

图 5 - 23　两孔轴线垂直度检验

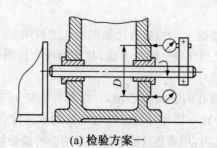
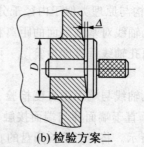

(a) 检验方案一 　　　　　　　　(b) 检验方案二

图 5 - 24　检验孔轴线与端面的垂直度

5.3 圆柱齿轮加工工艺

5.3.1 概述

1. 圆柱齿轮的功用与结构特点

圆柱齿轮是机械传动中应用极为广泛的零件之一,其功用是按规定的传动比传递运动和动力。圆柱齿轮一般分为齿圈和轮体两部分。在齿圈上切出直齿、斜齿等齿形,而在轮体上有孔或带有轴。

轮体的结构形状直接影响齿轮加工工艺的制定。因此,齿轮可根据齿轮轮体的结构形状来划分。如图 5-25 所示在机器中常见的圆柱齿轮有以下几类:盘类齿轮、套类齿轮、内齿轮、轴类齿轮、扇形齿轮、齿条(即齿圈半径无限大的圆柱齿轮)其中,盘类齿轮应用最广。

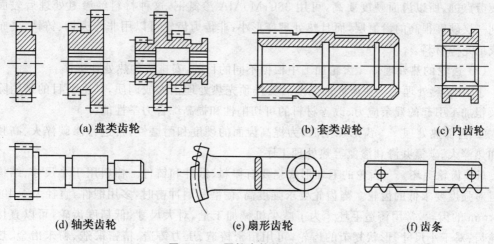

| (a) 盘类齿轮 | (b) 套类齿轮 | (c) 内齿轮 |
| (d) 轴类齿轮 | (e) 扇形齿轮 | (f) 齿条 |

图 5-25　圆柱齿轮的结构形式

一个圆柱齿轮可以有一个或多个齿圈。普通单齿圈齿轮的工艺性最好。如果齿轮精度要求高,需要剃齿或磨齿时,通常将多齿圈齿轮做成单齿圈齿轮的组合结构。

2. 圆柱齿轮传动的技术要求

齿轮传动装置包括齿轮、轴、箱体等零件,其中齿轮的加工质量和安装精度直接影响着该传动装置的传动性能。根据齿轮的使用条件,对齿轮传动有如下要求:

(1) 传递运动的准确性　　齿轮传动传递运动的准确性是指当主动轮转过一个角度时,从动轮应按给定的传动比转过相应角度,即传动比为常数。要求齿轮在一转中,转角误差的最大值不得超过一定的限度即齿轮精度应符合第 I 公差组中各项要求。

(2) 工作平稳性　　要求齿轮传动平稳,无冲击,振动和噪声小,这就需要限制齿轮传动时,瞬时传动比的变化,即齿轮精度符合第 II 公差组中各项要求。

（3）载荷分布均匀性　　齿轮载荷由齿面承受，两齿轮啮合时，接触面积的大小对齿轮的使用寿命影响很大。所以齿面载荷分布的均匀性，由接触精度来衡量，应符合第Ⅲ公差组中各项要求。

（4）齿侧间隙　　一对相互啮合的齿轮，其非工作表面必须留有一定的间隙，即为齿侧间隙，其作用是储存润滑油，使工作齿面形成油膜，减少磨损；同时可以补偿热变形、弹性变形、加工误差和安装误差等因素引起的侧隙减小，防止卡死。应当根据齿轮副的工作条件，来确定合理的侧隙。

以上几个方面要求，根据齿轮传动装置的用途和工件条件各项要求可能有所不同。

3. 齿轮的材料、热处理和毛坯

（1）材料的选择　　齿轮材料的选择对齿轮的加工性能和使用寿命都有直接的影响。一般讲，对于低速、重载的传力齿轮，有冲击载荷的传力齿轮的齿面受压产生塑性变形或磨损，且轮齿容易折断，应选用机械强度、硬度等综合力学性能好的材料（如 20CrMnTi），经渗碳淬火，芯部具有良好的韧性，齿面硬度可达 56～62HRC；线速度高的传力齿轮，齿面易产生疲劳点蚀，所以齿面硬度要高，可用 38CrMoAlA 渗氮钢，这种材料经渗氮处理后表面可得到一层硬度很高的渗氮层，而且热处理变形小；非传力齿轮可以用非淬火钢、铸铁、夹布胶木或尼龙等材料。

（2）齿轮的热处理　　齿轮加工中根据不同的目的，安排两种热处理工序。

① 毛坯热处理　　在齿坯加工前后安排预先热处理正火或调质，其主要目的是消除锻造及粗加工引起的残余应力、改善材料的可切削性和提高综合力学性能。

② 齿面热处理　　齿形加工后，为提高齿面的硬度和耐磨性，常进行渗碳淬火、高频感应加热淬火、碳氮共渗和渗氮等热处理工序。

（3）齿轮毛坯　　齿轮的毛坯形式主要有棒料、锻件和铸件。棒料用于小尺寸、结构简单且对强度要求低的齿轮。当齿轮要求强度高、耐磨和耐冲击时，多用锻件，直径大于 400～600 mm 的齿轮，常用铸造毛坯。为了减少机械加工量，对大尺寸、低精度齿轮，可以直接铸出轮齿；对于小尺寸、形状复杂的齿轮，可用精密铸造、压力铸造、精密锻造、粉末冶金、热轧和冷挤等新工艺制造出具有轮齿的齿坯，以提高劳动生产率、节约原材料。

5.3.2　圆柱齿轮加工工艺过程分析

齿轮加工的工艺路线是根据齿轮材质和热处理要求、齿轮结构及尺寸大小、精度要求、生产批量和车间设备条件而定。一般可归纳成如下的工艺路线：

毛坯制造——齿坯热处理——齿坯加工——齿形加工——齿圈热处理——齿轮定位表面精加工——齿圈的精整加工。

以下是常见的普通精度、成批生产齿轮的典型工艺方案。它是采用滚齿（或插齿）、剃齿、珩齿工艺。图 5-26 是某齿轮零件图，表 5-4 是该齿轮的机械加工工艺过程。

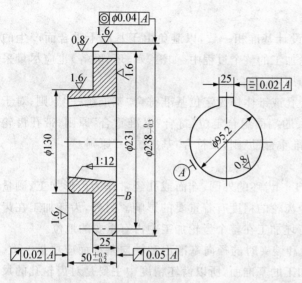

模　　　数	$m=3.5$ mm
齿　　　数	$z=66$
齿形角	$\alpha=20°$
变位系数	$x=0$
精度等级	$7-6-6$KM GB10095-88
公法线长度 变动公差	$F_w=0.036$ mm
径向综 合公差	$F''_z=0.08$ mm
一齿径向 综合公差	$f''_i=0.016$ mm
齿向公差	$F_\beta=0.009$ mm
公法线平 均长度	$W=80.72^{-0.14}_{-0.19}$ mm

技术条件

1. 1:12 锥度塞规检查,接触面不少于 75%。

2. 材料:45 钢。

3. 热处理:齿部 54HRC。

图 5-26　某齿轮简图

表 5-4　某齿轮机械加工工艺过程

序号	工序内容及要求	定位基准	设　　备
1	锻造		
2	正火		
3	粗车各部,均留余量 1.5 mm	外圆、端面	转塔车床
4	精车各部,内孔至锥孔塞规刻线外露 6~8 mm,其余达图样要求	外圆、内孔、端面	C6132
5	滚齿　$Fw=0.036$ mm　$F''_i=0.10$ mm $f_i=0.022$ mm　$F_\beta=0.011$ mm $W=80^{-0.14}_{-0.19}$ mm　齿面 $Ra\ 2.5\ \mu$m	内孔、B 端面	Y38
6	倒角	内孔、B 端面	倒角机
7	插键槽达图样要求	外圆、B 端面	插床
8	去毛刺		
9	剃齿	内孔、B 端面	Y5714
10	热处理:齿面淬火后硬度达 50~55HRC		
11	磨内锥孔,磨至锥孔塞规小端平	齿面、B 端面	M220
12	珩齿达图样要求	内孔、B 端面	Y5714
13	终结检验		

1. 定位基准选择

齿轮加工时的定位基准应尽可能与设计基准相一致,以避免由于基准不重合而产生的误差,即要符合"基准重合"原则。在齿轮加工的整个过程中(如滚、剃、珩、磨等)也应尽量采用相同的定位基准,即选用"基准统一"的原则。

对于小直径轴齿轮,可采用两端中心孔或锥体作为定位基准符合"基准统一"原则;对于大直径的轴齿轮,通常用轴径和一个较大的端面组合定位,符合"基准重合"原则;带孔齿轮则以孔和一个端面组合定位,既符合"基准重合"原则,又符合"基准统一"原则。

2. 齿坯加工

齿形加工前的齿轮加工称为齿坯加工。齿坯的外圆、端面或孔经常作为齿形加工、测量和装配的基准,所以齿坯的精度对于整个齿轮的精度有着重要的影响。另外,齿坯加工在齿轮加工总工时中占有较大的比例,因而齿坯加工在整个齿轮加工中占有重要的地位。

(1) 齿坯精度   齿轮在加工、检验和装夹时的径向基准面和轴向基准面应尽量一致。多数情况下,常以齿轮孔和端面为齿形加工的基准面,所以齿坯精度中主要是对齿轮孔的尺寸精度和形状精度、孔和端面的位置精度有较高的要求;当外圆作为测量基准或定位、找正基准时,对齿坯外圆也有较高的要求。具体要求如表 5－5、表 5－6 所示。

表 5－5 齿坯尺寸和形状公差

齿轮精度等级	5	6	7	8
孔的尺寸和形状公差	IT5	IT6	IT7	
轴的尺寸和形状公差	IT5	IT6		
外圆直径尺寸和形状公差	IT7	IT8		

注:1. 当齿轮的三个公差组的精度等级不同时,按最高等级确定公差值。
   2. 当外圆不作测齿厚的基准面时,尺寸公差按 IT11 给定,但不大于 0.1 mm。
   3. 当以外圆作基准面时,本表就指外圆的径向圆跳动。

表 5－6 齿坯基准面径向和端面的圆跳动公差

公差/μm \ 分度圆直径/mm	齿轮精度等级	
	5 和 6	7 和 8
～125	11	18
125～400	14	22
400～800	20	32

(2) 齿坯加工方案的选择   齿坯加工的主要内容包括齿坯的孔加工、端面和中心孔的加工(对于轴类齿轮)以及齿圈外圆和端面的加工;轴类齿轮、套筒齿轮和套筒齿轮的齿坯,其加工过程和一般轴、套类基本相同,下面主要讨论盘类齿轮齿坯的加工工艺方案。齿坯的加工工艺方案主要取决于齿轮的轮体结构和生产类型。

① 大批大量生产的齿坯加工   大批大量加工中等尺寸齿轮齿坯时,多采用"钻——拉——多刀车"的工艺方案:

● 以毛坯外圆及端面定位进行钻孔或扩孔。
● 拉孔
● 以孔定位在多刀半自动车床上粗、精车外圆、端面、车槽及倒角等。

由于这种工艺方案采用高效机床组成流水线或自动线,所以生产率高。

② 成批生产的齿坯加工　　成批生产齿坯时,常采用"车——拉——车"的工艺方案:

● 以齿坯外圆或轮毂定位,粗车外圆、端面和内孔。

● 以端面支承拉孔(或花键孔)。

● 以孔定位精车外圆及端面等。

这种方案可由卧式车床或转塔车床及拉床实现。特点是加工质量稳定,生产效率较高。当齿坯孔有台阶或端面有槽时,可以充分利用转塔车床上的转塔刀架来进行多工位加工,在转塔车床上一次完成齿坯的全部加工。

③ 单件小批生产的齿坯加工　　单件小批生产齿轮时,一般齿坯的孔、端面及外圆的粗、精加工都在通用车床上经两次装夹完成,但必须注意将孔和基准端面的精加工在一次装夹内完成,以保证位置精度。

3. 齿形加工

齿圈上的齿形加工是整个齿轮加工的核心。尽管齿轮加工有许多工序,但都是为齿形加工服务的,其目的是最终获得符合精度要求的齿轮。齿形加工方案的选择,主要取决于齿轮的精度等级、结构形状、生产类型和齿轮的热处理方法及生产工厂的现有条件,对于不同精度的齿轮,常用的齿形加工方案如下:

① 8级精度以下的齿轮　　调质齿轮用滚齿或插齿就能满足要求。对于淬硬齿轮可采用滚(插)齿—剃齿或冷挤—齿端加工—淬火—校正孔的加工方案。根据不同的热处理方式,在淬火前齿形加工精度应提高一级以上。

② 6～7级精度齿轮　　对于淬硬齿面的齿轮可采用滚(插)齿—齿端加工—表面淬火—校正基准—磨齿(蜗杆砂轮磨齿),该方案加工精度稳定;也可采用滚(插)—剃齿或冷挤—表面淬火—校正基准—内啮合珩齿的加工方案,这种方案加工精度稳定,生产率高。

③ 5级以上精度的齿轮　　一般采用粗滚齿—精滚齿—齿端加工—表面淬火—校正基准—粗磨齿—精磨齿的加工方案。磨齿是目前齿形加工中精度最高、表面粗糙度值最小的加工方法,最高精度可达3～4级。

4. 齿端加工

齿轮的齿端加工方式有倒圆、倒尖、倒棱和去毛刺,如图5－27所示。经倒圆、倒尖、倒棱后的齿轮,沿轴向移动时容易进入啮合。齿端倒圆应用最多,图5－28是表示用指状铣刀倒圆的原理图。齿端加工必须安排在齿形淬火之前、滚(插)齿之后进行。

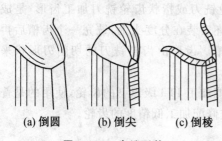

(a) 倒圆　　(b) 倒尖　　(c) 倒棱

图 5－27　齿端形状

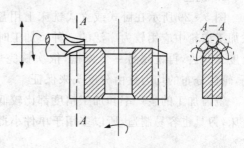

图 5－28　齿端倒圆

5. 精基准的修整

齿轮淬火后其孔常发生变形,孔直径可缩小 0.01~0.05 mm。为确保齿形精加工质量,必须对基准孔予以修整。修整一般采用磨孔或推孔。对于成批或大批大量生产的未淬硬的外径定心的花键孔及圆柱孔齿轮,常采用推孔。推孔生产率高,并可用加长推刀前导引部分来保证推孔的精度。对于以小径定心的花键孔或已淬硬的齿轮,以磨孔为好,可稳定地保证精度。磨孔应以齿面定位,符合互为基准原则。

5.3.3 圆柱齿轮的齿形加工方法

齿轮加工的关键是齿形加工。齿形加工包括齿形的切削加工和齿面的磨削加工。按照加工原理,齿形加工方法可以分为成形法和展成法两大类。表 5 - 7 为常用的齿形加工方法及设备。

表 5 - 7 常用齿形加工方法及设备

齿形加工方法		刀具	机床	加工精度和适用范围
成形法	成形铣刀	模数铣刀	铣床	加工精度和生产率均较低,精度等级为 IT9 以下
	拉齿	齿轮拉刀	拉床	加工精度和生产率均较高,拉刀多为专用工具,结构复杂,制造成本高,适用于大批生产,宜于拉内齿轮
展成法	滚齿	齿轮滚刀	滚齿机	一般精度等级为 IT10~IT6,最高达 IT4,生产率较高,通用性好,常用于加工直齿齿轮、斜齿的外啮合圆柱齿轮和蜗轮
	插齿	插齿刀	插齿机	一般精度等级为 IT9~IT7,最高达 IT6,生产率较高,通用性好,常用于加工内外啮合齿轮、扇形齿轮、齿条等
	剃齿	剃齿刀	剃齿机	一般精度等级为 IT7~IT5;生产率较高,用于齿轮滚、插、预加工后、淬火前的精加工
	磨齿	砂轮	磨齿机	一般精度等级为 IT7~IT3,生产率较低,加工成本较高,大多数用于淬硬齿形后的精加工
	珩齿	珩磨轮	珩磨机	一般精度等级为 IT7~IT6,多用于经过剃齿和高频淬火后齿形的精加工

1. 铣齿

图 5 - 29 所示在卧式或立式铣床上用盘形齿轮铣刀或指状齿轮铣刀加工齿形,是成形法加工齿轮中应用较为广泛的一种。加工时,将齿坯安装在分度头上,铣完一个齿槽后再用分度头分齿,再铣完另一个齿槽,依次铣完所有齿槽。齿形由齿轮铣刀的切削刃形状来保证,轮齿分布的均匀性由分度头来保证。

铣齿加工的生产率和加工精度都比较低,通常能加工 IT9 级以下的齿轮,使用的是普通铣床,刀具也容易制造,所以多用于单件小批生产或修配加工低精度的齿轮。

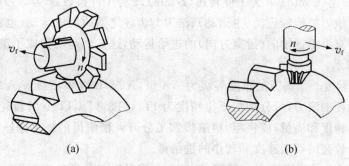

(a)   (b)

图 5 - 29　直齿圆柱齿轮的成形铣削

2. 滚齿

（1）滚齿原理　　滚齿加工是按照展成法的原理来加工齿轮的。用滚刀来加工齿轮相当于一对交错轴斜齿轮啮合。在这对啮合的齿轮传动中,一个齿轮的齿数很少,只有一个或几个,螺旋角很大,这就演变成了一个蜗杆,再将蜗杆开槽并铲背,就成为齿轮滚刀。在齿轮滚刀螺旋线法向剖面内各刀齿成了一根齿条,当滚刀连续转动时,相当于一根无限长的齿条沿刀具轴向连续移动。因此在滚齿过程中,在滚刀按给定的切削速度作旋转运动时,齿坯则按齿轮啮合关系转动(即当滚刀转一圈,相当于齿条移动一个或几个齿距,齿坯也相应转过一个或几个齿距),在齿坯上切出齿槽,形成渐开线齿面,如图 5 - 30(a)所示。渐开线齿廓则由切削刃一系列瞬时位置包络而成,如图 5 - 30(b)所示。滚刀的法向模数和齿形角必须与被加工齿轮的法向模数和齿形角相等。

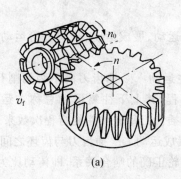

(a)

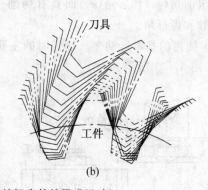

(b)

图 5 - 30　滚齿原理(滚刀与被切齿轮的展成运动)

（2）滚齿的基本运动　　当滚刀旋转时,其螺旋线法向的切削刃就相当于一个齿条在连续地移动。当齿条的移动速度和齿轮分度圆上的圆周速度相等,即相当于被切齿轮的分度圆沿齿条分度线作无滑动的纯滚动时,根据齿轮啮合原理即可在被切齿轮上切出渐开线齿形,滚刀再作垂直进给运动,如图 5 - 30(a)所示,即能完成整个齿形的加工。因此,滚齿时必须使滚刀的转速和齿坯的转速之间严格地保持如下关系:

$$\frac{n_0}{n} = \frac{z}{k},$$

式中 n_0 为滚刀转速(r/min),n 为工件转速(r/min),z 为工件齿数,k 为滚刀的头数。

滚齿时除了滚刀的旋转运动(主运动)、滚刀与齿坯之间的展成运动(也就是连续分齿运动)外,滚刀还需有沿工件轴向(齿宽方向)的进给运动,这三个运动构成了滚齿的基本运动,如图 5 - 30(a)所示。

(3) 滚齿的精度　　滚刀的精度等级为 AA 级,A 级,B 级和 C 级,AA 级精度最高。滚齿时使用不同精度的滚刀,可分别加工出精度为 IT7,IT8,IT9,IT10 的齿轮。滚齿时,为了提高齿面的加工精度和质量,应将粗、精滚齿加工分开。精滚齿的加工余量为 0.5～1 mm,精滚齿时应采取较高的切削速度和较小的进给量。

(4) 滚齿的工装及生产率　　目前,生产中广泛采用的是高速钢滚刀,切削速度一般为 30 m/min 左右,进给量为 1～3 mm/r。超硬高速钢滚刀出现后,切削速度提高了 60～70 m/min;滚刀刀齿采用硬质合金后,其切削速度又提高到了 80～200 m/min,使滚齿加工的生产率得到了大幅度提高。此外,硬质合金滚刀对淬火后的硬齿面齿轮还可进行精加工或半精加工。

滚齿既可以用于齿形的粗加工,也可以用于精加工。加工精度等级为 IT7 以上的齿轮时,滚齿通常作为剃齿或磨齿等齿形精加工前的粗加工和半精加工工序。滚齿加工所使用的滚刀和滚齿机结构比较简单,易于制造,加工时是连续切削的,具有质量好、效率高的优点,因此,在生产中广泛应用。

3. 插齿

(1) 插齿的基本原理　　插齿也是一种应用展成原理加工齿轮的方法。插齿刀相当于一个磨出前角(γ_0)和后角(α_0)而具有切削刃的盘形直齿圆柱齿轮,它具有与被加工齿轮相同的模数和齿形角。

(2) 插齿的基本运动　　插齿时的主要运动有主运动、展成运动、径向进给运动和让刀运动,如图 5 - 31 所示。

① 主运动　　插齿刀向下为切削行程,向上为空行程,其上下往复运动总称主运动。切削速度以插齿刀每分钟往复行程次数来表示。

② 展成运动　　插齿刀与齿坯之间必须保持一对齿轮正确的啮合关系,即传动比为

$$i = n/n_0 = z_0/z,$$

式中 n,n_0 为齿坯、刀具的转速,z_0,z 为刀具、齿坯的齿数。

插齿刀每往复运动一次,齿坯与刀具在分度圆上所转过的弧长为加工时的圆周进给量。

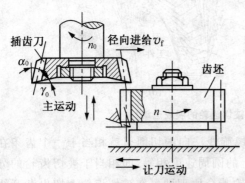

图 5 - 31　插齿时的工作运动

齿坯旋转一周,插齿刀的各个刀齿便能逐渐地将工件的各个齿切出来。

③ 径向进给运动　　插齿时,齿坯上的轮齿是逐渐被切至全齿深的,因此插齿刀应有径向进给,等到切至全齿深后才不再径向进给。插齿刀的径向进给运动由凸轮机构来控制。

④ 让刀运动　　为避免刀具返回行程时擦伤已加工齿面和减少刀具的磨损,在插齿刀向上运动时,要使工作台带动工件有一个径向让刀运动。但在插齿刀向下作切削运动时,工作台又能很快回到原来的位置,以便使切削工作继续进行。

(3) 插齿的加工范围　　插齿不仅能加工单齿圈圆柱齿轮,而且还能加工间距较小的双联或多联齿轮、内齿轮及齿条等。它的加工范围比铣齿和滚齿要广。插齿时还能控制圆周进给量,可在 0.2～0.5 mm/双行程范围内选用,较小值用于精加工,较大值用于粗加工。

(4) 插齿的加工精度　　插刀精度分为 AA 级、A 级和 B 级,插齿时使用不同的刀具可分别加工出 IT8～IT6 级精度的齿轮,齿轮表面粗糙度值 Ra 为 1.6～0.4 μm。

4. 剃齿

(1) 基本原理　　剃齿是利用一对交错轴斜齿轮啮合时齿面产生相对滑移的原理,使用剃齿刀从被加工齿轮的齿面上剃去一层很薄金属的精加工方法。剃削直齿圆柱齿轮时,要用斜齿剃齿刀,使剃齿刀和被加工齿轮的轴线成 10°～20° 的交叉角。有了轴交叉角,在啮合运动中齿面上便有相对滑移存在,这相对滑移就是剃齿时的切削运动。

(2) 基本运动　　剃齿时,应先将被加工齿轮装在心轴上。再连心轴一起安装到机床工作台的两顶尖间,使其可以自由转动,如图 5-32 所示。剃齿具有以下几个运动:

① 装在机床主轴上的剃齿刀作高速正、反转动;被切齿轮由剃刀带动作正、反自由旋转。

② 被切齿轮由剃齿刀带动沿轴向作往复运动,也就是说齿轮的齿侧面沿剃齿刀的齿侧面作相对滑移。因剃齿刀的齿侧面上有许多小槽,槽与齿面的交棱就是切削刃,所以齿轮的齿侧面沿它的滑移时就被切去极细的切屑。在剃齿刀和被切齿轮进入啮合的齿面时,是从齿顶向着齿根,在脱开啮合的齿面时,是从齿根向着齿顶。

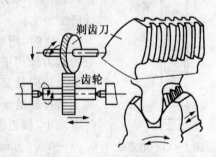

图 5-32　在剃齿机上剃齿

③ 被切齿轮往复运动一次,剃齿刀就作一次径向进给运动,以逐渐剃除全部余量,从而获得要求的齿厚。

(3) 加工范围及生产率　　剃齿的加工范围较广,可加工内、外啮合的直齿圆柱齿轮和斜齿圆柱齿轮、多联齿轮等。剃齿的生产率很高,加工一个中等模数齿轮通常只需 2～4 min。

(4) 加工精度　　由于剃齿能修正齿圈径向跳动误差、齿距误差、齿形误差和齿向误差等。因此,经过剃齿的齿轮的工作平稳性精度和接触精度会有较大的提高,一般能提高一级;同时可获得精细的表面,其表面粗糙度值 Ra 可达 0.8～0.4 μm,但齿轮的运动精度提高不多。

剃齿前的齿坯,除运动精度外,其他精度和表面粗糙度只能比剃齿后低一级。剃齿余量的大小要适当。因为余量不足时,剃齿前的齿轮误差和齿面缺陷就不能经过剃齿全部去除;余量过大时,剃齿效率低,刀具磨损快,剃齿质量反而下降。剃齿余量的大小,可参考表 5-8,并根据剃齿前的齿轮精度状况尽可能选取较小的数值。

表 5-8　剃齿余量

模数/mm	1～1.75	2～3	3.25～4	4～5	5.5～6
剃齿余量/mm	0.07	0.08	0.09	0.10	0.11

剃齿加工采用的是自由啮合的方法,并不需要严格的传动链,大大简化了剃齿机机构,调整也简便,刀具寿命长,因此,剃齿工艺在成批和大量生产中被广泛应用。

剃齿刀分通用和专用两类。无特殊要求时,应尽量选用通用剃齿刀。剃齿刀的制造精度分 A,B,C 三级,可分别加工出 IT8～IT6 级精度的齿轮。剃齿刀的螺旋角有 5°,10°和 15°三种,其中 5°和 15°两种应用较广,15°的多用于加工直齿圆柱齿轮,5°的多用于加工斜齿圆柱齿轮和多联齿轮中较小的齿轮。

5. 珩齿

珩磨是一种齿面光整加工的方法,其工作原理与剃齿相同,都是应用交错轴斜齿轮啮合原理进行加工的,所不同的是以珩磨轮代替了剃齿刀。珩磨轮是将磨料和粘结剂等原料混合后,在轮芯(铸铁或钢材)上浇铸而成的螺旋齿轮,如图 5-33 所示。珩磨齿面上不做出容屑槽,只是靠磨粒本身进行研削加工。

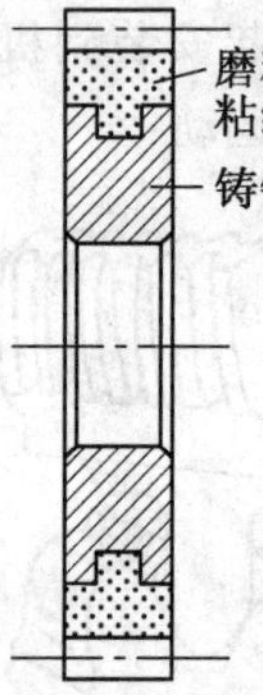

图 5-33　珩磨轮

珩齿时,珩磨轮与被加工齿轮的轮齿之间无侧隙紧密啮合,在一定的压力作用下,由珩磨轮带动被加工齿轮正反向转动,同时被加工齿轮沿轴向往复送进运动。被加工齿轮即工作台每往复一次,从而加工出齿轮的全长和两侧面。珩齿开始时齿面压力较大,随后压力逐渐减小,接近消失时珩齿加工就结束。珩齿余量一般很小,通常为 0.01～0.02 mm。实际上也可不留余量,剃齿时只要达到齿后尺寸上限即可。

珩磨轮齿面上分布着许多磨粒,各磨粒之间以粘结剂(还氧树脂)相隔,粘结剂的弹性大,珩磨轮本身的误差不会反映到被珩齿轮上去,因而珩磨轮的精度就不必要求很高。经浇铸成形后的 8 级以下精度的珩磨轮,就可以直接使用。因此珩齿过程的本质就是低速磨削、研磨和抛光的综合。珩磨轮转速一般在 1000 r/min 以上,生产率很高,珩磨一个齿轮约 1min。珩齿加工精度可达 IT6 级,并能有效地减小齿面表面粗糙度值,Ra 为 0.8～0.4 μm,减小齿圈径向跳动,还能在一定程度上纠正齿向和齿形的局部误差。因此,珩齿对于提高齿轮工作的平稳性、改善接触精度和减少噪声等极为有利,目前在生产中正逐渐以珩齿代替研齿。

6. 磨齿

按照齿轮加工的原理,磨齿也分为成形法和展成法两类,如图 5-34 所示。图 5-34(a)所示为成形法磨齿,砂轮的两侧面做成被磨齿轮的齿槽形状,用成形砂轮直接磨出渐开线齿形。由于砂轮与被磨齿轮齿面之间接触面积大,故生产效率高。但采用这种方法需要修整砂轮的渐开线表面的专门机构,而且磨削面积大,砂轮磨损不均匀,容易烧伤齿面,加工精度

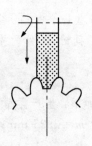 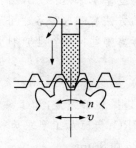 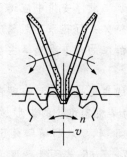

(a) 用成形砂轮磨齿　　(b) 用双锥面砂轮磨齿　　(c) 用双叶片碟形砂轮磨齿

图 5-34　磨齿加工原理示意图

也低,因此成形法磨齿应用不多。

图 5-34(b,c)所示是应用展成法原理进行磨齿的两种方法,并且都是利用齿轮齿条的啮合原理进行的。图 5-34(b)所示是双锥面砂轮磨齿,其砂轮截面呈锥形,相当于假想齿条的一个齿。磨齿时,砂轮一面旋转,一面沿齿向作快速往复运动;展成运动是通过被磨齿轮的旋转(n)和相应的移动(v)来实现的。在磨削过程中,先后磨出一个齿槽的两个侧面,然后被磨齿轮与砂轮快速离开进行分度,以便进行下一个齿的磨削。按照这种磨齿原理,我国生产的磨齿机有 Y7131 等。由于砂轮修整和分齿运动精度较低,故多用于加工 IT6 级以下的直齿圆柱齿轮。图 5-34(c)所示是双叶片碟形砂轮磨齿,两片碟形砂轮倾斜安装后,即构成假想齿条的两个侧面,砂轮的端平面便代表齿条的表面,并且主要是靠砂轮端平面上的一条0.5 mm 的环行窄边进行磨削的。磨齿时,砂轮只在原来位置旋转,展成运动是由被磨齿轮水平面内的往复运动(v)和相应的转动(n)来实现的;同时被磨齿轮还沿轴线方向作慢速进给移动,以磨削齿宽方向的齿面。一个齿槽的两个侧面磨完后,工件即快速退离砂轮,然后进行分度,以便对另一个齿槽的两个侧面进行磨齿。它的加工精度不低于 IT5 级,是目前磨齿方法中加工精度较高的一种。

磨齿是精加工精密齿轮,尤其是加工淬硬精密齿轮的最常用方法,经过磨齿精度为IT7~IT3 级,齿面粗糙度值 Ra 为 0.8~0.2 μm。

1. 主轴的结构特点和技术要求有哪些?

2. 主轴加工中,常以中心孔作为定位基准,试分析其特点。若工件是空心的,如何实现加工过程中的定位?

3. 中心孔的修研方法有哪些?

4. 试分析主轴加工工艺过程中如何体现"基准统一"、"基准重合"、"互为基准"、"自为基准"原则。可结合书中例子说明。

5. 主轴深孔加工有哪些特点? 采取什么措施来提高深孔加工质量?

6. 箱体加工顺序安排中应遵循哪些基本原则？为什么？

7. 保证箱体平行孔系孔距精度的方法有哪些？各适用于哪些场合？

8. 箱体加工的粗基准选择主要考虑哪些问题？生产批量不同时,工件的安装方式有何不同？

9. 箱体的主要检验项目有哪些？

10. 试为某机床齿轮的齿形加工选择加工方案,加工条件如下：生产类型为大批生产；工件材料为 45 钢,要求高频率火 52HRC；齿面加工要求为模数 $m = 2.25$ mm；齿数 $Z = 56$；精度等级为 7 - 7 - 6；表面粗糙度为 $Ra\ 0.8\ \mu m$。

11. 在不同生产类型条件下,齿坯加工是怎样进行的？

12. 选择齿形加工方案的依据是什么？

13. 试比较滚齿和插齿加工原理、工艺特点及适用场合。

14. 试分析珩齿和磨齿有什么异同点。

15. 综合训练：试编制如题 15 图所示传动轴零件机械加工工艺规程,并对工艺路线进行分析(生产类型：小批生产；材料：45 钢；毛坯：ϕ45 棒料,调质热处理)。

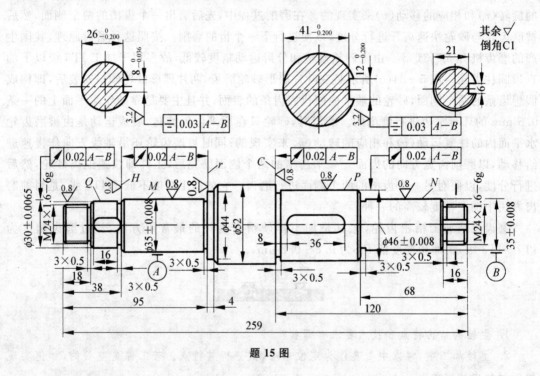

题 15 图

第6章　机械加工质量技术分析

产品的质量与零件的加工质量、产品的装配质量密切相关,而零件的加工质量是保证产品质量的基础。它包括零件的加工精度和表面质量两方面。

6.1　机械加工精度

6.1.1　概述

1. 机械加工精度的含义及内容

加工精度是指零件经过加工后的尺寸、几何形状以及各表面相互位置等参数的实际值与理想值相符合的程度,而它们之间的偏离程度则称为加工误差。加工精度在数值上通过加工误差的大小来表示。零件的几何参数包括几何形状、尺寸和相互位置三个方面,故加工精度包括:

(1) 尺寸精度　　尺寸精度用来限制加工表面与其基准间尺寸误差不超过一定的范围;

(2) 几何形状精度　　几何形状精度用来限制加工表面宏观几何形状误差,如圆度、圆柱度、平面度、直线度等;

(3) 相互位置精度　　相互位置精度用来限制加工表面与其基准间的相互位置误差,如平行度、垂直度、同轴度、位置度等。

零件各表面本身和相互位置的尺寸精度在设计时是以公差来表示的,工程的数值具体地说明了这些尺寸的加工精度要求和允许的加工误差大小。几何形状精度和相互位置精度用专门的符号规定,或在零件图纸的技术要求中用文字来说明。

在相同的生产条件下所加工出来的一批零件,由于加工中的各种因素的影响,其尺寸、形状和表面相互位置不会绝对准确和完全一致,总是存在一定的加工误差。同时,要满足产品的工作要求的公差范围,应采取合理的经济加工方法,以提高机械加工的生产率和经济性。

2. 影响加工精度的原始误差

机械加工中,多方面的因素都对工艺系统产生影响,造成各种各样的原始误差。这些原始误差,一部分与工艺系统本身的结构状态有关,一部分与切削过程有关。按照这些误差的性质可归纳为以下四个方面:

① 工艺系统的几何误差　　工艺系统的几何误差包括加工方法的原理误差,机床的几何误差、调整误差,刀具和夹具的制造误差,工件的装夹误差以及工艺系统磨损引起的误差。

② 工艺系统受力变形所引起的误差。

③ 工艺系统热变形所引起的误差。

④ 工件的残余应力引起的误差。

3. 机械加工误差的分类

(1) 系统误差与随机误差　　从误差是否被人们掌握来分,误差可分为系统误差和随机误差(又称偶然误差)。凡是误差的大小和方向均已被掌握的,则为系统误差。系统误差又分为常值系统误差和变值系统误差。常值系统误差的数值是不变的,如机床、夹具、刀具和量具的制造误差都是常值误差。变值系统误差是误差的大小和方向按一定规律变化,可按线性变化,也可按非线性变化,如刀具在正常磨损时,其磨损值与时间成线性正比关系,它是线性变值系统误差;而刀具受热伸长,其伸长量和时间就是非线性变值系统误差。凡是没有被掌握误差规律的,则为随机误差。如由于内应力的重新分布所引起的工件变形,零件毛坯由于材质不匀所引起的变形等都是随机误差。系统误差与随机误差之间的分界线不是固定不变的,随着科学技术的不断发展,人们对误差规律的逐渐掌握,随机误差不断向系统误差转移。

(2) 静态误差、切削状态误差与动态误差　　从误差是否与切削状态有关来分,可分为静态误差与切削状态误差。工艺系统在不切削状态下所出现误差,通常称之为静态误差,如机床的几何精度和传动精度等。工艺系统在切削状态下所出现的误差,通常称之为切削状态误差,如机床在切削时的受力变形和受热变形等。工艺系统在有振动的状态下所出现的误差,称之为动态误差。

6.1.2　工艺系统的几何误差

1. 加工原理误差

加工原理误差是由于采用了近似的成形运动或近似的刀刃轮廓进行加工所产生的误差。通常,为了获得规定的加工表面,刀具和工件之间必须实现准确的成形运动,机械加工中称为加工原理。理论上应采用理想的加工原理和完全准确的成形运动以获得精确的零件表面。但在实践中,完全精确的加工原理常常很难实现,有时加工效率很低;有时会使机床或刀具的结构极为复杂,制造困难;有时由于结构环节多,造成机床传动中的误差增加,或使机床刚度和制造精度很难保证。因此,采用近似的加工原理以获得较高的加工精度是保证加工质量和提高生产率和经济性的有效工艺措施。

例如,齿轮滚齿加工用的滚刀有两种原理误差,一是近似造型原理误差,即由于制造上的困难,采用阿基米德基本蜗杆或法向直廓基本蜗杆代替渐开线基本蜗杆;二是由于滚刀刀刃数有限,所切出的齿形实际上是一条折线而不是光滑的渐开线,但由此造成的齿形误差远比由滚刀制造和刃磨误差引起的齿形误差小得多,故忽略不计。又如模数铣刀成形铣削齿轮,模数相同而齿数不同的齿轮,齿形参数是不同的。理论上,同一模数,不同齿数的齿轮就要用相应的一把齿形刀具加工。实际上,为精简刀具数量,常用一把模数铣刀加工某一齿数范围的齿轮,也采用了近似刀刃轮廓。

2. 机床的几何误差

机床几何误差是通过各种成形运动反映到加工表面上,机床的成形运动最主要的有两大类,即主轴的回转运动和移动件的直线运动。因此,分析机床的几何误差主要就是分析回转运动、直线运动以及传动链的误差。

(1) 主轴回转运动误差

① 主轴回转运动误差概念　机床主轴的回转精度,对工件的加工精度有直接影响。所谓主轴的回转精度是指主轴的实际回转轴线相对其平均回转轴线的漂移。理论上,主轴回转时,其回转轴线的空间位置是固定不变的,即瞬时速度为零。实际上,由于主轴部件在加工、装配过程中的各种误差和回转时的受力、受热等因素,使主轴在每一瞬时回转轴心线的空间位置处于变动状态,造成轴线漂移,也就是存在着回转误差。

主轴的回转误差可分为三种基本情况:

● 轴向窜动　瞬时回转轴线沿平均回转轴线方向的轴向运动,如图 6-1(a)所示。

● 径向跳动　瞬时回转轴线始终平行于平均回转轴线方向的径向运动,如图 6-1(b)所示。

● 角度摆动　瞬时回转轴线与平均回转轴线成一倾斜角度,其交点位置固定不变的运动,如图 6-1(c)所示。角度摆动主要影响工件的形状精度,车外圆时,会产生锥形;镗孔时,将使孔呈椭圆形。

实际上,主轴工作时,其回转运动误差常常是以上 3 种基本型式的合成运动造成的。

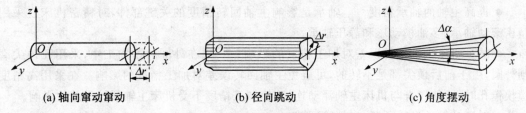

(a) 轴向窜动窜动　　　　(b) 径向跳动　　　　(c) 角度摆动

图 6-1　主轴回转误差的基本型式

② 主轴回转运动误差的影响因素　影响主轴回转精度的主要因素是主轴轴颈的误差、轴承的误差、轴承的间隙、与轴承配合零件的误差及主轴系统的径向不等刚度和热变形等。主轴采用滑动轴承时,主轴轴颈和轴承孔的圆度误差和波度对主轴回转精度有直接影响,但对不同类型的机床其影响的因素也各不相同,如图 6-2 所示。

主轴采用滚动轴承时,内外环滚道的圆度误差、内环的壁厚差、内环孔与滚道的同轴度误差、滚动体的尺寸和圆度误差都对主轴回转精度有影响,如图 6-3 所示。

此外,主轴轴承间隙以及切削过程中的受力变形、轴承定位端面与轴线垂直度误差、轴承端面之间的平行度误差、锁紧螺母的端面跳动以及主轴轴颈和箱体孔的形状误差等,都会降低主轴的回转精度。

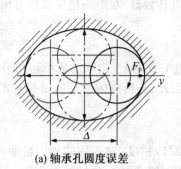
(a) 轴承孔圆度误差

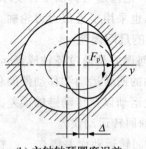
(b) 主轴轴颈圆度误差

图 6 - 2 采用滑动轴承时影响主轴回转精度的因素

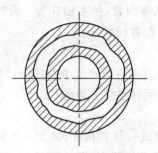
(a) 内外环滚道的几何误差

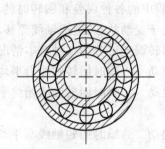
(b) 滚动体的圆度和尺寸误差

图 6 - 3 采用滚动轴承时和尺寸误差影响主轴回转精度的因素

③ 提高主轴回转精度的途径

● 提高主轴的轴承精度　　轴承是影响主轴回转精度的关键部件,对精密机床宜采用精密滚动轴承、多油楔动压和静压轴承。

● 减少机床主轴回转误差对加工精度的影响　　如在外圆磨削加工中,采用死顶尖磨削外圆,由于前后顶尖都是不转的,可避免主轴回转误差对加工精度的影响。在采用高精度镗模镗孔时,可使镗杆与机床主轴浮动连接,使加工精度不受机床主轴回转误差的影响。

● 对滚动轴承进行预紧,以消除间隙。

● 提高主轴箱支承孔、主轴轴颈和与轴承相配合的零件有关表面的加工精度。

(2) 机床导轨误差　　机床导轨副是实现直线运动的主要部件,导轨的制造和装配精度是影响直线运动精度的主要因素。现以卧式车床为例来说明导轨误差是怎样影响工件加工精度的。

① 导轨在水平面内的直线度误差　　床身导轨在水平面内如果有直线度误差,则在纵向进给过程中,刀尖的运动轨迹相对于机床主轴线不能保持平行,因而使工件在纵向截面和横向截面内分别产生形状误差和尺寸误差。当导轨向后凸出时,工件上产生鞍形加工误差;当导轨向前凸出时,工件上产生鼓性加工误差,如图 6 - 4 所示。当导轨在水平面内的直线度误差为 Δy 时,引起工件在半径方向的误差为 $\Delta R = \Delta y$。在车削长度较短的工件时该直线度误差影响较小,若车削长轴,这一误差将明显地反映到工件上。

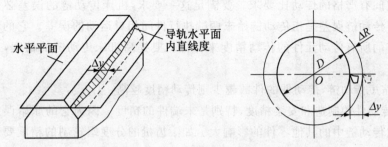

图 6 - 4　导轨在水平面内直线度误差

② 导轨在垂直面内直线度误差的影响　　床身导轨在垂直面内有直线度误差,如图 6 - 5 所示,会引起刀尖切向位移 Δz,造成工件半径方向产生的误差为 $\Delta R \approx \Delta z^2 / d$。由于 Δz^2 数值很小,因此该误差对零件的尺寸精度和形状精度影响很小。但对平面磨床、龙门刨床及铣床等,导轨在垂直面内的直线度误差会引起工件相对于砂轮(刀具)产生法向位移,其误差将直接反映到被加工工件上,造成形状误差。

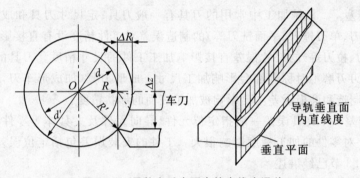

图 6 - 5　导轨在垂直面内的直线度误差

③ 前后导轨的平行度误差的影响　　床身前后导轨有平行度误差时,会使车床溜板在沿床身移动时发生偏斜,从而使刀尖相对于工件产生偏移,使工件产生形状误差。从图 6 - 6 可知,车床前后导轨扭曲的最终结果反映在工件上,于是产生了加工误差 Δy。从几何关系可得出:$\Delta y \approx H\Delta / B$。一般车床 $H \approx 2/3B$,外圆磨床 $H \approx B$,因此该项原始误差对加工精度的影响很大。

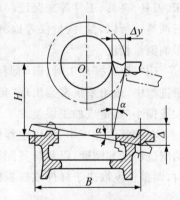

图 6 - 6　车床导轨扭曲对工件形状精度影响

机床的安装以及在使用过程中导轨的不均匀磨损,对导轨的原有精度影响也很大。尤其龙门刨床、导轨磨床等因床身较长,刚性差,在自身的作用下,容易产生变形。若安装不正确或地基不实,都会使床身产生较大变形,从而影响工件的加工精度。

(3)机床传动链误差　　对于某些表面,如螺纹表面、齿形面、蜗轮、螺旋面等的加工,刀具与工件之间有严格的传动比要求。要满足这一要求,机床传动链的误差必须控制在允许的范围内。传动链误差是指传动链始末两端执行件间相对运动的误差。它的精度由组成内联系传动链的所有传动元件的传动精度来保证。要提高机床传动链的精度,一般可采取以下措施:

① 尽量缩短传动链,传动件的件数越少则传动精度越高。

② 提高传动件的制造和安装精度,特别是末端件的精度。因为它的原始误差对加工精度的影响要比传动链中的其他零件的影响大。如滚齿机的分度蜗轮副的精度要比工件齿轮的精度高 1～2 级。

③ 尽可能采用降速运动。因为传动件在同样原始误差的情况下,采用降速运动时,其对加工误差的影响较小,速度降得越多,对加工误差的影响越小。

④ 采用误差校正机构。采用此方法是根据实测准确的传动误差值,采用修正装置让机床作附加的微量位移,其大小与机床误差相等,但方向相反,以抵消传动链本身的误差,在精密螺纹加工机床上都有此校正装置。

3. 工艺系统其他几何误差

(1) 刀具误差　　机械加工中常用的刀具有一般刀具、定尺寸刀具和成形刀具。一般刀具(如普通车刀、单刃镗刀、平面铣刀等)的制造误差对工件精度没有直接影响。定尺寸刀具(如钻头、铰刀、拉刀等)的尺寸误差直接影响加工工件的尺寸精度。刀具的尺寸磨损、安装不正确、切削刃刃磨不对称等都会影响加工尺寸。成形刀具(如成形车刀,成形铣刀以及齿轮滚刀等)的制造和磨损误差主要影响被加工表面的形状精度。

(2) 夹具误差　　夹具误差一般指定位元件、导向元件及夹具体等零件的加工和装配误差。这些误差对零件的加工精度影响很大。工件的安装误差包括定位误差和夹紧误差。具体内容在第 2.3 节已经讲述。

(3) 调整误差　　在工艺系统中,工件、刀具在机床上的相对位置精度往往由调整机床、刀具、夹具、工件等来保证。对工件进行检验测量,再根据测量结果对刀具、夹具、机床进行调整。所以,量具、量仪等检测仪器的制造误差、测量方法及测量时的主客观因素都直接影响测量精度。

用"试切法"加工时,影响调整误差的主要因素是测量误差和进给系统精度。在低速微量进给中,进给系统常会出现"爬行"现象,其结果使刀具的实际进给量比刻度盘的数值要偏大或偏小些,造成加工误差。

在调整法加工中,当用定程机构调整时,调整精度取决于行程挡块、靠模及凸轮等机构的制造精度和刚度,以及与其配合使用的离合器、控制阀等的灵敏度。当用样件或样板调整时,调整精度取决于样件或样板的制造、安装和对刀精度。

6.1.3　工艺系统受力变形引起的误差

1. 概述

工艺系统在切削力、传动力、惯性力、夹紧力以及重力等外力作用下,会产生变形,破坏刀具和工件之间已调整好的正确位置关系，使工件产生几何形状误差和尺寸误差。如车削细长轴时，在切削力的作用下，工件因弹性变形而出现"让刀"现象。随着刀具的进给，在工件全长上切削时，背吃刀量会由大变小，然后由小变大，使工件产生腰鼓形的圆柱度误差，如图 6-7(a) 所示，又如内圆磨床以横向切入法磨孔时，由于内圆磨头主轴的弯曲变形，工件孔会出现带锥度的圆柱度误差，如图 6-7(b) 所示。所以说工艺系统的受力变形是一项重要的原始误差，它严重影响加工精度和表面质量。由此看来，为了保证和提高工件的加工精度，就必须深入研究并控制以至消除工艺系统及其有关组成部分的变形。

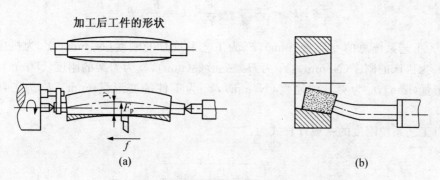

图 6-7　工艺系统受力变形引起的加工误差

　　切削加工中，工艺系统各部分在各种外力作用下，将在各个受力方向产生相应的变形。工艺系统受力变形，主要研究误差敏感方向，即在通过刀尖的加工表面的法线方向的位移。因此，工艺系统刚度 k_{xt} 定义为：工件和刀具的法向切削分力 F_p 与在总切削力的作用下，他们在该方向上的相对位移 Y_{xt} 的比值，即 $k_{xt} = \dfrac{F_p}{Y_{xt}}$。这里的法向位移是在总切削力的作用下工艺系统综合变形的结果，即在 F_t，F_p，F_c 共同作用下的 x 方向的变形。因此，工艺系统的总变形方向（Y_{xt} 的方向）有可能出现与 F_p 的方向不一致的情况，当 Y_{xt} 与 F_p 方向相反时，即出现负刚度。负刚度现象对加工不利，如车外圆时，会造成车刀刀尖扎入工件表面，故应尽量避免，如图 6-8 所示。由于上面所指的是静态条件下的力和变形，所以 k_{xt} 又称为工艺系统的静刚度。

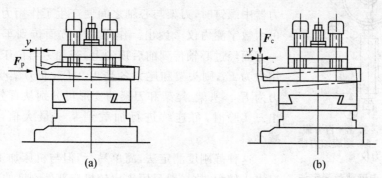

图 6-8　工艺系统的负刚度现象

2. 工艺系统的刚度分析

(1) 工艺系统刚度的计算　工艺系统在切削力作用下,机床的有关部件、夹具、刀具和工件都有不同程度的变形,使刀具和工件在法线方向的相对位置发生变化,产生加工误差。工艺系统在受力情况下,在某一处的法向的总变形 Y_{xt} 是各个组成部分在同一处的法向的变形的迭加,即

$$Y_{xt}=Y_{jc}+Y_{dj}+Y_{jj}+Y_{gj}。$$

而工艺系统各部件的刚度为

$$k_{xt}=\frac{F_p}{Y_{xt}},\ k_{jc}=\frac{F_p}{Y_{jc}},\ k_{dj}=\frac{F_p}{Y_{dj}},\ k_{jj}=\frac{F_p}{Y_{jj}},\ k_{gj}=\frac{F_p}{Y_{gj}},$$

式中 Y_{xt} 为工艺系统总的变形量(mm), k_{xt} 为工艺系统总的刚度(N/mm), Y_{jc} 为机床变形量(mm), k_{jc} 为机床的刚度(N/mm), Y_{dj} 为刀架变形量(mm), k_{dj} 为刀架的刚度(N/mm), Y_{jj} 为夹具的变形量(mm), k_{jj} 为夹具的刚度(N/mm), Y_{gj} 为工件的变形量(mm), k_{gj} 为工件的刚度(N/mm)。

所以工艺系统刚度的一般计算式为:

$$k_{xt}=\frac{1}{\frac{1}{k_{jc}}+\frac{1}{k_{jj}}+\frac{1}{k_{dj}}+\frac{1}{k_{gj}}}。 \tag{6-1}$$

若已知了工艺系统各个组成部分的刚度,即可求出系统刚度。

(2) 机床部件刚度的测定　在工艺系统中,刀具和工件一般是简单构件,其刚度可直接用材料力学的知识近似地分析计算。而机床和夹具结构较复杂,是由许多零、部件装配而成,故其受力和变形关系较复杂,其刚度很难用一个数学式来表示,主要是通过实验方法进行测定。

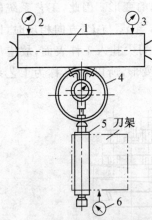

① 单向静载测定法　单向静载测定法是在机床处于静止状态,模拟切削过程中主要切削力,对机床部件施加静载荷并测定其变形量,通过计算求出机床的静刚度。如图6-9所示,在车床顶尖间装一根刚性很好的短轴1,在刀架上装一螺旋加力器5,在心轴与加力器之间安放传感器4,当转动加力器中螺钉时,刀架与心轴之间便产生了作用力,加力的大小可由数字测力仪7读出。作用力一方面传到车床刀架上,另一方面经过心轴传到前后顶尖上,若加力器位于轴的中点,作用力为 F_x,则头架和尾架各受 $1/2\ F_x$,而刀架受到的总作用力为 F_x。头架、尾架和刀架的变形可分别从百分表2,3,6读出。实验时,可连续进行加载到某一最大值,然后再逐渐减小。

1—短轴　2,3,6—百分表
4—传感器　5—螺旋加力器
7—数字测力仪

图6-9　单向静载荷测定法

这种静刚度测定法,简单易行,但与机床加工时的受力状况出入较大,故一般只用来比较机床部件刚度的高低。

② 三向静载测定法　　此法进一步模拟实际车削受力 F_t，F_p，F_c 的比值，从 x，y 及 z 三个法向加载，这样测定的刚度较接近实际。

静态测定法测定机床刚度，只是近似地模拟切削时的切削力，与实际加工条件不完全一样，为此也可采用工作状态测定法，即在切削条件下来测定机床刚度，这样较为符合实际情况。

（3）影响机床部件刚度的因素

① 连接表面间的接触变形　　由于零件表面的几何形状和表面粗糙度，当两个零件表面接触时，总是凸峰处先接触，实际接触面积很小，接触处的接触应力很大，相应就会产生较大的接触变形。它即有表面的弹性变形，也有局部的塑性变形，从而使得刚度曲线不呈直线，且回不到原点。

图 6 - 10　机床部件刚度
薄弱环节

② 部件间薄弱零件的变形　　机床部件中薄弱零件的受力变形对部件刚度的影响最大，图 6 - 10 所示为溜板部件中的楔块，由于其结构细长，刚性差，不易加工平直，以至装配后产生接触不良，故在外力作用下最易变形，使部件刚度大大降低。

③ 接合面间摩擦力的影响　　由于加载时摩擦力阻碍变形的发生，卸载时阻碍变形恢复，使得加载曲线和卸载曲线不重合。

④ 接合面间的间隙　　接合面间存在间隙时，在较小的力作用下，就会发生较大的位移，表现为刚度很低。间隙消除后，接合面才真正开始接触，产生弹性变形，表现为刚度高，因间隙而引起的位移在卸载后不能恢复，特别是作用力方向变化时，间隙引起的位移会严重影响刀具和工件间的正确位置。

3. 工艺系统受力变形引起的误差

在加工过程中，刀具相对于工件的位置是不断变化的，所以切削力的大小及作用点位置总是变化的，工艺系统受力变形也随之变化。

（1）切削力作用点位置变化而引起的加工误差　　假设在车床两顶尖间车削一细长轴，如图 6 - 11 所示，此时机床、夹具和刀具的刚度都较高，所产生的变形可忽略不计。而工件细长，刚度很低，工艺系统的变形完全取决于工件的变形。图 6 - 11 所示的受力图可以抽象为一简支架受一垂直集中力作用的力学模型。根据材料力学的挠度计算公式，其切削点

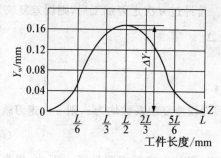

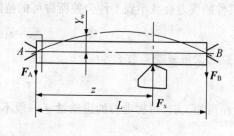

图 6 - 11　工艺系统变形随受力点位置变化而变化

工件的变形量为：

$$y_{\mathrm{w}} = \frac{F_x}{3EI} \frac{(L-x)^2 x^2}{L} 。$$

从上式的计算结果和车削的实际情况都可证实，切削后的工件呈鼓形，其最大直径在通过轴线中点的横截面内。

设 $F_x = 300$ N，工件尺寸为 $\phi\,30$ mm$\times 600$ mm，$E = 2\times10^5$ N/mm^2。沿工件长度上的变形如表 6-1 所示。故工件的圆柱度误差为 0.17 mm。

表 6-1　沿工件长度变形

x	O(头架处)	$L/6$	$L/3$	$L/2$(中点)	$2L/3$	$5L/6$	L(尾架处)
Y_{w}/mm	0	0.052	0.132	0.17	0.132	0.052	0

（2）切削力大小变化引起的误差——误差复映规律　在切削加工中，往往由于被加工表面的几何形状误差或材料的硬度不均匀引起切削力变化，从而造成工件的加工误差，如

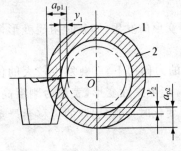

图 6-12　零件形状误差的复映

图 6-12 所示。工件由于毛坯的圆度误差（如椭圆），车削时使背吃刀量在 a_{p1} 与 a_{p2} 之间变化，因此切削分力 F_x 也随背吃刀量 a_{p} 的变化由最大 $F_{x\mathrm{max}}$ 到最小 $F_{x\mathrm{min}}$。工艺系统将产生相应的变形，即由 Y_1 变到 Y_2（刀具相对工件在法向的位移变化），工件仍保留了椭圆形圆度误差，这种现象称为毛坯"误差复映"。误差复映的大小可用工件误差 Δ_{w}（$\Delta_{\mathrm{w}} = a_{\mathrm{p1}} - a_{\mathrm{p2}}$）与毛坯误差 Δ_{m}（$\Delta_{\mathrm{m}} = Y_1 - Y_2$）之比值来表示：

$$\varepsilon = \Delta_{\mathrm{w}} / \Delta_{\mathrm{m}}, \qquad (6-2)$$

ε 称为误差复映系数，$\varepsilon < 1$。复映系数 ε 定量地反映了毛坯误差经过加工后减少的程度，与工艺系统的刚度 k_{xt} 成反比，与径向切削力系数 C 成正比。即

$$\varepsilon = \frac{C}{k_{\mathrm{xt}}} 。 \qquad (6-3)$$

一般 $\varepsilon \ll 1$，经加工之后工件的误差比加工前的误差减小，经多道工序或多次走刀加工之后，工件的误差会减小到工件公差所许可的范围内。若经过 n 次走刀加工后，则误差复映为

$$\Delta_{\mathrm{w}} = \varepsilon_1 \varepsilon_2 \cdots \varepsilon_n \Delta_{\mathrm{m}} 。$$

总的误差复映系数 ε_{z} 为：

$$\varepsilon_{\mathrm{z}} = \varepsilon_1 \varepsilon_2 \cdots \varepsilon_n 。$$

在粗加工时，每次走刀的进给量 f 一般不变，假设误差复映系数均为 ε，则 n 次走刀就有

$$\varepsilon_{\mathrm{z}} = \varepsilon^n 。 \qquad (6-4)$$

增加走刀次数，可减小误差复映，提高加工精度，但是生产效率降低了。因此，提高工艺

系统刚度对减小误差复映系数有很重要的意义。

（3）切削过程中受力方向变化引起的加工误差　　切削加工中,高速旋转的零部件(含夹具、工件和刀具等)的不平衡将产生离心力。离心力在每一转中不断地改变方向,因此,它在 x 方向的分力大小的变化,会引起工艺系统的受力变形也随之变化而产生误差,如图6-13所示。车削一个不平衡工件,离心力与切削力方向相反时,将工件推向刀具,使背吃刀量增加,当离心力与切削力同向时,工件被拉离刀具,背吃刀量减小,其结果都造成工件的圆度误差。

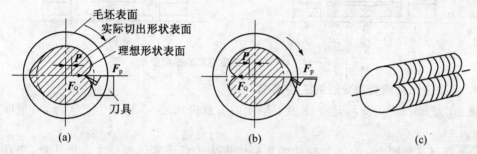

图6-13　惯性力引起的加工误差

在生产中常在与不平衡质量的对称方位配置平衡块,使两者离心力互相抵消。此外,还可以适当降低工件转速以减小离心力。在车床或磨床类机床加工轴类零件时,常用单爪拨盘带动工件旋转。如图6-14所示,传动力 F 在拨盘的每一转中不断改变方向,在误差敏感方向的分力有时把工件推向刀具,使实际背吃刀量增大;有时把工件拉离刀具,使实际背吃刀量减小,在工件上靠近拨盘一端的部分产生呈心脏线形的圆度误差。对形状精度要求较高的工件来说,传动力引起的误差是不容忽视的。在加工精密零件时,可改用双爪拨盘或柔性连接装置带动工件旋转。

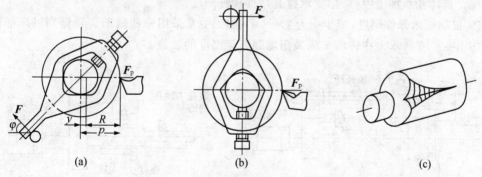

图6-14　单拨销传动力引起的加工误差

（4）工艺系统其他外力引起的误差

① 夹紧力引起的加工误差　　工件在装夹过程中,由于刚度较低或着力点不当,都会引起工件的变形而造成加工误差。特别是薄壁、薄板零件更易引起加工误差。

② 重力所引起的加工误差　　工艺系统中,由于零部件的自重也会产生变形。如龙门刨床、龙门铣床、大型立车刀架横梁,由于主轴箱或刀架的重力而产生变形,从而造成加工表面产生加工误差,如图 6-15 所示。摇臂钻床的摇臂在主轴箱自重的影响下产生变形,造成主轴轴线与工作台不垂直。

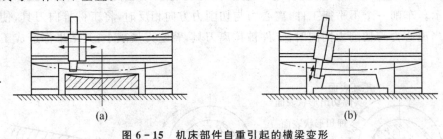

(a)　　　　　　　　　　(b)

图 6-15　机床部件自重引起的横梁变形

4. 减少工艺系统受力变形的主要措施

减小工艺系统受力变形是保证加工精度的有效措施之一,根据生产实际,可采取以下措施。

(1) 提高接触刚度　　一般部件的接触刚度大大低于实体零件本身的刚度,提高接触刚度是提高工艺系统刚度的关键。常用的方法是改善工艺系统主要零件接触面的配合质量,如机床导轨副的刮研、配研顶尖锥体与主轴和尾座套筒锥孔的配合面、多次修研加工精度零件用的中心孔等。通过刮研改善配合的表面粗糙度和形状精度,使实际接触面积增加,从而有效提高接触刚度。

另外一个措施是预加载荷,这样可消除配合面间的间隙,增加接触面积,减少受力后的变形,此方法常用于各类轴承的调整。

② 提高工件的刚度,减少受力变形　　对刚度较低的工件,如叉架类、细长轴等,如何提高工件的刚度是提高加工精度的关键,其主要措施是减小支承间的长度,如安装跟刀架或中心架。箱体孔系加工中,采用支承镗套增加镗杆刚度。

③ 提高机床部件刚度,减少受力变形　　加工中常采用一些辅助装置提高机床部件刚度。如图 6-16 所示为在转塔车床采用增强刀架刚度的装置。

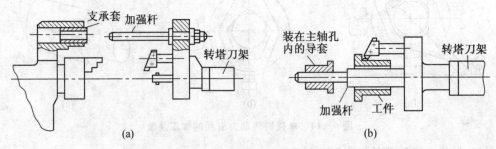

支承套　加强杆　　　　转塔刀架　　　　　装在主轴孔内的导套　　　　转塔刀架

加强杆　工件

(a)　　　　　　　　　　(b)

图 6-16　提高部件刚度的装置

④ 合理装夹工件,减少夹紧变形　　如图 6-17 所示,当用三爪卡盘夹紧薄壁套筒类零件时,使工件成三棱形,镗孔后,内圆呈正圆形。但当卡爪松开后,工件弹性恢复,使已

加工的圆的内孔呈三棱形。此时可采用开口过渡环夹紧,或采用专用卡爪,使夹紧力均匀分布。在夹具设计或工件的装夹中应尽量使作用力通过支承面或减小弯曲力矩,以减小夹紧变形。

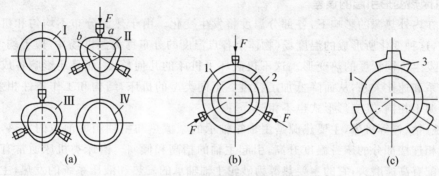

图 6 - 17　工件夹紧变形引起的误差

6.1.4　工艺系统热变形引起的误差

1. 概述

在机械加工过程中,工艺系统在各种热源的影响下,常产生复杂的变形从而破坏工件与刀具间的相对运动。工艺系统热变形对加工精度的影响比较大,特别是在精密加工和大件加工中,由热变形所引起的加工误差有时可占工件总误差的 $40\%\sim70\%$。机床、刀具和工件受到各种热源的作用,温度会逐渐升高,同时它们也通过各种传热方式向周围的物质和空间散发热量。高效、高精度、自动化加工技术的发展,使工艺系统热变形问题变得更为突出,以成为机械加工技术进一步发展的重要研究课题。

引起工艺系统受热变形的"热源"大体分为两类:即内部热源和外部热源。内部热源主要指切削热和摩擦热。切削热是由于切削过程中,切削层金属的弹性、塑性变形及刀具与工件、切屑之间摩擦而产生的,这些热量将传给工件、刀具、切屑和周围介质。其分配百分比随加工方法不同而异。车削加工时,大量切削热由切屑带走,传给工件的约为 $10\%\sim30\%$,传给刀具的为 $1\%\sim5\%$。在钻、镗孔加工中,大量切屑留在孔内,使大量的切削热传入工件,约占 50% 以上。在磨削加工时,由于磨屑小,带走的热量少,约占 4%,而大部分传给工件,约占 84%,传给砂轮约 12%。

摩擦热主要是机床和液压系统中的运动部件产生的,如电机、轴承、蜗轮等传动副、导轨副、液压泵、阀等运动部分产生的摩擦热。另外,动力源的能量消耗也部分转化为热。如电动机、油马达的运转也产生热。

外部热源主要是外部环境温度和辐射热,如靠近窗口的机床受到日光照射的影响,不同的时间机床温升和变形就会不同。而日光的照射是局部的或单面的,受到照射的部分与未被照射的部分之间产生温差,从而使机床产生变形。

工艺系统受各种热源的影响,温度会逐渐升高。他们也通过各种传热方式向周围散发热量。当单位时间内传入和散发的热量相等时,则认为工艺系统达到热平衡。此时的温度场处于稳定状态,受热变形也相应地稳定,由此引起的加工误差是有规律的,所以精密加工应在热平衡之后进行。

2. 机床热变形引起的误差

机床在内外热源的影响下,各部分温度将发生变化。由于热源分布不均匀和机床结构的复杂性,这种变化所形成的温度场(物体上各点温度的分布称为温度场)一般不均匀,机床各部件将发生不同程度的热变形。这不仅破坏了机床的几何精度,而且还影响各成形运动的位置关系和速比关系,从而降低加工精度。不同类型的机床,结构和工作条件相差很大,其主要热源不相同,其变形形式也不相同。

车、铣、钻、镗等机床,主要热源是主轴箱轴承的摩擦热和主轴箱中油池的发热,使主轴箱及与它相连接部分的床身温度升高,引起主轴的抬高和倾斜。磨床类机床通常有液压传动系统并配有高速磨头,它的主要热源为砂轮主轴轴承的发热和液压系统的发热,主要表现是砂轮架位移、工件头架的位移和导轨的变形。大型机床如导轨磨床、外圆磨床、立式车床、龙门铣床等长床身部件,机床床身的热变形将是影响加工精度的主要因素。由于床身长,床身上表面与底面间的温度差将使床身产生弯曲变形,表面呈中凸状。常见几种机床的热变形趋势如图 6-18 所示。

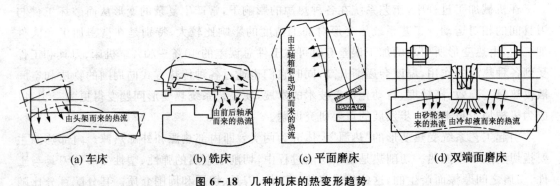

图 6-18　几种机床的热变形趋势

3. 工件热变形引起的加工误差

切削加工中,工件的热变形主要是由切削热引起。对于大型或精密零件,外部热源如环境温度、日光等辐射热的影响也不可忽视。不同的加工方法,不同的工件材料、形状和尺寸,工件的受热变形也不相同。

轴类零件在车削或磨削加工时,一般是均匀受热,开始切削时工件温升为零,随着切削的进行,工件温度逐渐升高,直径逐渐增大,加工终了时直径增至最大,但增大部分均被刀具所切除,当工件冷却后形成锥形,产生圆柱度和尺寸误差。细长轴的顶尖间车削时,热变形将使工件伸长,导致弯曲变形,不仅使工件产生圆柱度误差,严重时顶弯的工件还有甩出去的危险。因此,在加工精度高的轴类零件时,宜采用弹性尾顶尖,或工人不时放松顶尖,以重新调整顶尖与工件间的压力。

在精密丝杠磨削时,工件的热伸长会引起螺距累积误差。如在磨 400 mm 长的丝杠螺纹时,每磨一次温度升高 $1℃$,则被磨丝杠将伸长 $\Delta L = 1.17 \times 10 \times 400 \times 1 = 0.0047$(mm)。式中 1.17×10 为钢材的热膨胀系数。而 5 级丝杠的螺距误差在 400 mm 长度上不允许超过 $5~\mu m$。因此热变形对工件加工影响很大。

　　磨削较薄的环形零件时,虽然可近似地视为均匀受热,但磨削热量大,工件质量小,温升高。在夹压点处热传递快,散热条件好,该处温度较其他部分低,待加工完毕工件冷却后,会出现棱形圆形的圆度误差。在加工铜、铝等有色金属零件时,由于膨胀系数大,热变形尤为显著,除切削热引起工件变形外,室温、辐射热引起的变形量也较大。

　　在流水线、自动线以及工序高度集中的加工中,粗、精加工间隔时间较短,粗加工的热变形将影响到精加工。例如,在一台三工位组合机床上,按照钻—扩—铰三个工位顺序加工套筒件,工件外径 $\phi 40$ mm,内径 $\phi 20$ mm,长为 40 mm,材料为钢材。钻孔后,温升竟达到 $107℃$,接着扩孔和铰孔,当工件冷却后孔的收缩已超过精度规定值。因此,在加工过程中,一定要采取冷却措施,以避免出现废品。

4. 刀具热变形引起的加工误差

　　刀具热变形主要由切削热引起。切削加工时虽然大部分切削热被切屑带走,传入刀具的热量并不多,但由于刀具体积小,热容量小,导致刀具切削部分的温升急剧升高,刀具热变形对加工精度的影响比较显著。图 6 - 19 为车削时车刀的热变形与切削时间的关系曲线。曲线 A 是刀具连续切削时的热变形曲线,刀具受热变形在切削初始阶段变化很快,随后比较缓慢,经过较短时间便趋于热平衡状态。此时车刀的散热量等于传给车刀的热量,车刀不再伸长。曲线 C 表示在切削停止后,车刀温度立即下降,开始冷却较快,以后便逐渐减慢。曲线 B 为车削短小轴类零件时的情况。由于车刀不断有短暂的冷却时间,所以是一种断续切削。断续切削比连续切削时车刀达到热平衡所需要的时间要短,热变形量也小。因此,在开始切削阶段,刀具热变形较显著,车削加工时会使工件尺寸逐渐减小,当达到热平衡后,其热变形趋于稳定,对加工精度的影响不显著。

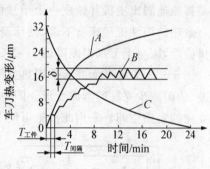

图 6 - 19　车刀热变形曲线

5. 减少工艺系统热变形的主要途径

　　(1) 减少热源发热和隔离热源

　　① 减少切削热或磨削热　　通过控制切削用量,合理选择和使用刀具减少切削热。当零件精度要求高时,还应注意将粗加工和精加工分开进行。

　　② 减少机床各运动副的摩擦热　　从运动部件的结构和润滑等方面采取措施,改善摩擦特性以减少发热,如主轴部件采用静压轴承、低温动压轴承等,或采用低粘度润滑油、锂基润滑脂、油雾润滑等措施,均有利于降低主轴轴承的温升。

　　③ 分离热源　　凡能从工艺系统分离出来的热源,如电动机、变速箱、液压系统、切削

液系统等尽可能移出。

④ 隔离热源　　对于不能分离的热源,如主轴轴承、丝杠螺母副、高速运动的导轨副等零部件,可从结构和润滑等方面改善其摩擦性能,减少发热。还可采用隔热材料将发热部件和机床大件隔离开来。

(2) 加强散热能力　　发热量大的热源,既不能从机床内部移出,又不能隔热,则可采用有效的冷却措施,如增加散热面积或使用强制性的风冷、水冷、循环润滑等。

① 使用大流量切削液或喷雾等方法冷却,可带走大量切削热或磨削热。在精密加工时,为增加冷却效果,控制切削液的温度是很必要的。

② 采用强制冷却来控制热变形的比较显著　　大型数控机床、加工中心机床普遍采用冷冻机,对润滑油、切削液进行强制冷却,机床主轴轴承和齿轮箱中产生的热量可由恒温的切削液迅速带走。

(3) 均衡温度场　　图 6-20 所示为 M7150A 型平面磨床所采用的均衡温度场的示意图。该机床床身较长,加工时工作台纵向运动速度较高,致使床身上下部温差较大。散热措施是将油池搬出主机并做成一个单独的油箱 1。此外,在床身下部开出热补偿油沟 2,利用带有余热的回油流经床身下部,使床身下部的温升提高,以减少床身上、下部温差。采用这种措施后,床身上下部温差降低 1~2℃,导轨中凸量由原来的 0.265 mm 降为 0.052 mm。

图 6-21 表示平面磨床采用热空气加热温升较低的立柱后壁,以均衡立柱前后壁的温度差,从而减少立柱的弯曲变形。图中热空气从电动机风扇排出,通过特设管道引向防护罩和立柱的后壁空间。采用此措施可使工件端面平行度误差降低为原来的 1/3~1/4。

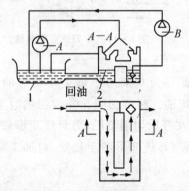

图 6-20　M7150A 磨床的"热补偿油沟"

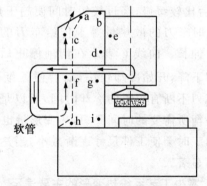

图 6-21　均衡立柱前后壁温度场

(4) 改进机床布局和结构设计

① 采用热对称结构　　卧式加工中心采用的框式双立柱结构如图 6-22 所示,这种结构相对热源来说是对称的。在产生热变形时,其刀具或工件回转中心对称线的位置基本不变,它的主轴箱嵌于框式立柱内,且以立柱左右导轨两内侧定位。这样,热变形时主轴中心将主要产生垂直方向的变化,而垂直方向的热变形很容易用垂直坐标移动的修正量加以补偿,从而获得高的加工精度。

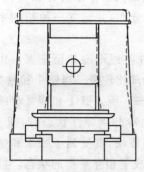

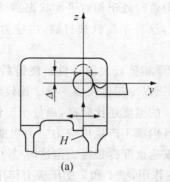

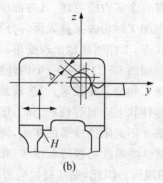

图 6 - 22　框式双立柱结构

图 6 - 23　车床主轴箱两种结构的热位移

② 合理选择机床零部件的安装基准　合理选择机床零部件的安装基准,使热变形尽量不在误差敏感方向。如图 6 - 23(a)所示车床主轴箱在床身上的定位点 H 置于主轴轴线的下方,主轴箱产生热变形时,使主轴孔 z 方向产生热位移,对加工精度影响较小。若采用如图 6 - 23(b)所示的定位方式,主轴除了在 z 方向以外还在误差敏感方向——y 方向产生热位移。直接影响了刀具与工件之间的正确位置,产生了较大的加工误差。

(5) 控制环境温度　精密机床一般安装在恒温车间,其恒温精度一般控制在 ±1℃内,精密级较高的机床为 ±0.5℃。恒温室平均温度一般为 20℃,在夏季取 23℃,在冬季可取 17℃。对精加工机床应避免阳光直接照射,布置取暖设备也应避免使机床受热不均匀。

(6) 热位移补偿　在对机床主要部件,如主轴箱、床身、导轨、立柱等受热变形规律进行大量研究的基础上,可通过模拟试验和有限元分析,寻求各部件热变形的规律。在现代数控机床上,根据试验分析可建立热变形位移数字模型并存入计算机中进行实时补偿。热变形附加修正装置已在国外产品上作商品供货。

6.1.5　工件残余应力引起的加工误差

1. 产生残余应力的原因及所引起的加工误差

内应力是指外部载荷去除后,仍残存在工件内部的应力,也称为残余应力。在热加工和冷加工过程中,由于金属内部宏观或微观的组织发生了不均匀的体积变化,当外部载荷去除后,在工件内部残存的一种应力。存在残余应力的零件,始终处于一种不稳定状态,其内部组织有欲恢复到一种新的稳定的没有应力状态的倾向。在常温下,特别是在外界某种因素的影响下,其内部组织在不断地进行变化,直到内应力消失。在内应力变化的过程中,零件产生相应的变形,原有的加工精度受到破坏。用这些零件装配成机器,在机器使用中也会逐渐产生变形,从而影响整台机器的质量。

(1) 毛坯制造中产生的残余应力　在铸造、锻造、焊接及热处理过程中,由于工件各部分冷却收缩不均匀;金相组织转变时的体积变化,在毛坯内部就会产生残余应力。毛坯的结构越复杂,各部分壁厚越不均匀;散热条件相差越大,毛坯内部产生的残余应力就越大。

具有残余应力的毛坯,其内部应力暂时处于相对平衡状态。虽在短期内看不出有什么变化,但当加工时切去某些表面部分后,这种平衡就被打破,内应力重新分布,并建立一种新的平衡状态,工件明显地出现变形。

如图 6-24 所示一个内外壁厚相差较大的铸件。浇铸后,铸件将逐渐冷却至室温。由于壁 1 和壁 2 比较薄,散热较易,所以冷却比较快。壁 3 比较厚,冷却比较慢。当壁 1 和壁 2 从塑性状态冷到弹性状态时,壁 3 的温度还比较高,尚处于塑性状态。所以壁 1 和壁 2 收缩时壁 3 不起阻挡变形的作用,铸件内部不产生内应力。但当壁 3 也冷却到弹性状态时,壁 1 和壁 2 的温度已经降低很多,收缩速度变得很慢。但这时壁 3 收缩较快,就受到了壁 1 和壁 2 的阻碍。因此,壁 3 受拉应力的作用,壁 1 和 2 受压应力作用,形成了相互平衡的状态。如果在这个铸件的壁 1 上开一口,则壁 1 的压应力消失,铸件在壁 3 和 2 的内应力作用下,壁 3 收缩,壁 2 伸长,铸件就发生弯曲变形,直至内应力重新分布达到新的平衡为止。

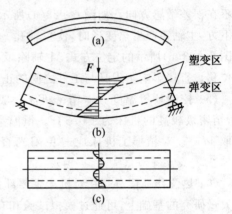

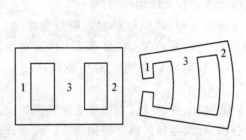

图 6-24　铸件残余应力引起的变形　　　图 6-25　冷校直引起的残余应力

推广到一般情况,各种铸件都难免产生冷却不均匀而形成的内应力,铸件的外表面总比中心部分冷却得快。特别是有些铸件(如机床床身),为了提高导轨面的耐磨性,采用局部激冷的工艺使它冷却更快一些,以获得较高的硬度,这样在铸件内部形成的内应力也就更大些。若导轨表面经过粗加工剥去一些金属,这就象在图中的铸件壁 1 上开口一样,必将引起内应力的重新分布并朝着建立新的应力平衡的方向产生弯曲变形。为了克服这种内应力重新分布而引起的变形,特别是对大型和精度要求高的零件,一般在铸件粗加工后安排进行时效处理,然后再作精加工。

(2) 冷校直引起的残余应力　　丝杠一类的细长轴经过车削以后,棒料在轧制中产生的内应力要重新分布,产生弯曲,如图 6-25 所示。冷校直就是在原有变形的相反方向加力 F,使工件向反方向弯曲,产生塑性变形,以达到校直的目的。在力 F 作用下,工件内部的应力分布如图(b)所示。当外力 F 去除以后,弹性变形部分本来可以完成恢复而消失,但因塑性变形部分恢复不了,内外层金属就起了互相牵制的作用,产生了新的内应力平衡状态,如图(c)所示。所以说,冷校直后的工件虽然减少了弯曲,但是依然处于不稳定状态,还会产生新的弯曲变形。

2. 减少或消除残余应力的措施

(1) 合理设计零件结构　在零件的结构设计中,应尽量简化结构,减小零件各部分尺寸差异,以减少铸锻件毛坯在制造中产生的残余应力。

(2) 增加消除残余应力的专门工序　对铸、锻、焊接件进行退火或回火;工件淬火后进行回火;对精度要求高的零件在粗加工或半精加工后进行时效处理都可以达到消除残余应力的目的。时效处理有以下几种:

① 自然时效处理　一般需要很长时间,往往影响产品的制造周期,所以除特别精密件外,一般较少采用。

② 人工时效处理　它分为高温和低温两种时效处理。前者一般用于毛坯制造或粗加工以后进行,后者多在半精加工后进行。人工时效对大型零件则需要较大的设备,其投资和能源消耗都比较大。

③ 振动时效处理　是消除残余应力、减少变形及保持尺寸稳定的一种新方法,可用于铸件、锻件、焊接件以及有色金属件等。振动时效是工件受到激振器的敲击,或工件在滚筒回转互相撞击,使工件在一定的振动强度下,引起工件金属内部组织的转变,一般振动 30~50 min,即可消除内应力。这种方法节省能源、简便、效率高,近年来发展较快,适用于中小零件及有色金属,但有噪声污染。

(3) 合理安排工艺过程　在安排零件加工工艺过程中,尽可能将粗、精加工分在不同工序中进行。对粗、精加工在一个工序中完成的大型工件,其消除残余应力的方法已在前文讲过,此处不再讲述。

6.1.6　加工误差的分析与控制

加工误差是由一系列因素综合影响的结果。加工误差的综合分析是以概率论和数理统计学原理为理论基础,通过调查和收集数据、整理和归纳、统计分析和统计判断,找出产生误差的原因,采取相应的解决措施。在机械加工中,经常采用的统计分析法主要有分布图分析法和点图分析法。

1. 分布图分析法

加工一批工件,由于随机性误差和变值系统误差的存在,加工尺寸的实际数值是各不相同的,这种现象称为尺寸分散。测量每个工件的加工尺寸,把测量的数据记录下来,按尺寸大小将整批工件进行分组,则每一组中的零件尺寸处在一定的间隔范围内。同一尺寸间隔内的零件数量称为频数,频数与该批零件总数之比称为频率。以零件尺寸为横坐标,以频数(或频率)为纵坐标,便可得到实际分布曲线。下面通过实例来说明直方图的作法。

取在一次调整加工出来的轴件 200 个,经测量得到最大直径 ϕ 15.145 mm,最小轴径为 ϕ 15.015 mm,取 0.01 mm 作为尺寸间隔进行分组,统计每组的工件数,将所得的结果列于表 6-2。

(1) 直方图的作法与步骤

① 收集数据　在一定的加工条件下,按一定的抽样方式抽取一个样本(即抽取一批

零件),样本容量一般取 100 件左右,测量各零件的尺寸,并找出其中最大值 $x_{\max}$ 和最小值 $x_{\min}$。

表 6 - 2　工件频数分布表

组号	尺寸间隔/mm	频数	频率	频率密度/(mm^{-1})	组号	尺寸间隔/mm	频数	频率	频率密度/(mm^{-1})
1	15.01～15.02	2	0.010	1.0	8	15.08～15.09	58	0.290	29.0
2	15.02～15.03	4	0.020	2.0	9	15.09～15.10	26	0.130	13.0
3	15.03～15.04	5	0.025	2.5	10	15.10～15.11	18	0.090	9.0
4	15.04～15.05	7	0.035	3.5	11	15.11～15.12	8	0.040	4.0
5	15.05～15.06	10	0.050	5.0	12	15.12～15.13	6	0.030	3.0
6	15.06～15.07	20	0.100	10.0	13	15.13～15.14	5	0.025	2.5
7	15.07～15.08	28	0.140	14.0	14	15.14～15.15	3	0.015	1.5

② 分组　　将抽取的样本数据分成若干组,一般用经验数值确定,通常分组数 k 取 10 左右。

③ 确定组距及分组组界　　组距

$$h = \frac{x_{\max} - x_{\min}}{k - 1},$$

按上式计算的 h 值应根据量仪的最小分辨值的整倍数进行圆整。其余各组的上、下界确定方法:前一组的上界值为下一组的下界值,下界值加上组距即为改组的上界值。

④ 统计频数分布　　将各组的尺寸频数、频率和频率密度填入表 6 - 2 中。以频数为纵坐标做直方图,如样本容量不同,组距不同,作出的图形高矮就不同。为了使分布图能代表该工序的加工精度,不受工件总数和组距的影响,纵坐标应采用频率密度:

$$频率密度 = \frac{频率}{组距} = \frac{频数}{样本容量 \times 组距}。$$

⑤ 绘制直方图　　按表列数据以频率密度为纵坐标,组距为横坐标画出直方图,再由直方图的各矩形顶端的中心点连成曲线,就得到一条中间凸起两边逐渐低的实际分布曲线。

(2)正态分布曲线　　大量实践经验表明,在用调整法加工时,当所取工件数量足够多、尺寸间隔非常小,且无任何优势误差因素的影响时,则所得一批工件尺寸的实际分布曲线非常接近正态分布曲线,如图 6 - 26 所示。在分析工件的加工误差时,通常用正态分布曲线代替实际分布曲线。正态分布曲线的方程为

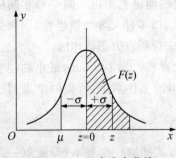

图 6 - 26　正态分布曲线

$$y = \frac{1}{\sigma \sqrt{2\pi}} e^{\frac{-(x - \bar{x})^2}{2\sigma^2}}。$$

当采用该曲线代表加工尺寸的实际分布曲线时,上式各参数的意义为:

分布曲线的纵坐标 y 表示工件的分布密度;

分布曲线的横坐标 x 表示工件的尺寸或误差;

$\overline{x}$ 为工件的平均尺寸(分散中心),$\overline{x} = \dfrac{1}{n}\sum\limits_{i=1}^{n} x_i$;

σ 为工序的标准偏差(均方根误差),$\sigma = \sqrt{\dfrac{1}{n}\sum\limits_{i=1}^{n}(x_i - \overline{x})^2}$;

n 为一批工件的数目(样本数)。

正态分布曲线的特征参数有两个,即 $\overline{x}$ 和 σ。算术平均值 $\overline{x}$ 是确定曲线位置的参数,它决定一批工件尺寸分散中心的坐标位置,若 $\overline{x}$ 改变时,整个曲线沿 x 轴平移,但曲线形状不变,如图 6-27(a)所示。使 $\overline{x}$ 产生变化的主要原因是常值系统误差的影响。工序标准偏差 σ 决定了分布曲线的形状和分散范围。当保持不变时,σ 值越小则曲线形状越陡,尺寸分散范围越小,加工精度越高;σ 值越大则曲线形状越平坦,尺寸分散范围越大,加工精度越低。如图 6-27(b)所示。σ 的大小实际反映了随机误差的影响程度,随机误差越大则 σ 越大。

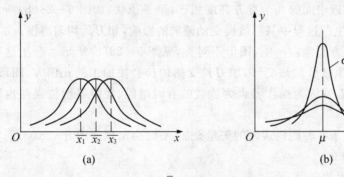

图 6-27 $\overline{x}$,σ 值对正态分布曲线的影响

正态分布曲线有如下特征:

① 曲线以 $x = \overline{x}$ 直线为左右对称,靠近 $\overline{x}$ 的工件尺寸出现概率较大,远离 $\overline{x}$ 工件尺寸概率较小;

② 对 $\overline{x}$ 的正偏差和负偏差,其概率相等;

③ 分布曲线与横坐标所围成的面积包括了全部零件数(100%),故其面积等于 1;其中 $x - \overline{x} = \pm 3\sigma$ 分为内的面积占 99.73%,也就是说,一批工件有 99.73% 的工件尺寸落在 $\pm 3\sigma$ 范围内,仅有 0.27% 的工件尺寸落在 $\pm 3\sigma$ 之外。因此,实际生产中常常认为加工一批工件尺寸全部落在 $\pm 3\sigma$ 范围内,即正态分布曲线的分散范围为 $\pm 3\sigma$,工艺上称该原则为 6σ 准则。

$\pm 3\sigma$(或 6σ)的概念在研究加工误差时应用很广。6σ 的大小代表了某种加工方法在一定条件(如毛坯余量、机床、夹具、刀具等)下所能达到的加工精度,所以在一般情况下,应使所选择的加工方法的标准偏差 σ 与公差带宽度 T 之间具有下列关系:

$$6\sigma \leqslant T。 \tag{6-3}$$

但考虑到系统误差及其他因素的影响,应当使 6σ 小于公差带宽度 T,才能可靠地保证加工精度。

(3) 非正态分曲线　　在机械加工时,工件实际尺寸由于受多方面因素的影响,所绘得的分布曲线可能为非正态分布曲线,我们常见的非正态分布曲线有以下几种,如图 6-28 所示。

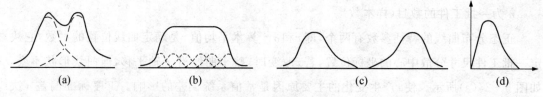

图 6-28　非正态分布曲线

① 双峰分布　　分布具有两个顶峰,如图 6-28(a)所示。产生这种图形的主要原因是经过二次调整加工或二台机床加工的工件混在一起。

② 平顶分布　　靠近中间的几个直方高度相近,呈平顶状,如图 6-28(b)所示。产生这种图形的主要原因是生产过程中某种缓慢变动倾向的影响,如刀具均匀磨损。

③ 偏态分布　　直方图偏向一侧,图形不对称,见图 6-28(c)所示。产生这种图形的主要原因是工艺系统产生显著的热变形,如刀具受热伸长会使加工的孔偏大,图形右偏;使加工的轴变小,图形左偏,或因为操作者人为造成的有时端跳、径跳等形位误差也服从这种分布。

④ 瑞利分布　　由于各种随机误差的矢量叠加,有时会出现如图 6-28(d)所示的图形正值分布,也就是瑞利分布。

(4) 分布曲线分析法的应用

① 确定给定加工方法的精度　　对于给定的加工方法,由于其加工尺寸的分布近似服从正态分布,其分散范围为 $\pm 3\sigma$,即 6σ。在多次统计的基础上,可求得给定加工方法的标准偏差 σ 值,则 6σ 即为该加工方法的加工精度。

② 判断加工误差的性质　　若干实际分布曲线基本符合正态分布,则说明加工过程中无变值系统误差(或影响很小)。此时,若公差中心 L_M 与尺寸分布中心 $\bar{x}$ 重合,则加工过程中常值系统误差为零;否则存在常值系统误差,其大小为 $|L_M - \bar{x}|$。若实际分布曲线不服从正态分布,可根据直方图分析判断变值系统误差的类型,分析产生的原因并采取有效措施加以抑制和消除。

③ 判断工序能力及其等级　　工序能力是指某工序能否稳定地加工出合格产品的能力。把工件尺寸公差 T 与分散范围 6σ 的比值称为该工序的工序能力系数 C_p,用以判断生产能力。C_p 按下式计算:

$$C_p = T/6\sigma。 \tag{6-4}$$

根据工序能力系数 C_p 的大小,共分为五个等级,如表 6-3 所示。

表 6-3 关系能力系数等级

C_p	$C_p \geq 1.67$	$1.67 > C_p \geq 1.33$	$1.33 > C_p \geq 1.0$	$1.0 > C_p \geq 0.67$	$0.67 > C_p$
工序能力等级	特级工艺	一级工艺	二级工艺	三级工艺	四级工艺
工序能力判断	工艺能力高	工艺能力足够	工艺能力勉强	工艺能力不足	工艺能力很差

工序能力系数 $C_p > 1$ 时,公差带 T 大于尺寸分散范围 6σ,具备了工序不产生废品的必要条件,但不是充分条件。要不出废品,还必须保证调整的正确性,即 L_M 与 $\bar{x}$ 要重合。只有 C_p 大于 1 同时 $T - 2|L_M - \bar{x}|$ 大于 6σ 时,才能确保不出废品。当 $C_p < 1$ 时,尺寸分散范围 6σ 超出公差带 T,此时不论如何调整,必将产生部分废品。当 $C_p = 1$ 时,公差带 T 与尺寸分散范围 6σ 相等,在各种常值系统误差的影响下,该工序也将产生部分废品。一般情况下,工序能力等级不应低于二级。

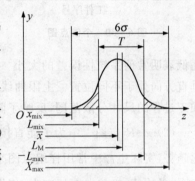

图 6-29 废品率计算

④ 估算工序加工的合格率及废品率　　分布曲线与 x 轴所包围的面积代表一批零件的总数。如果尺寸分散范围超出零件的公差带,则肯定有废品产生。如图 6-29 所示阴影部分。若尺寸落在 L_{max},L_{min} 范围内,工件的概率即空白的面积就是加工工件的合格率,即

$$A_h = \frac{1}{\sqrt{2\pi}} \int_{L_{min}}^{L_{max}} e^{-\frac{(x-\bar{x})}{2\sigma^2}} dx 。$$

令

$$z_1 = \frac{|L_{min} - \bar{x}|}{\sigma}, z_2 = \frac{|L_{max} - \bar{x}|}{\sigma},$$

则

$$A_h = \frac{1}{\sqrt{2\pi}} \int_0^{z_1} e^{-\frac{(x-\bar{x})}{2}} dz + \frac{1}{\sqrt{2\pi}} \int_0^{z_2} e^{-\frac{z^2}{2}} dz = \phi(z_1) + \phi(z_2) 。$$

阴影部分的面积为废品率。左边部分面积为

$$A_{f左} = 0.5 - \phi(z_2),$$

由于这个部分工件的尺寸小于工件要求的最小极限尺寸 L_{min},当加工外圆表面时,这部分废品无法修复,为不可修复废品。当加工内孔表面时,这部分废品可以修复而成为合格品,因而称为可修复废品。右边阴影部分的面积为

$$A_{f右} = 0.5 - \phi(z_2) 。$$

由于这个部分工件的尺寸大于工件要求的最大极限尺寸 L_{max},当加工外圆表面时,这部分废品可以修复,为可修复废品。当加工内孔表面时,这部分废品不可以修复而成为合格品,因而称为不可修复废品。

分布图分析法虽然具有以上多种优点,但是分布图分析法没有考虑工件的加工顺序,所以不能区分变值系统性误差和随机性误差。又由于是待一批工件加工后才能绘制分布曲线图,因此不能在加工进行过程中,提供控制工艺过程的资料。

2. 点图分析法

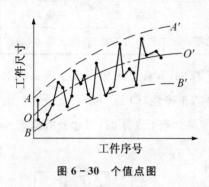

图 6-30　个值点图

(1) 个值点图　　按加工顺序逐个地测量一批工件的尺寸,以工件序号为横坐标,以工件的加工尺寸为纵坐标,就可作出个值点图,如图 6-30 所示。

个值点图反映了工件逐个的尺寸变化与加工时间的关系。若点图上的上、下极限点包络成二根平滑的曲线,并作这两根曲线的平均值曲线,就能较清楚地揭示出加工过程中误差的性质及其变化趋势,如图 6-30 所示。平均值曲线 OO' 表示每一瞬间的分散中心,反映了变值系统性误差随时间变化的规律。其起点 O 位置的高低表明常值系统性误差的大小。整个几何图形将随常值性系统性误差的大小不同,而在垂直方向处于不同位置。上限曲线 AA' 和下限曲线 BB' 间的宽度表示在随机性误差作用下加工过程的尺寸分散范围,反映了随机性误差的变化规律。

(2) $\bar{x}$-R 点图　　为了能直接反映出加工中系统性误差和随机性误差随加工时间的变化趋势,实际生产中常用样组点图来代替个值点图。样组点图的种类很多,最常用的是 $\bar{x}$-R 点图(平均值-极差点图),它由 $\bar{x}$ 点图和 R 点图结合而成。前者控制工艺过程质量指标的分布中心,反映了系统性误差及其变化趋势;后者控制工艺过程质量指标的分散程度,反映了随机性误差及其变化趋势。单独的 $\bar{x}$ 点图或 R 点图不能全面反映加工误差的情况,必须结合起来应用。

$\bar{x}$-R 点图的绘制是以小样本顺序随机抽样为基础。在加工过程中,每隔一定的时间,随机抽取几件为一组作为一个样本。每组工件数(小样本容量) $m=2\sim10$ 件,一般取 $m=4\sim5$ 件,共抽取 $k=20\sim25$ 组,共 $80\sim100$ 个工件的数据。在取得这些数据的基础上,再计算每组的平均值 $\bar{x_i}$ 和极差 R_i。设现抽取顺次加工的 m 个工件为第 i 组,则第 i 组的平均值 $\bar{x_i}$ 和极差为

$$\bar{x_i} = \frac{1}{m}\sum_{i=1}^{m} x_i, \qquad R_i = x_{i\max} - x_{i\min}。$$

式中 $x_{i\max}$ 和 $x_{i\min}$ 分别为第 i 组中工件的最大尺寸和最小尺寸。以样本序号为横坐标,分别以 $\bar{x_i}$ 和 R_i 为纵坐标,就可分别作出 $\bar{x}$ 点图和 R 点图,如图 6-31 所示。

(3) 点图法的应用

① 从 $\bar{x}$-R 点图上可以观察出系统性误差和随机性误差的大小变化情况。

② 判断工艺过程的稳定性及工艺能力——工艺验证。

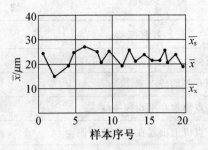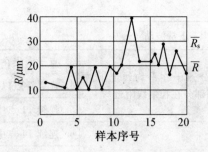

图 6-31 $\overline{x}$-R 点图

③ 提供控制过程的资料,根据工件在加工过程中尺寸变化趋势,决定重新调整工艺系统的参数——实现加工零件质量控制。

任何一批工件的加工尺寸都有波动性,因此各样组的平均值 $\overline{x_i}$ 和极差 R_i 也都有波动性。假使加工误差主要是随机误差,且系统性误差的影响很小时,那么这种波动性属于正常波动,加工工艺是稳定的。假如加工中存在着影响较大的变值系统性误差,或随机误差的大小有明显的变化时,那么这种波动属于异常波动,这个加工工艺就是不稳定的。

为了取得合理判定的依据,需要在点图上画出上、下控制线和平均线。根据概率论可得:

$\overline{x}$ 的中心线 $\overline{\overline{x}} = \dfrac{1}{k}\sum\limits_{i=1}^{k}\overline{x_i}$,$\overline{x}$ 的上控制线 $\overline{x_s} = \overline{\overline{x}} + A\overline{R}$,$\overline{x}$ 的下控制线 $\overline{x_x} = \overline{\overline{x}} - A\overline{R}$,

R 的中心线 $\overline{R} = \dfrac{1}{k}\sum\limits_{i=1}^{k}R_i$,$R$ 的上控制线 $R_s = D_1\overline{R}$,R 的下控制线 $R_x = D_2\overline{R}$。

式中 k 为小样本组的组数,$\overline{x_i}$ 为第 i 个小样本组的平均值,R_i 为第 i 个小样本组的极差值,系数 A,D_1,D_2 值见表 6-4。

表 6-4 系数 A,D_1,D_2 数值

m	2	3	4	5	6	7	8	9	10
A	1.8806	1.0231	0.7285	0.5768	0.4833	0.4193	0.3726	0.3367	0.3082
D_1	3.2681	2.5742	2.2819	2.1145	2.0039	1.9242	1.8641	1.8162	1.7768
D_2	0	0	0	0	0	0.0758	0.1359	0.1838	0.2232

在点图上作出平均线和控制线后,就可根据图中点的情况判别工艺过程是否稳定(波动状态是否属于正常),以表 6-5 来判别。

表 6-5 正常波动与异常波动的标志

正常波动	异常波动
1. 没有点子超出控制线	1. 有点子超出控制线
	2. 点子密集在平均线上下附近

正常波动	异常波动
2. 大部分点子在平均线上下波动,小部分在控制线附近	3. 点子密集在控制线附近
	4. 连续 7 点以上出现在平均线一侧
	5. 连续 11 点中有 10 点出现在平均线一侧
3. 点子没有明显的规律性	6. 连续 14 点中有 12 点以上出现在平均线一侧
	7. 连续 17 点中有 14 点以上出现在平均线一侧
	8. 连续 20 点中有 16 点以上出现在平均线一侧
	9. 点子有上升或下降倾向
	10. 点子有周期性波动

6.1.7　提高加工精度的工艺措施

为了保证和提高机械加工精度,首先要找出产生加工误差的主要因素,然后采取相应的工艺措施以减少或控制这些因素的影响。在生产中可采取的工艺措施很多,这里仅举出一些常用的且行之有效的实例。

1. 减少误差法

这是生产中应用较广的一种基本方法,它是在查明产生加工误差的主要因素后,设法对其直接进行消除或减弱。如细长轴是车削加工中较难加工的一种工件,普通存在的问题是精度低、效率低。正向进给,一夹一顶装夹高速切削细长轴时,由于刚性特别差,在切削力、惯性力和切削热的作用下易引起弯曲变形。采用跟刀架虽消除了背向力引起的工件弯曲的因素,但轴向力和工件热伸长还会导致工件弯曲变形,如图 6-32(a)所示。现采用反拉法切削,一端用卡盘夹持,另一端采用可伸缩的活顶尖装夹,如图 6-32(b)所示。此时工件受拉不受压,工件不会因偏心压缩而产生弯曲变形。尾部的可伸缩活顶尖使工件在热伸长下有伸缩的自由,避免了热弯曲。此外,采用大进给量和大的主偏角,增大了进给力,减小了背向力,切削更平稳。

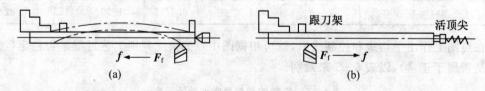

(a)　　　　　　　　　　　　(b)

图 6-32　反拉法切削细长轴

2. 误差补偿法

误差补偿法是人为地造出一种新的原始误差,去抵消原来工艺系统中存在的原始误差。尽量使两者大小相等、方向相反使误差抵消得尽可能彻底。例如龙门刨床的横梁在立铣头自重的影响下产生的变形若超过了标准的要求,则可在刮研横梁导轨时使导轨面产生向上凸起的几何形状误差,如图 6-33(a)所示,在装配后就可抵消因铣头重力而产生的挠度,从而达到机床精度要求,如图 6-33(b)所示。

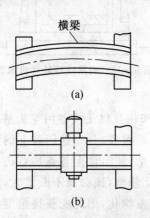

图 6-33 通过导轨凸起补偿横梁变形

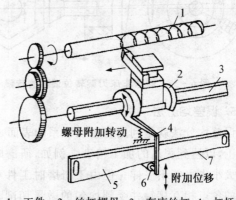

1—工件 2—丝杠螺母 3—车床丝杠 4—杠杆
5—校正尺 6—滚柱 7—工作表面

图 6-34 螺纹加工校正机构

图 6-34 所示为螺纹加工校正机构。当刀架做纵向进给运动时,校正尺工作表面使杠杆产生位移并使丝杠螺母产生附加转动,从而以校正尺上的人为误差来抵消传动链误差,补偿机床丝杠的螺距误差,保证被加工工件螺距精度的目的。

3. 误差分组法

误差分组法是把毛坯或上道工序加工工件尺寸测量按大小分为 n 组,每组工件的尺寸误差范围就缩短、减为原来的 $1/n$。然后按各组的误差分别调整刀具相对于工件的位置,使各组工件的尺寸分散范围中心基本一致,以使整批工件的尺寸分散范围大大缩小。如在精加工齿形时,为保证加工后齿圆与齿轮内孔的同轴度,则应缩小齿轮内孔与心轴的配合间隙。在生产中往往按齿轮内孔尺寸进行分组,然后与相应的分组心轴进行配合,这就均分了因间隙而产生的原始误差,提高了齿轮齿圈的位置精度。

4. 误差转移法

误差转移法是把原始误差从敏感方向转移到误差的非敏感方向。例如,转塔车床的转位刀架,其分度、转位误差将直接影响工件有关表面的加工精度,如果改变刀具的安装位置,使分度转位误差处于加工表面的切向,即可大大减小分度转位误差对加工精度的影响。如图 6-35 所示,调整转塔车床的刀具时,采用"立刀"安装法,即把刀刃的切削基面放在垂直平面内。刀架转位时的转位误差此时转移到了工件内孔加工表面方向(z 方向),由此而产生的加工误差非常微小,从而提高加工精度。

图 6-36 所示为利用镗模进行镗孔,主轴与镗杆浮动连接。这样可使镗床的主轴回转误差对镗孔精度不产生任何影响,镗孔精度完全由镗模来保证。

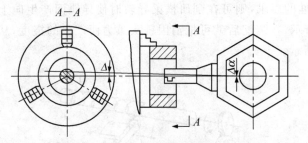

图 6 - 35 转塔车床刀架转位误差的转移

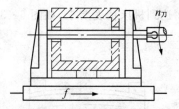

图 6 - 36 利用镗模转移机床误差

5. 误差均分法

误差均分法就是利用有密切联系的表面之间的相互比较和相互修正或者用互为基准进行加工,以达到很高的加工精度。例如,研磨时的研具精度并不很高,分布在研具上的磨粒尺寸大小也可能不一样。但由于研磨时工件和研具的相对运动,使工件上各点均有机会与研具的各点相互接触并受到均匀的微量切削,工件与研具相互修整,接触面不断增大,高低不平逐渐接近,几何形状精度也逐步共同提高,并进一步使误差均化,因此能获得精度高于研具原始精度的加工表面。精密的标准平板就是利用三块平板相互对研,刮去显著的最高点,逐步提高这三块平板的平面度。一些精密偶件,如轴孔与轴颈的研配、精密分度盘副的研配等都长采用这种加工方法。

6. 就地加工法

完全依靠提高零件加工精度的方法来保证部件或产品较高的装配精度,显然是不经济和不可取的。达到同样目的的经济合理方法之一是全部零件按经济精度制造,然后用它们装配成部件或产品,并且各零部件之间具有工作时要求的相对位置,最后再以一个表面为基准加工另一个有相互位置精度要求的表面,实现最终精加工,其加工精度即为部件或产品的最终装配精度(其中一项),这就是就地加工法,也称为自身修配法。

例如,牛头刨床总装以后,用自身刀架上刨刀刨削工作台台面,可以保证工作台面与滑枕运动方向的平行度允差。在零件的机械加工中也常用就地加工法,例如,加工精密丝杠时,为保证主轴前后顶尖和跟刀架导套孔严格同轴,采用了自磨前顶尖孔、自镗跟刀架导套孔和刮研尾架垫板等措施来实现。

6.2 机械加工表面质量

6.2.1 基本概念

零件的机械加工质量不仅指加工精度,还有表面质量。机械加工表面质量,是指零件在机械加工后表面层的微观几何形状误差和物理力学性能。产品的工作性能、可靠性、寿命在很大程度上取决于主要零件的表面质量。

机器零件的破坏,在多数情况下都是从表面开始的,这是由于表面是零件材料的边界,常常承受工作负荷所引起的最大应力和外界介质的侵蚀,表面上有着引起应力集中而导致破坏的根源,所以这些表面直接与机器零件的使用性能有关。在现代机器中,许多零件是在高速、高压、高温、高负荷下工作的,对零件的表面质量,提出了更高的要求。

研究加工表面质量的目的就是要掌握机械加工过程中各种因素对表面质量的影响规律,并通过这些规律控制加工过程,提高零件的加工表面质量,最终提高产品的使用性能。

1. 机械加工表面质量的含义

任何机械加工方法所获得的加工表面都不可能是绝对理想的表面,总存在着表面粗糙度,表面波度等微观几何形状误差。表面层的材料在加工时还会产生物理、力学性能变化,以及在某些情况下产生化学性质的变化。图 6 – 37(a)表示加工表层沿深度方向的变化情况。在最外层生成有氧化膜或其他化合物,并吸收、渗进了气体、液体和固体的粒子,称为吸附层。其厚度一般不超过 8 nm。压缩层即为表面塑性变形区,由切削力造成,厚度约为几十至几百微米,随加工方法的不同而变化。其上部为纤维层,是由被加工材料与刀具之间的摩擦力所造成的。另外,切削热也会使表面层产生各种变化,如同淬火、回火一样使材料产生相变以及晶粒大小的变化等。因此,表面层的物理力学性能不同于基体,产生了如图 6 – 37(b,c)所示的显微硬度和残余应力变化。综上所述,表面质量的含义有两方面的内容。

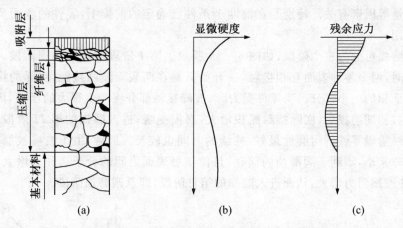

图 6 – 37 加工表面层沿深度方向的变化情况

(1)表面的几何特征

① 表面粗糙度 它是指加工表面的微观几何形状误差,主要是由刀具的形状以及切削过程中塑性变形和振动等因素引起的。如图 6 – 38 所示,其波长 L_3 与波高 H_3 的比值一般小于 50。

我国表面粗糙度现行标准是 GB/T1031 – 1995。在确定表面粗糙度时,可在 Ra,R_y,R_z 等 3 项特性参数中选取,并推荐优先选用 Ra。

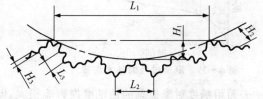

图 6 – 38 形状误差、表面粗糙度及波度的示意关系

② 表面波度　　它是介于宏观几何形状误差($L_1 / H_1 > 1000$)与微观表面粗糙度($L_3 / H_3 < 50$)之间的周期性几何形状误差。它主要是由机械加工过程中工艺系统低频振动所引起的，如图 6-38 所示，其波长 L_2 与波高 H_2 的比值一般为 50～1000。一般是常以波高为波度的特征参数，用测量长度上五个最大的波幅的算术平均值 w 表示：

$$w = (w_1 + w_2 + w_3 + w_4 + w_5)/5$$

③ 表面纹理方向　　它是指表面刀纹的方向，取决于表面形成所采用的机械加工方法及其主运动和进给运动的关系。一般对运动副或密封件要求纹理方向。

④ 伤痕　　在加工表面的一些个别位置上出现的缺陷。它们大多是随机分布的，例如砂眼、气孔、裂痕和划痕等。

（2）表面层物理力学性能　　由于机械加工中切削力和热因素的综合作用，加工表面层金属的物理力学性能和化学性能发生一定的变化。主要表现在以下几个方面：

① 表面层加工硬化（冷作硬化）。

② 表面层金相组织变化。

③ 表面层产生残余应力。

2. 加工表面质量对零件使用性能的影响

（1）表面质量对零件耐磨性的影响　　零件的耐磨性与摩擦副的材料、润滑条件和零件的表面质量等因素有关。特别是在前两个条件已确定的前提下，零件的表面质量就起着决定性的作用。

零件的磨损可分为三个阶段，如图 6-39 所示。第 I 阶段称初期磨损阶段。由于摩擦副开始工作时，两个零件表面互相接触，一开始只是在两表面波峰接触，实际的接触面积只是名义接触面积的一小部分。当零件受力时，波峰接触部分将产生很大的压强，因此磨损非常显著。经过初期磨损后，实际接触面积增大，磨损变缓，进入磨损的第 II 阶段，即正常磨损阶段。这一阶段零件的耐磨性最好，持续的时间也较长。最后，由于波峰被磨平，表面粗糙度值变得非常小，不利于润滑油的储存，且使接触表面之间的分子亲和力增大，甚至发生分子粘合，使摩擦阻力增大，从而进入磨损的第 III 阶段，即急剧磨损阶段。

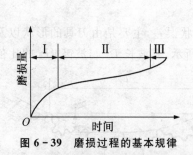

图 6-39　磨损过程的基本规律

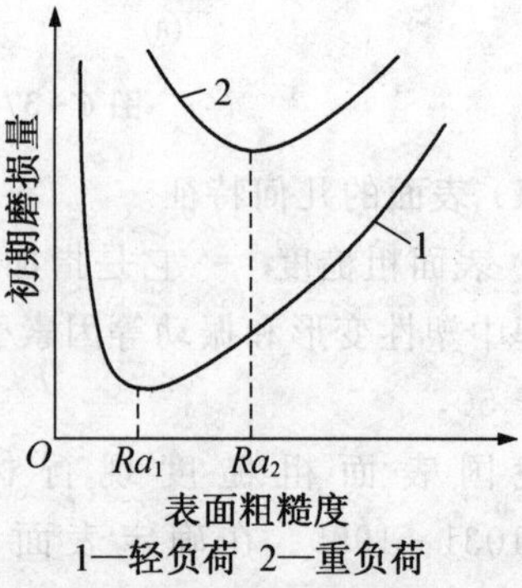

图 6-40　表面粗糙度与初期磨损量的关系
1—轻负荷　2—重负荷

表面粗糙度对摩擦副的初期磨损影响很大，但也不是表面粗糙度值越小越耐磨。图 6-40

是表面粗糙度对初期磨损量影响的实验曲线。从图中看到,在一定工作条件下,摩擦副表面总是存在一个最佳表面粗糙度值,约为 $0.32 \sim 1.25~\mu m$。

表面纹理方向对耐磨性也有影响,这是因为它能影响金属表面的实际接触面积和润滑液的存留情况。轻载时,两表面的纹理方向与相对运动方向一致时,磨损最小;当两表面纹理方向与相对运动方向垂直时,磨损最大。但是在重载情况下,由于压强、分子亲和力和润滑液的储存等因素的变化,其规律与上述有所不同。

表面层的加工硬化,一般能提高耐磨性 $0.5 \sim 1$ 倍。这是因为加工硬化提高了表面层的强度,减少了表面进一步塑性变形和咬焊的可能。但过度的加工硬化会使金属组织疏松,甚至出现疲劳裂纹和产生剥落现象,从而使耐磨性下降。所以零件的表面硬化层必须控制在一定的范围之内。

(2) 表面质量对零件疲劳强度的影响　　零件在交变载荷的作用下,其表面微观不平的凹谷处和表面层的缺陷处容易引起应力集中而产生疲劳裂纹,造成零件的疲劳破坏。试验表明,减小零件表面粗糙度值可以使零件的疲劳强度有所提高。因此对于一些承受交变载荷的重要零件,如曲轴的曲拐与轴颈交接处精加工后常进行光整加工,以减小零件的表面粗糙度值,提高其疲劳强度。

加工硬化对零件的疲劳强度影响也很大。表面层的适度硬化可以在零件表面形成一个硬化层,它能阻碍表面层疲劳裂纹的出现,从而使零件疲劳强度提高。但零件表面层硬化程度过大,反而易于产生裂纹,故零件的硬化程度与硬化深度也应控制在一定的范围之内。

表面层的残余应力对零件疲劳强度也有很大影响,当表面层为残余压应力时,能延缓疲劳裂纹的扩展,提高零件的疲劳强度;当表面层为残余拉应力时,容易使零件表面产生裂纹而降低其疲劳强度。

(3) 表面质量对零件耐腐蚀性的影响　　零件的耐腐蚀性在很大程度上取决于零件的表面粗糙度。零件表面越粗糙,越容易积聚腐蚀性物质,凹谷越深,渗透与腐蚀作用越强烈。因此,减小零件表面粗糙度值,可以提高零件的耐腐蚀性能。零件表面残余压应力使零件表面紧密,腐蚀性物质不易进入,可增强零件的耐腐蚀性,而表面残余拉应力则降低零件的耐腐蚀性。

(4) 表面质量对配合性质及零件其他性能的影响　　相配零件间的配合关系是用过盈量或间隙值来表示的。在间隙配合中,如果零件的配合表面粗糙,则会使配合件很快磨损而增大配合间隙,改变配合性质,降低配合精度;在过盈配合中,如果零件的配合表面粗糙,则装配后配合表面的凸峰被挤平,配合件间的有效过盈量减小,降低配合件间连接强度,影响配合的可靠性。因此对有配合要求的表面,必须规定较小的表面粗糙度值。零件的表面质量对零件的使用性能还有其他方面的影响。例如,对于液压缸和滑阀,较大的表面粗糙度值会影响密封性;对于工作时滑动的零件,恰当的表面粗糙度值能提高运动的灵活性,减少发热和功率损失;零件表面层的残余应力会使加工好的零件因应力重新分布而在使用过程中逐渐变形,从而影响其尺寸和形状精度等。

总之,提高加工表面质量,对保证零件的使用性能、提高零件的使用寿命是很重要的。

6.2.2　加工表面几何特性的形成及其影响因素

加工表面几何特性包括表面粗糙度、表面波度、表面加工纹理几个方面。表面粗糙度是构成加工表面几何特征的基本单元。因此,这一节主要分析表面粗糙度的形成及其影响因素。

用金属切削刀具加工工件表面时,表面粗糙度主要受几何因素、物理因素和机械加工振动三个方面因素的作用和影响。

1.　几何因素

从几何的角度考虑,刀具的形状和几何角度,特别是刀尖圆弧半径 r_ε、主偏角 k_r、副偏角 k_r' 和切削用量中的进给量 f 等对表面粗糙度有较大的影响。图 6-41(a)表示刀尖圆弧半径为零时,主偏角 k_r、副偏角 k_r' 和进给量 f 对残留面积最大高度 R_{max} 的影响,由图中几何关系可推出:

$$H = R_{max} = f/(\cot k_r + \cot k_r')。 \tag{6-5}$$

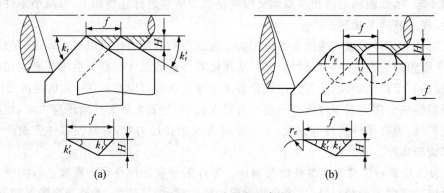

(a)　　　　　　　　　　　(b)

图 6-41　残留面积高度

当用圆弧刀刃切削时,刀尖圆弧半径 r_ε 和进给量 f 对残留面积高度的影响,如图 6-41(b)所示,推导可得

$$H = R_{max} \approx f^2/8r_\varepsilon。 \tag{6-6}$$

以上两式是理论计算结果,称为理论粗糙度。切削加工后表面的实际粗糙度与理论粗糙度有较大的差别,这是由于存在着与被加工材料的性能及切削机理有关的物理因素的缘故。

2.　物理因素

从切削过程的物理实质考虑,刀具的刃口圆角及后面的挤压与摩擦使金属材料发生塑性变形,严重恶化了表面粗糙度。在加工塑性材料而形成带状切屑时,在前刀面上容易形成硬度很高的积屑瘤。它可以代替前刀面和切削刃进行切削,使刀具的几何角度、背吃刀量发生变化。其轮廓很不规则,因而使工件表面上出现深浅和宽窄都不断变化的刀痕,有些积屑瘤嵌入工件表面,增加了表面粗糙度。

切削加工时的振动,使工件表面粗糙度值增大。关于机械加工时的振动将在本章 6.4 节中详细介绍。

3. 工艺因素

从上述表面粗糙度的成因可知,从工艺的角度考虑,可以分为与切削刀具有关的因素、与工件材质有关的因素和与加工条件有关因素。现就切削加工和磨削加工分别叙述。

(1) 切削加工后的表面

① 刀具的几何形状、材料及刃磨质量对表面粗糙度的影响　　从几何因素看,减少刀具的主、副偏角,增大刀尖圆弧半径,均能有效地降低表面粗糙度。刀具的前角值适当增大,刀具易于切入工件,可以减小切削变形和切削力,降低切削温度,能抑制积屑瘤的产生,有利于减小表面粗糙度值。但前角太大,刀刃有嵌入工件的倾向,反而使表面变粗糙。图 6-42 为在一定条件下加工钢件时刀具前角与工件加工表面粗糙度的关系曲线。

当前角一定时,后角越大,切削刃钝圆半径越小,刀刃越锋利;同时,还能减小后刀面与加工表面间的摩擦和挤压,有利于减小表面粗糙度值。但后角太大削弱了刀具的强度,容易产生切削振动,使表面粗糙度值增大。图 6-43 为在一定条件下刀具后角与工件加工表面粗糙度的关系曲线。

刀具的材料及刃磨质量影响积屑瘤、鳞刺的产生,如用金刚石车刀精车铝合金时,由于摩擦系数小,刀面上就不会产生切屑的粘附、冷焊现象,因此能降低粗糙度值。

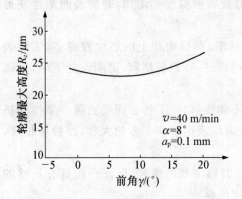

图 6-42　前角对表面粗糙度的影响

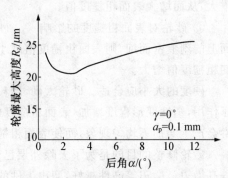

图 6-43　后角对表面粗糙度的影响

② 工件材料性能对表面粗糙度的影响　　与工件材料相关的因素包括材料的塑性、韧性及金相组织等。一般来讲,韧性较大的塑性材料,易于产生塑性变形,与刀具的粘结作用也较大,加工后表面粗糙度值大。相反,脆性材料则易于得到较小的表面粗糙度值。

③ 切削用量对表面粗糙度的影响

● 切削速度 v_c　　一般情况下,低速或高速切削时,因不会产生积屑瘤,故表面粗糙度值较小,如图 6-44 所示。但在中等速度下,塑性材料由于容易产生积屑瘤和鳞刺,因此表面粗糙度值大。

● 背吃刀量 a_p　　它对表面粗糙度的影响不明显,一般可忽略,但当 $a_p < 0.02 \sim$

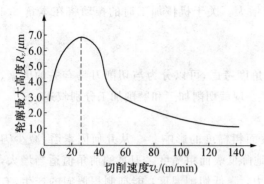

图 6 – 44　切削速度与表面粗糙度的关系

0.03 mm时,刀尖与工件表面发生挤压与摩擦,从而使表面质量恶化。

● 进给量 f　　减小进给量 f 可以减少切削残留面积高度 R_{max},减小表面粗糙度值。但进给量太小,刀刃不能切削而形成挤压,增大了工件的塑性变形,反而使表面粗糙度值增大。

另外,合理选择润滑液,提高冷却润滑效果,减小切削过程中的摩擦,能抑制积屑瘤和鳞刺的生成,有利于减小表面粗糙度值,如选用含有硫、氯等表面活性物质的冷却润滑液,润滑性能增强,作用更加显著。

(2)磨削加工后的表面　　磨削加工是通过表面具有随机分布磨粒的砂轮和工件的相对运动来实现的。在磨削过程中,磨粒在工件表面上滑擦、耕犁和切下切屑,把加工表面刻划出无数微细的沟槽,沟槽两边伴随着塑性隆起,形成表面粗糙度。

① 磨削用量对表面粗糙度的影响　　提高砂轮速度,可以增加在工件单位面积上的刻痕,同时塑性变形造成的隆起量随着砂轮速度的增大而下降,粗糙度值减小;在其他条件不变的情况下,提高工件速度,磨粒在单位时间内,在工件表面上的刻痕数减少,因而将增大磨削表面粗糙度值;磨削深度增加,磨削过程中磨削力及磨削温度都增加,磨削表面塑性变形增大,从而增大表面粗糙度值。

② 砂轮对表面粗糙度的影响　　砂轮的粒度越细,单位面积上的磨粒数越多,工件表面上的刻痕密而细,则表面粗糙度值越小。但磨粒过细时,砂轮易堵塞,磨削性能下降,反而使粗糙度值增大。

硬度的大小应合适。砂轮太硬,磨粒钝化后仍不能脱落,使工件表面受到强烈摩擦和挤压作用,塑性变形程度增加,表面粗糙度值增大或使磨削表面烧伤。砂轮太软,磨粒易脱落,常会产生磨损不均匀现象,而使表面粗糙度值变差。

砂轮修整的目的是为了去除外层已钝化的或被磨屑堵塞的磨粒,保证砂轮具有足够的等高微刃。微刃等高性越好,磨出工件的表面粗糙度值越小。

③ 工件材料对表面粗糙度的影响　　工件材料硬度太大,砂轮易磨钝,故表面粗糙度值变大。工件材料太软,砂轮易堵塞,磨削热增大,也得不到较小的表面粗糙度值。塑性、韧性大的工件材料,其塑性变形程度大,导热性差,不易得到较小的表面粗糙度值。

6.2.3　加工表面物理力学性能的变化及其影响因素

机械加工过程中,由于受到切削力、切削热的作用,工件表面与基体材料性能有很大不同,发生了物理力学性能的变化。

1. 表面层的加工硬化

(1)加工硬化的产生　　机械加工时,工件表面层金属受到切削力的作用产生强烈的塑性变形,使晶格扭曲,晶粒间产生滑移剪切,晶粒被拉长、纤维化甚至碎化,使得表面层的硬度增加,塑性降低,这种现象称为加工硬化。另一方面,机械加工时产生的切削热提高了工件表层金属的温度,当温度高到一定程度时,已强化的金属会回复到正常状态。回复作用的速度大小取决于温度的高低、温度持续的时间。加工硬化实际上是硬化作用与回复作用综合作用的结果。

(2) 表面层加工硬化的衡量指标　　衡量表面层加工硬化程度的指标有下列 3 项:

① 加工后表面层的显微硬度 H;

② 硬化层深度 h;

③ 硬化程度

$$N=[(H-H_0)/H_0]\times100\%,\tag{6-7}$$

式中 H_0 为金属原来的显微硬度。

(3) 影响表面层加工硬化的因素

① 切削力　　切削力越大,塑性变形越大,则硬化程度和硬化层深度就越大。例如,当进给量 f、背吃刀量 a_p 增大或刀具前角 γ_0 减小时,都会增大切削力,使加工硬化严重。

② 切削温度　　切削温度增高时,回复作用增加,使得加工硬化程度减小。如切削速度很高或刀具钝化后切削,都会使切削温度不断上升,部分地消除加工硬化,使得硬化程度减小。

③ 工件材料　　被加工工件的硬度越低,塑性越大,切削后的冷硬现象越严重。

各种机械加工方法在加工钢件时表面层加工硬化的情况如表 6-6 所示。

表 6-6　各种机械加工方法加工钢件时表面层加工硬化的情况

加工方法	材料	硬化层深度 $h/\mu m$		硬化程度 $N(\%)$	
		平均值		最大值	
车　削		30~50	200	20~50	100
精细车削		20~60		40~80	120
端　铣		40~100	200	40~60	100
圆周铣		40~80	110	20~40	80
钻孔,扩孔		180~200	250	60~70	
拉　孔		20~75		50~100	
滚齿,插齿	低碳钢	120~150		60~100	
外圆磨	未淬硬中碳钢	30~60		60~100	150
外圆磨		30~60		40~60	100
平面磨		16~35		50	
研　磨		3~7		12~17	

2. 表面层金相组织的变化与磨削烧伤

(1) 表面层金相组织的变化与磨削烧伤的原因　　机械加工过程中,在工件的加工区及其邻近的区域,温度会急剧升高,当温度超过工件材料金相组织变化的临界点时,就会发生金相组织变化。一般切削加工温度还不会上升到如此程度。但对于磨削加工来说,由于单位面积上产生的切削热比一般切削方法要大几十倍,加之磨削时约 70% 以上的热量传给工件,易使工件表面层的金相组织发生变化,从而使表面层的硬度和强度下降,产生残余应力甚至引起显微裂纹。这种现象称为磨削烧伤,它严重地影响了零件的使用性能。

磨削烧伤时,表面因磨削热产生的氧化层厚度不同,往往会出现黄、褐、紫、青等颜色变化。有时在最后的光磨时,磨去了表面烧伤变化层,实际上烧伤层并未完全去除,这会给工件带来隐患。磨淬火钢时,在工件表面层上形成的瞬时高温将使表面金属产生以下三种金相组织变化:

① 如果工件表面层温度未超过相变温度 A_{c3}(一般中碳钢为 720℃),但超过马氏体的转变温度(一般中碳钢为 300℃),这时马氏体将转变为硬度较低的回火屈氏体或索氏体,这称为回火烧伤。

② 当工件表面层温度超过相变温度 A_{c3},如果这时有充分的切削液,则表面层将急冷形成二次淬火马氏体,硬度比回火马氏体高,但很薄,只有几微米厚,其下为硬度较低的回火索氏体和屈氏体,导致表面层总的硬度降低,这称为淬火烧伤。

③ 当工件表面层温度超过相变温度 A_{c3},则马氏体转变为奥氏体,如果这时无切削液,则表面硬度急剧下降,工件表面层被退火,这种现象称为退火烧伤。干磨时很容易产生这种现象。

(2) 影响磨削烧伤的因素　　磨削烧伤与磨削温度有十分密切的关系,因此一切影响磨削温度的因素都在一定程度上对烧伤有影响,所以研究磨削烧伤问题可以从研究磨削时的温度入手。

① 磨削用量　　当径向进给量 f_r 增大时,塑性变形增大,工件表面层及里层温度都将提高,极易造成烧伤。故 f_r 不能选得太大。

工件轴向进给量 f_a 增大时,砂轮与工件接触面积减少,散热条件得到改善,工件表面及里层的温度都将降低,故可减轻烧伤。但 f_a 增大会导致工件表面粗糙度变大,可采用较宽的砂轮来弥补。

工件速度 v_w 增大时,磨削区表面温度虽然增高,但此时热源作用时间减少,因而可减轻烧伤。但提高 v_w 会导致其表面粗糙度值变大,为弥补此不足,可提高砂轮速度。实践证明,同时提高 v_w 和砂轮速度既可减轻工件表面烧伤,又不致降低生产效率。

② 砂轮　　硬度太高的砂轮,钝化砂粒不易脱落,自锐性不好,使总切削力增大,温度升高,容易产生烧伤,因此用软砂轮较好。为了防止烧伤,可采用有弹性的粘接剂,如用橡胶、树脂等材料制成的粘接剂,磨削时磨粒受到大切削力时可以弹让,使磨削厚度减小,从而总切削力减小。立方氮化硼砂轮热稳定性好,与铁族元素的化学反应很小,磨削温度低,而立方氮化硼磨粒本身硬度、强度仅次于金刚石,磨削力小,能磨出较好的表面质量。

此外,采用粗粒度砂轮、松组织砂轮都可提高砂轮的自锐性,改善散热条件,使砂轮不易被切屑堵塞,因此都可大大减小磨削烧伤的产生。

③ 工件材料　　工件材料对磨削区温度的影响主要取决于它的硬度、强度、韧性和热导率。工件材料硬度高、强度高或韧性大都会使磨削区温度升高,因而容易产生磨削烧伤。导热性能比较差的材料,如耐热钢、轴承钢、不锈钢等,在磨削时也容易产生烧伤。

④ 冷却方法　　采用切削液带走磨削区热量可以避免烧伤。然而,目前通用的冷却方法效

果较差,实际上没有多少切削液能进入磨削区。如图6-45所示,切削液不易进入磨削区AB,而是大量倾注在已经离开磨削区的加工面上,这时烧伤早已发生。因此采取有效的冷却方法有其重要意义。生产中常采用以下措施来提高冷却效果:

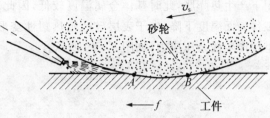

图 6-45　常用的冷却方法

● 采用内冷却砂轮,如图6-46所示,将切削液引入砂轮的中心腔内,由于离心力的作用,切削液再经过砂轮内部4的孔隙从砂轮四周的边缘甩出,这样,切削液即可直接进入磨削区,发挥有效的冷却作用。

● 采用浸油砂轮,把砂轮放在熔化的硬脂酸溶液中浸透,取出冷却后即成为含油砂轮。磨削时,磨削区的热源使砂轮边缘部分硬脂酸熔化而洒入磨削区起冷却润滑作用。

● 采用高压大流量切削液,并在砂轮上安装带有空气挡板的切削液喷嘴,如图6-47所示,以减轻高速旋转砂轮表面的高压附着气流作用,使切削液顺利地喷注到磨削区。这对于高速磨削更为重要。

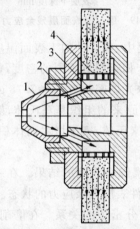

1—锥形盖 2—切削液通孔 3—砂轮中心腔
4—有径向小孔的薄壁套

图 6-46　内冷却砂轮结构

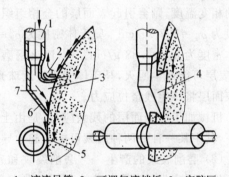

1—液流导管 2—可调气流挡板 3—空腔区
4—喷嘴罩 5—磨削区 6—排液区 7—液嘴

图 6-47　带有空气挡板的切削液喷嘴

3. 表面层残余应力

(1)表面层残余应力的产生　由于机械加工中力和热的作用,在机械加工以后,工件表面层及其与基体材料的交界处仍保留互相平衡的弹性应力。这种应力即称为表面层的残余应力。表面残余应力的产生有以下3种原因:

① 冷态塑性变形引起的残余应力　在切削或磨削过程中,工件表面受到刀具后刀面或砂轮磨粒的挤压和摩擦,表面层产生伸长塑性变形,此时基体金属仍处于弹性变形状态。切削过后,基体金属趋于弹性恢复,但受到已产生塑性变形的表面层金属的牵制,从而在表面层产生残余压应力,里层产生残余拉应力,如图6-48所示。

② 热态塑性变形引起的残余拉应力　切削或磨削过程中,工件加工表面在切削热作

用下产生热膨胀,此时基体金属温度较低,因此表面层产生热压应力。当切削过程结束时,工件表面温度下降,由于表层已产生热塑性变形并受到基体的限制,故而产生残余拉应力,里层产生残余压应力,如图 6-49 所示。

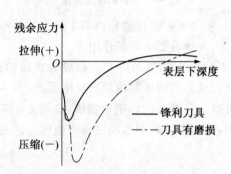

图 6-48 切削时表面层残余应力的分布

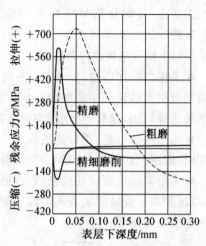

图 6-49 磨削时表面层残余应力的分布

③ 金相组织变化引起的残余应力   切削或磨削过程中,若工件加工表面温度高于材料的相变温度,则会引起表面层的金相组织变化。不同的金相组织有不同的密度,如马氏体密度为 $\rho_马 = 7.75 \ \text{g/cm}^3$,奥氏体密度为 $\rho_奥 = 7.96 \ \text{g/cm}^3$,珠光体密度为 $\rho_珠 = 7.78 \ \text{g/cm}^3$,铁素体密度为 $\rho_铁 = 7.88 \ \text{g/cm}^3$。以淬火钢磨削为例,淬火钢原来的组织是马氏体,磨削加工后,表层可能产生回火,马氏体变为接近珠光体的托氏体或索氏体,密度增大而体积减小,工件表面层将产生残余拉应力。

机械加工后表面层的残余应力,是由上述三方面的因素综合作用的结果。在一定的条件下,其中某一种或两种因素可能会起主导作用,决定了工件表层残余应力的状态。

(2) 磨削裂纹的产生   磨削裂纹和残余应力有着十分密切的关系。在磨削过程中,当工件表层产生的残余拉应力超过工件材料的强度极限时,工件表面就会产生裂纹。磨削裂纹的产生会使零件承受交变载荷的能力大大降低。

(3) 影响表面残余应力的主要因素   如上所述,机械加工后工件表面层的残余应力是冷态塑性变形、热态塑性变形和金相组织变化三者综合作用的结果。在不同的加工条件下,残余应力的大小、符号及分布规律可能有明显的差别。切削加工时起主要作用的往往是冷态塑性变形,表面层常产生残余压应力。磨削加工时,通常热态塑性变形或金相组织变化引起的体积变化是产生残余应力的主要因素,所以表面层常存有残余拉应力。

6.2.4 机械加工中的振动

1. 机械加工中的振动现象

(1) 振动对机械加工的影响   机械加工过程中,在工件和刀具之间常常产生振动。产生振动时,工艺系统的正常切削过程便受到干扰和破坏,从而使零件加工表面出现振纹,降低了零件的加工精度和表面质量。强烈的振动会使切削过程无法进行,甚至会引起刀具崩刃打刀现象。振动的产生加速了刀具或砂轮的磨损,使机床连接部分松动,影响运动副的工作性能,并导致机床丧失精度。此外,强烈的振动及伴随而来的噪声,还会污染环境,危害操作者的身心健康。尤其对于高速回转的零件和大切削用量的加工方法,振动更是一种限制生产率提高的重要障碍。

随着现代工业的发展,许多难加工材料不断问世,这些材料在进行切削加工中,极易产生振动。另一方面,现代工业所需要的精密零件对于加工精度和表面质量的要求却越来越高。例如,精密加工和超精密加工的尺寸精度要求高达 $0.1\ \mu m$,表面粗糙度常为 $Ra0.02\ \mu m$ 以下,甚至更小。因此,在切削过程中,哪怕出现极其微小的振动,也会导致工件无法达到设计的质量要求。

(2) 机械加工中振动的种类及其主要特点   机械加工过程中产生的振动,按其性质可分为自由振动、受迫振动和自激振动三种类型。

① 自由振动   当振动系统受到初始干扰力激励破坏了其平衡状态后,去掉激励或约束之后所出现的振动,称为自由振动。机械加工过程中的自由振动往往是由于切削力的突然变化或其他外界力的冲击等原因所引起的。这种振动一般可以迅速衰减,因此对机械加工过程的影响较小。

② 受迫振动   外界的周期性激励所激起的稳态振动称为受迫振动。

③ 自激振动   系统在一定条件下,没有外界交变干扰力而由振动系统吸收了非震荡的能量转化产生的交变力维持的一种稳定的周期性振动称为自激振动。切削过程中产生的自激振动也称为颤振。

2. 机械加工过程中的受迫振动

(1) 受迫振动产生的原因

① 系统外部的周期性干扰力   如机床附近的振动源经过地基传入正进行加工的机床,从而引起工艺系统的振动。

② 机床运动零件的惯性力   如电机皮带轮、齿轮、传动轴、砂轮等的质量偏心在高速回转时产生离心力,往复运动部件换向时的冲击等都将成为引起振动的激振力。

③ 机床传动件的缺陷   如齿轮啮合时的冲击、平带接头、滚动轴承滚动体的误差、液压系统中的冲击现象等均可能引起振动。

④ 切削过程的不连续   如铣、拉、滚齿等加工,将导致切削力的周期性改变,从而产生振动。

(2) 受迫振动的特性   受迫振动的稳态过程是简谐振动,只要有激振力存在,振动系统就不会被阻尼衰减掉。它的频率总是与外界激振力的频率相同,而与系统的固有频率无关。它的振幅 A 取决于激振力 F、阻尼比 ζ 和频率比 λ。

3. 自激振动

切削加工时,在没有周期性外力作用的情况下,有时刀具与工件之间也可能产生强烈的相对振动,并在工件的加工表面上残留下明显的、有规律的振纹。这种由振动系统本身产生的交变力激发和维持的振动称为自激振动,通常也称为颤振。

（1）自激振动的产生条件 实际切削过程中，工艺系统受到干扰力作用产生自由振动后，必然要引起刀具和工件相对位置的变化，这一变化若又引起切削力的波动，则使工艺系统产生振动，因此通常将自激振动看成是由振动系统（工艺系统）和调节系统（切削过程）两个环节组成的一个闭环系统。如图 6-50 所示，自激振动系统是一个闭环反馈自控系统，调节系统把持续工作用的能源能量转变为交变力对振动系统进行激振。振动系统的振动又控制切削过程产生激振力，以反馈制约进入振动系统的能量。

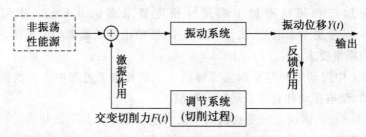

图 6-50 自激振动系统的组成

（2）自激振动的特性

① 自激振动的频率等于或接近系统的固有频率，即由系统本身的参数所决定。

② 自激振动是由外部激振力的偶然触发而产生的一种不衰减运动，但维持振动所需的交变力是由振动过程本身产生的。在切削过程中，停止切削运动，交变力也随之消失，自激振动也就停止。

③ 自激振动能否产生和维持取决于每个振动周期内输入和消耗的能量，自激振动系统维持稳定振动的条件是，在一个振动周期内，从能源输入到系统的能量（E^+）等于系统阻尼所消耗的能量（E^-）。如果吸收能量大于消耗能量，则振动会不断加强；如果吸收能量小于消耗能量，则振动将不断衰减而被抑制。

4. 机械加工中振动的控制

机械加工中控制振动的途径有 3 个方面：消除或减弱产生振动的条件；改善工艺系统的动态特性，增强工艺系统的稳定性；采取各种消振减振装置。

（1）消除或减弱产生受迫振动的条件

① 受迫振动的诊断方法 在着手消除机械加工中的振动之前，首先应判别振动是属于受迫振动还是自激振动。受迫振动的频率与激振力的频率相等或是它的整数倍，根据这个规律去查找振源。查找振源的基本途径就是测出振动的频率。测定振动频率最简单的方法是数出工件表面的波纹数，然后根据切削速度计算出振动频率。测量振动频率较完善的方法是对机床的振动信号进行功率谱分析，功率谱中的尖峰点对应的频率就是机床振动的主要频率。一般诊断步骤如下：

● 拾取振动信号，作机床工作时的频谱图。

● 做环境试验，查找机外振源。在机床处于完全停止的状态下拾取振动信号，进行频谱分析。此时所得到的振动频率成分均为机外干扰力源的频率成分。然后将这些频率成分与现场加工的振动频率成分进行对比，如两者完全相同，则可判定机械加工中产生的振动属于受迫振动,且干扰力源在机外环境中;如现场加工的主振频率成分与机外干扰力频率不一致,则需继续进行空运转试验。

● 做空运转试验,查找机内振源。机床按现场所用运动参数进行空运转,拾取振动信号,进行频谱分析,然后将这些频率成分与现场加工的频谱图对比。如果两者的谱线成分完全相同,除机外干扰力源的频率成分外,则可判断切削加工中产生的振动是受迫振动,且干扰力源在机床内部。如果切削加工的谱线图上有与机床空运转试验的谱线成分不同的频率成分,则可判断切削加工中除有受迫振动外,还有自激振动。

② 消除或减弱产生受迫振动的条件

● 减小激振力   对于机床上转速在 600 r/min 以上的零件,如砂轮、卡盘、电动机转子及刀盘等,必须进行平衡以减小和消除激振力,提高带传动、链传动、齿轮传动及其他传动装置的稳定性,如采用完善的带接头、以斜齿轮或人字齿轮代替直齿轮等,使动力源与机床本体放在两个分离的基础上。

● 调整振源频率   在选择转速时,尽可能使旋转件的频率远离机床有关元件的固有频率,以免发生共振。

● 采取隔振措施   隔振有两种方式,一种是阻止机床振源通过地基外传的主动隔振;另一种是阻止外干扰力通过地基传给机床的被动隔振。不论哪种方式,都是用弹性隔振装置将需防振的机床或部件与振源之间分开,使大部分振动被吸收,从而达到减小振源危害的目的。常用的隔振材料有橡皮、金属弹簧、空气弹簧、泡沫、乳胶、软木、矿渣棉、木屑等。

(2) 消除或减弱产生自激振动的条件

① 合理选择切削用量   图 6-51 是切削速度与振幅的关系曲线。从图中可看出,在低速或高速切削时,振动较小。图 6-52 和图 6-53 是切削进给量和切削深度与振幅的关系曲线,表明,选较大的进给量和较小的切削深度有利于减小振动。

② 合理选择刀具几何参数   刀具几何参数中对振动影响最大的是主偏角 k_r 和前角 γ_0。主偏角 k_r 增大,则垂直于加工表面方向的切削分力 F_y 减小,实际切削宽度减小,故不易产生自振。如图 6-54 所示,$k_r = 90°$ 时,振幅最小,$k_r > 90°$,振幅增大。前角 γ_0 越大,切削力越小,振幅也越小,如图 6-55 所示。

③ 增加切削阻尼   适当减小刀具后角($\alpha_0 = 2°\sim3°$),可以增大工件和刀具后刀面之间的摩擦阻尼;还可在后刀面上磨出带有负后角的消振棱,如图 6-56 所示。

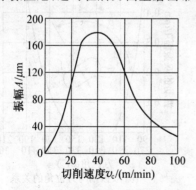

图 6-51   切削速度与振幅的关系

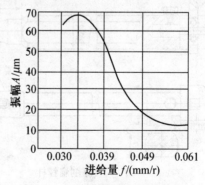

图 6-52   进给量与振幅的关系

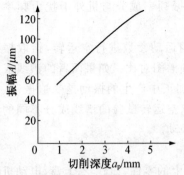

图 6-53 切削深度与振幅的关系

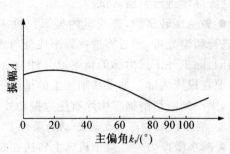

图 6-54 主偏角 k_r 对振幅的影响

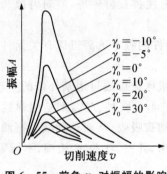

图 6-55 前角 γ_0 对振幅的影响

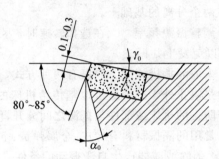

图 6-56 车刀消振棱

（3）增强工艺系统抗振性和稳定性的措施

① 提高工艺系统的刚度 首先要提高工艺系统薄弱环节的刚度,合理配置刚度主轴的位置,使小刚度主轴位于切削力和加工表面法线方向的夹角范围之外。如调整主轴系统、进给系统的间隙,合理改变机床的结构,减小工件和刀具安装中的悬伸长度,车刀反装切削以及图 6-57 所示削扁镗杆等。其次是减轻工艺系统中各构件的质量,因为质量小的构件在受动载荷作用时惯性力小。

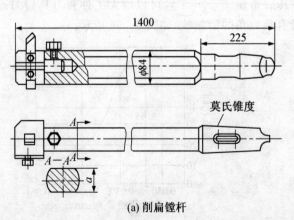

(a) 削扁镗杆

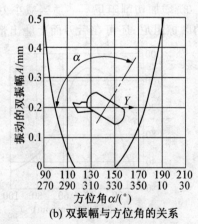

(b) 双振幅与方位角的关系

图 6-57 削扁镗杆

② 增大系统的阻尼　　工艺系统的阻尼主要来自零部件材料的内阻尼、结合面上的摩擦阻尼以及其他附加阻尼。要增大系统的阻尼,可选用阻尼比大的材料制造零件;还可把高阻尼的材料加到零件上去,如图 6-58 所示的薄壁封砂的床身结构,可提高抗振性。其次是增加摩擦阻尼,机床阻尼大多来自零部件结合面的摩擦阻尼,有时可占到总阻尼的 90%。对于机床的活动结合面,要注意间隙调整,必要时施加预紧力增大摩擦;对于固定结合面,选用合理的加工方法、表面粗糙度等级、结合面上的比压以及固定方式等来增加摩擦阻尼。

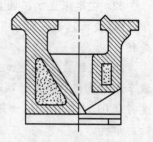

图 6-58　薄壁封砂床身

习　　题

1. 试举例说明加工精度、加工误差、公差的概念以及它们之间的区别。

2. 工艺系统的静态、动态误差各包括哪些内容?

3. 何谓误差敏感方向? 车床与镗床的误差敏感方向有何不同?

4. 在何种加工条件下容易出现误差复映现象? 可以采取哪些措施抑制这种现象的产生?

5. 何谓接触刚度? 有哪些影响因素?

6. 影响机床刚度的因素有哪些? 提高机床部件刚度有哪些措施?

7. 举例说明保证和提高加工精度常用方法的原理及应用场合。

8. 何谓分布曲线法? 控制图法有哪几种? 各有哪些特点?

9. 什么是工序能力系数 C_p? 按 C_p 值可将工艺分为哪几级?

10. 在卧式镗床上对箱体件镗孔,试分析采用:(1) 刚性主轴;(2) 浮动镗杆(指与主轴连接的方式)和镗模夹具时,影响镗杆回转精度的主要因素有哪些。

11. 磨外圆时,工件安装在死顶尖上有什么好处? 实际使用时应注意哪些问题?

12. 机械加工表面质量包括哪些具体内容? 它们对机器使用性能有哪些影响?

13. 试述影响零件表面粗糙度的几何因素。

14. 采用粒度为 30# 号的砂轮磨削钢件外圆,其表面粗糙度为 $Ra \, 1.6 \, \mu m$;在相同条件下,采用粒度为 60# 的砂轮可使 Ra 降低为 $0.2 \, \mu m$,这是为什么?

15. 什么是加工硬化? 影响加工硬化的因素有哪些?

16. 什么是回火烧伤、淬火烧伤和退火烧伤?

17. 为什么磨削高合金钢比普通碳钢容易产生烧伤现象?

18. 为什么表面层金相组织的变化会引起残余应力?

19. 试述加工表面产生残余拉应力和残余压应力的原因。

20. 什么是自激振动? 它有哪些主要特征?

21. 受迫振动产生的原因有哪些? 消除或减小受迫振动的措施有哪些?

22. 在车床上加工圆盘件的端面时,有时会出现圆锥面(中凸或中凹)或端面凸轮似的形状(螺旋面),试从机床几何误差的影响分析造成题 22 图所示的端面几何形状误差的原因是什么。

23. 在卧式车床上加工一光轴,已知光轴长度 $L = 800$ mm,加工直径 $D = 80^{0}_{-0.06}$ mm,当该车床导轨相对于前后顶尖连心线在水平面内平行度为 0.015/1000 mm,在垂直面内平行度为 0.015/1000 mm,如题 23 图所示,试求所加工的工件几何形状的误差值,并绘出加工光轴的形状。

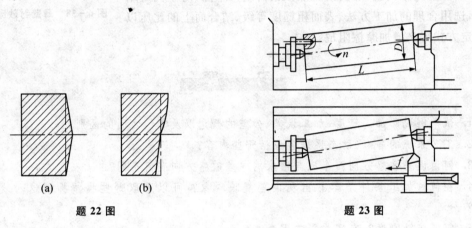

题 22 图   题 23 图

24. 在平面磨床上用砂轮端面磨削平板工件。加工中为改善切削条件,减小砂轮与工件的接触面积,常将砂轮倾斜一个很小的角度,如题 24 图所示。若 $\alpha = 2°$,试绘出磨削后平面的形状并计算其平面度误差。

25. 当龙门刨床床身导轨不直知,如题 25 图所示,加工后的工件会成什么形状?
(1) 当工件刚度很差时;(2) 当工件刚度很大时。

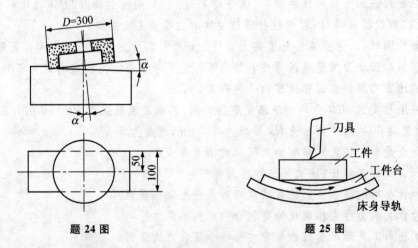

题 24 图   题 25 图

26. 在卧式镗床上加工箱体孔,若只考虑镗杆刚度的影响,试在题 26 图中画出下列四种镗孔方式加工后的几何形状,并说明为什么?

(1) 镗杆进给,有后支承;(2) 镗杆进给,没有支承;(3) 工作台进给;(4) 在镗模上加工。

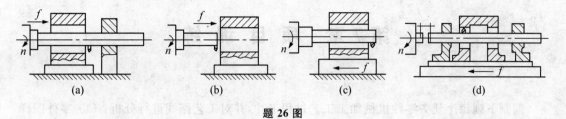

(a)　　　　　　　(b)　　　　　　　(c)　　　　　　　(d)

题 26 图

27. 在车床上加工一批光轴的外圆,加工后经度量若整批工件发现有下列几何形状误差,如题 27 图所示,试分别说明可能产生上述误差的各种原因。

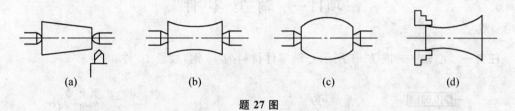

(a)　　　　　　　(b)　　　　　　　(c)　　　　　　　(d)

题 27 图

28. 在车床上车削一批小轴,整批工件尺寸按正态分布,其中不可修复的废品率为 3%,实际尺寸大于允许尺寸而需修复加工的零件数占 24%,若小轴直径公差 $T=0.16$ mm,试确定代表该加工方法的均方根偏差 σ 为多少。

29. 在自动车床上加工一批小轴,从中抽检 200 件,若以 0.01 mm 为组距将该批工件按尺寸大小分组,所测数据如题 29 表。若图样的加工要求为 $\phi 15^{+0.14}_{-0.04}$ mm,试求:

(1) 绘制整批工件实际尺寸的分布曲线;

(2) 计算合格率及废品率;

(3) 计算工序能力系数,若该工序允许废品率为 3%,问工件精度能否满足?

(4) 分析出现废品的原因并提出改进方法。

题 29 表

尺寸间隔 /mm	自	15.01	15.02	15.03	15.04	15.05	15.06	15.07	15.08	15.09	15.10	15.11	15.12	15.13	15.14
	到	15.02	15.03	15.04	15.05	15.06	15.07	15.08	15.09	15.10	15.11	15.12	15.13	15.14	15.15
零件数 n_i		2	4	5	7	10	20	28	58	26	18	8	6	5	3

第7章 项目训练

编制下列每个任务零件机械加工工艺过程卡片,并对工艺路线进行分析:(1)零件图样分析;(2)工艺分析;(3)填写机械加工工艺过程卡片(见附录C)。

项目一 轴类零件

任务一 心轴 图7-1所示心轴零件材料为45钢,数量10件。

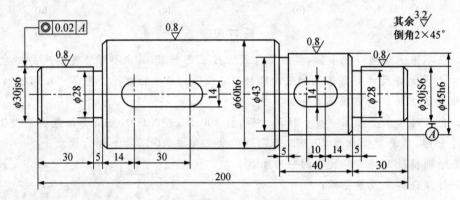

图7-1 心轴

任务二 定位销轴 图7-2所示定位销轴零件材料为T10A,数量10件。

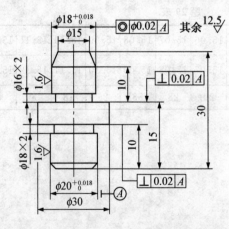

技术要求

1. 尖角倒钝。
2. 防锈处理。
3. 热处理55～60HRC。
4. 材料T10A。

图7-2 定位销轴

任务三　连杆螺钉　　图7-3所示连杆螺钉零件材料为40Cr,数量10件。

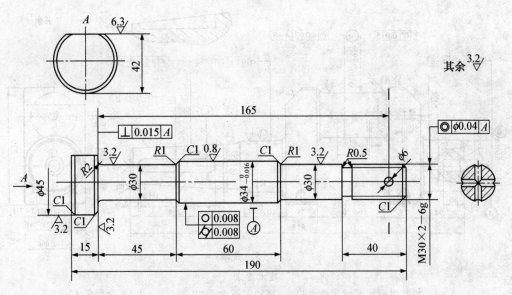

图7-3　连杆螺钉

技术要求

1. 调质处理 28～32HRC。
2. $\phi\,34_{-0.016}^{0}$ mm 圆度、圆柱度公差为 0.008 mm。
3. 磁粉探伤,无裂纹,夹渣等缺陷。
4. 材料 40Cr。

任务四　活塞杆　　图7-4所示活塞杆零件,数量10件。

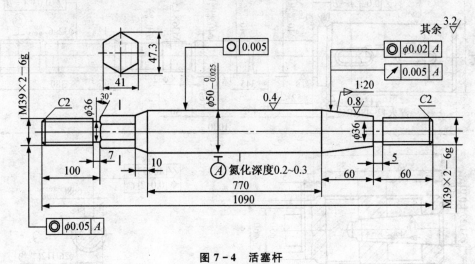

图7-4　活塞杆

技术要求

1. 1:20 锥度接触面积不少于 80%。
2. $\phi\,50_{-0.025}^{0}$ mm 部分氮化层深度为 0.2～0.3 mm,硬度 62～65HRC。
3. 材料 38CrMoAlA。

任务五　曲轴　　图7-5所示曲轴零件,数量10件。

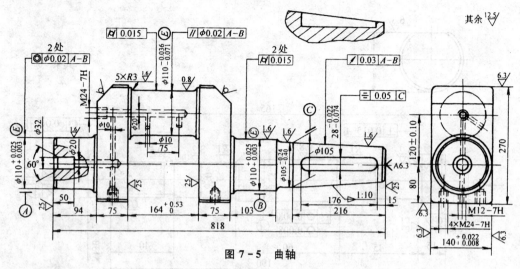

图 7 - 5　曲轴

技术要求

1. 1:10 圆锥面用标准量规涂色检查,接触面不少于80%。　2. 其余倒角 1×45°。

3. 清除干净油孔中的切屑。　　4. 材料 QT600 - 3。

任务六　钻床主轴　　图7-6所示钻床主轴零件,数量10件。

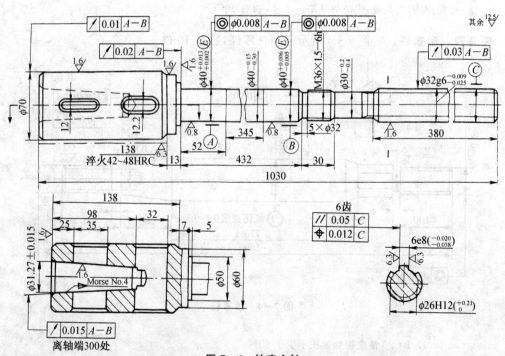

图 7 - 6　钻床主轴

技术要求

1. 锥孔涂色检查接触面≥75%。 2. 未注明倒角 1.5×45°。 3. 调质处理 28~32HRC。 4. 材料 45Cr。

项目二　套类零件

任务一　缸套　　图 7-7 所示缸套零件,数量 10 件。

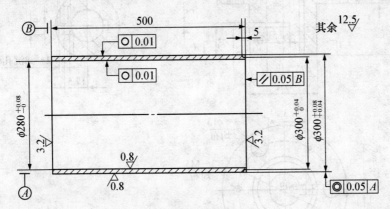

图 7-7　缸套

技术要求

1. 正火 190~207HBS。　　　　　2. 未注倒角 1×45°。

3. 材料 QT600-3。

任务二　偏心套　　图 7-8 所示偏心套零件,数量 10 件。

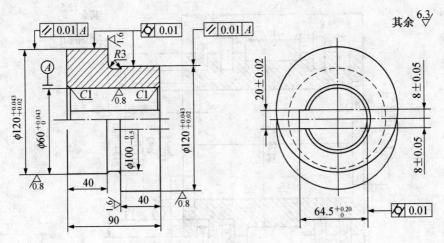

图 7-8　偏心套

技术要求

1. 未注倒角 0.5×45°。　　　　　2. 热处理 58~64HRC。

3. 材料 GCr15。

任务三 传动套 图 7-9 所示传动套零件材料为 45 钢,数量 10 件。

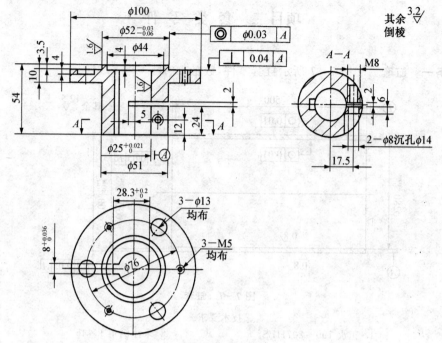

图 7-9 传动套

任务四 活塞 图 7-10 所示活塞零件,数量 10 件。

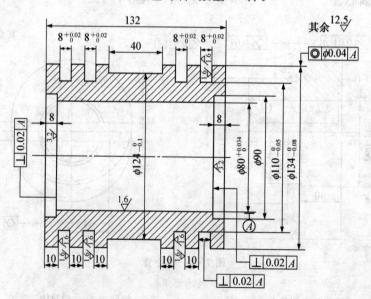

图 7-10 活塞

技术要求

1. 铸件时效处理。　　　　　　　　　2. 未注明倒角 1×45°。

3. 活塞歪槽 $8_0^{+0.02}$ mm 入口倒角 0.3×45°。　　4. 材料 HT200。

任务五 车床尾座套筒 图 7-11 所示车床尾座套筒零件材料为 45 钢,数量 10 件。

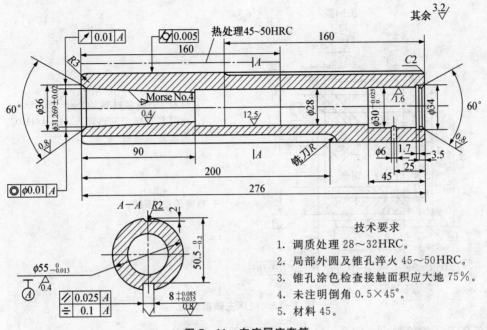

图 7-11 车床尾座套筒

技术要求
1. 调质处理 28~32HRC。
2. 局部外圆及锥孔淬火 45~50HRC。
3. 锥孔涂色检查接触面积应大地 75%。
4. 未注明倒角 0.5×45°。
5. 材料 45。

项目三 齿轮类零件

任务一 圆柱齿轮 图 7-12 所示圆柱齿轮零件,数量 10 件。

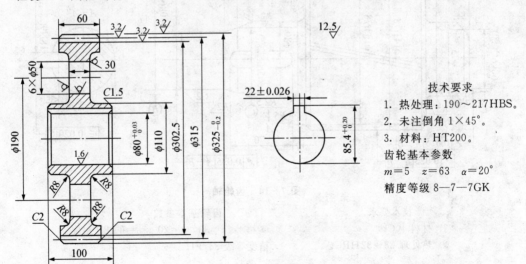

图 7-12 圆柱齿轮

技术要求
1. 热处理:190~217HBS。
2. 未注倒角 1×45°。
3. 材料:HT200。
齿轮基本参数
$m=5$ $z=63$ $\alpha=20°$
精度等级 8—7—7GK

任务二 机床主轴箱齿轮　　图 7 - 13 所示机床主轴箱齿轮,数量 10 件。

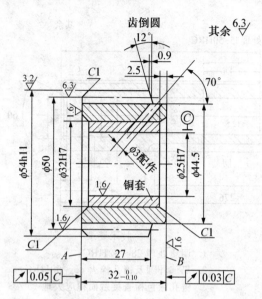

其余 $\sqrt{\dfrac{6.3}{\;}}$

技术要求

1. 材料 45;铜套材料 ZQSn6—6—3。
2. 齿部高频感应加热淬火 44~48HRC。

齿轮基本参数

$m=2$

$z=25$

$\alpha=20°$

精度等级 6FH

图 7 - 13　机床主轴箱齿轮

任务三 齿轮轴　　图 7 - 14 所示齿轮轴零件,数量 10 件。

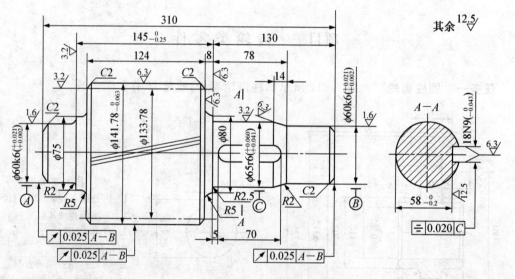

其余 $\sqrt{\dfrac{12.5}{\;}}$

图 7 - 14　齿轮轴

技术要求

1. 材料 40Cr。
2. 热处理 28~32HRC。

齿轮基本参数

$m_n=4$　$z=33$　$\alpha=20°$　$\beta=9°22'$(左旋)

精度等级 887FH

任务四 倒档齿轮 图 7-15 所示倒档齿轮零件,数量 10 件。

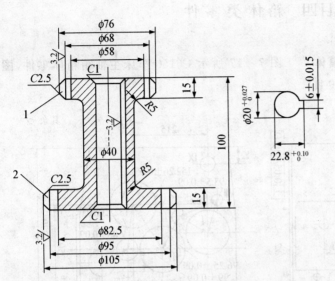

技术要求
1. 齿部热处理 45~52HRC。
2. 未注明倒角 1×45°。
3. 齿圈径向跳动公差为 0.08 mm。
4. 材料 45。

齿轮基本参数

齿轮编号	1	2
模数 m	4	5
齿数 z	17	19
压力角 α	20°	20°
精度等级	8GK	8GK

图 7-15 倒档齿轮

任务五 锥齿轮 图 7-16 所示锥齿轮零件,数量 10 件。

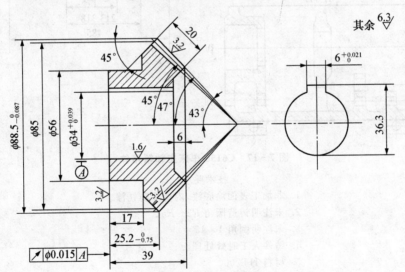

其余 $\sqrt{\dfrac{6.3}{}}$

图 7-16 锥齿轮

技术要求
1. 热处理 28~32HRC。
2. 未注明倒角 1×45°。
3. 材料 45°。

齿轮基本参数
$m=2.5$ $z=34$
$\alpha=20°$
精度等级 12α

项目四　箱体类零件

任务一　C6150 车床主轴箱箱体　　　图 7-17 所示 C6150 车床主轴箱箱体零件,图
7-18是主轴箱箱体展开图,数量 10 件。

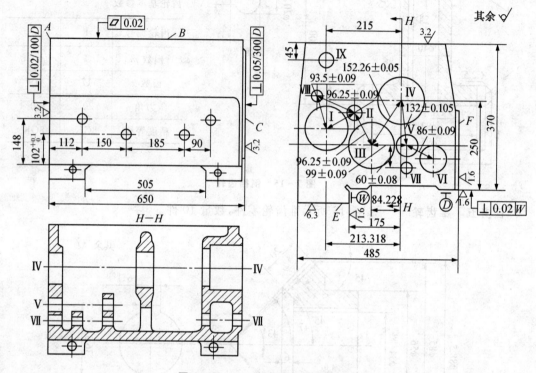

图 7-17　C6150 车床主轴箱箱体

技术要求

1. 非加工表面涂底漆,内壁涂防锈漆。
2. 未注明铸造圆角 $R3\sim R5$。
3. 未注明倒角 $1\times45°$。
4. 铸件人工时效处理。
5. 材料 HT200。

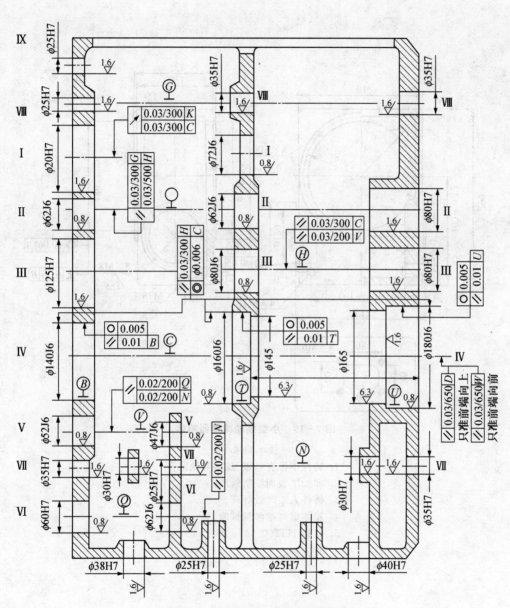

图 7 - 18 C6150 车床主轴箱箱体展开图

任务二　小型蜗轮减速器箱体　　图 7 - 19 所示小型蜗轮减速器箱体零件，数量 10 件。

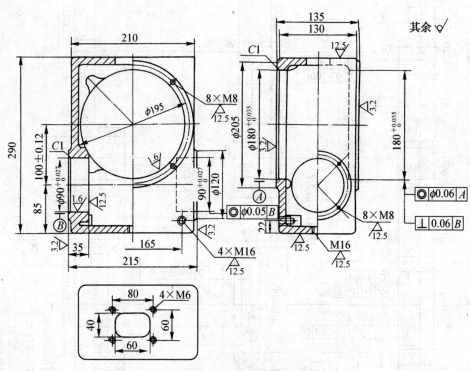

图 7 - 19　小型蜗轮减速器箱体

技术要求

1. 铸件不得有砂眼、疏松等缺陷。
2. 非加工表面涂防锈漆。
3. 铸件人工时效处理。
4. 箱体做煤油渗漏试验。
5. 材料 HT200。

任务三　减速器　　图7-20所示减速器箱盖,图7-21所示减速器箱体,图7-22所示减速器箱,数量10件。

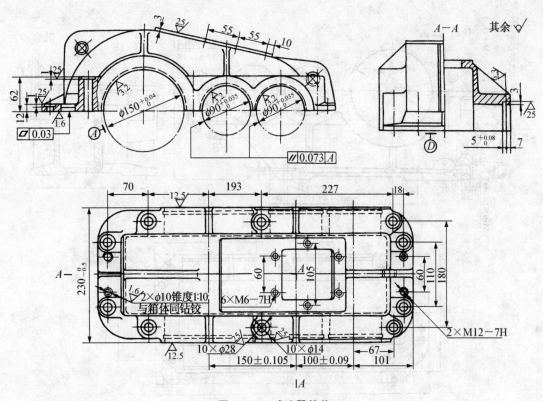

图7-20　减速器箱盖

技术要求

1. 非加工表面涂底漆。
2. 未注明铸造圆角 R5。
3. 尖角倒钝 0.5×45°。
4. 铸件人工时效处理。
5. 材料 HT200。

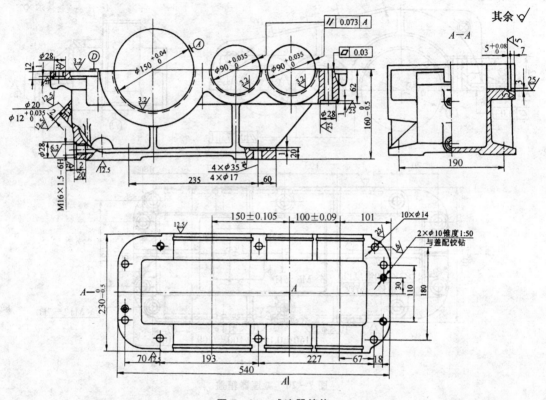

图 7 - 21 减速器箱体

技术要求

1. 非加工表面涂底漆。
2. 未注明铸造圆角 R5。
3. 尖角倒钝 0.5×45°。
4. 铸件人工时效处理。
5. 箱体做煤油渗漏试验。
6. 材料 HT200。

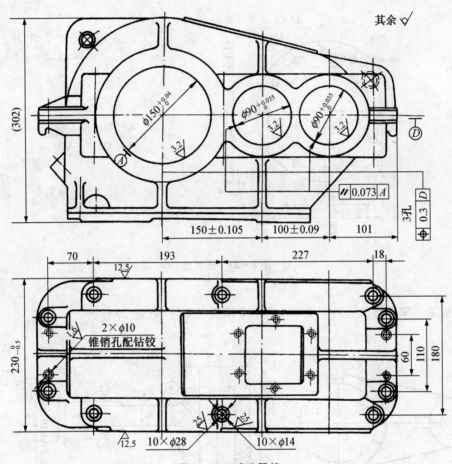

其余 √

$\phi 150^{+0.04}_{0}$

$\phi 90^{+0.035}_{0}$

$\phi 90^{+0.035}_{0}$

3.2

3.2

3.2

A

(302)

$\parallel$ 0.073 A

D

3孔

⊕ 0.3 D

150±0.105   100±0.09   101

70   193   227   18

12.5

$2×\phi 10$
锥销孔配钻铰

1.6

$230^{0}_{-0.5}$

60

110

180

12.5

25°   25°

10×$\phi 28$ 10×$\phi 14$

图 7 – 22   减速器箱

技术要求

1. 合箱后结合面不能有间隙,防止渗油。
2. 合箱后必须打定位销。

项目五　其 他 类 零 件

任务一　法兰盘　　图 7 - 23 所示法兰盘零件,数量 10 件。

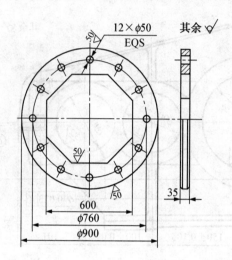

技术要求
1. 未注明倒角 2×45°。
2. 材料 Q235—A。

图 7 - 23　法兰盘

任务二　车床拨叉　　图 7 - 24 所示车床拨叉零件,数量 10 件。

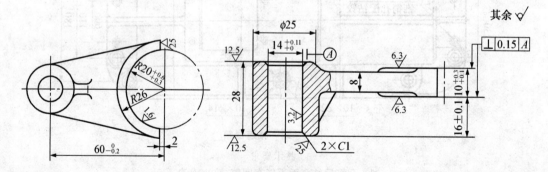

图 7 - 24　车床拨叉

技术要求
1. 未注明铸造圆角 R3～R5。
2. 铸造后滚抛毛刺。
3. 材料 ZG45°。

任务三　皮带轮　　图 7 - 25 所示皮带轮零件,数量 10 件。

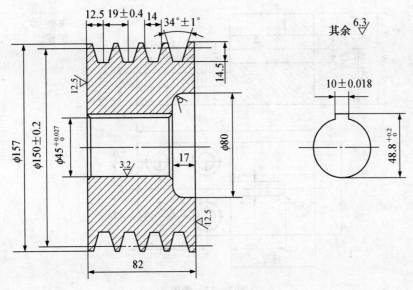

图 7 - 25　皮带轮

技术要求

1. 轮槽工作面不应有砂眼等缺陷。
2. 各槽间距累积误差不超过 0.8 mm。
3. 铸件人工时效处理。
4. 未注倒角 1×45°。
5. 材料 HT200。

任务四　转盘托　　图 7 - 26 所示转盘托零件,材料为 45 钢,数量 10 件。

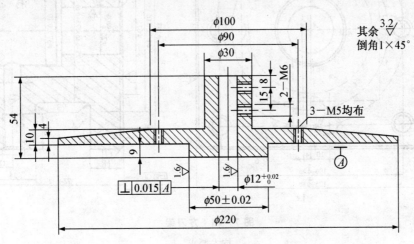

图 7 - 26　转盘托

任务五　滑道　　图 7-27 所示滑道零件,材料为 45 钢,数量 10 件。

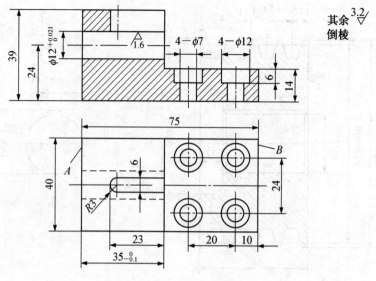

图 7-27　滑道

任务六　方刀架　　图 7-28 所示方刀架零件,数量 10 件。

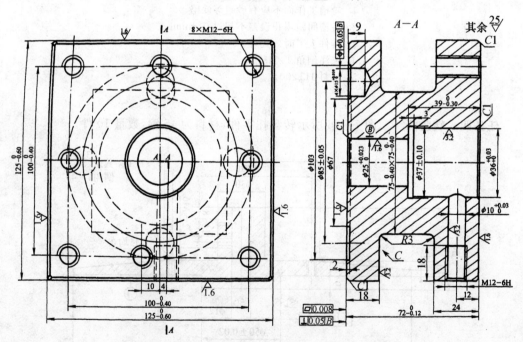

图 7-28　方刀架

技术要求

1. C 面淬火硬度 40~45HRC。　　2. 未注倒角 1×45。

3. 材料 45。

任务七　轴承座　　图 7-29 所示轴承座零件,数量 10 件。

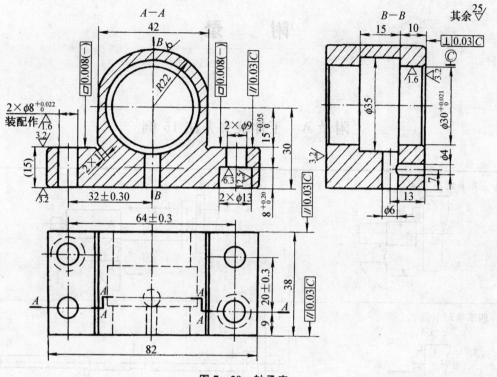

图 7-29　轴承座

技术要求

1. 铸造后时效处理　　　2. 未注明倒角 $1 \times 45°$。

3. 材料 $HT200$。

附 录

附录 A   工件装夹方法 16 例

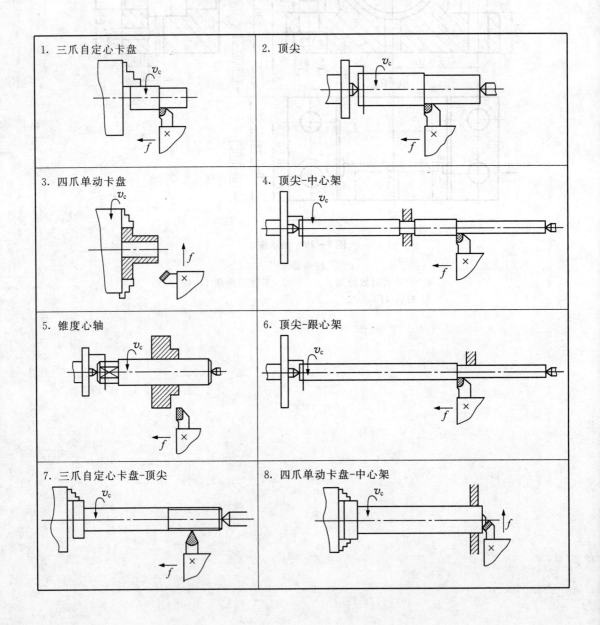

1. 三爪自定心卡盘
2. 顶尖
3. 四爪单动卡盘
4. 顶尖-中心架
5. 锥度心轴
6. 顶尖-跟心架
7. 三爪自定心卡盘-顶尖
8. 四爪单动卡盘-中心架

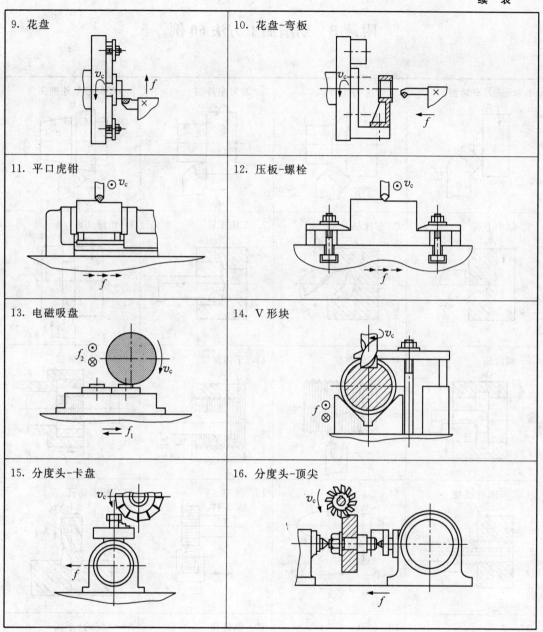

9. 花盘

10. 花盘-弯板

11. 平口虎钳

12. 压板-螺栓

13. 电磁吸盘

14. V 形块

15. 分度头-卡盘

16. 分度头-顶尖

附录 B　切削加工方法 60 例

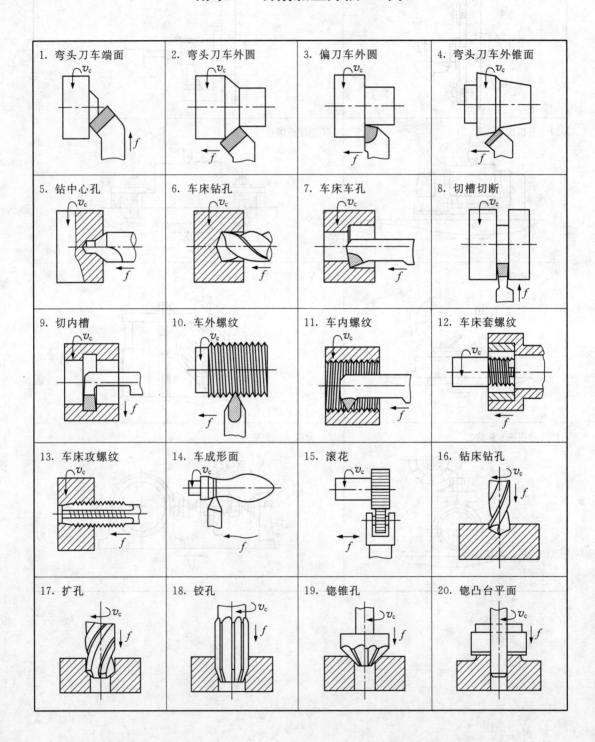

1. 弯头刀车端面
2. 弯头刀车外圆
3. 偏刀车外圆
4. 弯头刀车外锥面
5. 钻中心孔
6. 车床钻孔
7. 车床车孔
8. 切槽切断
9. 切内槽
10. 车外螺纹
11. 车内螺纹
12. 车床套螺纹
13. 车床攻螺纹
14. 车成形面
15. 滚花
16. 钻床钻孔
17. 扩孔
18. 铰孔
19. 锪锥孔
20. 锪凸台平面

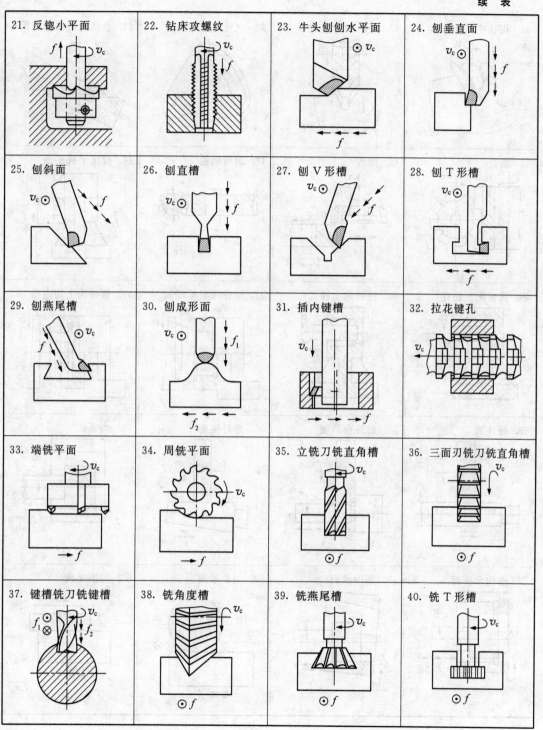

21. 反锪小平面	22. 钻床攻螺纹	23. 牛头刨刨水平面	24. 刨垂直面
25. 刨斜面	26. 刨直槽	27. 刨 V 形槽	28. 刨 T 形槽
29. 刨燕尾槽	30. 刨成形面	31. 插内键槽	32. 拉花键孔
33. 端铣平面	34. 周铣平面	35. 立铣刀铣直角槽	36. 三面刃铣刀铣直角槽
37. 键槽铣刀铣键槽	38. 铣角度槽	39. 铣燕尾槽	40. 铣 T 形槽

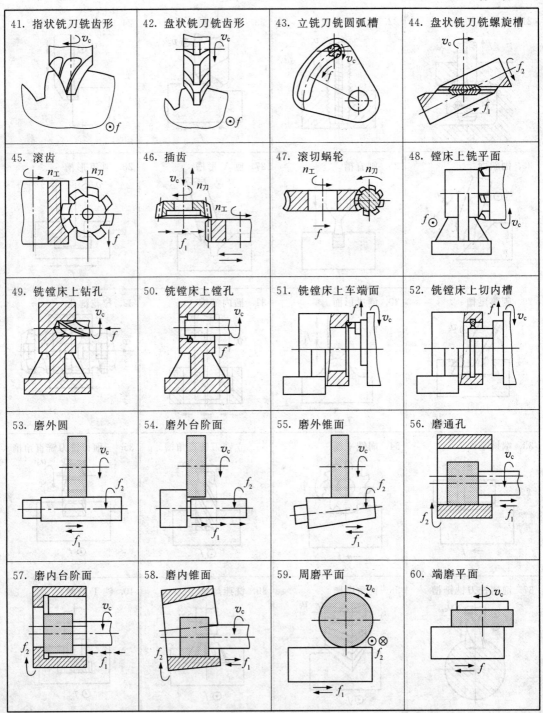

41. 指状铣刀铣齿形	42. 盘状铣刀铣齿形	43. 立铣刀铣圆弧槽	44. 盘状铣刀铣螺旋槽
45. 滚齿	46. 插齿	47. 滚切蜗轮	48. 镗床上铣平面
49. 铣镗床上钻孔	50. 铣镗床上镗孔	51. 铣镗床上车端面	52. 铣镗床上切内槽
53. 磨外圆	54. 磨外台阶面	55. 磨外锥面	56. 磨通孔
57. 磨内台阶面	58. 磨内锥面	59. 周磨平面	60. 端磨平面

附录 C 机械加工工艺过程卡片

机械加工工艺过程卡片	产品型号		零件图号			
	产品名称		零件名称		共 页	第 页

材料牌号		毛坯种类		毛坯外形尺寸		每毛坯件数		每台件数		备注	

工序号	工序名称	工序内容	车间	工段	设备	工艺装备	工时	
							准终	单件

			设计(日期)	校对(日期)	审核(日期)	标准化(日期)	会签(日期)

标记	处数	更改文件号	签字	日期	标记	处数	更改文件号	签字	日期

附录 D 工艺卡片

工艺卡片

	产品型号		零件图号		共 页 第 页
	产品名称		零件名称		

材料牌号	毛坯种类	毛坯外形尺寸	每毛坯件数	每台产品零件数	每批数量
	零件毛重(Kg)	零件净重(Kg)	材料消耗定额		

工序	安装	工步	工序内容	设备名称及型号 编号	工艺装备名称及编号 夹具 切削工具 量具,辅具	工时(分) 准终 基本工时

	设计(日期)	校对(日期)	审核(日期)	标准化(日期)	会签(日期)
标记 处数 更改文件号 签字 日期					
标记 处数 更改文件号 签字 日期					

附录 E　机械加工工序卡片

机械加工工序卡片

机械加工工序卡片	产品型号		零件图号			共　页	第　页
	产品名称		零件名称				

车间	工序号	工序名称	材料牌号
毛坯种类	毛坯外形尺寸	每毛坯可制件数	每台件数
设备名称	设备型号	设备编号	同时加工件数
夹具编号	夹具名称		切削液
工位器具编号	工位器具名称		工序工时（分）　准终　单件

工步号	工步内容	工艺装备	主轴转速 r/min	切削速度 m/min	进给量 mm/r	切削深度 mm	进给次数	工步工时 机动　辅助

	设计（日期）	校对（日期）	审核（日期）	标准化（日期）	会签（日期）
标记 处数 更改文件号 签字 日期					
标记 处数 更改文件号 签字 日期					

参 考 文 献

［1］李　华　主编. 机械制造技术. 北京：高等教育出版社，2007

［2］金　捷　主编. 机械制造技术. 北京：清华大学出版社，2006

［3］陈　宏　等编. 典型零件机械加工生产实例. 北京：机械工业出版社，2006

［4］黄鹤汀，吴善元　主编. 机械制造技术. 北京：机械工业出版社，2008

［5］周伟平　主编. 机械制造技术. 武汉：华中科技大学出版社，2007

［6］张福润　等主编. 机械制造技术基础. 武汉：华中科技大学出版社，2005

［7］肖继德，陈宁平　主编. 机床夹具设计. 北京：机械工业出版社，2006

［8］徐嘉元、曾家驹　主编. 机械制造工艺学. 北京：机械工业出版社，2002

［9］刘志刚　主编. 机械制造基础. 北京：高等教育出版社 2002

［10］王明耀、张兆隆　主编. 机械制造技术. 北京：高等教育出版社，2002

［11］郑修本　主编. 机械制造工艺学. 北京：机械工业出版社，2006

［12］汪　恺　主编. 机械工业基础标准应用手册. 北京：机械工业出版社，2004

［13］陈日曜　主编. 金属切削原理. 北京：机械工业出版社，2002

［14］韩荣第　等主编. 金属切削原理与刀具. 哈尔滨：哈尔滨工业大学出版社，2004

［15］陆剑中，孙家宁　主编. 金属切削原理与刀具. 北京：机械工业出版社，2006

［16］袁巨龙，周兆忠　主编. 机械制造基础. 杭州：浙江科技出版社，2007

［17］华东升　主编. 机械制造基础. 北京：中国劳动社会保障出版社，2006

［18］苏建修　主编. 机械制造基础. 北京：机械工业出版社，2002

图书在版编目（CIP）数据

机械制造技术与项目训练/金捷，刘晓菡主编. —上海：
复旦大学出版社，2010.2
（复旦卓越·高职高专21世纪规划教材·近机类、机械类）
ISBN 978-7-309-07052-1

Ⅰ. 机… Ⅱ.①金…②刘… Ⅲ. 机械制造工艺-高等学校：
技术学校-教学参考资料 Ⅳ. TH16

中国版本图书馆 CIP 数据核字（2010）第 012877 号

机械制造技术与项目训练
金 捷 刘晓菡 主编

出版发行 复旦大学出版社 上海市国权路 579 号 邮编 200433
86-21-65642857（门市零售）
86-21-65100562（团体订购） 86-21-65109143（外埠邮购）
fupnet@ fudanpress. com http://www. fudanpress. com
责任编辑 张志军
出品人 贺圣遂
印 刷 上海浦东北联印刷厂
开 本 787×1092 1/16
印 张 24
字 数 512 千
版 次 2010 年 2 月第一版第一次印刷
印 数 1—4 100
书 号 ISBN 978-7-309-07052-1/T·354
定 价 35.00 元

图书在版编目（CIP）数据

财务情况及术语词汇测验 / 金蕾，沈路萍 主编. —上海：复旦大学出版社，2010.3
（复旦博学·金融学与21世纪）
ISBN 978-7-309-07052-1

Ⅰ. 财… Ⅱ. ①金… ②沈… Ⅲ. 财务管理—企业管理
Ⅳ. ①F275

中国版本图书馆 CIP 数据核字（2010）第 015977 号

财务情况及术语词汇测验
金蕾 沈路萍 主编

出版发行　复旦大学出版社　　上海市国权路579号　邮编：200433
86-21-65642857（门市零售）
86-21-65100562（团体订购）　86-21-65109143（外埠邮购）
fupnet@fudanpress.com　http://www.fudanpress.com

责任编辑　郑晓蕾
出品人　贺圣遂

印刷　常熟市华顺印刷有限公司
开本　787×1092　1/16
印张　25.5
字数　562千
版次　2010年3月第1版第1次印刷
印数　1—4 100

书号　ISBN 978-7-309-07052-1/F·384
定价　35.00元

如有印装质量问题，请向复旦大学出版社有限公司发行部调换。
版权所有　侵权必究